METROS
IN
EUROPA

Die Originalausgabe ist erschienen unter dem Titel: Metro's in Europa
ISBN 90 6013 011 1

Deutsche Fassung: Daniel Riechers

Einbandgestaltung: Nicole Lechner
Titelbilder:
Links oben: WIEN: »Silberpfeil« der Linie U1 – am Bahnhof Südtiroler Platz (Stadtwerke Wien, Verkehrsbetriebe).
Rechts oben: LILLE: VAL-Triebzug – noch in alter Farbstellung (GEC Alsthom).
Unten: BERLIN: Das neue Gesicht der Berliner Metro (Adtranz)
Rückseite: ROTTERDAM: Abendstimmung im Bahnhof Spijkenisse Centrum mit einem Triebzug Typ »M« in Richtung Hauptbahnhof (RET)

Alle nicht anders gekennzeichneten Zeichnungen stammen von Daniel Riechers

Foto Seite 1: BERLIN: Impressionen aus der »Unterwelt« mit Triebzug GI/1 (AEG).
Foto Seite 3: LONDON: Tube-92 der Central Line im Bahnhof Newbury Park (ABB Transportation, Derby).
Foto Seite 4: BERLIN: Haltestelle »Französische Straße« (U6) inmitten der Friedrichstraße (Riechers).

ISBN 3-344-71049-4

1. Auflage 1996

Lektor: Claus-Jürgen Jacobson
Hersteller: Viktor Stern
Druck und Bindung: Freiburger Grafische Betriebe, 79108 Freiburg i. Br.
Printed in Germany

INHALT

METROS IN EUROPA

Daniel Riechers

trans press

AUF EIN WORT

Zu den interessantesten Schienen-Verkehrssystemen seit der Erfindung der Eisenbahn von George Stephenson gehört ohne Zweifel die »Metro«. Anhand des vorliegenden Buches werden die vielen Ausführungsvarianten dieses Massenverkehrsmittels vorgestellt.

Bei der Festlegung, welches Bahnsystem im Buch aufgenommen wird, wurde prinzipiell von der Definition ausgegangen, daß mit dem Begriff »Metro« *ein Stadt-Schnellbahn-System mit elektrischer Traktion umschrieben wird, welches eigene, von anderen Verkehrssystemen völlig getrennte Trassen benutzt. In den Stadtzentren verlaufen diese vorzugsweise in besonderen Verkehrsebenen über oder unter dem Geländeniveau, in den Außenbezirken auch ebenerdig; in jedem Fall dürfen* ***keine*** *niveaugleichen Kreuzungen vorhanden sein. Sowohl die Fahrzeuge als auch die Sicherungs- und Signalsysteme sind auf eine hohe Beschleunigung und eine dichte Zugfolge in einem starren Fahrplan ausgerichtet mit dem Ziel einer größtmöglichen Beförderungskapazität.*

Da die Metro hauptsächlich dem innerstädtischen Verkehr sowie der Verbindung mit den Außenbezirken der Städte dient, sind ihre Betreiber in den meisten Fällen kommunale Unternehmen.

Durch die im letzten Jahrzehnt mehr und mehr als Alternative zur Metro eingerichteten Stadtbahnsysteme (oder Light-Rail), die ebenfalls in vielen Fällen auf eigenem Bahnkörper verkehren, und somit unter die obengenannte Definition fallen könnten, verschwimmen in einigen Fällen die Grenzen zwischen Metro und Stadtbahn. Das wird insbesondere bei der »Docklands Light-Rail« (London) deutlich; dieses 23 km lange Netz wurde als Stadtbahn konzipiert, beeinflußt durch die freie Trassenführung flossen jedoch viele Elemente des Metro-Systems ein, wie z.B. der automatische Betrieb nach dem SELTRAC-System. Wenn jedoch die »VAL«-Systeme beschrieben werden (müssen), weil ihre Entwicklung richtungweisend war für den vollautomatischen Betrieb auf Voll-Metro-Strecken, wie z.B. in Lyon und Paris, muß der Docklands-Betrieb im Kapitel »London« zumindest gestreift werden.

In Newcastle (GB) und Valencia (E) werden die örtlichen Stadtbahnnetze zwar mit dem Begriff »Metro« bezeichnet, aufgrund der vielen Bahnübergänge (Valencia: 46!) haben diese nach der oben genannten Definition jedoch keinen Metrostatus. Es ist dem Verfasser durchaus bewußt, daß sich über diese Frage trefflich streiten läßt.

Somit werden Stadtbahn- und Pre-Metro-Systeme sowie S-Bahnen oder ähnliche regionale Eisenbahnsysteme in diesem Buch nicht behandelt; diese werden nur dort *erwähnt*, wo ein gemischter Betrieb auf Metrostrecken besteht oder in absehbarer Zeit eine völlige Integration zu erwarten ist.

Aus politischen Gründen sind in Bordeaux (F) die Metropläne ganz gestrichen worden. In Rennes (F) beschloß die Regionalverwaltung 1993 den Bau einer ca. 8,5 km langen »VAL«-Linie. Politische Gründe (Bürgermeisterwahlen) verhinderten den, bereits fest geplanten, ersten Spatenstich, und es begann eine erneute Diskussion, vor allem darüber, wie das Projekt zu finanzieren sei und vor allem von wem. Erst nach Redaktionsschluß gingen Informationen ein, daß das Projekt endgültig genehmigt wurde.

Die Bauaktivitäten für die Metro der Bulgarischen Hauptstadt Sofia wurden aus finanziellen Gründen immer wieder unterbrochen; Auskünfte über die Fortführung dieses Projektes waren trotz intensiver Bemühungen leider nicht erhältlich.

Die Metrobetriebe der GUS-Staaten wurden in diesem Buch nicht aufgenommen; die große Zahl dieser Betriebe würde eine eigene Publikation rechtfertigen.

Grundlage der Beschreibungen der Metrobetriebe sind folgende Eckdaten: Regelspur mit 1435 mm, Rechtsverkehr und, bei der Angabe derStehplatzzahl in den Metrofahrzeugen, 4 Pers/m^2; Abweichungen werden gesondert angegeben.

Bei der Zusammenstellung dieses Buches war ich in hohem Maße auf aktuelle Informationen der beschriebenen Betriebe angewiesen; alle Auskünfte über im Bau befindliche und zukünftige Projekte, die mir bis zum 30. Juni 1996 zugingen, wurden in dieser Ausgabe aufgenommen.

Besonders danken möchte ich den Herren Ing.J.C.Heidman (Ingenieursbureau Amsterdam), C.de Graaf (Gemeentewerken Rotterdam), Professor H.Beiche (Tiefbauamt Stuttgart) und M.Gieshoidt (U-Bahn-Referat, München) für die fachkundige Beratung sowie das zur Verfügung gestellte Material für das Kapitel *unterirdische Wege*.

Mit schönen, zum Teil historischen Aufnahmen unterstützten mich die Herren Greenaway (London Underground) und Ivey (London Underground Society) sowie Bonthuis und Voogel aus den Niederlanden.

Nagold, im Juli 1996, Daniel Riechers.

DIE METRO

Eine Betrachtung über Geschichte und Technik

Der Anfang des 19. Jahrhunderts wird gerne als die »Blütezeit der industriellen Revolution« bezeichnet. Fabriken schossen, unterstützt durch die zunehmende Mechanisierung, wie Pilze aus der Erde; Pionier- und Erfindergeist fanden einen fruchtbaren Boden. Mit der expandierenden Industrialisierung wuchsen auch die großen Städte und ihre Ballungsräume. Als Beispiel für Europa seien Berlin, London und Paris genannt, deren Bevölkerung sich wie folgt entwickelte:

	1800	1900	Faktor
Berlin	172 000	1 889 000	10,9
London	959 000	4 537 000	4,7
Paris	547 000	1 714 000	3,1

Diese Zahlen verdeutlichen, daß auch der Bedarf an öffentlichem Verkehr in diesen Städten gleichermaßen gestiegen sein müßte, so daß in den letzten Jahren des 19. Jahrhunderts die damals übliche Pferdetraktion, auch bedingt durch die starke Zunahme des übrigen Verkehrs, für einen leistungsfähigen Stadtverkehr nicht mehr ausreichend war. Das Wachstum der Städte machte überdies eine höhere Reisegeschwindigkeit der Transportmittel erforderlich, um die Reisezeit in erträglichen Grenzen zu halten.

Nachdem Werner von Siemens 1879 auf der Gewerbeausstellung in Berlin die elektrische Traktion präsentierte, glaubte man, mit elektrischen Straßenbahnlinien die Lösung gefunden zu haben, aber auch diese Art von öffentlichem Verkehr stieß in Städten von obengenannter Größe schon bald an seine Grenzen.

Mit der Inbetriebnahme der ersten unterirdischen, mit Dampf betriebenen Eisenbahnlinie von Paddington nach Farringdon-Street am 10. Januar 1863 in London war man, dank der Beharrlichkeit der Initiatoren, der Zeit weit voraus, zeigte dieser Schritt doch den Weg zu einem Verkehrssystem, das heute, trotz hoher Baukosten, aus den dichtbevölkerten Metropolen der ganzen Welt nicht mehr wegzudenken ist.

Unter den öffentlichen Verkehrssystemen darf die Metro mit Fug und Recht als das effektivste betrachtet werden; ein Leistungsvergleich auf der Basis der maximal möglichen Zahl der zu befördernden Personen je Stunde und Richtung soll dies verdeutlichen:

Bus	6000 - 8000
Straßenbahn	8000 - 12000
Stadtbahn	20000 - 30000
Metro	30000 - 50000

Der Betreiber der ersten Untergrundbahn Europas in London erhielt den offiziellen Namen »Metropolitan Railways (Hauptstädtische Eisenbahn)«, woraus bald das Kürzel **Metro** abgeleitet wurde; in Großbritannien allerdings setzte sich der auch heute noch übliche Name **Underground** durch.

Der Name »Metro«, als Abkürzung des französischen »Chemin de fer **metro**politain«, wurde in Paris ab Inbetriebnahme der ersten Metrolinie 1900 als offizieller »Produktname« benutzt und ist mittlerweile in den Wortschatz beinahe aller Länder, wo dieses Transportsystem angewandt wird, eingegangen; Ausnahmen finden sich in Skandinavien mit dem Begriff **»T**(unnel)**-bane«** und in den deutschsprachigen Ländern mit **»U**(ntergrund)**-Bahn«**. Im letzteren Fall muß man jedoch darauf hinweisen, daß nicht überall, wo ein weißes »U« auf blauem Grund sichtbar wird, ein Metrosystem existiert; auch unterirdisch angelegte Haltestellen von Straßenbahn- und Pre-Metro-Linien sowie ganze Stadtbahnsysteme, wie beispielsweise in Bielefeld, Bochum, Frankfurt oder Stuttgart, werden durch dieses Symbol kenntlich gemacht.

Weil ein »Metro«-Zug, wie in diesem Buch deutlich wird, nicht notwendigerweise nur durch einen Tunnel fahren muß, wäre der Begriff »Metro« für dieses Transportsystem eigentlich korrekter.

Unterirdische Wege

Da sich der Bau von Brücken oder Viadukten vor aller Augen, die Tunnelbau-Aktivitäten jedoch oft im Verborgenen vollziehen, wird auf den Tunnelbau als elementarem Besstandteil vieler Metrosysteme näher eingegangen.

In der Tunnelbau-Technik wurden im Laufe der Zeit diverse Bauweisen entwickelt, die in Abhängigkeit von den örtlichen Umständen (räumlich oder geologisch) angewandt werden.

Ohne Anspruch auf Vollständigkeit werden nachstehend die wichtigsten und am häufigsten verwendeten Bauweisen erläutert.

1. Offene Tunnelbauweise, »cut-and-cover«

Diese »klassische« Bauweise entstammt der Anfangszeit des Metrobaues, als sich die Tunnel direkt unter der Straßenoberfläche befanden; inzwischen werden auch tiefer gelegene Tunnel in dieser Methode gebaut.

Je nach Größe der Baustellenfläche wird eine Baugrube entweder mit freien Böschungen (Abb. 1 A) oder Umschließungen aus Bohlträger- und Spundwandverbauen (Abb. 1 B) ausgehoben. Diese Bauweise wurde Anfang des Jahrhunderts in Berlin derart perfektioniert, daß sie auch »Berliner Bauweise« genannt wird; ist zwischen Tunnel und Stützwand, wie in der Zeichnung dargestellt, ein Arbeitsraum vorhanden, dann spricht man auch von der »Hamburger Bauweise«.

Beim Bau des eigentlichen Tunnels wird zunächst die Tunnelsohle, danach die Wände und das Dach gebaut; hierbei können auch vorgefertigte Elemente eingesetzt werden.

Neuere Bautechniken ermöglichen eine Integration der Stützwände in das Bauwerk, was insbesondere in der Nähe bestehender Bebauung von Vorteil ist. Eine davon ist die Bohrpfahl-Bauweise; hierbei werden dicht nebeneinander oder überlappend Löcher in den Boden gebohrt, die nach dem Einbringen eines Bewehrungskorbes mit Beton aufgefüllt werden.

Eine andere Technik ist die Schlitzwand-Bauweise (Abb. 1 C). Hierbei werden, nach dem Bau sog. »Leitwände« (Abb. 1 C 1), mit Hilfe eines Schlitzwandgreifers bis in große Tiefe (in Wien z.B. 45 m) paneelartige Schlitze mit einer Länge von drei bis vier Metern und einer Breite von ca. 80 - 100 cm (Tunnelwanddicke) ausgehoben. Währenddessen wird, um Einbrüche zu verhindern, eine Stützflüssigkeit – z.B. Bentonit – in den ausgegrabenen Bereich gepumpt. Der Bewehrungskorb, der als nächstes eingebracht wird, hat auf Höhe der späteren Tunnelsohle und Tunneldecke Anschluß-Elemente und Aussparungskonstruktionen, um Nuten in der Schlitzwand ausbilden zu können. Während der Schlitz über ein in die Tiefe reichendes Rohr von unten her mit Beton aufgefüllt wird, wird die verdrängte Stützflüssigkeit wieder abgepumpt, gereinigt und in Behältern für weitere Verwendung gelagert. Die Abdichtung der Schlitzwand-Elemente gegeneinander kann beispielsweise durch die Einbringung von Verschalungsrohren vor dem Betonieren erfolgen (Abb. 1 C 2/3). Nachdem diese Rohre entfernt und die anschließenden »Paneele« auf die gleiche Weise hergestellt werden, entstehen halbrunde Fugen die die »Paneele« einwandfrei abdichten.

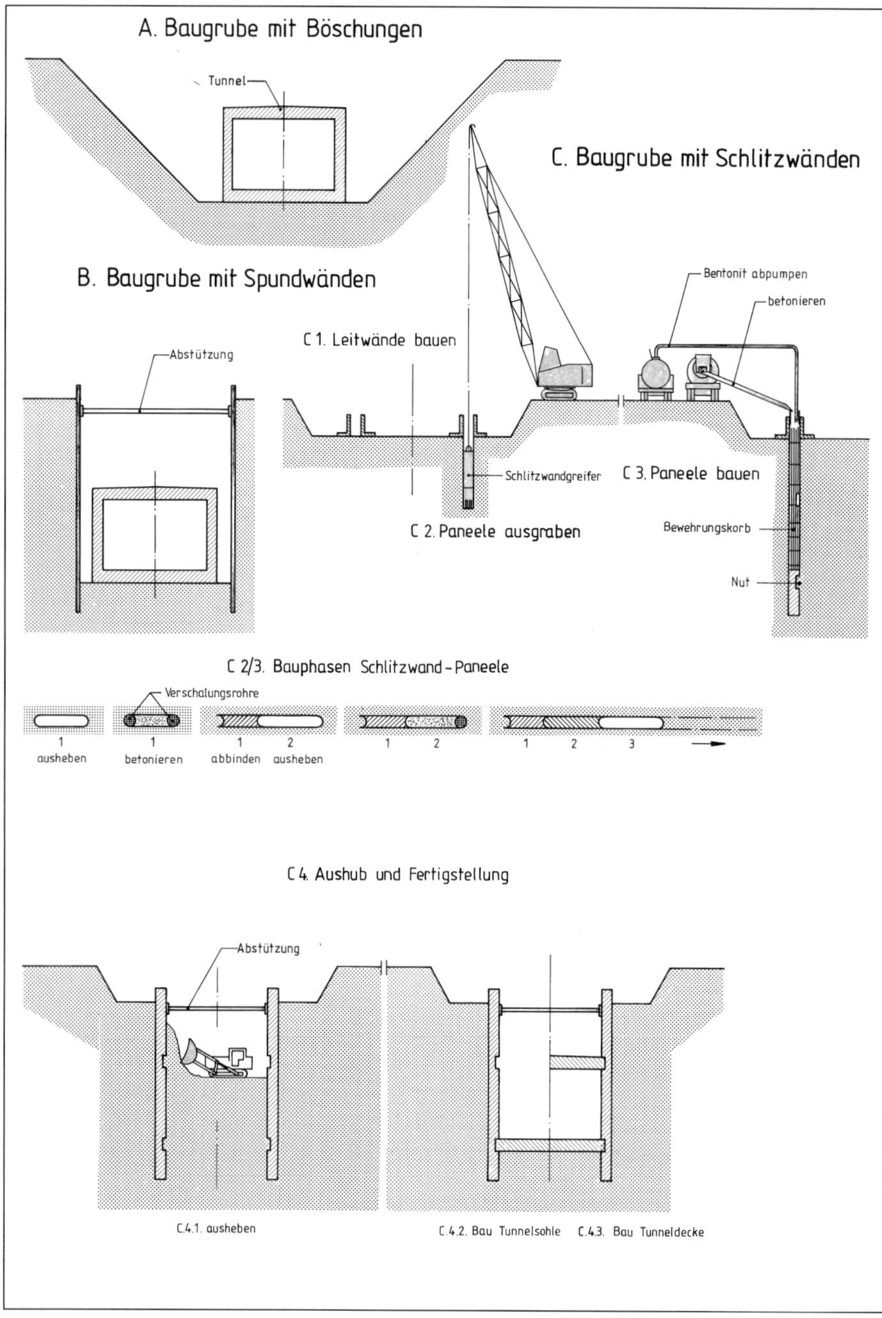

Abb. 1: Schema offener Bauweise (cut-and-cover)

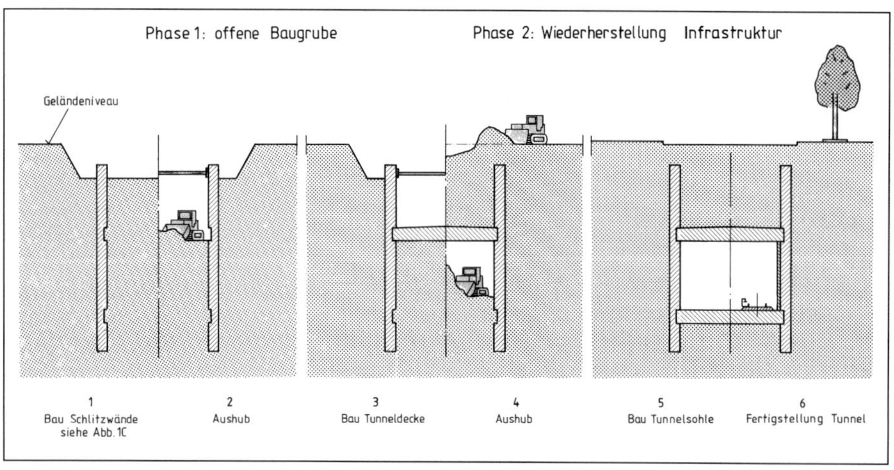

Abb. 2: Schema Deckelbauweise (cover-and-cut)

Eine weitere, erstmals in München praktizierte Möglichkeit zur Abdichtung ist der Einsatz vorgefertigter Abstell-Elemente aus Stahlbeton mit zwei elastomeren Fugenbändern vorläuferseitig und Polyurethanharz-Injektionen nachfolgerseitig.
Nach erfolgter Abstützung der Wände und weiterem Aushub können Tunnelsohle und -Decke gebaut werden.

2. Deckelbauweise, »cover-and-cut«
Tunnel in der offenen Tunnelbauweise werden von unten nach oben gebaut. Dies hat den Nachteil, daß während der gesamten Bauzeit die Baugrube auf ganzer Länge offen ist, was Verkehr wie Anwohnern einiges an Verständnis abverlangt. Verkehrstechnisch kann man sich dadurch behelfen, daß man die Baugrube örtlich mit Platten für eine provisorische Verkehrsführung abdeckt; diese Anordnung führte zur Idee der Deckelbauweise (Abb. 2), als Weiterentwicklung der Bohrpfahl- und Schlitzwand-Bauweise. Hierbei wird nach Fertigstellung der Wände die Baugrube nur soweit ausgehoben, daß als erste Maßnahme die Tunneldecke gebaut werden kann. Damit sind die oberflächenabhängigen Arbeiten des Bauwerks abgeschlossen und die Infrastruktur kann wieder hergestellt werden.
Währenddessen erfolgt unterhalb der Tunneldecke der weitere Aushub sowie die Fertigstellung des Tunnels. Diese Umkehrung der offenen Bauweise bezeichnet man auch als »cover and-cut« (abdecken und graben)-Bauweise.
Zur Grundwasserbeherrschung kann unter der Tunneldecke mit erhöhtem Luftdruck gearbeitet werden.

3. Bergmännische Bauweise
Diese Bauweise hat im Verlaufe der Jahre eine enorme Wandlung erfahren. Ursprünglich wurde nach den im Bergbau üblichen Techniken vorgegangen, wonach die ausgegrabene Tunnelsektion sofort abgestützt und mit einer wasserdichten Verkleidung versehen wurde (»Belgische Methode«). Hierbei hatte die Abstützung das ganze Gewicht des umgebenden Bodens zu tragen.
Die Erfahrungen mit Tunnelbau in hartem Felsboden wie z.B. in Skandinavien oder den Alpenregionen, wo man ohne Abstützungen auskommt, führten in den sechziger Jahren zur Entwicklung der sog. »Neuen Österreichischen Tunnelbauweise (NÖT)«, einer gemeinschaftlichen Entwicklung der Firma »Beton- und Monierbau« in Innsbruck und der TU Karlsruhe (Abb. 3). Ein erstes Projekt in dieser Bauweise entstand 1969 in Frankfurt/Main.
Wichtig bei dieser Baumethode ist die genaue Kenntnis der geomechanischen Eigenschaften des Baugrundes und dessen Verhalten beim Vortrieb. Der den Tun-

nel umgebende Boden (»Gebirge«) wirkt nämlich sowohl als Last als auch als mittragendes Element, das zusammen mit der Tunnelaußenschale die Kräfte sicher aufnehmen muß. Die stützende Wirkung dieses sog. »Gebirgstragrings« ist dabei Hauptbestandteil der komplizierten bodenmechanischen Berechnungen, die sich mit dem Nachweis der Standsicherheit und auch mit den zu erwartenden Setzungen an der Geländeoberfläche befassen.

Diese Methode, die in Fachkreisen vielfach auch als »Spritzbetonbauweise« bezeichnet wird, wurde ständig weiterentwickelt, z.B. in München, wo erstmals Vortriebe in quartären Kiesschichten durchgeführt wurden und wo 1981 der Beweis gelang, daß sich diese Bauweise auch im großtechnischen Einsatz mit Druckluft-Wasserhaltung kombinieren läßt.

Die hier erläuterte Methode bietet ein Maximum an Flexibilität, insbesondere bei wechselnden Querschnitten und unterschiedlichen geologischen Strukturen.

4. Schildbauweise

Die Schildbauweise ist insbesondere für lange Tunnelstrecken mit gleichbleibendem Querschnitt geeiget. Von einem Startschacht aus werden ein oder mehrere Röhren mit vorwiegend vollautomatischen Vortriebsmaschinen aufgefahren. Hierbei stützt der Schild zunächst das umgebende Gebirge ab. Im Schutz des Schildmantels werden die auf Transportwagen zugeführten Tübbing-Segmente an der Tunnelwand montiert. Mit Hilfe von hydraulischen Vortriebspressen, die sich auf den Tübbings abstützen, wird der Bohrschild weitergeschoben. Der freie Raum zwischen dem Gebirge und den Tübbings wird während der Vortriebsphase unter Druck mit Mörtel aufgefüllt. Der Aushub wird durch den fertiggestellten Rohbau-Tunnel mit Hilfe von Transportbändern und den Tübbing-Transportwagen abgefahren. Für jede geologische Bodenformation sind geeignete Bohrköpfe vorhanden.

Neben der »cut-and-cover«-Bauweise gehört die Schildbauweise zu den ältesten Tunnelbau-Methoden und basiert auf einer Erfindung des Briten Marc Brunel und seines Sohnes Isambard.

Vater und Sohn Brunel bauten zwischen 1825 und 1843 einen Fußgängertunnel unter der Themse mit zwei Röhren ohne offene Baugrube, mit einem gußeisernen Schild. Dieser Schild war in mehrere »Fächer« aufgeteilt, in denen Erdarbeiter das Erdreich über einer Länge von 13 cm manuell abgraben mußten. Nachdem dieser Abschnitt gemauert war, wurde der Schild weitergeschoben. Peter Barlow verbesserte diesen Bohrschild und baute 1869 einen zweiten Tunnel unter der Themse von Tower Hill nach Bermondsey. Durch diesen 400 m langen Tunnel war zunächst

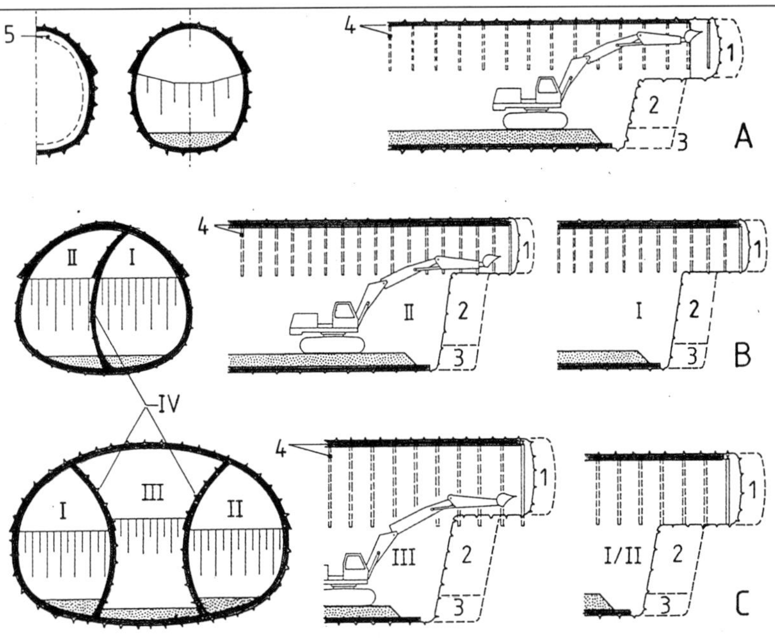

Vortriebsformen:

*A: eingleisiger Tunnel, Ausbruchsfläche ca. 38 m², *

B: zweigleisiger Tunnel, Ausbruchsfläche ca. 80 m², aufgelöst in zwei versetzte Teilvortriebe I und II. Die Spritzbetonschale IV wird nach Fertigstellung von I und II abgebrochen.

C: zweigleisiger Tunnel oder Bahnsteighalle, Ausbruchsfläche über 80 m², aufgelöst in drei Teilvortriebe; zunächst die versetzt angeordnete Ulmenstollen I und II, danach der Kern III.Die Spritzbetonschalen IV werden nach Fertigstellung des Kerns III abgebrochen.

Vorgehensweise:

1. *Vorlaufender Kalottenvortrieb und Aufbringen einer 3 cm dicken bewehrten Spritzbetonschale.*
2. *Im Abstand von 2 m nacheilender Strossenvortrieb sowie ebenfalls Aufbringen einer bewehrten Spritzbetonschale.*
3. *Abgraben der Sohle.*
4. *Einbau von Strossenbögen und Vervollständigung der Spritzbetonschale bis zu einer Stärke von 20 cm.*
5. *Anbringen einer 40 cm dicken Innenschale unter Verwendung eines sog. »Verschalungswagens«. Die vorab aufgebrachte Spritzbetonschale dient hierbei als Außenverschalung. (Basiszeichnung: U-Bahn-Referat, München.*

Abb. 3: Schema »Neue Österreichische Tunnelbauweise (NÖT)«

Bahnhofsbau in der »NÖT« bzw. »Spritzbetonbauweise«. Am Ende des linken Ulmenstollens ist der Übergang zu einem eingleisigen Tunnel sichtbar. (U-Bahn-Referat, München)

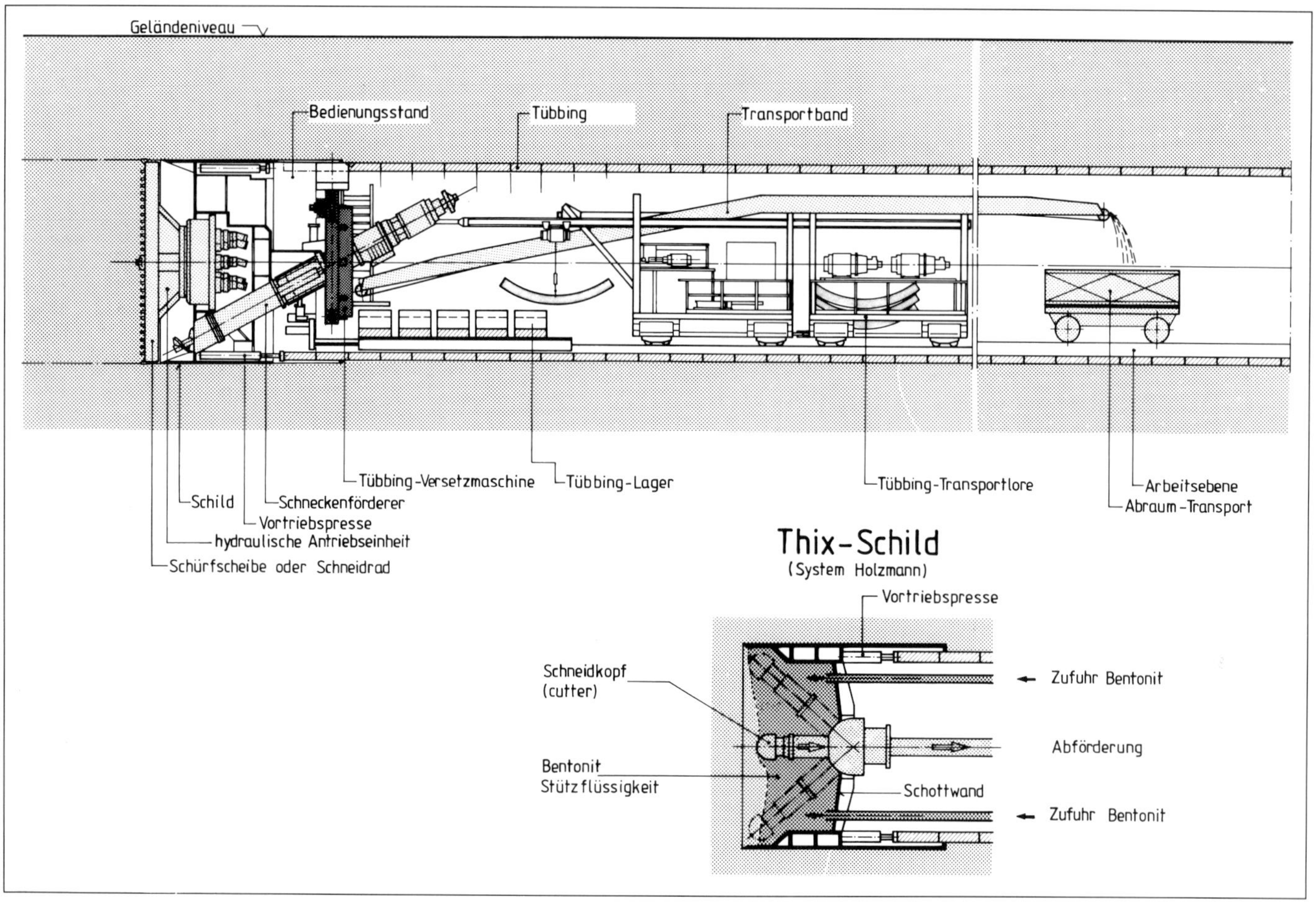

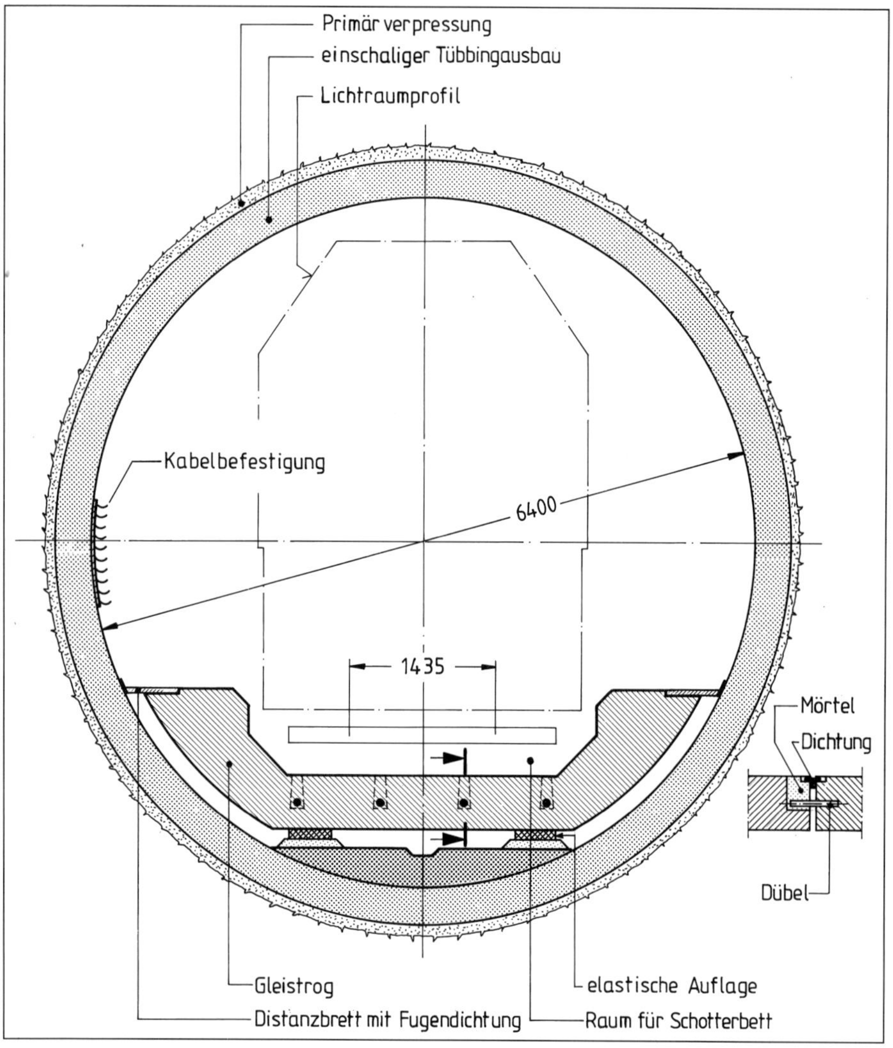

Prinzipskizze einer vollmechanischen Schildbohrmaschine. Der Einsatz zeigt ein Hydroschild nach dem »Thix«-Prinzip.

Querschnitt eines gebohrten eingleisigen Tunnels mit dem in München üblichen einschaligen Tübbingausbau. Der auf der Tunnelsohle liegende Gleistrog dient zur Verringerung von Geräuschemissionen (siehe hierzu den Abschnitt »Oberbau«).
(U-Bahn-Referat, München)

ein Schmalspurgleis verlegt, auf dem ein von einer Dampfwinde gezogenes Wägelchen pendelte. Schon bald nach der Inbetriebnahme wurde diese Art von Verkehr eingestellt und der Tunnel für den Fußgängerverkehr freigegeben, bis 1894 die Tower Bridge eröffnet wurde. Momentan liegen in dem Tunnel Versorgungsleitungen.

Henry Greathead schließlich baute 1886 den ersten Metrotunnel der Welt mit einem noch weiter verbesserten Schild. Er kombinierte den Schild mit hydraulischen Pressen und legte damit den Grundstein für die heutige Technologie. Im Laufe der Jahre wurde dieses System immer weiter entwickelt; der Schild wurde u.a. mit einer rotierenden Schürfscheibe oder einem Schrämarm mit Schneidkopf ausgerüstet. Seit Bestehen der Lasertechnik kann auch die Vortriebsrichtung exakt bestimmt werden, wodurch der Bau von Bögen mit einem Radius von mindestens 300 m möglich wurde.

Kritische Grundwassersituationen können

u.a. durch Grundwasser-Absenkung oder durch Bohren unter Preßluft, mit oder ohne Stützflüssigkeit, beherrscht werden.
Es würde im Rahmen dieses Buches zu weit führen, alle bisher entwickelten Schildvarianten zu beschreiben; nachstehend folgt eine Übersicht der wichtigsten Typen:

- *Handschild*
  bei dieser Schildvariante wird das Erdreich manuell abgegraben.
- *Teilmechanischer Schild*
  wie der Handschild, jedoch mit mechanisierten Schürfwerkzeugen (z.B. hydraulischer Bagger).
- *Vollmechanischer Schild*
  ausgestattet mit einer pendelnden und/oder rotierenden Schürfscheibe.
- Hydroschild
  diese Schilde sind mit einem zum Tunnel hin abgeschotteten Druckraum für die Stützflüssigkeit (z.B. Bentonit) ausgestattet. Der Boden wird an der Ortsbrust durch eine Schürfscheibe oder einen »Cutter« (z.B. beim sog. Thix-Schild, System Holzmann) gelöst und über Leitungen abgepumpt.

Der Durchmesser von Bohrschilden für den Bau von Eisenbahn- und Metrotunnels variiert von ca. 6,50 m für einen eingleisigen bis mindestens 10 m für einen zweigleisigen Tunnel. Der größte bisher bekannte Durchmesser eines Bohrschildes ist 14,14 m. Dieser Schild wird seit 1994 beim Bau der »Trans Tokyo Bay Highway« eingesetzt. Eine Tunnelbohrmaschine (TBM) mit drei Schilden gehört ebenfalls zum letzten Stand der Entwicklung. Diese Maschine feierte ihre »Welt-Premiere« im Januar 1995, als sie beim Bau eines Metrobahnhofs im japanischen Osaka eingesetzt wurde. Durch den Einsatz der Maschine konnte der Rohbau dieses 107 m langen Bauwerks binnen vier Monaten fertiggestellt werden.
Anfangs waren die Wände der gebohrten Tunnelröhren doppelwandig mit meist gußeisernen Tübbings und einer 30 bis 40 cm dicken Innenverkleidung (»Lining«) aus wasserdichtem Beton ausgeführt. Eine zuverlässige und zugleich preiswertere Methode, die Anfang der achtziger Jahre in München präsentiert wurde, ist der einschalige Tübbingausbau aus kassettenförmigen Stahlbeton-Segmenten, die mit elastomeren Dichtungsprofilen abgedichtet werden.
Erwähnenswert bei den geschlossenen Tunnelbauweisen, wie unter 3 und 4 beschrieben, ist die sog. »Barbara-Feier«, ein jahrhundertealter Brauch aus dem Bergarbeiter-Milieu zu Ehren ihrer Schutzpatronin, der hl. Barbara. Als Vetreterin der hl. Barbara wird eine Tunnelpatin benannt, die sowohl den Tunnel-Anstich als auch den -Durchstich durchführt und als einzige Frau die Baustelle betreten darf.

Schneidrad einer vollmechanischen Schildbohrmaschine. (Ingenieursbureau Amsterdam)

Ein Tunnelstück für die Querung der »Nieuwe Maas« in Rotterdam wird aus dem Brienenoord-Baudock gefahren. Der rechts im Bild ersichtliche Ponton ist die »Docktür«. (Gemeentewerken Rotterdam)

5. Absenkmethode

Diese »nasse« Methode findet vor allem in wasserreichen Gebieten Anwendung, zum Beispiel bei der Kreuzung von Wasserwegen und Hafenbecken oder dort, wo durch eine weiche Bodenkonsistenz die vorstehend beschriebenen Tunnelbauweisen entweder nicht oder nur mit sehr hohen Kosten eingesetzt werden können.
Auch diese Methode ist nicht neu; mit ihrer

Im Baudock »Weena« in Rotterdam (vor dem Hauptbahnhof) liegen mehrere transportbereite Tunnelstücke. Im Hintergrund ist der Verlauf des »Baukanals« ersichtlich. (Gemeentewerken, Rotterdam)

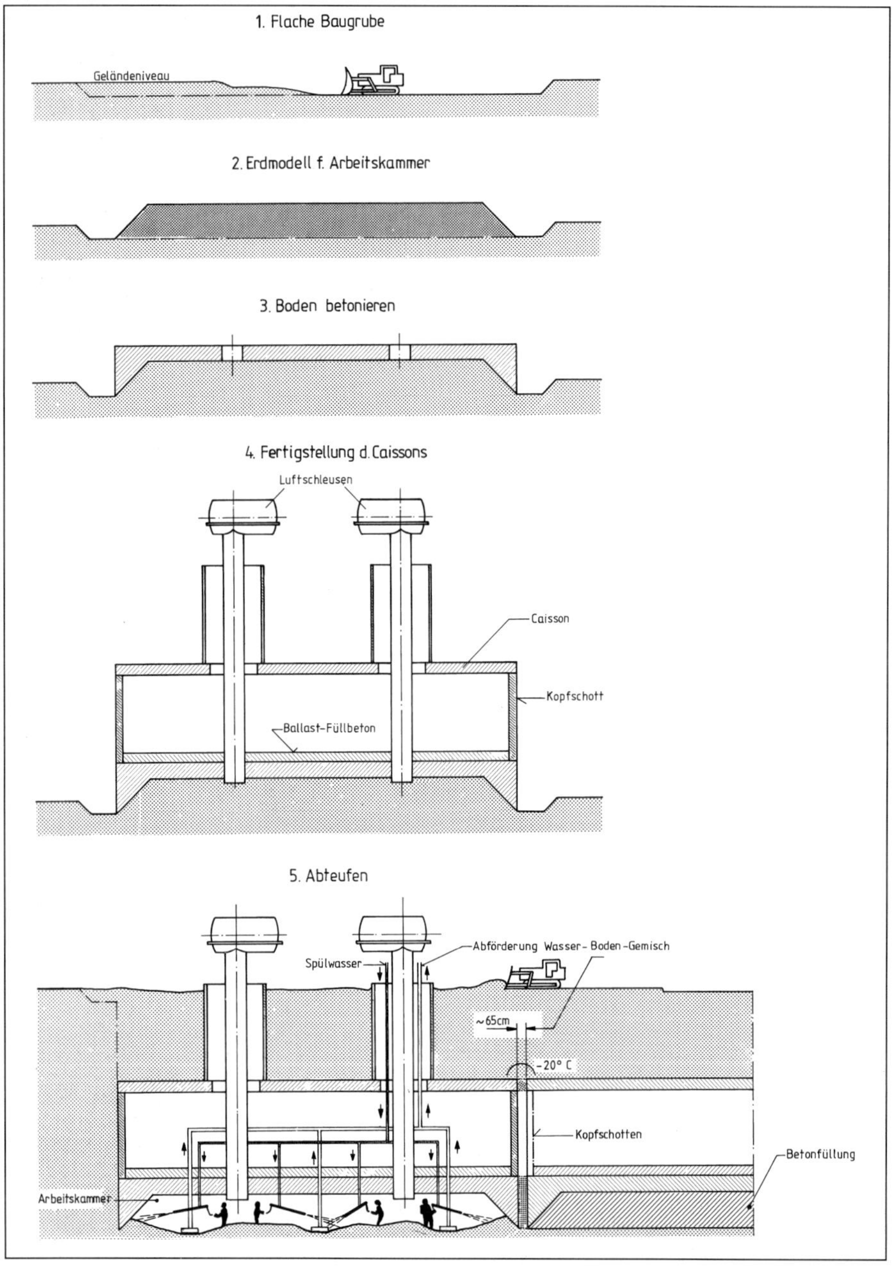

Die verschiedenen Bauphasen der Caisson-Bauweise. (Quelle: Ingenieursbureau Amsterdam)

Hilfe wurde bereits 1907 ein Eisenbahntunnel in Detroit (USA) gebaut und auch der Bau des ersten, 1942 eröffneten, Tunnels unter der Maas in Rotterdam erfolgte nach dieser Methode.

Hierbei werden in einer dockähnlichen Baugrube, nach dem Prinzip der offenen Tunnelbauweise (siehe Abb. 1 A/B), Tunnelstücke hergestellt. Nach Fertigstellung werden die Kopfenden mit Schotten wasserdicht abgeschlossen und die Baugrube mit Wasser gefüllt. Wenn die Tunnelstücke schwimmen, werden sie mit einem Schleppkahn an die Absenkstelle, eine ausgebaggerte Rinne, gezogen, wo sie abgesenkt und, in den meisten Fällen, auf vorab eingerammte Pfähle abgelegt werden. Nach der Positionierung der Tunnelstücke werden die Fugen wasserdicht abgeschlossen und die Kopfschotten geöffnet.

Auch Landtunnel in Gebieten mit hohem Grundwasserspiegel können nach dieser Methode gebaut werden. Nachteilig ist hierbei jedoch, daß die erforderlichen Fahrrinnen über die ganze Bauzeit offengehalten werden müssen (siehe »Rotterdam«).

6. Senkkasten (Caisson)-Bauweise

Speziell für weiche Bodemformationen wurde inzwischen auch eine »trockene« Absenkmethode entwickelt, die »Senkkasten-« oder »Caissonbauweise«. Bei dieser Bauweise wird in eine flache Baugrube ein ca. 2 bis 2,50 m hohes Erdmodell für eine Arbeitskammer gebaut, auf dem die mit stahlbewehrten Schneiden versehene Tunnelsohle betoniert wird. Hierauf wird der Caisson gebaut, mit zwei Luftschleusen (eine für die Preßluftzuführung und eine für Personal und Material), Pumpen, Telefonanschlüssen usw. versehen und an den Kopfenden provisorisch zugemauert. Die maximale Länge eines Caissons beträgt ca. 40 m.

Mit starken Wasserkanonen wird anschließend in der Arbeitskammer der Boden losgespritzt und das Wasser-Boden-Gemisch durch Pumpen an die Oberfläche gefördert und entsorgt. Die Arbeitskammer steht, zwecks Grundwasserbeherrschung, unter erhöhtem Luftdruck. Der Caisson versinkt nun langsam in den Boden, wobei die Schneiden der Arbeitskammer sowie Ballast (Sand auf dem Caissondach und/oder Füllbeton auf dem Caissonboden) die Prozedur unterstützen. Unterdessen werden Messungen durchgeführt, um zu verhindern, daß der Caisson zu tief sinkt. Die Abweichungen bei dieser Methode betragen nur wenige Zentimeter, die u.a. durch den Ballast-Füllbeton ausgeglichen werden können. Wenn der Caisson in die richtige Lage gebracht ist, wird die Arbeitskammer mit Beton aufgefüllt. Nach dem Absenken der benachbarten Caissons werden die Zwischenwände geöffnet

Eine Impression der Wibaitstraat in Amsterdam während der Metro-Bauarbeiten. Im Vergleich zu den umstehenden Häusern lassen sich die gewaltigen Abmessungen der Caissons gut erkennen. Die Caissons werden um und um gebaut, das heißt, nach dem Abteufen der Caissons werden auf den noch freien Plätzen die nächsten Caissons gebaut (Ingenieursbureau Amsterdam)

und die durchschnittlich 65 cm breiten Fugen mit Hilfe der Schlitzwandmethode oder der Vereisungstechnik wasserdicht verschlossen.
Diese Methode hat deutliche Zeitvorteile; die Bauzeit einschließlich des Absenkens beträgt ca. 25 Wochen, danach kann die Baustelle, wenn auch nur provisorisch, wieder passiert werden.
In der Praxis werden die Absenk- und die Caissonbauweise auch gemeinsam angewandt, wie z.B. in Berlin bei der Verlängerung der Linie U7 nach Rathaus Spandau zwischen 1977 und 1980. Bei der Havelkreuzung, nahe der Juliusturmbrücke, wurden neun Caissons gebaut, davon sechs in der üblichen Methode. Drei Caissons jedoch wurden nach Art der Absenkmethode in einer dockähnlichen Baugrube gebaut, nach Fertigstellung an die Baustelle geschleppt und auf Grund gesetzt; anschließend wurden sie nach der Caissonmethode in den Boden versenkt.

Das Erdmodell der Arbeitskammer. (Ingenieursbureau Amsterdam)

7. Vereisungstechnik
Die Vereisungstechnik ist ein unterstützendes Verfahren, das bei allen genannten Bauweisen örtlich, aber auch über ein längeres Teilstück hinweg, angewandt werden kann, vor allem an geologischen oder hydrologischen Problemstellen. Die Wendeschleife (Radius 190 m, Länge 1500 m) der S-Bahn in Stuttgart beispielsweise wurde in Gänze mit Hilfe der Vereisungstechnik in der NÖT gebaut.
Hierbei wird ein Schirm von doppelwandigen Röhren um die auszugrabende Stelle in den Boden geschoben, in denen eine bis -40°C kalte Kühlflüssigkeit – meistens eine Lösung von Magnesiumchlorid, Kalziumchlorid und Natriumchlorid – zirkuliert. Hierdurch entsteht im Boden ein ca. 1 m dicker Eisschirm mit einer Temperatur von -5°C. Für eine schnelle und kurze Vereisungsprozedur kann auch flüssiger Stickstoff (-170°C) als Kühlmedium eingesetzt werden.

Ein Eisschirm als Unterstützung beim Tunnelvortrieb in der NÖT. (Philipp Holzmann, Frankfurt)

2: Die technischen Einrichtungen der Metro
Fahrzeuge
Anfangs leitete man die Metrofahrzeuge von den Eisenbahnfahrzeugen ab; folgerichtig bestanden 1863 die ersten Metrozüge der Londoner »Metropolitan Railway« aus Abteilwagen und wurden mit Dampflokomotiven bespannt. Aber schon bald

Dieses Bild zeigt eine sog. »Padded Cell« mit elektrischer Lokomotive Nr. 36 der »City & South London Railway«.
(London Transport Museum)

Der erste Metro-Triebwagen der Welt: die »Földalatti« in Budapest, Baujahr 1896. Dieser Triebwagen war zugleich der erste auf Drehgestellen.
(Közlekedési Muzeum, Budapest)

bemerkte man, daß für den unterirdischen Bahnbetrieb die Dampftraktion nicht geeignet war, so daß bereits 1890, bei der Inbetriebnahme der ersten sog. »Tube«-Linie der »City & South London Railway« (C&SLR), die elektrische Traktion eingeführt wurde, damals noch mit Lokbespannung. Weil die Verantwortlichen der Meinung waren, Fenster seien im reinen Tunnelbetrieb überflüssig, sahen die Wagen mit ihren sechs schmalen Oberlichtern pro Seite aus wie Gefangenen-Transportwagen; es war kein Zufall, daß die Wagen wegen der gesteppten Polsterung im Volksmund »padded cells« (Gummizellen) genannt wurden.
Das Triebwagen-Prinzip wurde 1896 in Budapest auf der »Földalatti«, der heutigen Linie 1, eingeführt. Diese Triebwagen waren erstmals mit zwei Drehgestellen ausgerüstet, wobei je eine Achse über eine Doppelkette angetrieben wurde.
1900 eröffnete die Londoner »Central« ihre erste Linie, zunächst auch mit elektrisch bespannten Zügen. Schon drei Jahre später allerdings wurden die Lokomotiven durch Triebwagen auf Drehgestellen ersetzt. Diese Triebwagen wurden mit Mehrfach-Steuerung ausgerüstet und konnten dadurch an beide Enden des Zuges gestellt werden, wodurch das »Umlaufen« an den Endstationen vermieden wurde.
Die Pariser Metro-Fahrzeuge bestanden bei Betriebsbeginn 1900 aus zweiachsigen Trieb- und Zwischenwagen. Nach 1902 wurden die ersten Triebwagen mit Motordrehgestellen abgeliefert.
Auch die Wagen-Einteilung veränderte sich in einem relativ kurzen Zeitraum. In London stellte man schon bald fest, daß durch die hohen Fahrgastzahlen sowie den dichten Fahrplan die eisenbahnähnlichen Plattformen der Wagen nicht mehr ausreichten und mindestens zwei Einstiege pro Wagenseite erforderlich waren; im Laufe der Zeit wurden sogar drei bis vier Türen üblich. Darin und in der Tatsache, daß mit Metrozügen im Allgemeinen keine großen Entfernungen zurückgelegt werden, ist auch der Grund zu sehen, daß Metrofahrzeuge verhältnismäßig wenig Sitzplätze aufweisen.

Nach vielen Experimenten in früheren Jahren (u.a. die »Micheline«) wurde ab 1963 bei der Pariser Metro auf einigen Linien

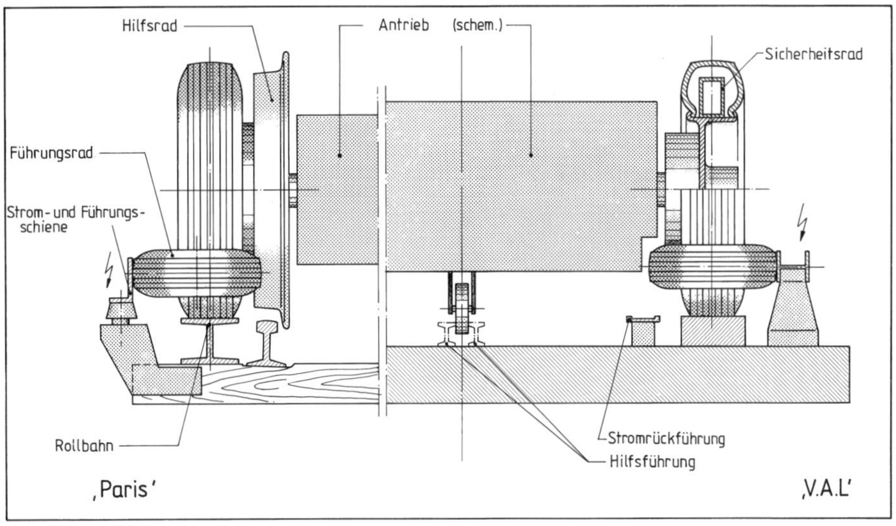

Vergleich der Führungssysteme von luftbereiften Metrofahrzeugen. Links das System, welches u.a. in Lyon, Paris und Marseille angewandt wird, rechts das VAL-System.

Luftbereifung eingeführt. Mittlerweile fahren in Europa auch in Lille, Lyon, Marseille und Toulouse Metrozüge auf Luftreifen.

Das Prinzip besteht aus einer Kombination von Lauf-, Führungs- und Stützrädern. Während die Fahrbahnen aus Stahl oder Beton, bei Abstellgleisen auch aus Holz, bestehen, werden für die Führungsschienen in der Regel die seitlichen Stromschienen benutzt. Um auch dort fahren zu können, wo die Führungsschienen fehlen (z.B. bei Weichen oder in den Betriebshöfen), sind besondere Vorkehrungen getroffen. In Lyon, Paris und Marseille sind zwischen den Fahrbahnen die üblichen Schienen angebracht; an der Innenseite der Laufräder sind Stahl-Hilfsräder mit einem extra hohen Flansch von ca. 70 mm montiert, die diese Schienen überlappen. Fährt nun der Zug örtlich ohne Führung, dann wird diese von den Hilfsrädern übernommen. Im Falle eines Reifenschadens kann das Hilfsrad auf den Schienen rollen und gewährleistet damit eine sichere Fahrzeugführung.

Die Reifen können statt mit Luft auch mit Stickstoff gefüllt werden, um bei blockierenden Rädern die Brandgefahr zu bannen. Obwohl die Reifentechnik bei den Metrobetrieben immer mehr Verbreitung findet, sind immer noch Diskussionen über die Vor- und Nachteile dieses Systems im Gang, weil einem geräuschärmeren und umweltfreundlicheren Betrieb höhere Kosten für Energie und Infrastruktur gegenüber stehen.

Ein völlig neues Metrosystem kam in den Städten Lille und Toulouse zum Einsatz. Nachdem in Lille die Entscheidung gefallen war, ein vom Individualverkehr unabhängiges öffentliches Verkehrsnetz aufzubauen, wurden der Ausschreibung 1971 die nachstehenden Kriterien zugrunde gelegt:

- ein von allen anderen Verkehrsarten unabhängiges System mit einer Durchschnittsgeschwindigkeit größer 30 km/h, um gegen das Auto bestehen zu können.
- vollautomatischer Betrieb ohne Fahrer
- Fahrplandichte von 60 Sekunden in der Hauptverkehrszeit.
- das System soll kompakt und, im Hinblick auf eine leichte Konstruktion, kostengünstig zu entwickeln sein.

1972 bekam ein Konsortium unter der Führung der Fa. MATRA den Zuschlag. Weil eine erste Versuchsstrecke im Universitätsviertel Villeneuve d'Ascq (Lille) gebaut wurde, wurde das Projekt mit den Anfangsbuchstaben dieser Worte als »VAL« gekennzeichnet. Schon bald zeichnete sich ab, daß das »VAL«-System auch in anderen Städten Anwendung finden würde. Das Kürzel »VAL« wurde fortan mit **V**éhicules **A**utomatiques **L**égèrs« interpretiert.

Mit dem System »VAL« wird ein leichtes, luftbereiftes Schienenfahrzeug umschrieben, welches auf einer entsprechend eingerichteten Trasse verkehrt, die sowohl auf Viadukten, in Tunnels als auch auf einem Damm oder ebenerdig verlaufen kann.

Auf der Versuchsstrecke wurden 1973 und 1974 zwei Prototypen eingehend erprobt. Die dabei gemachten Erfahrungen bildeten die Basis für die Entwicklung der ersten Generation von VAL-Fahrzeugen, des Doppeltriebwagens »VAL 206«, der von den Verkehrsbetrieben von Lille und Toulouse angeschafft wurde. Eine Solo-Variante, der »VAL 256«, wurde u.a. in die USA und nach Taiwan exportiert.

In der Zwischenzeit entwickelte die Schweizer Firma VeVey im Auftrag von MATRA einen Prototypen der Reihe »VAL 208«. Dieser Doppel-Triebwagen weicht in einigen wichtigen Punkten vom »VAL 206« ab. So sind an Stelle der vier am Wagenkasten montierten Motoren, die über Gelenkwellen je ein Drehgestell antreiben, alle acht Räder mit Radnabenmotoren ausgerüstet. Auch die Außenform wurde überarbeitet, wobei insbesondere die Köpfe größere Frontscheiben erhielten. Ferner wurde das Fahrzeug bei gleichen Abmessungen ca. 3 t. leichter als der »VAL 206«. Dieser Prototyp wird gegenwärtig in Lille einer eingehenden Erprobung unterzogen.

Beim VAL-System wird die Führung des

Triebwagen 3001 der Pariser Metro war das erste Fahrzeug innerhalb einer Reihe von 18 luftbereiften Dreiwagenzügen, deren Ablieferung 1956 begann. Auf der Weltausstellung 1958 in Brüssel wurde dieses Traktionsprinzip einem breiteren Publikum zugängig gemacht. Durch das Freihalten der Wagenrückseite konnte ein Blick auf die Konstruktion des Drehgestells und dessen Führungssystem geworfen werden. Die Hilfsräder sind auf diesem Foto leider nicht sichtbar.
(Ing. J.A.Bonthuis)

Ein Triebzug vom Typ VAL-206, hier bei der Ablieferung in Toulouse.
(GEC Alsthom)

Der Prototyp des Triebzuges VAL 208. Auf dem Foto gut sichtbar sind die beidseits der Laufräder angeordneten Führungsräder. Hinter dem Schienenräumer die kleine Drehscheibe mit der Hilfsführung.
(VeVey)

Das einachsige Drehgestell der VAL 206, in Fahrtrichtung gesehen. Im Vordergrund das waagerecht angeordnete Führungsrad, dahinter ein Laufrad. In der Mitte die Hilfsführung.
(SEMVAT, Toulouse)

Fahrzeuges bei Unterbrechung der seitlichen Führungschienen von zwei örtlich angebrachten Schienen, zwischen denen ein kleines, in der Mitte des Drehgestells angeordnetes Rad greift, übernommen.
In den Reifen integrierte Metallräder sorgen für einen sicheren Halt, wenn die Reifenspannung wegfällt.

Oberbau

Der Oberbau der Metro entwickelte sich im Prinzip in gleicher Weise wie bei der Eisenbahn. Das traditionelle Schotterbett mit Schwellen aus Holz oder Beton mußte vielerorts, hauptsächlich in Tunnels und auf Viadukten, einer direkten oder indirekten Befestigung auf dem Betonboden weichen.
Bei den Trassen für Luftreifen-Betrieb sind auf den Schwellen, außerhalb der Gleise, auch die Fahrbahnen befestigt.
Um die Fahrgeräusche möglichst gering zu halten, werden in Tunneltrassen unterhalb oder nahe der Bebauung die Gleise häufig in sog. »Gleisströge« verlegt. Das sind ca. 1 m lange, vorgefertigte und elastisch aufgelegte Elemente aus Stahlbeton, die gegen Verschiebung mit kunststoffbeschichteten Dübeln fixiert werden.
Die unterirdische Trassenführung von Metrolinien wird, je nach angewandter Tunnelbauweise, in vielen Fällen bestimmt durch die oberirdische Straßenführung. Hierdurch kann es vorkommen, daß die Trassen recht kurvenreich sind, wobei nicht selten Kurvenradien kleiner 100 m vorkommen (u.a. Paris 40 m, Hamburg 71 m, Berlin 74 m). Tunnels die nach geschlossenen Bauweisen gebaut sind, haben in der Regel Kurvenradien größer 200 m. Bei der Beschreibung der örtlichen Metronetze wird auf diese Details näher eingegangen.
Die Bahnhöfe liegen in den meisten Fällen horizontal und möglichst etwas höher als die Fahrstrecken, um beim Wegfahren und Ausrollen von den Neigungen profitieren zu können.
Die maximalen Neigungen auf den Fahrstrecken werden bestimmt durch die Umstände, unter denen Tunnels oder Viadukte gebaut werden mußten. Sie liegen meistens zwischen 2 und 4,5%. Auch hierauf wird bei den Netz-Beschreibungen näher eingegangen.

Energieversorgung

Die Versorgung der Metrozüge mit Fahrstrom erfolgt vielfach über eine seitlich des Gleiskörpers angebrachte Stromschiene, die sog. »dritte« Schiene. Es gibt jedoch auch abweichende Systeme, zu denen z.B. die Oberleitung gehört, die in den betreffenden Kapiteln besprochen werden.
Bei den Stromsystemen mit dritter Schiene liegt die Fahrspannung unterhalb 1000 V Gleichstrom und kann sowohl an der Ober- oder Unterseite als auch seitlich von der Schiene mit einem an den Drehgestellen angebrachten Stromabnehmer abgenommen werden. Die Stromschienen befinden sich bei zweigleisigen Strecken zwischen den Gleisen und sind in der Regel mit einer Abdeckung aus Holz oder Kunststoff versehen. Aus Sicherheitsgründen werden in den Bahnhöfen die Stromschienen gegenüber den Bahnsteigen angebracht. Die Stromrückführung erfolgt im Allgemeinen über die Fahrschienen. Beim Betrieb mit Luftreifen werden die Stromschienen so gestaltet, daß sie zugleich die Führung der Metrozüge übernehmen können. Für die Stromrückführung ist in diesem Falle ein eigener Strom«abnehmer» vorhanden, der den Kontakt zu den Fahrschienen oder einer eigenen Schiene herstellt.
Oberleitungen wurden bisher für den Metrobetrieb als weniger geeignet angesehen und kamen daher seltener zur Anwendung; hier zeichnet sich aber offensichtlich eine Wandlung ab. Obwohl die Oberleitung einen größeren Tunnelquerschnitt erfordert, scheint es, daß die Mehrkosten hierfür durch niedrigere Kosten für die Energieversorgung mehr als ausgeglichen werden können. Die beim Oberleitungsbetrieb üblichen Spannungen von über 1000 V ermöglichen einen besseren Wirkungsgrad mit

Seitlicher Stromabnehmer für Stromabnahme an der Unterseite der »dritten« Schiene. Detail eines DT4 der Hamburger Hochbahn. (D.Riechers)

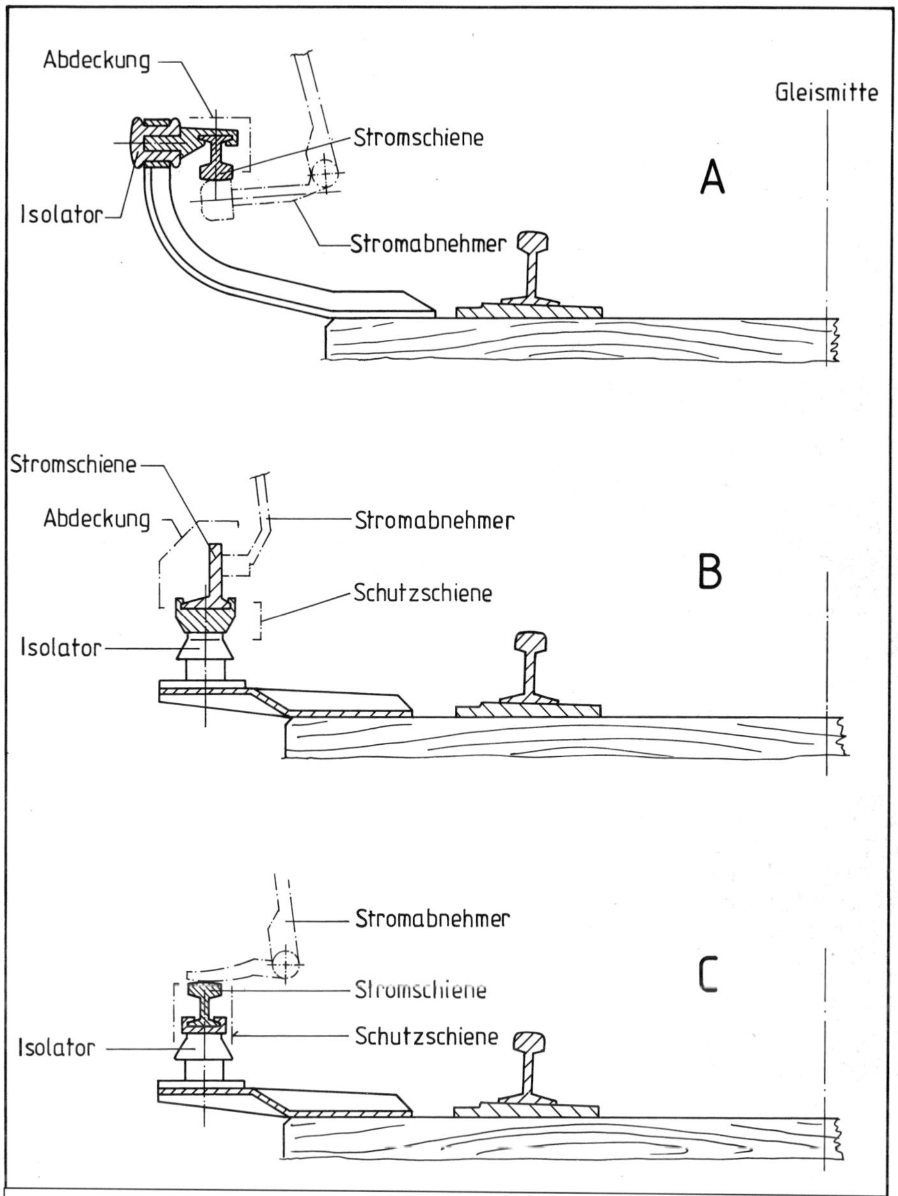

A: Stromabnahme an der Unterseite. Am häufigsten vorkommendes Prinzip.
B: Seitliche Stromabnahme.
C: Stromabnahme an der Oberseite. Wird meistens dort angewandt, wo wenig Platz ist, z.B. bei den Kleinprofillinien in Berlin.

Anordnungsvarianten von »dritten« Schienen.

geringeren Spannungsverlusten, wodurch auch weniger Unterwerke erforderlich sind. Da Oberleitungen jedoch nicht überall der Weisheit letzter Schluß sind, wird es auf jede einzelne Situation ankommen, welches System sinnvoll ist.

Sicherungstechnik

Die Sicherungssysteme sind von Betrieb zu Betrieb unterschiedlich und werden deshalb in den einzelnen Kapiteln besprochen. Hierbei wird desöfteren der Begriff **»LZB«** (Linienförmige Zugbeeinflussung) verwendet. Dieses System basiert auf zwei zwischen den Schienen angebrachten Induktionsleitern, die sich in bestimmten Abständen schleifenartig überschneiden, von wo aus Informationen sowohl zum Fahrzeug als auch zum Rechner des rechnergestützten Betriebsleitsystems (**»RBL«**), der sich in der Zentralen Betriebsleitstelle (**»ZBL«**) befindet, übermittelt werden. Auch eine automatische Steuerung der Fahrzeuge kann über dieses System erfolgen; ferner ist die LZB geeignet zum Austausch von Informationen zwischen ZBL und Fahrer.

Das oben beschriebene VAL-System ist das erste computergesteuerte Betriebssystem, das ohne Fahrer auskommt. Es bildet zugleich die Basis für die Automatisierung von »klassischen« Metrosystemen, wie z.B. in Lyon (Linie »D«) und in Paris bei der im Bau befindlichen Linie 14 (»Meteor«). Bei der Entwicklung dieses vollautomatischen Betriebssystems war die Firma MATRA in Frankreich bahnbrechend.

Anordnung der Stromschienen bei einer Weichenstraße nahe dem Bahnhof Weesperplein in Amsterdam. Um die Stromabnehmer an den Stromschienen »einfädeln« zu können, sind diese an den Enden abgeschrägt oder hochgebogen. (A.M.Voogel)

DEUTSCHLAND

BERLIN

BVG

Betreiber: Berliner Verkehrsbetriebe (BVG)

Seit Berlin wieder Hauptstadt Deutschlands ist, befindet sich die Stadt mit ihren 3,5 Millionen Einwohnern im Aufbruch. War Berlin bislang schon Zentrum von Industrie und Kultur, so werden durch den bevorstehenden Umzug der Regierung von Bonn nach Berlin noch mehr Arbeitsplätze für Verwaltung und Repräsentation in dieser Stadt entstehen, was nicht nur auf die Bevölkerungszahl, sondern auch auf die Struktur des öffentlichen Verkehrs im allgemeinen und die Metro im besonderen Einfluß nehmen wird.
Die Stadt entstand aus der Vereinigung der beiden an der Spree gelegenen Städte Cölln und Berlin, dokumentiert in den Jahren 1237 bzw. 1244. Sie war bis 1432 im »Mittelmärkischen« Städteverbund tonangebend. Nach 1448 verlor die Stadt an Einfluß und im 30-jährigen Krieg wurde sie von schwedischen und kaiserlichen Truppen gebrandschatzt. Erst nach 1701, als Berlin Hauptstadt des Königreichs Preußen geworden war, konnte die Stadt wieder an Bedeutung gewinnen, u.a. durch die Gründung der »Staatlichen Porzellanmanufaktur«. 1871 wurde Berlin Hauptstadt des Kaiserreiches.
Aus den vergangenen Jahrhunderten sind nur wenige historische Bauten übriggeblieben. Weltberühmt ist das »Brandenburger Tor« mit der 1958 und zuletzt 1990 restaurierten »Quadriga«. Sehenswert ist auch der Gendarmenmarkt mit dem »Deutschen Dom« und die restaurierte Altstadt um die Nikolai-Kirche.

Die Geschichte des öffentlichen Verkehrs beginnt am 1. Januar 1847 mit der Inbetriebnahme der ersten Pferde-Omnibuslinie. Diese Transportart wurde von der Bevölkerung gut angenommen, so daß 1864 bereits 38 Unternehmen bestanden. Mit der Gründung der »Allgemeinen Berliner Omnibus-Actien-Gesellschaft (ABOAG)« 1868 begann man, den öffentlichen Verkehr in einer Hand zu konzentrieren.
Mit dem Bau einer Vorführstrecke für eine elektrische Straßenbahn durch die Firma Siemens & Halske im Jahr 1881 begann die Elektrifizierung in Berlin; Die Strecke war ursprünglich als Demonstrationsobjekt gedacht: Man wollte das 1879 entwickelte Projekt einer elektrischen Schnellbahn als Hochbahn vorführen. Auch AEG versuchte, mit dem Projekt einer Untergrund-Eisenbahn nach dem Beispiel Londons in Berlin Fuß zu fassen, jedoch ohne Erfolg: man verwies auf die schlechte Bodenstruktur und verwarf die Vorschläge.
1892 hatte Siemens mit seinen Anstrengungen endlich Erfolg und erhielt die »königliche Erlaubnis« für den Bau einer »Schnellbahn« in Berlin. Am 13. April 1897 wurde dazu die »Gesellschaft für elektrische Hoch- und Untergrundbahnen in Berlin (Hochbahngesellschaft)« gegründet. Diese baute die erste 11 km lange Strecke von der »Warschauer Brücke« über »Gleisdreieck« zum Potsdamer Platz bzw. Knie (dem heutigen Ernst-Reuter-Platz), die am 18. Februar 1902 auf dem Teilstück Stralauer Tor—Potsdamer Platz in Betrieb genommen wurde. Die Linie wurde am 14. Dezember 1902 vollendet. Bis 1913 entstand ein Metronetz mit einer Länge von ca. 38 km. Davon lagen 27 km im Tunnel, 8 km auf Viadukten und 3 km in Einschnitten oder auf Dämmen; Die Fahrzeuge hatten die damals übliche Breite von 2,30 m; das Tunnelprofil war entsprechend angepaßt. Zwischen 1923 und 1930 folgte die zweite Aufbauphase des Metronetzes, nun jedoch mit einem größeren Tunnelprofil; Während sich das »Kleinprofil«-Netz in Ost-West-Richtung orientierte, dehnte sich das »Großprofil«-Netz mehr in Nord-Süd-Richtung aus. Am 21. Dezember 1930 hatte das Metronetz eine Gesamtlänge von 80,4 km mit folgenden Linien:

Kleinprofil

AI	Pankow (Vinetastraße)–Gleisdreieck–Nollendorfplatz (Viadukt)–Wittenbergplatz–Ruhleben
AII	Pankow (Vinetastraße)–Gleisdreieck–Nollendorfplatz (Viadukt)–Wittenberg platz–Krumme Lanke
AIII	Städtische Oper–Wilhelmplatz
BI	Warschauer Brücke–Gleisdreieck–Nollendorfplatz (Tunnel)-Hauptstraße
BII	Warschauer Brücke–Gleisdreieck–Nollendorfplatz (Tunnel)-Uhlandstraße

Großprofil

CI	Seestraße–Grenzallee
CII	Seestraße–Tempelhof
D	Gesundbrunnen–Leinestraße
E	Alexanderplatz–Friedrichsfelde

Mit der Gründung der Stadtgemeinde Groß-Berlin Ende 1920 wurde die Stadt Eigentümerin der »Großen Berliner Straßenbahn«, der zu diesem Zeitpunkt bereits die ABOAG gehörte; 1926 erwarb die Stadt die Aktien der »Hochbahngesellschaft« und am 10. Dezember 1928 wurde die »Berliner Verkehrs AG (BVG)« in das Handelsregister eingetragen. Diese nahm am 1. Januar 1929 ihren Betrieb auf. Ziel war die Vereinigung aller drei Verkehrsbetriebe der Stadt. Am 1. Januar 1938 wurde die Gesellschaft in einen Eigenbetrieb der Stadt Berlin umgewandelt und fortan als »Berliner Verkehrs-Betriebe (BVG)« bezeichnet. Diesen Namen trägt das Unternehmen heute noch.
Zwischen 1930 und 1953 wurden keine neuen Linien mehr eröffnet, sieht man einmal von einem 220 m langen Verbindungsgleis zwischen der »Kleinprofil«-Linie AI/II und den Abstellgleisen der »Großprofil«-Linie E unterhalb des Alexanderplatzes ab, das 1952 in Betrieb genommen wurde. Zwar hatte man zwischen 1938 und 1940 an einigen Stellen mit dem Bau von neuen Tunnelstrecken begonnen, bedingt durch Kriegshandlungen mußten diese Arbeiten jedoch eingestellt werden.
Am Kriegsende war das Metronetz größtenteils verwüstet; mit einer unglaublichen Anstrengung konnte man jedoch am 14. Mai 1945 wieder einen eingeschränkten Teilbetrieb auf zwei Linien aufnehmen, und Anfang 1946 waren von dem ursprünglich 80 km langen Netz wieder 72 km befahrbar.
Erst nach 1953 wurde der Faden mit der sog. dritten Bauphase wieder aufgenom-

men. Den Abschluß fand diese mit der Verlängerung der Linie E nach Hönow am 1. Juli 1989, wodurch das Netz nunmehr eine Länge von 134,1 km umfaßte. Das letztgenannte Teilstück liegt im ehemaligen Ostsektor der Stadt, womit ein weiteres einschneidendes Ereignis angesprochen wird: der Bau der »Mauer« am 13. August 1961. Nach der Währungreform 1947 in den westlichen Besatzungszonen Deutschlands und den Westsektoren von Berlin begann sich der Ostsektor abzuschotten. Trotz Kontrollen an den Sektorenübergängen war in Berlin das Reisen mit Metro und S-Bahn jedoch immer noch ungehindert möglich. Das änderte sich mit einem Schlag, als die damalige DDR-Regierung diese letzte Öffnung im »Eisernen Vorhang« buchstäblich zumauern ließ. Für die U-Bahn bedeutete dies, daß die Linien AI/II zwischen Thälmannplatz (jetzt Mohrenstraße) und Gleisdreieck unterbrochen wurden; Linie CII fuhr ohne Halt an den im Ostsektor zwischen Reinickendorfer Straße und Kochstraße liegenden Bahnhöfen vorbei. Lediglich der Bahnhof Friedrichstraße wurde weiterhin bedient. Durch die Umsteigemöglichkeit auf die Züge in die Bundesrepublik war dieser Bahnhof jedoch nur für Reisende aus West-Berlin zugänglich. Die gleiche Situation herrschte auf der Linie D zwischen den Bahnhöfen Voltastraße und Moritzplatz. Durch diese Maßnahmen waren in Ost-Berlin nur noch zwei Metrolinien übriggeblieben: das Teilstück Thälmannplatz-Vinetastraße der Linie AI/II und die Linie E, betrieben durch den »VEB Kombinat-Berliner Verkehrsbetriebe BVB«, wie die Verkehrsbetriebe im Ostteil von 1949 bis 1992 hießen.
Das Teilstück der AI/II zwischen Wittenbergplatz und Gleisdreieck wurde am 1. Januar 1972 aus wirtschaftlichen Gründen stillgelegt; 1973 wurde auf dieser Viadukttrasse im Bahnhof Nollendorfplatz in 16 ausgedienten A-Wagen ein »Flohmarkt« eingerichtet. Ab 1978 wurde auch der Bahnhof Bülowstraße genutzt, indem dort zunächst »U-Tropia«, später dann ein »Türkischer Basar«, eine Mischung aus Einzelhandelsgeschäften und Gastwirtschaften, einzog; hier dienten zwei C-Wagen als Aufenthalts- und Toilettenräume. Zwischen den beiden Bahnhöfen pendelte der letzte West-Berliner Straßenbahnwagen (Nr. 3344) unter einer eigens zu diesem Zweck angebrachten Oberleitung. 1989 wurde auf einem 1,6 km langen Teil der stillgelegten Strecke ab Bahnhof Gleisdreieck bis Kemperplatz ein Versuchsbetrieb mit einer Magnetbahn (»M-Bahn«) aufgenommen.
Nach der »Wende« am 9. November 1989 wurden die unterbrochenen Linien wieder zusammengefügt, u.a. die ehemalige Linie AI/II (jetzt U2), weshalb die »M-Bahn«, der »Flohmarkt«, der Türkische Basar und die Pendeltram weichen mußten. Die seit 28 Jahren geschlossenen und verwahrlosten Bahnhöfe wurden renoviert. Im November 1993 bestand, nach einer teilweisen Neustrukturierung, wieder ein homogenes Netz mit zehn Linien.

Entwicklung und Bau des Metronetzes
Die nachstehende Übersicht zeigt das Metronetz am 31. Dezember 1995 mit den Eröffnungsdaten; die damals üblichen Bahnhofsnamen sowie die bis zum 1. März 1966 üblichen Linienbezeichnungen stehen in [-] Klammern. Die »Kleinprofil«-Linien sind mit einem **»K«**, »Großprofillinien« mit einem **»G«** angegeben.

Der schöne Viaduktbahnhof Hallesches Tor. Ob alle Details noch aus dem Jahre 1902 stammen, dürfte fraglich sein angesichts der Zerstörungen im letzten Krieg. Der Bahnhof vermittelt jedoch einen guten Eindruck über die Anfänge der Berliner Metro (D.Riechers).

U1 [AII/BI/BII] Warschauer Straße–Krumme Lanke »K« 18,9 km
WarschauerBrücke–Gleisdreieck–Nollendorfplatz (Viadukt)–Wittenbergplatz–Thielplatz (ab Gleisdreieck AII): zwischen 18. Februar 1902 und 12. Oktober 1913;
Gleisdreieck–Wittenbergplatz (Tunnel-Parallelstrecke für BI/II): 24. Oktober 1926;
Thielplatz–Krumme Lanke (AII): 22. Dezember 1929.
Warschauer Straße [ex Warschauer Brücke]–Schlesisches Tor (Wiederinbetriebnahme): 14. Oktober 1995.

Das Teilstück Warschauer Straße–Wittenbergplatz wird zusammen mit U 12 und U 15 befahren.

U2 [AI] Vinetastraße–Ruhleben »K« 19,9 km
Potsdamer Platz–Stadion: zwischen 18. Februar 1902 und 8. Juni 1913;
Potsdamer Platz–Schönhauser Allee [Nordring]: zwischen 1. Oktober 1908 und 27. Juli 1913 (bei dieser Gelegenheit wurde der Bahnhof »Potsdamer Platz« rekonstruiert und mit einem Mittelbahnsteig versehen);
Stadion–Ruhleben: 22. Dezember 1929;
Vinetastraße–Schönhauser Allee: 29. Juni 1930.

Das Teilstück Wittenbergplatz–Ruhleben wird zusammen mit U12 befahren.

U4 Nollendorfplatz–Innsbrucker Platz »K« 2,9 km.
1. Dezember 1930. Diese Linie war Teil der ehemaligen Linie BI. Der Bahnhof »Innsbrucker Platz« hieß zur damaligen Zeit »Hauptstraße«.

U5 [E] Hönow–Alexanderplatz »G« 18,4 km
Friedrichsfelde–Alexanderplatz: 21. Dezember 1930;
Tierpark–Friedrichsfelde: 25. Juni 1973;
Hönow–Tierpark: 30. Juni 1989.

U6 [CII] Alt-Tegel–Alt-Mariendorf »G« 19,9 km
Zinnowitzer Straße [Stettiner Bahnhof]–Tempelhof: zwischen 30. Januar 1923 und 22. September 1929;
Seestraße–Zinnowitzer Straße: 8. März 1923;
Alt-Tegel–Seestraße: zwischen 3. Mai 1956 und 31. Mai 1958;
Tempelhof–Alt-Mariendorf: 28. Februar 1966.

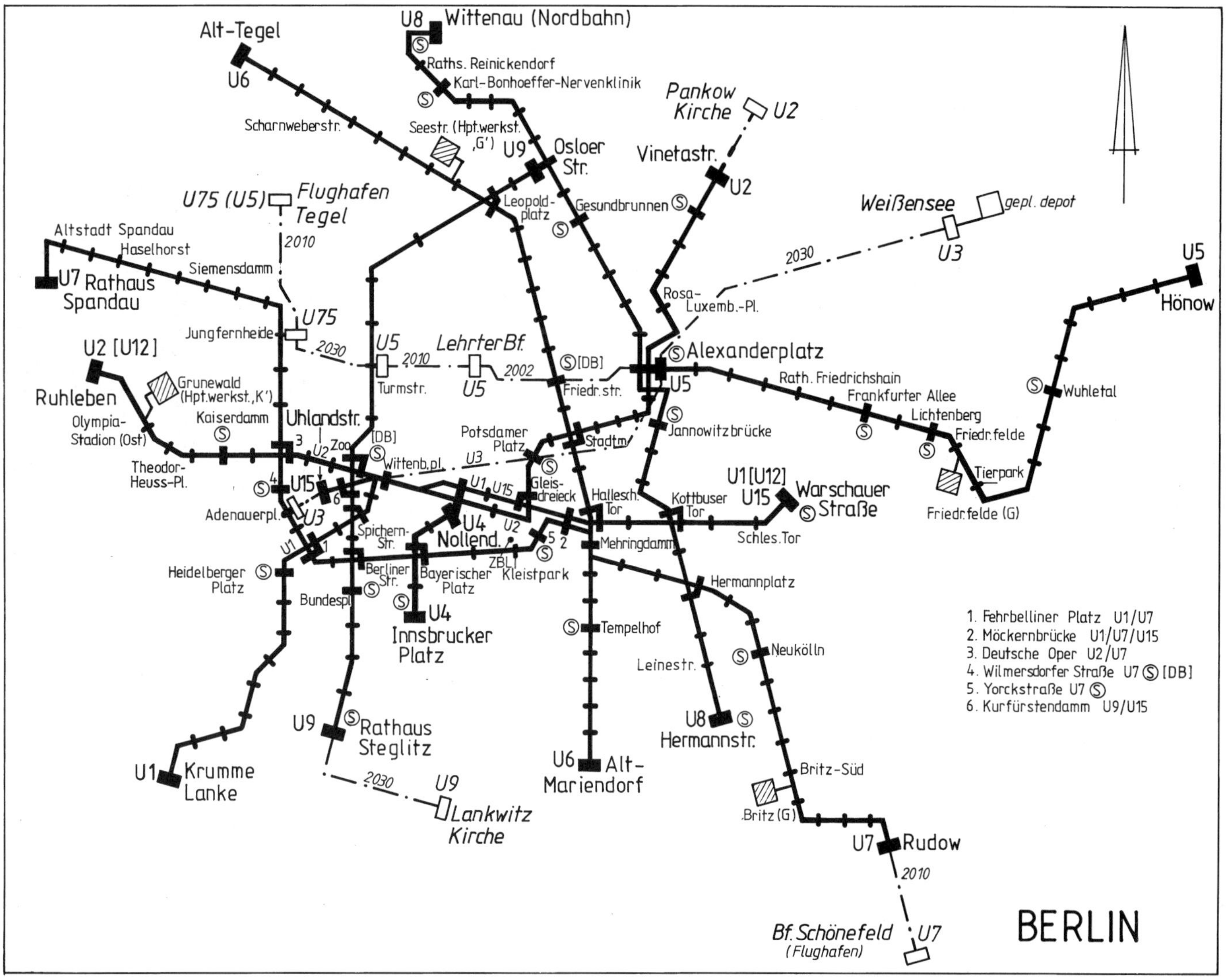

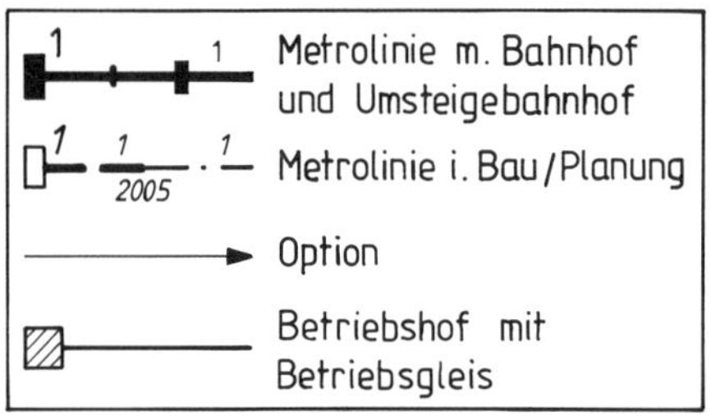

U7 [H] Rathaus Spandau–Rudow »G« 31,8 km

Mehringdamm [Belle-AllianceStraße]–Grenzallee: zwischen 19. April 1924 und 21. Dezember 1930 (war Teil der ehemaligen Linie CI);
Grenzallee–Rudow: zwischen 28. September 1963 en 1. Juli 1972;
Rathaus Spandau–Mehringdamm: zwischen 28. Februar 1966 und 1. Oktober 1984.

U8 Wittenau (Nordbahn)–Hermannstraße »G« 18,1 km

Gesundbrunnen–LeinestraBe[D]: zwischen 17. Juli 1927 und 18. April 1930;
Paracelsusbad–Gesundbrunnen: zwischen 7. Oktober 1977 und 27. April 1987;
Wittenau Nordbahn–Paracelsusbad: 24. September 1994;
Leinestraße–Hermannstraße: 13. Juli 1996.

U9 [G] Osloer Straße–Rathaus Steglitz »G« 12,5 km

Zwischen 28. August 1961 und 30. April 1976.

U12 Warschauer Straße–Ruhleben »K« 16,0 km

Diese Mai 1990 eingerichtete Wochenend-Nachtlinie befährt die Trassen der Linien U1, bis Wittenbergplatz, und U2.

U15 [BII] Warschauer Straße–Uhlandstraße »K« 8,9 km

Wittenbergplatz–Uhlandstraße: 12. Oktober 1913 (war zwischen 1972 und 1993 Linie U3) Warschauer Straße–Wittenbergplatz wird zusammen mit U1 und U12 befahren.

Hiermit hat das Netz eine Linienlänge von 167,3 km; der Tunnelanteil beträgt ca.80%.Die Tunnel sind größtenteils in der offenen Tunnelbauweise gebaut. Die Tunnel der Kleinprofil-Linien mit einer lichten Weite von 6,24 m, liegen aufgrund der hydrogeologischen Bodenverhältnisse direkt unter der Straßenoberfläche und folgen damit zum größten Teil der oberirdischen Straßenführung, wodurch das Kleinprofilnetz zahlreiche enge Kurven aufweist. An besonders kritischen Stellen wurde die Tunnelsohle auf eine »Fundamentplatte« gelegt, die sich auf Holzpfähle in den festen Boden abstützt. Die Tunneldecken bestehen aus Stahl-Querträgern und einer Decke von unbewehrtem Beton. Beim Bau der Linie Potsdamer Platz–Nordring entstand bei der Spreequerung der erste Unterwassertunnel in der offenen Bauweise.

Für die zweite Phase des Metronetzes wurde, im Hinblick auf eine neue Fahrzeuggeneration mit einer Breite von 2,65 m, eine lichte Tunnelweite von 6,90-7,10 m festgelegt (das sog. »Großprofil«). Auch diese Tunnel wurden in der offenen Bauweise gebaut, jetzt jedoch auch in größeren Tiefen bis ca. 14 m, aber ohne tiefgreifende Konstruktionsänderungen. Im Gegensatz zu den Kleinprofil-Linien weisen

Der Bahnhof Heidelberger Platz (U1) mit seinen Gewölben und den prachtvollen Beleuchtungskörpern. Der einfahrende Metrozug gehört zu der Serie A3L-67 (BVG).

Der am 24 September 1994 eröffnete Bahnhof Rathaus Reinickendorf hat durch die moderne Architektur ein eigenes Flair (BVG).

Der Bahnhof Altstadt Spandau (Linie 7) gehört auch zu den monumentalen Bahnhöfen, an denen Berlin so reich ist. Der Triebzug gehört zu der Serie F-79, die letzte Serie in dieser Ausführung, die zwischen 1979 und 1980 gebaut wurde (BVG).

Der wieder-auferstandene Bahnhof Warschauer Brücke, in »Warschauer Straße« umbenannt, Endbahnhof der Linie U1 (D.Riechers).

die Trassen weniger Kurven auf.
Erst in den letzten Jahren wurden modernere Bauweisen eingesetzt. Beim Bau der Linie U7 beispielsweise wurde beim Unterfahren des Eisenbahngeländes Yorckstraße, der Richard Wagner-Straße und der Spandauer Innenstadt die Schildbauweise angewandt, aber auch die offene Bauweise mit Schlitzwänden sowie die Deckelbauweise fanden beim Bau dieser Linie Anwendung; bei der Havelquerung nahe dem Bahnhof Altstadt Spandau machte man Gebrauch von der »Caissonbauweise«. Ein 1080 m langes Tunnelteilstück für die Linie U8 in Reinickendorf wurde in der Schildbauweise gebaut. Der Oberbau besteht aus Vignoles-Schienen (41 kg/m) mit Holzschwellen auf Schotterbett. Die 18 m langen Schienenstücke sind in den Tunnels ohne Temperaturfugen verlegt und durch Federklammern gehalten. Um überhöhte Geräuschemissionen zu vermeiden, sind an besonders kritischen Stellen Isolationsmatten oder Gleisströge mit elastischen Auflagen angebracht. Der kleinste Kurvenradius beträgt 74,8 m, die max. Neigung 4%.Im Metronetz befinden sich 190 Linienbahnhöfe; von diesen bieten 41 Bahnhöfe Umsteigemöglichkeiten auf andere Metrolinien und 26 auf die S-Bahn,

Eingangsgebäude des restaurierten Bahnhofs Wittenbergplatz. Links ein Blick in die Bahnhofshalle (D.Riechers).

Diese Aufnahme eines Triebwagens aus der erste Serie von Kleinprofilfahrzeugen AI, Baujahr 1913, stammt noch aus der BVB-Zeit (bis 1992), wie aus der Wagennummer ersichtlich ist (BVG).

Das alte Stellwerk des Bahnhofs Warschauer Brücke strahlt im neuen Bahnhof Warschauer Straße im alten Glanz (D.Riechers).

Eine »Tunneleule«, offiziell Serie BI aus dem Jahre 1924, unterwegs auf der Linie U6 in Richtung Tegel. (BVG).

wobei sich nicht alle Umsteigemöglichkeiten mit der S-Bahn im gleichen Bauwerk befinden. Von den Bahnhöfen sind 33 oberirdisch. Der mittlere Abstand zwischen den Bahnhöfen beträgt 800 m. Die auf den Viadukten befindlichen Bahnhöfe der ersten Metrolinien wurden mit Seitenbahnsteigen ausgerüstet, die Bahnhöfe der in späteren Jahren gebauten Linien wurden zumeist mit Mittelbahnsteigen versehen; derzeit befinden sich im Netz 30 Bahnhöfe mit Seitenbahnsteigen. Die Regellänge der Bahnsteige beträgt 97-110 m, bei den Kleinprofil-Linien ist das ausreichend für Achtwagenzüge, bei den Großprofil-Linien für Sechswagenzüge. Der aufwendigste

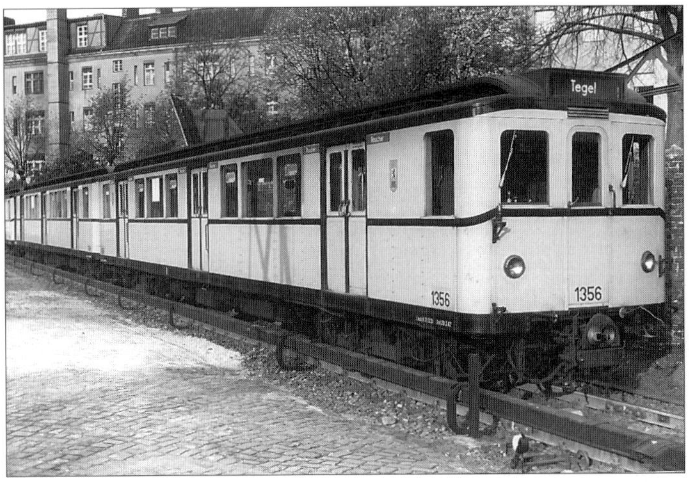

Metrozug, bestehend aus C2-Wagen, im Betriebshof Seestraße (BVG).

Triebwagen der Serie C2 im Depot Seestraße (BVG).

Triebzug der Serie D-57. Dieser Triebzug ging im März 1988 an die BVB. Sowohl die Lackierung als die Numerierung wurden an die neue Situation angepaßt (BVG).

Triebzug 2404/2405 der Serie DL-70 hatte vorübergehend versuchsweise luftgefederte Drehgestelle (BVG).

Der Typ F-82, hier im Betriebshof Britz, unterscheidet sich von den vorhergehenden F-Typen (siehe Aufnahme des Bahnhofs Altstadt Spandau) durch eine schwarze Fläche um die Frontfenster, eine größere Zugzielanzeige sowie Schwenktüren (BVG).

Kleinprofil-Triebzug Typ A3L-71. Gegenüber der vorhergehenden und gleich aussehenden Serie A360/66 sind diese Fahrzeuge rund 6,5 Tonnen leichter, weil weitestgehend von Aluminium Gebrauch gemacht wurde (BVG).

Ab Typ A3L-82 wurde das Fahrzeug optisch den F-Typen bis einschließlich 79 angepaßt. Die Aufnahme zeigt ein Fahrzeug vom Typ A3L-92 anläßlich einer Pressefahrt im Bahnhof Nollendorfplatz (BVG).

Bahnhof befindet sich am Alexanderplatz; außer der auf dem Viadukt liegenden Stadtbahn kreuzen sich hier auf drei unterirdischen Ebenen die Linien U2, U8 und der Endbahnhof der Linie U5 mit Abstellgleisen. Anläßlich der Erweiterung der Linie U5 (damals noch »E«) nach Hönow am 1. Juli 1989 wurde mit dem Bahnhof Wuhletal die erste Umsteigeanlage mit der S-Bahn auf gleichem Niveau eingerichtet.

Berlin verfügt über eine große Anzahl sehenswerter Bahnhöfe, die in ihrer Architektur durch ihre Umgebung inspiriert wurden.So ist der Bahnhof Heidelberger Platz mit Gewölben versehen, die Assoziationen mit dem Heidelberger Schloß hervorrufen; auch sind Wandmalereien mit Heidelberger Motiven angebracht.Mit geschmackvollen Ornamenten und Beleuchtungsarmaturen ist der Bahnhof Spandau Rathaus ausgestattet, vergleichbar mit einem unterirdischen Festsaal; die Wände des Bahnhofs Paracelsusbad zeigen Darstellungen der Badekultur vergangener Jahrhunderte. Sehenswert sind auch einige Eingangsgebäude; beispielsweise der in den Jahren 1980-1983 rekonstruierte Bahnhof Wittenbergplatz aus dem Jahre 1913 in neo-klassizistischem Stil. Auch die Viadukte »atmen« den Stil der zwanziger Jahre.

Die meisten Bahnhöfe sind mit Rolltreppen ausgestattet. Nur 34 Bahnhöfe, von denen 25 über Aufzüge verfügen, sind behindertengerecht eingerichtet; ein Umbauprogramm wird teilweise Verbesserungen bringen. Eine Besonderheit zeigt der Bahnhof Lindauer Allee: weil die ursprünglichen Planungen keinen Aufzug vorgesehen hatten, wurde hier nachträglich ein Schrägaufzug angebracht.

Fahrzeuge

Die Entwicklung der Metrofahrzeuge begann 1899 mit der Ablieferung von zwei Prototypen vom Typ AI für die in Bau befindlichen Kleinprofil-Linien; die Serienfertigung begann 1902 in eigenen Werkstätten. Eine Einheit bestand aus zwei Trieb- und einem Zwischenwagen. Zunächst hatten die Triebwagen drei Motoren, ab der zweiten Bauserie wurden vier Motoren eingebaut, um Vierwagen-Einheiten zu ermöglichen. Nach 1906 wurden Steuerleitungen angebracht, um mit zwei Einheiten fahren zu können. Obwohl die Prototypen noch mit Quersitzen ausgerüstet waren, wurden in den Serienfahrzeugen Längssitze eingebaut, was bei den Kleinprofilzügen auch heute noch der Fall ist. Die Wagen hatten zwei Schiebetüren pro Seite, die sich an den Wagenenden befanden. Die 1928/29 abgelieferten Wagen vom Typ AII hatten eine veränderte Fenster- und Türeinteilung; danach war die Entwicklung von neuen Kleinprofilfahrzeugen für dreißig Jahre unterbrochen. Die Typen AI und AII wurden bei der BVG

(West) zwischen 1968 und 1973 ausgemustert; bei der BVB (Ost) wurden sie noch bis 1989 eingesetzt.

Als 1923 die Großprofil-Linie »D« eröffnet wurde, waren aus finanziellen Gründen noch keine passenden Fahrzeuge verfügbar. Aus diesem Grunde wurden zunächst Fahrzeuge vom Typ AI (Kleinprofil) eingesetzt, die, um den Spalt zwischen Wagen und Bahnsteig zu überbrücken, mit seitlichen Brettern (»Blumenbrettern«) ausgerüstet waren.

1924 wurden die ersten Trieb- und Zwischenwagen vom Typ B1 (Großprofil) abgeliefert, wegen ihrer ovalen Frontfenster »Tunnel-Eulen« genannt. Mit diesen Fahrzeugen konnten Drei-, Vier- und Fünfwagenzüge zusammengestellt werden. Die Wagen hatten Längssitze und an jeder Wagenseite drei doppelte Schiebetüren.

1927/28 wurden Fahrzeuge in einer ver-

Oben: Dieses Foto entstand noch in der BVB-Periode. Ein Triebzug vom Typ GI/1 im Bahnhof Alexanderplatz in Richtung Vinetastraße in Pankow (ADtranz).

Mitte: Vom Stellwerk Grunewald aus fotografiert. Triebzüge GI/1 und A3L-92 vor der Bahnsteig-Überdachung des Bahnhofs Olympiastadion-Ost. Links die Einfahrt zum Betriebshof und Hauptwerkstätte »Grunewald« (BVG).

Unten: Zwei unterschiedliche Ausführungen des Typs EIII bei den Eröffnungsfahrten Tierpark–Hönow (Linie E, heute U5) am 30. Juni 1989. Die Triebzüge entstanden aus ehemaligen S-Bahn-Triebwagen (BVG).

Typ:	A3-60/66	A3L-66/71
Baujahr:	1960-1966	1966-1973
Länge ü.K.(mm):	25660	25660
Breite(mm):	2300	2300
Dienstgewicht (t):	38,5[1]	32
Max. Fahrgastzahl:	156	156
Sitzplätze:	52	52
Stehplätze:	104	104
Einstiege p. Seite:	6	6
Leistung(kW):	4x120	4x100
Beschleunigung (m/s^2):	1,3	1,3
Bremsverzögerung (m/s^2):	1,2	1,2
Notbremsverzögerung (m/s^2):	–	–
V/max (km/h):	62	62
Bestand (31.01.96):	53	117

[1] das Gewicht der ersten acht Triebzüge A3-60 betrug 41,1 t.

Typ:	A3L-82	A3L-92[2]	GI/1[3]
Baujahr:	1982	1993-1994	1988-1989
Länge ü.K.(mm):	25820	25820	25660
Breite (mm):	2300	2300	2360
Dienstgewicht (t):	35,3	37,4	37
Max. Fahrgastzahl:	150	150	199
Sitzplätze:	52	52	66
Stehplätze:	98	98	133
Einstiege p. Seite:	6	6	4
Leistung (kW):	4x100	8x89	4x120
Beschleunigung (m/s^2):	1,3	1,3	1,15
Bremsverzögerung (m/s^2):	1,2	1,2	1,2
Notbremsverzögerung (m/s^2):	–	–	–
v/max(km/h):	62	62	62
Bestand(31.01.96):	8	51	53[4]

[2] Drehstromantrieb
[3] diese Triebzüge können nur in Doppeltraktion eingesetzt werden.
[4] einschließlich eines Triebzugs des ausgemusterten Typs GI, als Werbeträger für »Spreequell«.

Typ:	D-57/65	DL-65/70	F-74
Baujahr:	1956-1965	1965-1970	1973-1975
Länge ü.K. (mm):	31700	31700	32100
Breite (mm):	2650	2650	2650
Dienstgewicht (t):	[5]	36,4	38,1
Max. Fahrgastzahl:	235	235	235
Sitzplätze:	72	72	76
Stehplätze	163	163	159
Einstiege p. Seite:	6	6	6
Leistung (kW):	4x150	4x135	4x175
Beschleunigung (m/s^2)	1,3	1,3	1,3
Bremsverzögerung (m/s2):	1,2	1,2	1,2
Notbremsverzögerung (m/s^2):	–	–	–
v/max (km/h):	72	72	72
Bestand (31.01.96):	114	101	28

[5] das Dienstgewicht beträgt: D/DI-57: 48,7 t; D/DI-60: 49,9 t; D/DI-63: 49,2 t; D/DI-65: 47,8 t.

Typ:	F-76	F-79	F-79.3[6]
Baujahr:	1976-1981		1980
Länge ü.K. (mm):	32100	32100	32100
Breite (mm):	2650	2650	2650
Dienstgewicht (t):	37,8	39,4	42,6
Max. Fahrgastzahl:	235	250	246
Sitzplätze:	76	72	72
Stehplätze:	159	178	174
Einstiege p. Seite:	6	6	6
Leistung (kW):	4x175	4x175	8x89
Beschleunigung (m/s^2):	1,3	1,3	1,3
Bremsverzögerung (m/s^2):	1,2	1,2	1,2
Notbremsverzögerung (m/s^2):	–	–	–
v/max (km/h):	72	72	72
Bestand (31.01.96):	41	37	6

Typ[6]:	F-84/87/92	»H«
Baujahr:	1984-1994	1995
Länge ü.K. (mm):	32100	98740
Breite (mm):	2650	2650
Dienstgewicht (t):	43,1/42,7/41,1	138,5
Max. Fahrgastzahl:	236	724
Sitzplätze:	72	208[7]
Stehplätze:	164	516
Einstiege p. Seite:	6	18
Leistung (kW):	8x89	24x90
Beschleunigung (m/s^2):	1,3	1,3
Bremsverzögerung (m/s^2):	1,2	1,3
Notbremsverzögerung (m/s^2):	–	–
v/max (km/h):	72	70
Bestand (31.01.96):	145	2

[6] Drehstromantrieb.
[7] einschließlich Klappsitze

Ein BVB-Triebzug vom Typ GI/1 (Adtranz).

besserten Ausführung als Typ B2 abgeliefert; diese waren wegen einer höheren Motorleistung nicht mit den Wagen vom Typ B1 kuppelbar. 1926 konnten erste Erprobungsfahrten mit Fahrzeugen vom Typ C1 durchgeführt werden. Diese Wagen waren 5 m länger als die vom Typ B1/2. Nach mehreren Änderungen wurden 1929/30 die Typen C2 und C3 abgeliefert; diese hatten drei doppelte Schiebetüren pro Seite. Weil die Triebwagen je ein Trieb- und ein Laufdrehgestell hatten, wurden keine Zwischenwagen bestellt; maximal sechs Triebwagen konnten zu einem Zug zusammengestellt werden. Mit der Ablieferung eines Dreiwagenzuges vom Typ C4, der versuchsweise ein genietetes Aluminiumgerippe erhielt, wurde 1930 auch hier zunächst die Entwicklung von neuen Metrofahrzeugen unterbrochen. Die letzten B1/2 Trieb- und Zwischenwagen wurden 1969, die letzten C2 Triebwagen 1975 ausgemustert.

1956 wurde für die Großprofil-Linien der erste von zwei Prototypen eines neuen Doppeltriebwagens, Typ D, abgeliefert. 1957 wurde die Serienfertigung dieses Fahrzeuges aufgenommen. 1988/89 wurden 49 Doppeltriebwagen dieses Typs der BVB (Ost) überlassen, um bei dem Fahrzeugmangel für die Linie E Abhilfe zu schaffen; wegen der hierzu erforderlichen technischen Anpassungen wurden diese Fahrzeuge vorübergehend mit DI bezeichnet. Ferner waren diese Fahrzeuge an einer abweichenden Farbstellung (elfenbein mit gelber Front und gelben Türen) erkennbar. Mit der Ablieferung des Typs DL (in Aluminiumausführung) zwischen 1965 und 1974 war die Baureihe D komplett.

1973 begann die Ablieferung einer verbesserten Serie von Fahrzeugen, dem Typ F, ebenfalls in Aluminium-Ausführung. Die ab 1980 gebauten Triebzüge dieses Typs (F-79.3 usw.) hatten eine Drehstromausrüstung. Durch eine gleichmäßigere Fahrkultur und die Tatsache, daß die beim Bremsen freiwerdende Energie in den Stromschienen zurückfließt, konnte eine Energieeinsparung von rund 26% erreicht werden. Als letzte Ausführung wurden ab 1984 die Typen F84 bis 92 abgeliefert. Sie haben u.a. eine geänderte Frontpartie, Schwenk-Schiebetüren anstelle von Schiebetüren und eine geräumigere Fahrerkabine.

Bei den Kleinprofilfahrzeugen begann 1960 die Ablieferung des vom Typ D abgeleiteten Typs A3; bei der ab 1965 gelieferten Nachfolgeserie vom Typ A3L, wurde zum größten Teil Aluminium als Werkstoff eingesetzt. Die nach 1982 abgelieferten Fahrzeuge erhielten Choppersteuerung, Geräuschabsorber an den Rädern und eine am Typ F angelehnte Frontpartie. Ab Typ D wurden alle Fahrzeuge durch die Firma ABB Henschel, ex Waggon Union, ex Orenstein & Koppel, geliefert.

In der Nacht zum 19. Juni 1996 erfolgte die erste Fahrt eines Triebzuges vom Typ H auf BVG-Gleisen, hier im Waisentunnel, dem Verbindungstunnel zwischen den Linien U5 und U8 (K.Beier, BVG)

Die BVB (Ost) begann 1975 mit der dringend erforderlichen Erneuerung des Kleinprofil-Fahrzeugparks durch die Beschaffung von vier Prototypen des Typs GI. Nach einer Erprobungszeit von drei Jahren begann 1978 die Serienfertigung durch LEW Hennigsdorf. Im Gegensatz zu den Typen A3/A3L, D/DL und F haben diese Doppeltriebwagen nur einen Fahrerstand, so daß die kleinste selbständige Einheit aus zwei Doppeltriebwagen bestehen muß. Die ab Juni 1988 abgelieferte und verbesserte Serie GI/1 konnte durch eine abweichende elektrische Installation nicht elektrisch mit den Fahrzeugen vom Typ GI gekuppelt werden. Nach der Vereinigung der beiden Metronetze 1990/91 mußten die Fahrzeuge auf westliche Gegebenheiten angepaßt werden; die letzten Einheiten vom Typ GI wurden mittlerweile offiziell ausgemustert. Lediglich ein Doppeltriebwagen wurde nachträglich als Werbeträger für »Spreequell« mit einer Sonderausstattung (Edelstahlsitze, Glastrennwände) versehen und der Technik des Typs GI/1 angepaßt, um in Regelzügen mitfahren zu können.

Um für die Großprofil-Linie E ausreichend Fahrzeuge zur Verfügung zu haben, wurden zwischen 1962 und 1972 rund 170 S-Bahn-Wagen der Baureihen 165, 168 und 169 aus den Jahren 1927/1930 zum Typ EIII umgebaut; diese wurden am 16. Juli 1994 ausgemustert.

Bei allen bisher beschriebenen Fahrzeugen besteht zwischen den Wagen keine Übergangsmöglichkeit.Die Diskussion über die Sicherheit der Fahrgäste in Metro-Zügen hat dazu geführt, daß das herkömmliche Prinzip der nichtdurchgängig begehbaren Metrozüge mehr und mehr in die Kritik gerät. Aus diesem Grunde wurden die neuesten Fahrzeugtypen in Paris (MF88, MP89) sowie Barcelona (Typ 2000) mit Balgübergängen ausgeliefert; neben der Sicherheit wird auch eine bessere Fahrgastverteilung und damit eine optimalere Auslastung der Züge erreicht. Inzwischen hat ABB Daimler-Benz Transportation (Adtranz) als Nachfolger der Firmen ABB Henschel und AEG Schienenfahrzeuge GmbH die ersten zwei »Großprofil«-Sechswagen-Triebzüge vom Typ »H«, die ebenfalls durchgängig begehbar sind, abgeliefert. Der Wagenkasten ist in Aluminium-Integralbauweise unter Verwendung von extrudierten Großprofilen ausgeführt. Die Übergänge zwischen den einzelnen Wagen engen das Fahrzeugprofil kaum merkbar ein und ermöglichen eine nahezu ungehinderte Durchsicht durch den ganzen Zug. Von den 24 Drehstrom-Asynchronmotoren werden je acht durch einen flüssigkeitsgekühlten Stromrichter gespeist. Diese Züge werden bis Ende 1998 einer eingehenden Praxis-Erprobung unterzogen, bevor mit der Lieferung der weiteren 113 Züge, einschließlich der Option auf 69 Fahrzeuge, begonnen wird.

Betriebsablauf

Die Metrozüge werden über eine »dritte« Schiene mit einer Spannung von 750 V Gleichstrom versorgt. Während im Kleinprofilnetz die Polarität der von oben bestrichenen Stromschiene positiv ist, ist diese im Großprofilnetz negativ; hier wird die Stromschiene an der Unterseite bestrichen. Zunächst waren alle Stromschienen aus Stahl, sie werden aber nach und nach durch Aluminium-Schienen ersetzt. Die Energieversorgung erfolgt über 55 Gleichrichterwerke, die in Abständen von zwei bis vier Kilometern über das Netz verteilt sind.

Der neue Triebzug Typ H im Betriebshof Britz (K.Beier, BVG)

Line-up von Berliner Großprofilzügen in der Werkstätte Britz, v.l. die Typen D, F-82 und H (K.Beier, BVG).

Interieur des neuen Triebzuges Typ H. Die nahezu wagenbreiten und neuartigen Übergänge geben die Sicht durch den gesamten Zug frei (D.Riechers).

Die Energie-Überwachung erfolgt in die Netzleitstelle (NLU) am Bahnhof Turmstraße.
Die Betriebsführung erfolgt auf allen Linien über eine ZBL im Gebäude der Hauptverwaltung an der Potsdamer Straße. Dabei unterstehen einem Netzmanager vier Betriebsbereiche: Kleinprofil Linien U1, U2 und U4, Großprofil Linien U5 und U8, U6 und U9, U7. Diese Betriebsbereiche leiten Linienmanager, denen wiederum Streckenfahrdienstleiter unterstehen. Diese bedienen die Anlagen der Zugsicherungstechnik elektronisch ferngesteuert und verfügen mit der Zuglaufverfolgung (ZLÜ) über ein Überwachungsinstrument für den Zugbetrieb; in Zukunft kommt Zuglenkung hinzu.Diese Fernsteuer- und ZLÜ-Technik ist seit Anfang 1996 auf der Linie U7 in Betrieb. 1997 werden die Kleinprofillinien damit ausgerüstet; die Linie U9 erhält zur vorhandenen Stellwerksfernsteuerung auf dem Bahnhof Berliner Straße die ZLÜ-Technik. Die weiteren Linien sollen in den nächsten Jahren folgen.
Die Verkehrsführung erfolgt in den Grenzen der vier Betriebsbereiche über vier dezentrale Service-, Informations- und Sicherheitszentralen (SIS). Für die Linien U6 und U9 hat diese seit Herbst 1996 auf dem Bahnhof Osloer Straße ihre Arbeit aufgenommen.
Die SIS-Zentralen besitzen direkten Kundenkontakt und sind an den Notruf- und Informationssäulen (über Gegensprechanlagen) sowie an den zugehörigen zuschaltbaren Videoanlagen angeschlossen; sie steuern den Einsatz der Bahnhofsmanager, die für die Betreuung der Fahrgäste auf dem Bahnsteig zuständig sind und nach und nach die Zugabfertiger ersetzen (seit

Obwohl zu diesem Zeitpunkt beide noch nicht in Betrieb genommen waren: Triebzug Typ H im neuen Bahnhof Hermannstraße (K.Beier, BVG).

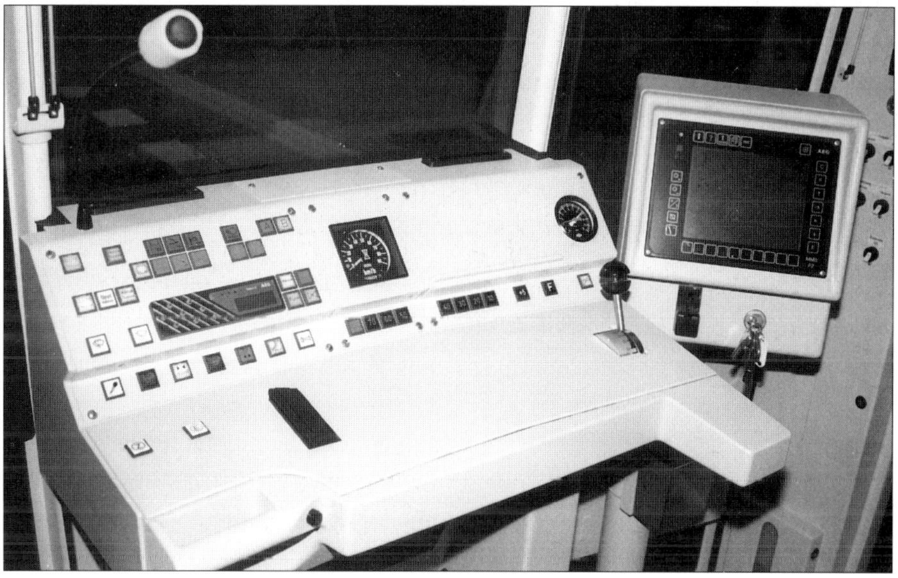
Fahrerstand des Triebzuges H (K.Beier, BVG).

Mock-up des neuen Kleinprofilzuges HK (D.Riechers)

Die »ZSA«-Anlage im Bahnhof Seestraße (U6), bestehend aus zwei Monitoren und einem großen Spiegel (BVG).

1994 auf der Linie U4, ab 1996 die Linien U6 und U9).
Den SIS-Zentralen obliegt die Fahrgastinformation und zukünftig auch die Überwachung der elektronischen Fahrgastabfertigung an den Zu- und Abgängen sowie die Betreuung der Verkehrsanlagen.
Das System der U-Bahn-Leitstellen wird durch die für die Fahrenergieversorgung zuständige NLU und die Technikleitstelle (TLU), zur Fernsteuerung und -überwachung weiterer maschinentechnischer-, elektrischer- und sonstiger Anlagen (z.B. Aufzüge, Rolltreppen, Notausstiege) ergänzt. Auch die TLU befindet sich am Bahnhof Turmstraße. Mit der Einführung der SIS-Zentralen ist die Verwirklichung der Zugfahrer-Selbstabfertigung (ZSA) verbunden. Hierbei fertigen die Fahrer ihre Züge über Spiegel bzw. Monitore (bei gekrümmten Bahnsteigen) selbst ab. Die ZSA wurde wie folgt eingeführt: 1992 - U4, 1993 - U9, 1994 - U8, 1996 - U6 und U1/15; bis 1998 sollen allen Linien hierfür ausgerüstet sein.
Werktags verkehren die Metrozüge zwischen 04.00 und 01.00 Uhr mit einer Zugfolge von 5-10 Minuten, in der HVZ von 3-4 Minuten.
Abstellgleise befinden sich bei allen Werkstätten und an mehreren Stellen im Netz; ein größerer Abstellbahnhof befindet sich in Hönow. Größere Reparaturen und Hauptuntersuchungen werden in den Hauptwerkstätten Grunewald (Kleinprofil) und Seestrasse (Großprofil) durchgeführt; die laufende Wartung erfolgt in den Werkstätten Grunewald (K), Seestrasse (G), Britz (G) und Friedrichsfelde (G). In letztgenannter Werkstatt wurde während der BVB-Periode auch die Wartung der Kleinprofilfahrzeuge durchgeführt; größere Reparaturen und Hauptuntersuchungen wurden damals im Reichsbahn-RAW Schöneweide ausgeführt.
Die Berliner Metro ist seit 1993 Teil der »Verkehrsgemeinschaft Berlin-Brandenburg (VBB)« in der außer der BVG und der S-Bahn Berlin GmbH weitere Verkehrsbetriebe aus Potsdam und Umgebung zusammengefaßt sind. Neben einem Einheitstarif, mit der Möglichkeit zwei Stunden im gesamten Netz zu fahren, gibt es einen Kurzstreckentarif, ein Berlin-Ticket für 24 Stunden, eine Familientageskarte für Wochenenden und Feiertage sowie diverse Zeitkarten.

Ein Blick in die Zukunft

Nachdem die großen »Löcher« bis auf eines geschlossen sind und das Metronetz wieder zusammengefügt ist, wird, wie die nachstehende Übersicht zeigt, auch wieder an die Zukunft gedacht. Folgende Erweiterungen (bis 2010) sind fest eingeplant:

U2 Pankow Kirche–Vinetastraße: zum Teil im Bau, Termin Inbetriebnahme noch nicht bekannt.

U5 Alexanderplatz–Regierungsviertel–Lehrter Bahnhof (der projektierte neue Hauptbahnhof): geplante Inbetriebnahme 2002. **U5** Lehrter Bahnhof–Turmstraße (2010)

U7 Rudow–Flughafen Schönefeld (2010).

U75 Flughafen Tegel–Jungfernheide (2010); wird zu einem späteren Zeitpunkt Teil der erweiterten Linie U5.

Bis 2030 sind geplant:

U3 Rathaus Weißensee–Wittenbergplatz–Adenauerplatz (2030). Ob diese neue Linie als »Klein«- oder »Großprofil«-Linie ausgeführt wird, ist noch nicht bekannt; in letzterem Fall muß das Profil des vorhandenen Tunnels Wittenbergplatz–Uhlandstraße erweitert werden. Am Endpunkt Weißensee ist eine Werkstätte geplant.

U5 Turmstraße–Jungfernheide (2030). Dieser Abschnitt stellt dann die durchgehende Verbindung vom Alexanderplatz zum Flughafen Tegel via einer vorübergehend eingerichteten Linie U75 her.

U9 Rathaus Steglitz–Lankwitz Kirche (2030).

Trassenfreihaltungen bestehen für:

U 1 Krumme Lanke–S-Bahnhof Mexikoplatz.

U 1 Friedrichshain–S-Bahnhof Warschauer Straße.

U 2 Ruhleben–Rathaus Spandau–Falkenhagener Feld.

U 2 Nordend–Pankow Kirche.

U 3 Adenauerplatz–Theodor-Heuss-Platz.

U 3 Rathaus Weißensee–Karow Süd/Falkenberg

U 5 Flughafen Tegel–Rathaus Reinickendorf.

U 7 Rathaus Spandau–Staaken.

U 8 Wittenau–Rosenthal.

U 11 Marzahn–Lehrter Bahnhof.

Neben den Erweiterungen und Verbesserungen des Netzes werden 1998 die ersten Vierwagen-Triebzüge des neuen Typs »HK« (»K« steht auch hier für »Kleinprofil«) von ADtranz erwartet. Das Aussehen dieser Fahrzeuge wird stark durch den Typ »H« beeinflußt; so weit als möglich sollen gleiche Komponenten benutzt werden.

Betreiber: Hamburg Hochbahn AG (HHA)

Mit ca. 1,7 Mio Einwohnern ist die »Freie- und Hansestadt« Hamburg, die zweitgrößte Stadt Deutschlands. Obwohl die Stadt 140 km von der Nordsee entfernt liegt, ist ihr Hafen mit einer Fläche von 90 km², davon 16,2 m² Freihafen, der größte der Bundesrepublik. Schwerpunkt ist der Containerumschlag. Neben den Hafenanlagen bestimmen Schiffswerften das Gesicht des südlichen Hafenufers. Hamburg ist Zentrum von Handel, Industrie und Kultur. Die City ist durch zwei Tunnel, mehrere Brücken und eine S-Bahn-Linie mit den südlich der Elbe gelegenen Vororten und den Industrie- und Hafengebieten verbunden.
811 wurde an der Stelle, wo die Alster in die Elbe mündet, von Ludwig dem Frommen die »Hammaburg« gegründet. Von hieraus nahm die Christianisierung des Nordens ihren Anfang. 1189 erhielt die Stadt von Kaiser Barbarossa weitreichende Handelsrechte; im gleichen Jahr begann die Geschichte des Hafens. Mehr als 300 Jahren war Hamburg Mitglied der Hanse.
Anfang des 19. Jahrhunderts herrschte in Hamburg eine ernste Rezession; die Napoleonischen Kriege hatten die Stadt ausgebeutet und die Kontinentalsperre sowie Steuerzahlungen und Besatzung besorgten das Übrige. Als die französische Besatzung im Mai 1814 beendet wurde, konnte die Stadt wieder aufatmen. 1819 wurde Hamburg als »Freie- und Hansestadt« ein souveräner Staat im »Deutschen Bund«.
Der Hamburger Hafen wurde das Tor zur Welt, von der Expansion profitierten alle Gewerbe- und Industriezweige sowie Fabrikanten, Spediteure und Reeder.

Nach der Präsentation der ersten elektrischen Straßenbahn durch die Firma Siemens in Berlin (1881) begann 1894 auch in Hamburg die Ablösung der Pferdetraktion. Das Wachstum des Hafens sowie die Verkehrsentwicklung in der Stadt forderten schon bald ein leistungsfähiges Verkehrssystem. Bereits 1893 lag ein erster Plan für eine Ringbahn um die Alster mit Abzweigungen zu den verschiedenen Vororten nach dem Beispiel Berlins auf dem Tisch; als Betreiber war die Preußische Staatsbahn vorgesehen. Diese Pläne entwickelten sich jedoch zweigleisig; während die Staatsbahn das Vorortnetz vorantrieb (S-Bahn), diskutierte man im Magistrat weiter über die beste Lösung für den städtischen Verkehr. Aus drei Alternativen, darunter auch das Projekt einer Schwebebahn nach Wuppertaler Vorbild, fiel 1904, nach einem Machtwort des damaligen Bürgermeisters Mönckeberg, die Entscheidung zu Gunsten einer »Hoch- und Untergrundbahn« nach Berliner Vorbild. Geplant wurde eine Ringlinie mit drei Abzweigungen und einer Länge von rund 27 km.
Am 7. Oktober 1906 erfolgte der erste Spatenstich für die »Hochbahn«, und am 15. Februar 1912 wurde das Teilstück Barmbek–Rathausmarkt feierlich in Betrieb genommen. Bis zum 1. März 1912 durfte sich die Bevölkerung zum Nulltarif mit dem neuen Verkehrsmittel vertraut machen, danach wurde der Regelbetrieb mit festen Fahrpreisen aufgenommen. Der gesamte »Ring« war am 29. Juni 1912 fertiggestellt. In der Zwischenzeit wurde am 27. Mai 1911 die »Hamburger Hochbahn AG« gegründet. Am 27. Juli 1915 wurde ein Abzweig vom Hauptbahnhof zum südöstlich gelegenen Stadtviertel Rothenburgsort in Betrieb genommen. Die Inbetriebnahmen des Alstertunnels und des Bahnhofs Stephansplatz am 28. April 1934 waren die letzten Neubauten vor dem Zweiten Weltkrieg.
Durch Eingemeindungen wuchs Hamburg 1937 um 40% auf 1,66 Mio Einwohner. Diese Maßnahmen brachten der »Hochbahn« einen letzten Aufschwung, ehe der Betrieb durch Kriegshandlungen völlig verwüstet wurde.

So schön wurde 1913 der Eingang des damaligen Bahnhofs Millerntor, heute St. Pauli, gebaut (HHA).

Mit großen Anstrengungen gelang es bis Ende 1945, einen Teil des »Rings« zwischen Barmbek und St. Pauli wieder befahrbar zu machen. Es dauerte dennoch bis zum 1. Juli 1950, bis der »Ring« wieder geschlossen war und das Netz wieder seinen Vorkriegszustand erreicht hatte. Wegen der veränderten Bebauung wurde die Linie vom Hauptbahnhof nach Rothenburgsort nicht wieder aufgebaut.
1955 mit begann der Bau der Verbindung Jungfernstieg–Wandsbek.

Entwicklung und Bau des Metronetzes
Anläßlich der Erweiterung des Metronetzes am 2. Januar 1967 wurden drei Linien mit den Nummern U1, U2 und U3 gebildet.

Seit 3. Juni 1973 wird der »Ring« nicht mehr geschlossen befahren, sondern teilweise von den Linien U2 und U3. Die nachstehenden Eröffnungsdaten sind nach der heutigen Linienführung geordnet:

U1 Ohlstedt/Großhansdorf–Norderstedt-Mitte 55,8 km
Kellinghusenstraße–Ohlsdorf: 1. Dezember 1914,
Volksdorf–Wandsbek-Gartenstadt: 6. Oktober 1920,
Ohlsdorf–Ochsenzoll: 1. Juli 1921,
Großhansdorf–Volksdorf: 5. November 1921,
Ohlstedt–Volksdorf: 1. Februar 1925,
Stephansplatz–Kellinghusenstraße: 2. Juni 1929,
Jungfernstieg–Stephansplatz: 28. April 1934,
Wandsbek-Gartenstadt–Jungfernstieg: zwischen dem 22. Februar 1960 und 4. August 1963 (die Verbindung von Wandsbek-Gartenstadt mit der Innenstadt lief bis zu diesem Zeitpunkt über Barmbek),
Ochsenzoll–Garstedt: 1. Juni 1969.
Garstedt–Norderstedt-Mitte: 29. September 1996

U2 Wandsbek-Gartenstadt–Niendorf-Nord 22 km
Barmbek–Berliner Tor: 15. Februar 1912 (das erste Teilstück der Ringlinie).
Schlump–Emilienstraße: 1. Juni 1913,
Emilienstraße–Hellkamp: 23. Mai 1914,
Wandsbek-Gartenstadt–Barmbek: 6. Oktober 1920,
Hellkamp (der Bahnhof wurde nach Umbau in Lutterothstraße umbenannt)–Hagenbecks Tierpark: 30. Oktober 1966,
Berliner Tor–Hauptbahnhof Nord–Schlump: zwischen dem 29. September 1968 und 3. Juni 1973,
Hagenbecks Tierpark–Niendorf-Markt: 1. Juni 1985,
Niendorf-Markt–Niendorf-Nord: 3. März 1991.

U3 Barmbek–Mümmelmannsberg 23 km
Barmbek–St. Pauli–Berliner Tor (als Teil des »Rings«): zwischen dem 15. Februar und 29. Juni 1912,
Berliner Tor–Merkenstraße: zwischen dem 2. Januar 1967 und 29. Mai 1970,
Merkenstraße–Mümmelmannsberg: 29. September 1990,

Hiermit hat das Netz eine Linien-Länge von 100,8 km, davon liegen 35,4 km in Tunnel und 36,6 km auf Viadukten.

Die Tunnel wurden zum größten Teil in der offenen Bauweise gebaut, wobei auch von vorgefertigten Elementen Gebrauch gemacht wurde. Anders als in Berlin wurde in Hamburg gleich ein größeres Tunnelprofil gewählt. Die Schildbauweise wurde erstmals eingesetzt bei der Unterquerung des Hauptbahnhofs anläßlich des Baues des Teilstücks Jungfernstieg–Hauptbahnhof der heutigen Linie U1 (Eröffnung am 2. Oktober 1960); auch beim Bau der Strecke Berliner Tor–Hauptbahnhof Nord–Schlump (U2) wurde diese Methode angewandt.
Die kritschste Stelle des Netzes befindet sich in der früheren Ringlinie zwischen dem auf dem Viadukt gelegenen Bahnhof Rödingsmarkt und dem unterirdischen Bahnhof Rathaus. Die Trasse hat hier den engsten Kurvenradius von 71 m und eine Neigung von 4,83 %. Üblich sind Kurvenradien von 200 m, die Neigungen betragen in der Regel 2,5%. Der Oberbau besteht aus Vignoles-Schienen (49 kg/m) mit Holzschwellen auf Schotterbett. Die Schienen sind zu Längen von 450 m geschweißt und mit Federn auf den Schwellen befestigt.
Im Metronetz befinden sich 89 Bahnhöfe (97 Linienbahnhöfe); auf acht Bahnhöfen kann auf andere Metrolinien umgestiegen werden. Von den Bahnhöfen sind 43 unterirdisch, sechs auf einem Viadukt und 40 oberirdisch, zum Teil im Einschnitt. Acht Bahnhöfe bieten Umsteigemöglichkeiten auf die S-Bahn; 31 Bahnhöfe sind mit P+R-Einrichtungen versehen. Eindrucksvoll ist der Umsteigebahnhof Jungfernstieg, wo sich auf fünf Ebenen zwei Metrolinien und die City-S-Bahn kreuzen.
Die Bahnhöfe haben sowohl Mittel- als auch Seitenbahnsteige, Länge 125 m. Der mittlere Bahnhofsabstand beträgt 1025 m. Viele sehenswerte Empfangsgebäude sind nach dem Kriege wieder im alten Stil aufgebaut worden, wie z.B. der Bahnhof Mundsburg (U2), der eher dem Bahnhofs-Empfangsgebäude einer mittelgroßen Stadt ähnelt als einer U-Bahn-Station. Auch der Zugang zum Bahnhof Klosterstern (U1) mit der historischen Aufschrift »Hochbahn« verdient Erwähnung. Diese Bahnhöfe wurden unter denkmalspflegerischen Gesichtspunkten zwischen 1983 und 1986 in den ursprünglichen Zustand zurückgebracht. 21 Bahnhöfe sind behindertengerecht eingerichtet; drei Bahnhöfe befinden sich gegenwärtig im Umbau.

Fahrzeuge

1967 waren von den Vorkriegstypen T und TU noch 310 Triebwagen im Betrieb. Nach 1959 wurden davon 100 Fahrzeuge umgebaut und mit einer Nirosta-Beplankung

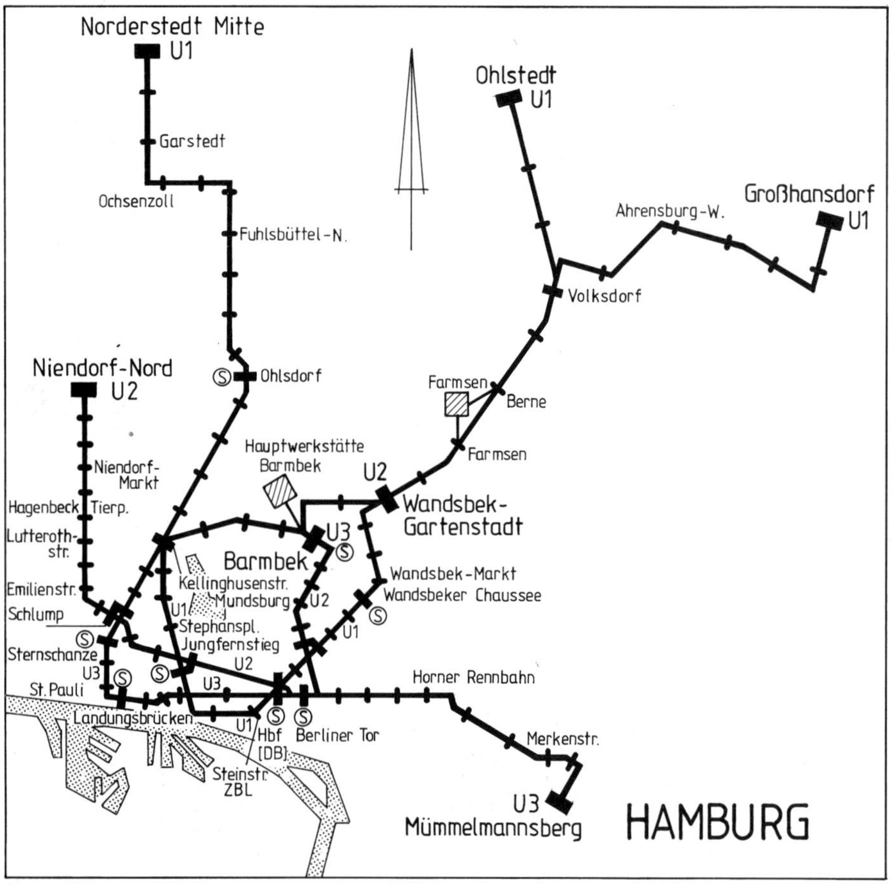

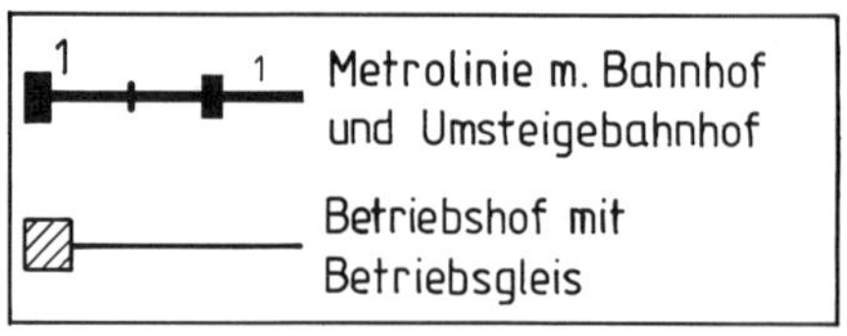

Oben: Zwei Triebzüge DT2 »erklimmen« den Bahnhof Rödingsmarkt (U3). Diese Kurve ist der kritischste Punkt im gesamten Netz (A.M.Voogel).

Mitte: Der schön restaurierte Bahnhof Mundsburg (U2) im Stadtviertel Uhlenhorst gilt als »Paradepferdchen« unter den Bahnhöfen der HHA.

Unten: Auch die Bahnsteighalle mit den schönen Beleuchtungskörpern errinnert mehr an den Bahnhof einer kleinen Stadt (D.Riechers).

versehen. Erst 1970 wurden die letzten Fahrzeuge dieser Baureihe ausgemustert. 1958 wurden die ersten von 43 neuen Doppeltriebwagen vom Typ DT1 abgeliefert, 1962 gefolgt von dem verbesserten Typ DT2 mit einem um 15 t (!) geringeren Gewicht. Im Gegensatz zum Typ DT1 haben die DT2-Triebwagen zwischen den beiden Wagen ein Jacobs-Drehgestell. Die ab 1968 gelieferten DT3-Triebwagen sind auf der Basis des Typs DT2 als Dreiwagenzüge mit zwei Jacobs-Drehgestellen konzipiert. Die Wagen sind jedoch 28 mm schmaler und haben im Gegensatz zum Typ DT2 eine Sitzeinteilung 1+2.
Zwei DT3-Züge wurden 1979 bzw. 1982 unter den Typenbezeichnungen DT3-DAT1 und DT3-DAT2 mit Drehstrommotoren und neuen Frontpartien versehen. Nach 1985 erhielten die Serien DT2.4 und DT2.5 im Rahmen eines Umbauprogramms ebenfalls neue Frontpartien mit einer einteiligen

Eine DT2, unterwegs nach Billstedt (U3), fährt durch ein monumentales Tor in den Bahnhof Kellinghusenstraße ein. Die II auf dem Front war eine vorübergehende Maßnahme und diente als Unterscheidung zu den Fahrzeugen vom Typ DT3. Bei den DT2 hat dieses Kennzeichen mittlerweile Platz gemacht für das Signet der HHA (HHA).

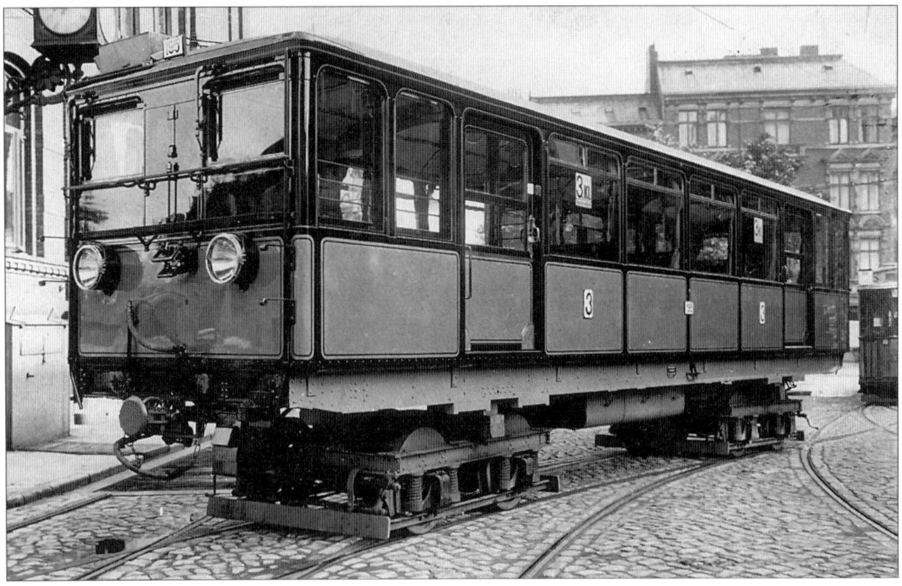

Dritter Klasse (!) Triebwagen Nr. 195 vom Typ T bei Ablieferung 1915 (HHA).

Ein sog. »Silberling«. Um dem Mangel an Fahrzeugen in den Nachkriegsjahren rasch begegnen zu können, wurden mehrere Vorkriegsfahrzeuge renoviert und mit einer Nirosta-Beplankung versehen (HHA).

Frontscheibe; bei den Fensterrahmen der dreiteiligen Frontscheiben wurde in zunehmendem Maße Korrosion festgestellt. Auch das Interieur wurde renoviert, wobei feuerhemmendes Material verwendet wurde. Um die DT3-Fahrzeugen noch 15 bis 20 Jahre einsetzen zu können, wurde 1995 begonnen, 70 der 105 Triebzüge innen und außen zu renovieren, wobei sie dem DT4-Standard angenähert werden sollen. Hierbei werden die Fahrzeuge mit neuen, vom DT4 inspirierten Frontpartien versehen.

1988 begann, mit gleichzeitiger Ausmusterung der DT1-Triebwagen, die Ablieferung von 30 Triebzügen des Typs DT4; diese Vierwagenzüge waren das Modernste, was die Industrie anzubieten hatte. Sie werden angetrieben von wassergekühlten asynchronen Drehstrommotoren, die sparsamer sind als die Gleichstrommotoren der älteren Typen. Außerdem wird die beim Bremsen freiwerdende Energie in den Stromschienen zurückgeführt; zusammen mit der freiwerdenden Wärme der Motoren und der elektronischen Ausrüstung, die über einen Wärmetauscher für die Beheizung der Fahrgasträume benutzt wird, wird bis zu 50% Energie eingespart.

Durch eine modernere Drehgestellkonzeption gehört das Quietschen in den engen Kurven der Vergangenheit an. Ein Triebzug hat sechs Drehgestelle, wobei sich je zwei Wagen auf einem Jacobs-Drehgestell abstützen (Achsfolge Bo'2'Bo'+Bo'2'Bo').

Wie bei den älteren Typen haben auch diese Triebzüge keine Übergangsmöglichkeit zwischen den Wagen; Fenster in den Wagenrückwänden und in der Trennwand zur Fahrerkabine sorgen jedoch für einen ungehinderten Durchblick durch den ganzen Zug. In Notfällen kann über eine Gegensprechanlage mit dem Fahrer oder der Leitstelle Kontakt aufgenommen werden. Außer der Verwendung von feuerhemmenden Werkstoffen für das Interieur verfügt der Zug als erster in der Welt über eine automatische Sprinkler-Anlage. Hergestellt wurden diese Fahrzeuge von Linke-Hofmann-Busch AG (auch Hersteller der DT1-3) und ABB Henschel. Bis 1997 sollen weitere 20 Einheiten abgeliefert werden.

Ein DT1 aus den Jahren 1958-1959. Von diesen Triebzügen fahren nur noch zwei als Schleifzug. Auch bei Fahrzeugen dieses Typs war das »I« vorübergehend angebracht (HHA).

Ein Triebzug vom Typ DT3. Links in der Halle ist gerade noch einen DT1 zu sehen; im Hintergrund rechts steht ein »Silberling« (HHA).

Bereits zu einem frühen Zeitpunkt beschäftigte sich die Hochbahn mit der Drehstromtechnik. Dieser 1966 abgelieferte DT3-Triebzug wurde 1982 umgebaut (u.a. mit einer veränderten Front) und mit Drehstrommotoren ausgerüstet. Zur organisatorischen Unterscheidung von den anderen DT3-Triebzügen erhielt dieser Triebzug die Typenbezeichnung DT3-DAT2. Ein Fahrzeug mit der Bezeichnung DAT1 war bereits 1979 aufgebaut worden. Die Ergebnisse dieser Versuche wurden bei der Entwicklung des Triebzuges DT4 mit berücksichtigt (HHA).

Ein DT4 zwischen Baumwall und St. Pauli-Landungsbrücken (U3). Im Vordergrund im Hafen die Kaffeebarke »Rickmer Rickmers«, jetzt ein Museumsschiff (HHA).

Typ:	DT2	DT3[2]	DT4
Baujahr:	1962-1966	1968-1971	ab 1988
Länge ü.K.(mm):	28440	39520	60280
Breite(mm):	2508	2480	2580
Dienstgewicht(t):	34-36,1[1]	47,1	77,6
Max. Fahrgastzah:	187	254	404
Sitzplätze:	82	92	182
Stehplätze:	105	162	222
Einstiege p. Seite:	4	6	8
Leistung(kW):	4x80	8x80	8x125
Beschleunigung(m/s^2):	0,8	1,2	1,2
Bremsverzögerung (m/s^2):	1,25	1,2	1,2
Notbremsverzögerung (m/s^2):	–	–	–
v/max(km/h):	70	80	80
Bestand(31.12.95):	166	105	51

[1] Typ DT2 umfaßt fünf Bauserien, mit, je nach Ausrüstung, unterschiedlichen Gewichten.
[2] Bei einigen Fahrzeugen wurde eine LZB-Anlage eingebaut. Hierdurch erhöht sich das Gewicht auf 48,3 t. und die maximale Fahrgastzahl auf 260, davon 90 Sitzplätze.

Diese beide Aufnahmen zeigen deutlich die unterschiedlichen Fronten bei den DT2-Triebzügen. Der oben abgebildete Triebzug, der gerade in den Tunnel nach St. Pauli einfährt, gehört zu der Serie DT2.1-3, der untere, vom Baumwall kommende, zu der Serie DT2.4-5 (A.M.Voogel).

Damit die DT3 Triebzüge noch 15 bis 20 Jahre mithalten können, werden innerhalb der kommenden vier Jahre bei 70 von 125 Triebzügen sowohl Exterieur als auch Interieur total renoviert, wobei nahezu der DT4 Standard erreicht wird (HHA).

Betriebsablauf

Die Metrozüge werden über eine »dritte« Schiene mit 750 V Gleichstrom versorgt, Stromabnahme an der Unterseite. Die Energieversorgung erfolgt über 31 Unterwerke und 75 Gleichrichterwerke. Bei den Triebwagen vom Typ DT2 wird die Beleuchtung der Fahrgasträume auf eine nicht-alltägliche Weise ein- und ausgeschaltet: die Stromschienen haben außerhalb der Tunnel eine Höhe von 24 cm über SO., in den Tunnels 20 cm. Wenn ein Zug in den Tunnel einfährt, wird der Stromabnehmer nach unten gedrückt, wodurch das Licht eingeschaltet wird. Bei den Triebwagen ab Typ DT3 wird das Licht über eine Lichtschranke eingeschaltet.

Die automatische Zugsicherung hat die HHA von Anfang an beschäftigt. 1913 war auf einem kurzen Abschnitt des damaligen Netzes ein automatisches Blocksystem installiert worden, welches die Züge bei der Vorbeifahrt an einem haltzeigenden Signal zum Stehen brachte. Es war übrigens das erste derartige System in Deutschland. 1923 wurde dieses System im gesamten Netz eingeführt. Auch mit einem LZB-ähnlichen System wurde bereits 1928 experimentiert. Es wurde aus Kostengründen nicht eingeführt. 1966 wurde dieses System weiterentwickelt und 1968 wurde zwischen den Bahnhöfen Trabrennbahn und Ritterstraße (jetzt U1) eine Probestrecke eingerichtet, wo versuchsweise die Metrozüge mit Hilfe der LZB ohne die üblichen Signale fahren konnten. Hier entstand der Begriff »Geisterzug«, weil der Fahrer im Fahrerstand keine Aufgabe mehr hatte und der Zug theoretisch ohne Fahrer verkehren konnte.

Von 1982 bis 1985 wurde auf einem 11 km langen Teilstück zwischen Volksdorf und Großhansdorf (U1) das PUSH-System der Firma Siemens erprobt. »PUSH« steht für »Prozeßrechner-gesteuertes U-Bahn Automationssystem Hamburg«. Das Ziel war, zu

Auf dem, aus dem Jahre 1912 stammenden, Viadukt zwischen St. Pauli-Landungsbrücken und Baumwall begegnen sich die Triebzüge DT2 und DT4 (A.M.Voogel).

beweisen, daß das Fahren der Züge, die Steuerung sowie die Überwachung von Stellwerken und Bahnhofseinrichtungen, kurz der ganze Betrieb, vollautomatisch ablaufen kann. Ferner erhoffte man sich Verbesserungen in Qualität von Transport und Betrieb sowie Senkung des Energieverbrauches und der Betriebskosten. Nach der Testphase hatte man soviel Übersicht und Erfahrung mit dem System gewonnen, daß ein weiteres Probestück auf der Linie U2 von Hagenbecks Tierpark nach Niendorf Nord eingerichtet wurde. Auch in die neue Generation der Metrozüge (DT4) flossen die fahrzeugspezifischen Erfahrungen mit dem System ein.
Als Modul von »PUSH« wurde, zunächst auf den Linien U2 und U3, die sog. »flexible Betriebsweise« eingeführt. Für den Betrieb verantwortlich sind hierbei sieben »Streckenzentralen« die je 6-9 km Strecke betreuen. Diese Streckenzentralen sowie 13 örtliche Stellwerke unterstehen der ZBL, untergebracht im »Hochbahnhaus« in der Steinstraße, von wo aus auch die Linie U1 kontrolliert wird. Mit Ausnahme der Linie U2 sind alle Bahnhöfe mit Abfertigungspersonal besetzt; auf der Linie U2 wird diese Aufgabe vom Fahrer übernommen.
Ein weiteres Modul von PUSH, das »Betriebsführungssystem (BFS)« für die Verfolgung der Fahrtnummern und den Ablauf des Fahrplans, ist im gesamten Metronetz installiert. Die Mitarbeiter der ZBL und die Streckenzentralen haben hierdurch eine genaue Übersicht über die Situation der Züge und die Abweichungen im Fahrplan, so daß bei Störungen sofort Gegenmaßnahmen getroffen werden können. Auch die Energieversorgung wird über BFS kontrolliert.

Werktags verkehren die Metrozüge zwischen 04.05 und 01.16 Uhr mit einer Zugfolge von 5-10 Minuten, in der HVZ von 2-5 Minuten. Die laufende Wartung der Fahrzeuge erfolgt in den Werkstätten Farmsen und Barmbek; größere Reparaturen und Hauptuntersuchungen in der Hauptwerkstatt Barmbek.

Seit 29. November 1965 ist das Metronetz der HHA im »Hamburger Verkehrsverbund (HVV)« integriert. Der HVV besorgt auf einer Fläche von ca. 3000 km!!!2!!! für rund 2,6 Mio Einwohner den ÖPNV, wovon 1993 610 Mio Personen Gebrauch machten; hiervon benutzten wiederum ca. 176 Mio Personen die Metro. Neben dem üblichen Einheitstarif gibt es Tages- und Familien-Tageskarten sowohl für das Hamburger als auch das gesamte HVV-Netz.

Ein Blick in die Zukunft

Bis zum Jahr 2000 soll die Linie U1 ebenfalls auf die »flexible Betriebsweise« umgestellt werden. Basierend auf dem »BFS« wird gegenwärtig ein sog. »Anschluß-Sicherungssystem (ASS)« aufgebaut. Mit diesem System wird in Zukunft sichergestellt, daß bei geringen Verspätungen der Metrozüge die anschließenden Busse, die mit einer Frequenz von mehr als ca. 10 min fahren, warten.

MÜNCHEN

Betreiber: Stadtwerke München, Verkehrsbetriebe (SW/M)

Die bayerische Landeshauptstadt München wurde 1158 von Heinrich dem Löwen als Marktort gegründet; an den damaligen Namen »Munichen« (bei den Mönchen) erinnert der Mönch im Stadtwappen. Die Stadt an der Isar zählt gegenwärtig 1,26 Mio Einwohner.
München ist die bedeutendste Industriestadt im »Freistaat« mit Unternehmen auf den Gebieten des Maschinen- und Fahrzeugbaus, der Feinmechanik, der Optik und Chemie. Die Universität zieht Studenten aus aller Herren Länder an. Ein stark entwickeltes kulturelles Leben, geprägt durch die vielen Theater und Museen, und eine Innenstadt mit verschiedenen Baustilen nebeneinander machen sie zu einer der interessantesten Städte der Bundesrepublik. Es kommt nicht von ungefähr, daß München oft als Deutschlands »heimliche« Hauptstadt bezeichnet wird.

Mit einer Pferdebahnlinie begann am 21. Oktober 1876 in München das Zeitalter des öffentlichen Nahverkehrs; in den darauffolgenden 20 Jahren wuchs hieraus ein 12 Linien umfassendes Netz, welches zwischen 1895 und 1900 elektrifiziert wurde. Am 1. Juli 1907 übernahm die Stadt das vorher private, aber von ihr schon kontrollierte Netz, das inzwischen auf 19 Linien angewachsen war.
Trotz gelegentlicher Überlegungen über oberirdische Schnellbahnen bildete die »Trambahn« lange Zeit das Rückgrat des öffentlichen Verkehrs in der Stadt.

Das änderte sich 1934, als die Nazis aus München, der »Hauptstadt der Bewegung«, ein Europäisches Verkehrszentrum machen wollten, in dem für die Straßenbahn, als »veraltetes« Verkehrsmittel, zumindest im Zentrum kein Platz mehr war. Kernstück dieses Plans war die Verlegung des Hauptbahnhofs ca. 2,5 km nach Westen nahe der Friedenheimer Brücke sowie der Bau eines unterirdischen S-Bahn-Netzes.
Am 22. Mai 1938 wurde mit dem Bau der ersten Linie ab Sendlinger-Tor-Platz durch die Lindwurmstraße in Richtung Sendling begonnen. Nachdem 1941 ein 600 m langes Teilstück sowie der Bahnhof Goetheplatz im Rohbau fertiggestellt waren, wurden die Arbeiten aufgrund des Zweiten Weltkrieges eingestellt; das Teilstück wurde nach dem Krieg auf Befehl der Militärverwaltung mit Trümmern zugeschüttet.

Als 1951 das öffentliche Verkehrsnetz wieder den Vorkriegszustand erreicht hatte, wurden wieder Zukunftspläne gemacht, was auch dringend erforderlich war. Der ungestüme Bevölkerungszuwachs – die Einwohnerzahl der Stadt stieg jährlich um 30.000 – und die damit zusammenhängende Zunahme von IV und ÖPNV machten es erforderlich, das gesamte Verkehrssystem der Stadt neu zu überdenken. Bis 1970 wurden insgesamt sechs General-Linienpläne entwickelt. Der erste konkrete, am 10. Juli 1963 vorgestellte Plan sah ein 14 Linien umfassendes PreMetronetz vor mit 10 unterirdisch durch die Innenstadt geführten Linien. Vier dieser Linien sollten nach 1990 sukzessive in »richtige« Metrolinien umgebaut werden.
Dieser Plan sah zunächst keine Ost-West-Verbindung vor, weil die damalige Deutsche Bundesbahn mit ihrer geplanten »V-Bahn« (Hauptbahnhof–Ostbahnhof) diese Funktion für das gesamte Verkehrssystem übernehmen sollte. Diese »V-Bahn« verläuft unter der sog. »klassischen Trasse« der Münchener Straßenbahn, Karlsplatz [Stachus]–Marienplatz–Isartorplatz. Der Begriff »V-Bahn« bedeutete »Verbindungs-Bahn« und wurde praktisch nur während der Planungsphase verwendet. Schon bald wurde er durch den gängigeren Begriff »S-Bahn« ersetzt.
Unter dem Eindruck einer explosionsartig einsetzenden Verkehrsentwicklung verwarf der Gemeinderat am 29. Januar 1964 diesen Plan und beschloß, kurzfristig mit dem Bau einer ersten Metrolinie zu beginnen, nach dem ursprünglichen Plan die PreMetrolinie 6 von Freimann nach Harras. In diese Strecke sollte der zwischen 1938 und 1941 gebaute S-Bahn-Tunnel unter der Lindwurmstraße, der von der DB im Tausch für die »klassische Trasse« an die Stadt abgetreten wurde, integriert werden.

Am 1. Februar 1965 erfolgte am Nordfriedhof der erste Spatenstich für den Bau der U6 und kurz darauf begann man mit dem Ausräumen des Tunnels unter der Lindwurmstraße. Im Laufe des Jahres 1965 kam ein neuer, erweiterter Metro-Plan mit sieben Linien und drei S-Bahnknoten (Hauptbahnhof, Karlsplatz [Stachus] und Marienplatz) auf den Tisch. Nach der Entscheidung des IOC, die Olympischen Spiele von 1972 in München ausrichten zu lassen, mußten die Metropläne überarbeitet werden; unter anderem wurde jetzt, abzweigend von der Linie U6, eine Verbindung von der Münchener Freiheit zum geplanten Olympiastadion projektiert, die spätere Linie U3.
1970 erschien ein nochmals überarbeiteter Verkehrsplan, in dem als weitere Ost-West-Verbindung die Linie U5/9, heute U4/5, aufgenommen war. Zusammen mit den Planungen von 1972 und 1978 bildete dieser Plan die Grundlage für die Ausführung der nachstehenden Projekte.

Entwicklung und Bau des Metronetzes.
Am 1. Februar 1965 wurde mit dem Bau des Metro-Netzes begonnen. Der erste Bauabschnitt der Linie U6 umfaßte die Strecke Goetheplatz–Marienplatz–Münchener Freiheit–Freimann-Kieferngarten, wo auch eine Werkstätte sowie mehrere Abstellgleise eingerichtet wurden. Am 6. Juli 1967 wurde ein erstes, 2 km langes Teilstück zwischen Freimann und der Schenkendorfstraße (heute U-Bf. Nordfriedhof) für Probefahrten mit den neuen Metrofahrzeugen in Betrieb genommen. 1969 wurde dieses Teilstück auf 5,6 km verlängert.
Mit der Inbetriebnahme der Linie U6 am 19. Oktober 1971 wurde München Metro-Stadt. Danach wuchs das Netz stetig, wie die nachstehenden Eröffnungsdaten, Stand März 1996, zeigen:

U1 (rot) Rotkreuzplatz–Innsbrucker Ring 9,9 km
Rotkreuzplatz–Hauptbahnhof: 28. Mai 1983
Hauptbahnhof–Innsbrucker Ring wird zusammen mit U2 befahren.

U2 (rot) Feldmoching–Neuperlach-Süd 22,1 km
Scheidplatz–Neuperlach-Süd: 18. Oktober 1980;
Dülferstraße–Scheidplatz: 20. November 1993;
Feldmoching–Dülferstraße: 27. Oktober 1996;

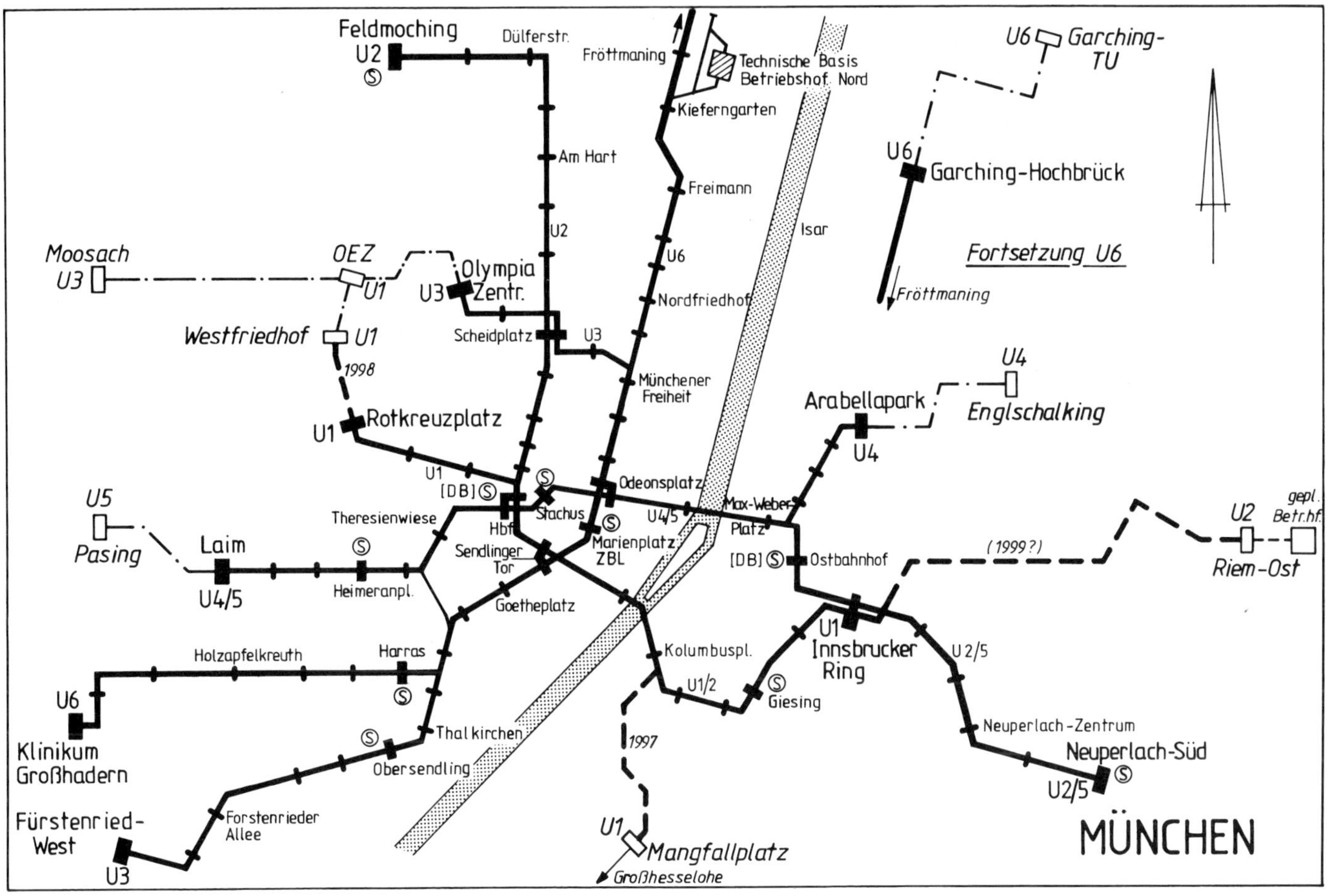

Innsbrucker Ring–Neuperlach Süd wird zusammen mit U5 befahren.

U3 (blau) Olympiazentrum–Fürstenried-West 17,0 km
Olympiazentrum–Münchener Freiheit: 8. Mai 1972;
Implerstraße Fürstenried-West: zwischen dem 28. Oktober 1989 und dem 1. Juni 1991.
Münchener Freiheit–Implerstraße wird zusammen mit U6 befahren.

U6 (blau) Garching-Hochbrück–Großhadern 23,0 km
Kieferngarten–Goetheplatz: 19. Oktober 1971;
Goetheplatz–Harras: 22. November 1975;
Harras–Holzapfelkreuth: 16. April 1983;
Holzapfelkreuth–Klinikum Großhadern: 22. Mai 1993;
Fröttmaning–Kieferngarten: 30. Juni 1994.
Garching-Hochbrück–Fröttmaning: 28. Oktober 1995.

U4 (gelb) Laimer Platz–Arabellapark 10,7 km
Westend–Karlsplatz [Stachus], zur gleichen Zeit mit einem ca. 1,4 km langen Verbindungsgleis zwischen Messegelände und Implerstraße (ausschließlich für Betriebs-Fahrten zwischen den Liniengruppen U3/6 und U4/5): 10. März 1984
Karlsplatz [Stachus]–Odeonsplatz: 1. März 1986;
Laimer Platz–Westend: 24. März 1988;
Odeonsplatz–Arabellapark über Max-Weber-Platz: 27. Oktober 1988.
Laimer Platz–Max-Weber-Platz wird zusammen mit U5 befahren.

U5 (gelb) Laimer Platz–Neuperlach Süd 15,4 km
Max-Weber-Platz–Innsbrucker Ring: 27. Oktober 1988.

Die Gesamtlänge aller Linien ohne Betriebsgleise beträgt hiermit 98,1 km, die Trassenlänge 72,8 km, wovon 64,6 km Tunnelstrecken sind. Das Netz besteht aus drei Liniengruppen: U1/2, U3/6 und U4/5 mit getrennten Trassen. Nur die Linien U2 und U5 benutzen ab dem Bahnhof Innsbrucker Ring den gleichen Tunnel bis zu dem, für Linie U2 vorläufigen, Endbahnhof Neuperlach Süd.
Obwohl in der Anfangsphase der U-Bahn-

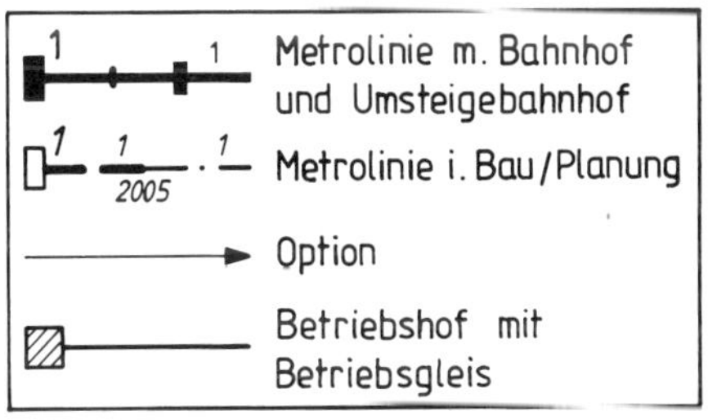

Planung viel von einem eventuellen Gemeinschaftsbetrieb mit der S-Bahn, zumindest im Innenstadtbereich, die Rede war, stellte sich schon sehr bald heraus, daß das technisch nicht zu realisieren war. In verschiedenen Publikationen wird diese Überlegung zwar immer wieder als Grund für die »komfortablen« Tunnelabmessungen angeführt, aber die korrektere Begründung ist wohl, daß alle Maschinen und Fahrzeuge, die zum Bau und Unterhaltung der Gleisanlagen benutzt werden, die gleichen sind, die die DB benutzt. Bei der Konzipierung der Fahrzeuge konnte man denn auch von einer Fahrzeugbreite von 2,90 m ausgehen.

Der Tunnelbau wurde nach den verschiedensten Baumethoden durchgeführt.
Dort wo sich Tunneltrasse und oberirdische Straßenführung deckten, wurde teilweise die offene Tunnelbauweise angewandt.

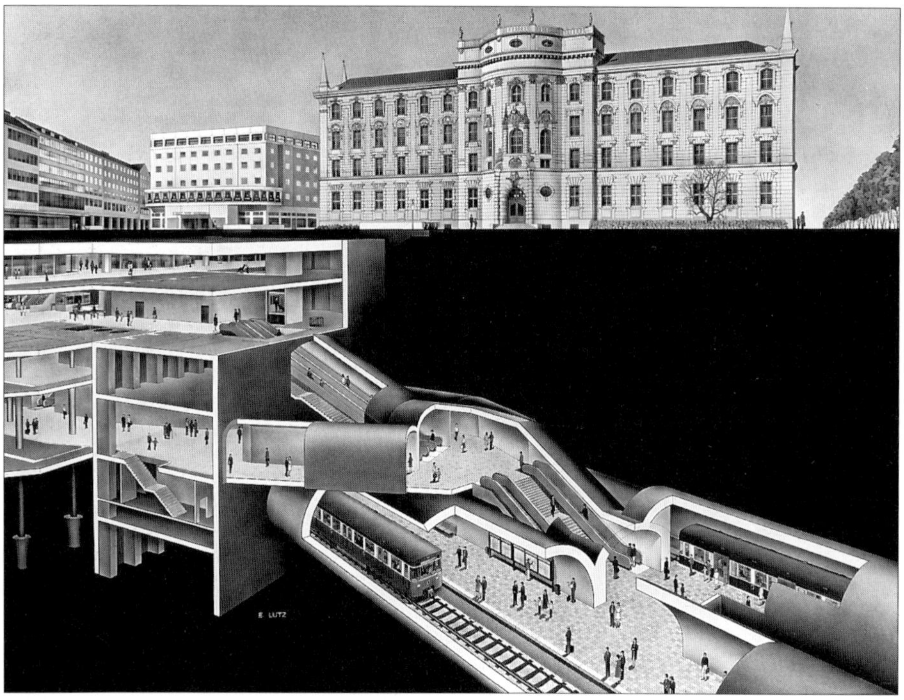

Diese Schnittzeichnung zeigt den Bahnhof Karlsplatz [Stachus] (U4/5). Leider fehlt auf dieser Darstellung der S-Bahnhof, der sich zwei Ebenen über den Metrogleisen befindet. Dieser Bahnhof wurde in der Deckelbauweise gebaut (Zeichnung: Ing. Lutz, München-Grünwald).

Der Verzweigungsbahnhof Max-Weber-Platz (U4/5) mit einem abfahrenden Metrozug, Typ »B« in Richtung Laimer Platz (U-Bahn-Referat, München)

An Stellen mit zu erwartenden Verkehrsproblemen wurde nach der Deckelbauweise verfahren und bei schwierigeren Passagen, z.B. unter Gebäuden oder Wasserläufen, wurde die Spritzbeton- oder Schildbauweise angewandt.
Alle Trassen mit geräuschkritischen Stellen wurden mit elastisch aufgelegten Gleis-Trögen ausgestattet.
Der Oberbau besteht aus Vignoles-Schienen (49 kg/m) mit Holzschwellen auf Schotterbett. Der kleinste Kurvenradius beträgt 250 m; die max. Neigung in den Tunnels 4%, im Freien 2,5%.

Von den 82 Linien-Bahnhöfen liegen sechs oberirdisch. An fünf Stellen kann zwischen den Liniengruppen umgestiegen werden. Mit der S-Bahn bestehen zehn Umsteigemöglichkeiten, wovon eine in Hochlage und niveaugleich ist (Neuperlach-Süd, U2/5).
Der mittlere Bahnhofsabstand beträgt ca. 900 m.

Die Bahnhöfe sind zum größten Teil in der Deckelbauweise gebaut. Hierbei verdient der Bahnhof Marienplatz, als Kreuzungsbahnhof mit der S-Bahn, besondere Erwähnung, da hier der gesamte Verkehr auf vier Ebenen abgewickelt wird: in der ersten Ebene befindet sich die Fußgängerzone mit Kiosken und Fahrkarten-Automaten, in der zweiten und dritten Ebene befinden sich die Bahnsteige der S-Bahn in den Richtungen Ost- bzw. Hauptbahnhof und in der vierten Ebene die Bahnsteige der Metrolinien U 3/6. Alle Tunnels und Ebenen sind durch Rolltreppen und Aufzüge miteinander verbunden.

Auch die Bahnhöfe »Hauptbahnhof« und »Karlsplatz [Stachus]«, ebenfalls Kreuzungsbahnhöfe mit der S-Bahn, sind trotz ihrer »nur« drei Ebenen respektable Bauwerke, insbesondere durch die Umsteigemöglichkeiten auf die DB und die Straßenbahn sowie durch ihre ausgedehnten Fußgänger- und Ladenpassagen.

Die Bahnhöfe sind in vielen Fällen mit überdachten Eingängen versehen und attraktiv gestaltet. Im Treppenhaus des Bahnhofs Max-Weber-Platz ist, inspiriert durch die

Der Eingang des Bahnhofs Theresienwiese (U4/5). Die Lautsprecher sind hier nicht zufällig angebracht... Hier befindet sich nämlich die Festwiese, auf der das alljährliche Oktoberfest, der Welt größtes Volksfest, stattfindet. Um die Menschenmassen in die richtigen Bahnen zu leiten, ist ein großes »Stimmvolumen« erforderlich (Stadtwerke München Verkehrsbetriebe).

nahegelegene Hauptverwaltung der Verkehrsbetriebe, der erste Münchener Straßenbahnwagen zu besichtigen. Die Tunnelwände des Bahnhofs Theresienwiese zeigen Motive des berühmten »Oktoberfestes« und im Bahnhof Königsplatz sind, im Hinblick auf die vielen Museen und Galerien in der direkten Umgebung, an den Tunnelwänden 32, bis zu vier Meter hohe farbige Abbildungen von weltberühmten Gemälden, antiken Statuen, griechischen Vasen und naturwissenschaftlichen Sehenswürdigkeiten angebracht. Auf den Bahnsteigen stehen zudem Glasvitrinen mit Abgüssen von antiken Statuen, mit

Die schöne Bahnsteighalle des Bahnhofs Theresienwiese mit einem einfahrenden Triebzug Typ »A« (U-Bahn-Referat, München).

Bahnhof Königsplatz (D.Riechers).

Triebzug Typ »A« der ersten Bauserie zu Besuch in Nürnberg im Bahnhof »Weißer Turm«. Da beide Städte über die selben Fahrzeugtypen verfügen, besteht die Möglichkeit, in außergewöhnlichen Fällen Hilfestellung zu leisten, wie z.B. auf diesem Foto, anläßlich der Spielwarenmesse (Adtranz).

Hinweisen darauf, wo die Originale zu besichtigen sind. Auch andere repräsentative Bahnhöfe sind mit passenden Motiven versehen.

Auf einem emaillierten Band, lackiert in Farbe der zugehörenden Liniengruppe, sind Bahnhofsnamen, Richtungshinweise und weitere wichtige Informationen angebracht; dieses Band wird als Leitlinie von den Zugängen zum Bahnsteig geführt.
Alle Bahnhöfe sind mit Rolltreppen ausgestattet. Die meisten Bahnhöfe haben Aufzüge; Bahnhöfe ohne Aufzüge werden im Rahmen eines »Behinderten-Programms« nachgerüstet. Innerhalb dieses Programms wurden auch alle Bahnsteige mit "Blindensicherheitsstreifen" (parallel zur Bahnsteigkante laufenden Rillensteinen) ausgerüstet; ferner werden die Bahnhöfe an den Neu-

Triebzug Typ »B« im Bahnhof Giselastraße in Richtung Kieferngarten (U6). Dieses Fahrzeug ist eines der 1981 gelieferten Vorausfahrzeuge (Adtranz).

Zwei Triebzüge Typ »A« in alter (links) und neuer (rechts) Lackierung. Die alte Farbgebung war Preußisch Blau mit einem elfenbeinfarbenen Fensterband, insgesamt dunkler also (D.Riechers).

Interieur eines Triebzuges Typ »B« (Adtranz).

baustrecken mit 5 cm höheren Bahnsteigen als bisher versehen.

Fahrzeuge

Die Metrofahrzeuge wurden speziell auf Münchener Bedürfnisse zugeschnitten. Sie sind konzipiert als Doppeltriebwagen (DT), die in der Praxis mindestens in Doppeltraktion, meistens jedoch in der maximal möglichen Dreifachtraktion fahren. Diese Triebwagen wurden in zwei Ausführungen, den Typen »A« und »B«, geliefert.

Mit drei 1967 abgelieferten Prototypen vom Typ »A« wurden bis 1971 intensive Fahrerprobungen durchgeführt; im Zeitraum von 1970 bis 1983 wurden fünf Serien mit insgesamt 191 DT abgeliefert.

Die Fahrzeuge der ersten drei Serien hatten Gleichstromantrieb. Ab der vierten Serie kamen Drehstrommotoren zum Einbau, die bezüglich Steuerung und Fahrcharakteristik den vorherigen Serien angepaßt waren, sodaß im Mischbetrieb gefahren werden kann; die beim Bremsen freiwerdende Energie wird in die Stromschiene zurückgeführt (Einsparungspotential bis zu 30%).

Bei der Konstruktion des Wagenkastens wurde zu einem großen Teil Aluminium verwendet.

Zwischen den Wagen besteht keine Übergangsmöglichkeit; ab der dritten Serie erhielten die Wagen jedoch in der Rückwand des Fahrgastraumes ein zusätzliches Fenster sowie ein verblendbares Fenster in der Verbindungstür zum Fahrerstand, damit ein Durchblick durch den ganzen Zug möglich wird. Die Fahrzeuge wurden geliefert von MBB (103), MAN (35), O&K (34) und Rathgeber (22).

Anläßlich der geplanten Erweiterungen des Metronetzes wurde 1981 eine Vorserie von sechs völlig neuentwickelten DT des Typs »B« abgeliefert, gleichfalls in Drehstrom-Ausführung. Erst 1988 begann die Ablieferung der ersten Hauptserie mit 35 DT. Die Hersteller waren MBB (24) und MAN (17). Bis Ende 1995 wurden weitere 22 DT abgeliefert, diesmal von DWA/AEG. Die neuen Fahrzeuge sind im Vergleich zum Typ »A« 40 cm länger und haben ein Mehr-

Typ: **Baujahr:**	**A** **1967-1980**	**A[1]** **1982-1983**	**B[1]** **1981-1995**
Länge ü.K. (mm):	37150	37150	37550
Breite (mm):	2900	2900	2900
Dienstgewicht (t):	51,6	53,2	57,1
Max. Fahrgastzahl:	290	290	290
Sitzplätze:	98	98	98
Stehplätze:	192	192	192
Einstiege p. Seite:	6	6	6
Leistung(kW):	4x180	4x200	4x185
Beschleunigung (m/s^2):	1,2	1,2	1,3
Bremsverzögerung (m/s^2):	–	–	–
Notbremsverzögerung (m/s^2):	–	–	–
v/max (km/h):	80	80	80
Bestand (Stand 1996):	123	69	63

[1] Drehstromantrieb

Zugfahrer-Selbstabfertigung in München. Hierzu steht der Fahrer mit dem Mikrofon in der Hand neben der Fahrerkabine, um das Geschehen auf dem Bahnsteig verfolgen zu können. Nach Durchsage der Zugabfahrt drückt er auf den, unterhalb der Wagennummer sichtbaren, Druckknopf, womit die Türen geschlossen werden. Dann steigt er selbst ein und setzt den Zug in Bewegung (D.Riechers).

gewicht von ca. 4 t, bei gleichem Platzangebot. Auch die gesamte Technik wurde im Hinblick auf Komfortverbesserung, geringeren Verschleiß und eine einfachere Wartung im Vergleich zum Vorgängertyp überarbeitet.
Optisch fällt Typ »B« auf durch eine modernere Frontpartie; das Interieur ist weitestgehend unverändert, aber im Hinblick auf die zwischenzeitlich verschärften Vorschriften aus feuerhemmenden Werkstoffen hergestellt.

Betriebsablauf
Die Metrozüge werden über eine »dritte« Schiene mit 750 V Gleichstrom versorgt, die Stromabname erfolgt an der Unterseite. Die Energieversorgung gewährleisten 32 Gleichrichterwerke, die über das Netz verteilt sind und in einer Fernsteuerwarte unterhalb des Marienplatzes zentral gesteuert und überwacht werden.
Der gesamte Verkehr wird über ein RBL kontrolliert; der Rechner wird von 12 über das Netz verteilten und mit Spurplan-Technik ausgestatteten Stellwerken mit Informationen versorgt.

Die ZBL befindet sich im Bahnhof Marienplatz. Von hier aus können die Verkehrsleiter über Monitore jederzeit die Situation im Netz übersehen; die Bahnhöfe werden ebenfalls mit Kameras und Monitoren überwacht sowie über Lautsprecher mit Informationen versorgt. Die Kommunikation zwischen den Fahrern und der Leitstelle erfolgt über Zugbahnfunk.

Die Metrozüge werden in der Regel über LZB automatisch gesteuert, wodurch theoretisch eine Zugfolge von 90 s möglich ist; momentan beträgt die dichteste Zugfolge 150 s. Bei Störungen der LZB sind die Lichtsignale durch Indusi gesichert; ein Teil des Netzes ist signaltechnisch für eine eingleisige Verkehrsführung eingerichtet, was im Störungsfalle von Vorteil ist; in diesem Fall ist je Richtung eine Zugfolge von 10 min möglich, es kann jedoch nicht automatisch gefahren werden.
Werktags verkehren die Züge zwischen 04.18 und 01.05 Uhr, außerhalb der HVZ besteht eine Zugfolge von 10 min, in der HVZ von 5 min.
Neben einer Abstellanlage in Kieferngarten (65 DT) befindet sich eine Abstellanlage für 41 DT in Neuperlach-Süd. Im Verbindungstunnel unter der Theresienwiese befindet sich eine weitere Abstellanlage für 18 DT. Ferner sind bei allen Endbahnhöfen Abstellgleise für mindestens 9 DT eingerichtet.
Die Wartung erfolgt in der sog. »Technischen Basis« beim Betriebshof »Nord« in Kieferngarten. Die drei Liniengruppen sind zwischen den Bahnhöfen Scheidplatz und Münchener Freiheit, beim Bahnhof Innsbrucker Ring sowie über das Verbindungsgleis unter der Theresienwiese durch Verbindungsgleise und Weichen miteinander verbunden, um mit einer zentralen Werkstätte auszukommen sowie einen optimalen Fahrzeugumlauf zu ermöglichen.
Es ist geplant, anläßlich der Erweiterung des Netzes beim Endbahnhof Riem-Ost der in Bau befindlichen Linie U2 einen zweiten Betriebshof einzurichten.

Das Metronetz ist in den »Münchner Verkehrs- und Tarifverbund (MVV)« integriert, in dem neben der Metro auch die S-Bahn-, Straßenbahn- sowie die städtischen und Regionalbuslinien, insgesamt 266 Linien, aufgenommen sind. Der Verkehrsverbund umfaßt ein Gebiet mit einer Fläche von 5.500 km² und ca. 2,5 Mio Einwohnern.

Ein Blick in die Zukunft.
Folgende Linien des Metronetzes sind gegenwärtig in Bau: (geplante Inbetriebnahme und Baumethode in Klammern.)

U1-W Rotkreuzplatz–Westfriedhof 1,837km (1998, Schildvortrieb)
U1-S Kolumbusplatz–Mangfallplatz 3,098 km (1997, Spritzbetonbauweise mit und ohne Preßluft und Deckelbauweise)
U2-O Innsbrucker Ring–Riem-Ost 7,700 km
(Umwandlung, Schildvortrieb mit Preßluft, Spritzbetonbauweise mit und ohne Preßluft sowie offene Bauweise)

Umwandlung Infolge eines ernsten Betriebsunfalls während des Baues ist der ursprünglich geplante Termin 1997 nicht haltbar; einen neuen Termin konnte bei Redaktionsschluß noch nicht genannt werden.

Der Bau folgender Linien ist in Vorbereitung:

U1-W Westfriedhof–Olympia-Einkaufszentrum (OEZ)1,300 km
U3-N Olympiazentrum–OEZ 2,200 km

Folgende Strecken befinden sich in Planung:
U3-N OEZ–Moosach1,900 km
U4-O Arabellapark–Englschalking 1,900 km
U5-W Laimer Platz–Pasing Bf. 3,700 km
U6-N Garching-Hochbrück–Garching-TU 4,400 km

Wenn alle diese Pläne realisiert sein werden, wird das Metronetz eine Linienlänge von 126 km haben.

Für die Zukunft ist beabsichtigt neue Fahrzeuge zu beschaffen, wobei daran gedacht wird, diese als Triebzüge mit Übergängen in Fahrzeugbreite zu konzipieren. Weil die Triebwagen in München praktisch immer in Mehrfach-Traktion fahren, können dadurch die zwischenliegenden Fahrerstände eingespart werden; ferner wird eine bessere Fahrgastverteilung erreicht und den Passagieren mehr Sicherheit geboten.

NÜRNBERG

Betreiber: Verkehrs Aktiengesellschaft, Nürnberg (VAG)

Der Name Nürnberg steht für Pionierleistungen auf dem Gebiete des Schienenverkehrs; am 7. Dezember 1835 begann zwischen Nürnberg und Fürth das Eisenbahnzeitalter in Deutschland.
1844 begann hier die Königliche Wagenbau-Anstalt mit der Herstellung von Eisenbahnwagen. Deren Guß-Komponenten wurden von der Firma Klett & Cie geliefert, die um 1850 die gesamte Wagenbau-Anstalt einschließlich Personal übernahm. Klett wiederum war Vorläufer der 1898 gegründeten MAN; 1990 ging diese in der AEG auf, die nach deren Fusion mit ABB Henschel am 1. Januar 1996 als »Adtranz« weiterhin für die Konstruktion von Nahverkehrsfahrzeugen weltweit eine namhafte Adresse ist.
Spielwarenmesse und -Industrie sowie die berühmten Lebkuchen haben ebenfalls zu dem hohen Bekanntheitsgrad Nürnbergs in der Welt beigetragen.
Die Stadt selber würde mit dem Vorstehenden jedoch zu kurz kommen: die im Zweiten Weltkrieg zerstörte, jedoch mustergültig restaurierte mittelalterliche Innenstadt bildet mit ihren berühmten Kirchen (u.a. Lorenzkirche), den umfangreichen Festungsanlagen und der »Kaiserburg« ein kulturhistorisches Denkmal ersten Ranges.
Die Hauptstadt des Regierungsbezirkes Oberfranken hat gegenwärtig ca. 497.000 Einwohner und ist Zentrum von Kultur und Wissenschaften.

Die Entwicklung des öffentlichen Verkehrs unterscheidet sich nur unwesentlich von der anderer Städte. Die erste Pferdestraßenbahn wurde am 25. August 1881 in Betrieb genommen, am 2. Mai 1896 gefolgt von der ersten elektrischen Straßenbahn, deren stürmische Entwicklung erst durch den Ersten Weltkrieg gestoppt wurde.
Aber nicht nur bei der Entwicklung der Eisenbahn wurde in Nürnberg Geschichte gemacht: weil die »Ludwigs-Eisenbahn« aufgrund der Inflation 1922 ihren Betrieb einstellen mußte, konnte fünf Jahre später auf ihrer Trasse die erste elektrische »Stadtbahn« in Betrieb genommen werden. Schon 1925 wurde ein Plan für ein unterirdisches Stadtbahnnetz publiziert, der allerdings nie in die Realität umgesetzt wurde; dennoch wurde 1938 der erste Straßenbahntunnel eröffnet.
Erst nach dem Zweiten Weltkrieg wurden, insbesondere durch die Zunahme des IV, wieder Pläne für »Straßenbahnen in der zweiten Ebene« gemacht, die 1962 in einem offiziellen Plan zusammengefaßt wurden. Ermutigt durch die Entscheidungen in München entschied sich der Gemeinderat im November 1965 jedoch zum Bau einer klassischen Metro. Im September 1971 wurden die Pläne für ein drei Linien umfassendes Netz mit einer Länge von 42 km und 55 Bahnhöfen vom Gemeinderat verabschiedet; hiervon sind zwei Linien zum größten Teil realisiert.
Es mag merkwürdig erscheinen, aber bereits am 20. März 1967, gut viereinhalb Jahre vor der Genehmigung, wurde der erste Pfahl in den Boden gerammt und am 1. März 1972 wurde das erste 3,7 km lange Teilstück der Linie U1 in Betrieb genommen. Auf den Tag genau 150 Jahre nach der Ankunft des ersten Eisenbahnzuges in Fürth, am 7. Dezember 1985, fuhr der erste Metrozug der Linie U1 in den vorläufigen Endbahnhof Fürth ein.

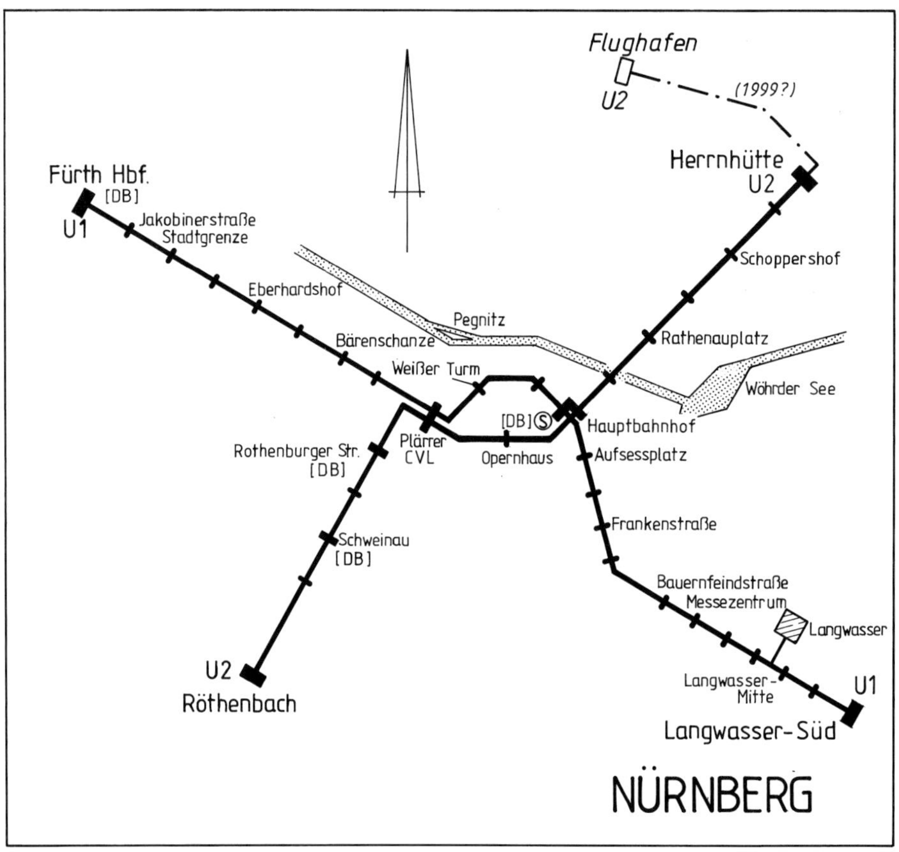

Entwicklung und Bau des Metronetzes
Nachstehend eine Übersicht über die Entwicklung des Metronetzes und dessen Eröffnungsdaten:

U1 Langwasser-Süd–Fürth Hauptbahnhof 15,5 km
Langwasser-Süd–Bauernfeindstraße: 1. März 1972,
Bauernfeindstraße–Frankenstraße: 18. Juni 1974,

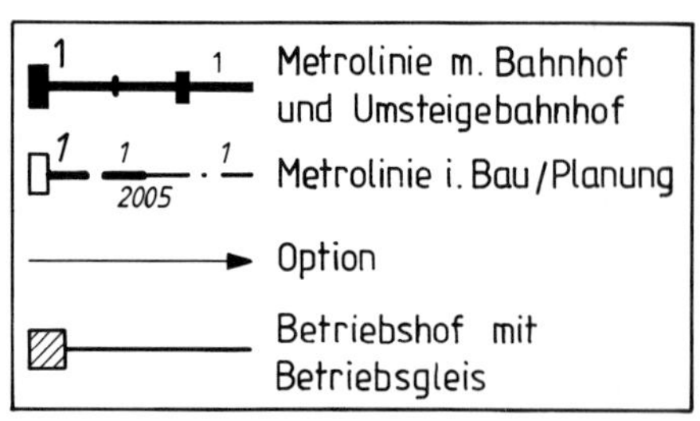

Viadukt über den Verkehrsknoten »Frankenschnellweg« (A73)/Fürther Straße, zwischen den Bahnhöfen »Muggenhof« und »Stadtgrenze« mit Metro-Triebzug vom Typ DT1 (A.M.Voogel).

Bahnhof »Plärrer« (U1/2). Durch die Oberlichter fällt Tageslicht in die oberste Ebene des Bahnhofs (Transpress).

Frankenstraße–Aufseßplatz: 23 September 1975,
Aufseßplatz–Weißer Turm: 28. Januar 1978,
Weißer Turm–Bärenschanze: 20. September 1980,
Bärenschanze–Eberhardshof: 20. Juni 1981,
Eberhardshof–Stadtgrenze: 20. März 1982; (dieses Teilstück wurde bereits am 13. November 1970 als Straßenbahnviadukt in Betrieb genommen und zwischen 22. Juni 1981 und 20. März 1982 für den Metrobetrieb umgebaut.)
Stadtgrenze–Fürth Hbf.: 7. Dezember 1985.

U11 Langwasser-Süd–Eberhardshof
Verstärkungslinie auf der gleichen Trasse wie die Linie U1.

U2 Herrnhütte–Röthenbach 9,7 km
Plärrer–Schweinau: 28. Januar 1984,
Schweinau–Röthenbach: 27. September 1986,
Hauptbahnhof–Plärrer: 24. September 1988,
Rathenauplatz–Hauptbahnhof: 29. September 1990,
Schoppershof–Rathenauplatz: 22. Mai 1993.
Herrenhütte–Schoppershof: 27. Januar 1996

Hiermit hat das Metronetz eine vorläufige Linien- und Trassenlänge von 25,2 km erreicht, wovon 20,2 km in Tunnels und 1,1 km auf einem Viadukt liegen; die Reststrecke verläuft ebenerdig oder auf Dämmen.

Beim Bau der Tunnel mußten die Baumethoden den ständig wechselnden geologischen und hydrologischen Bodenformationen angepaßt werden. Um einen genauen Überblick über die geologische Zusammensetzung zu erhalten, mußten entlang der geplanten Trasse im Abstand von 100 m Probebohrungen durchgeführt werden.
Von der 20,2 km langen Tunnelstrecke entstanden 13,4 km in der offenen Tunnelbauweise und 5,0 km in der NÖT; 1,8 km wurden in der Schildbauweise gebaut, davon 870 m wegen des geröllhaltigen Bodens mit einem Handschild.
Drei Bahnhöfe wurden in der bergmännischen Bauweise gebaut, die anderen unterirdischen Bahnhöfe in der offenen Bauweise; bei kritischen Platzverhältnissen wurde auch von Bohrpfahl- oder Schlitzwänden Gebrauch gemacht. Der Bahnhof Plärrer entstand in der Deckelbauweise.
Selbstverständlich gab es auch Probleme; vielerorts stieß man auf Relikte aus dem Mittelalter: Mauerreste, alte Brunnen und Fundamente. Es gelang den Metrobauern, beim Bahnhof Opernhaus einen Teil der Stadtmauer frei zu legen, der in einem Park neben dem Bahnhof integriert wurde. Hierzu wurde die parkseitige Tunnelwand durchbrochen und mit bogenförmigen Öffnungen versehen; die Ausführung der gegenüberliegenden Tunnelwand wurde im Stil angepaßt. Auch im Bahnhof Rathenauplatz wurde ein Teil der Stadtmauer dekorativ in den Tunnelgängen verarbeitet.
Beim Untergraben des »Weißen Turms« wurde dieser auf einen »Betontisch« gestellt, danach wurde der Tunnel in der offenen Bauweise gebaut.
Die Unterfahrung des Main-Donau-Kanals erfolgte in der NÖT mit Hilfe der Vereisungstechnik, nachdem die Kanalsohle mit einer verstärkenden Betonplatte versehen war. Die Pegnitz wurde während der Bauzeit über eine Hilfsbrücke umgeleitet, so daß der Tunnel in der offenen Bauweise gebaut werden konnte.

Der Oberbau besteht aus Vignoles-Schienen mit Holz- oder Betonschwellen; außerhalb der Tunnels liegen die Gleise auf einem Schotterbett, innerhalb der Tunnels ohne Schotter mit elastischen Auflagen direkt auf dem Tunnelboden.
Der kleinste Kurvenradius beträgt 250 m, die max. Neigung 4%.
Das Metronetz verfügt momentan über 37 Linienbahnhöfe, von denen 28 unterirdisch liegen; der mittlere Bahnhofsabstand beträgt 704 m. In den Bahnhöfen Hauptbahnhof und Plärrer kann innerhalb des

Blick aus dem Fahrerstand eines Metrozuges auf dem Bahnhof »Lorenzkirche« (U1/11). Auffallend sind die großen Rosetten an der Tunnelwand, die den Vorbildern in der Fassade der Lorenzkirche nachempfunden wurden (Transpress).

»Pegnitzpfeil« vom Typ DT1 in Richtung Jakobinerstraße in Fürth (U1), im Bahnhof Plärrer (ADtranz).

Typ: **Baujahr:**	**DT1** **1970-1979**	**DT1** **1980-1984**	**DT2** **1993**
Länge ü.K. (mm):	37150	37150	37550
Breite (mm):	2900	2900	2900
Dienstgewicht (t):	52,5	54,0	55,2
Max. Fahrgastzahl:	290	290	290
Sitzplätze:	98	98	82
Stehplätze:	192	192	208
Einstiege p. Seite:	6	6	6
Leistung (kW):	4x180	4x200	8x90
Beschleunigung (m/s^2):	1,2	1,2	1,3
Bremsverzögerung (m/s^2):	-	-	-
Notbremsverzögerung (m/s^2):	-	-	-
v/max. (km/h):	80	80	80
Bestand (31.12.94):	31	32	12

Metronetzes umgestiegen werden. Bei vier Bahnhöfen besteht Anschluß auf Regionalzüge der DB; Anschluß auf die S-Bahn besteht nur am Hauptbahnhof.

Alle Bahnhöfe haben Rolltreppen und Aufzüge; die Bahnhöfe Rennweg, Schoppershof, Leipziger Platz und Herrenhütte sind mit parallel zur Bahnsteigkante laufenden Rillensteinen als Sicherheitsmarkierung für Sehbehinderte versehen.

Mit Ausnahme der Bahnhöfe Stadtgrenze und Muggenhof haben alle Bahnhöfe Mittelbahnsteige; die Bahnsteiglänge beträgt 90 m.

Während die ersten Bahnhöfe noch recht schlicht ausgestattet waren, besann man sich beim Bau der in der historischen Innenstadt gelegenen Bahnhöfe auf eine entsprechend angepaßte Architektur und paßte sie stilistisch dem städtischen bzw. historischen Umfeld an. So ist zum Beispiel die Fußgängerebene des Bahnhofs Opernhaus als Foyer gestaltet. Im Bahnhof Maximilianstraße erinnert ein in Sandstein graviertes Motiv der ersten Dampflok »Adler« an die Tatsache, daß auf der gleichen Trasse in der Fürther Straße 1835 die erste Eisenbahn verkehrte.

Fahrzeuge

Die ersten Doppeltriebwagen vom Typ DT1, im Volksmund »Pegnitzpfeile« genannt, wurden von MAN und AEG als Typ »A« für die beiden Städte München und Nürnberg gemeinsam entwickelt. Diese weitestgehend identischen Fahrzeuge können zwischen beiden Städten ausgetauscht und miteinander gekuppelt werden.

1980 wurde eine weitere Serie von 32 Doppeltriebwagen, jetzt jedoch mit Drehstromantrieb von Siemens, bestellt.

Am 5. März 1993 erfolgte durch AEG/Siemens die Auslieferung des ersten von 12 neuen Doppeltriebwagen vom Typ DT2, ebenfalls mit Drehstromantrieb. Diese neue Baureihe hat den gleichen Wagenkasten wie der Münchener Typ »B«, allerdings weicht die Einrichtung von den Münchner Wagen ab (so sind 16 Sitzplätze weniger eingebaut, ferner sind unterhalb der Notbremsgriffe Gegensprechanlagen für den Kontakt mit dem Fahrer angebracht).

Auch der Antrieb unterscheidet sich völlig von dem der Typen »A/DT1« (München/Nürnberg) und »B« (München).

Anstelle eines in der Längsachse des Drehgestells angebrachten Motors mit Antrieb auf beiden Achsen ist beim Typ DT2 jede Achse von einem eigenen Motor angetrieben; hierdurch werden in den Kurven sowohl Räder als auch Schienen geschont. Für Rangierbewegungen sind in der Werkstatt und im Betriebshof aus Sicherheitsgründen einfache Oberleitungen angebracht; hierzu befindet sich an der Rückwand des »a«-Wagens ein kleiner Hilfsstromabnehmer.

Betriebsablauf

Die Metrozüge werden über eine »dritte« Schiene mit 750 V Gleichstrom versorgt, die Stromabnahme erfolgt an der Unterseite. Die Stromschienen sind in Sektoren von 2 km Länge aufgeteilt, die aus je zwei benachbarten Unterwerken (insgesamt 12) gespeist werden. In diesen Unterwerken wird die aus dem eigenen Versorgungsnetz kommende Spannung von 20 kV Drehstrom in 750 V Gleichstrom umgeformt; die Kontrolle der Energieversorgung befindet sich in der ZBL beim Bahnhof Plärrer.

Der Metrobetrieb wird automatisch abgewickelt; nur im Falle von Unregelmäßigkeiten greift die ZBL ein oder gibt einem der 18 Stellwerke (U1 acht, U2 zehn) den Auftrag zur örtlichen Verkehrsregelung; diese Stellwerke kontrollieren drei bis fünf Bahnhöfe. Signaltechnisch ist das Netz eingerichtet auf eingleisige Verkehrsführung; in der Regel sind die Ausfahrtsignale zugleich die Einfahrtsignale der nächsten Bahnhöfe. Die Überwachung der Bahnhöfe erfolgt über Kameras und in der ZBL befindliche Monitoren, von wo auch Lautsprecherdurchsagen erfolgen. Werktags verkehren die Metrozüge auf beiden Linien zwischen 05.00 und 01.00 Uhr mit einer Zugfolge von 10 Minuten, in der HVZ von 3,5 Minuten.

Außer im Betriebshof Langwasser befinden sich größere Abstellanlagen (ab acht DT) an der Linie U1 am Endbahnhof Langwasser-Süd und beim Bahnhof Scharfreiter-Ring, auf der Linie U2 am Endbahnhof Röthenbach sowie zwischen den Bahnhöfen Herrnhütte und Leipziger Platz; ferner befinden sich in beiden Linien an sieben Stellen Abstellmöglichkeiten für zwei bis fünf DT.

Die Wartung der Fahrzeuge erfolgt in der Betriebswerkstatt, größere Reparaturen und Hauptuntersuchungen in der Hauptwerkstatt, die sich zusammen mit dem Betriebshof in Langwasser befindet; bis zur Fertigstellung des gesamten Betriebshofes müssen Reparaturen an Motoren und Getrieben sowie Schreiner- und Lackierarbeiten in der Hauptwerkstatt der Straßenbahn durchgeführt werden, die über DB-Gleise erreichbar ist.

Das Metronetz ist integriert im »Verkehrsverbund Großraum Nürnberg (VGN)«.

Der erste Triebzug vom Typ DT2 bei Ablieferung im Werk Nürnberg der damaligen AEG (ADtranz).

Interieur eines Triebzuges vom Typ DT1 (ADtranz).

Gleichstrom-Triebzug vom Typ DT1 im Bahnhof Eberhardshof (U1). Ebenso wie in München fertigt der Fahrer den Zug selbst ab (A.M.Voogel).

Ein Blick in die Zukunft

Die Pläne für das letzte 3,4 km lange Teilstück der Linie U2 von Herrnhütte zum Flughafen sind fertig; von der Subventionserteilung wird es abhängen, ob dieser Abschnitt 1999 in Betrieb genommen werden kann. Auf (noch) unbebautem Gebiet wird die ganze Trasse von Schoppershof bis zum Flughafen im Tunnel verlaufen.

1993 wurde mit den Bauarbeiten für die Erweiterung des Betriebshofes in Langwasser begonnen. Die neue Wagenhalle und die Werkstatt sind auf 95 DT ausgelegt und werden im Laufe des Jahres 1997 in Betrieb genommen werden.

Die Beschaffung von neuen Fahrzeugen ist innerhalb der nächsten fünf Jahre nicht vorgesehen.

ÖSTERREICH

SERFAUS

Betreiber: Seilbahn Komperdell Gesellschaft mbH

Die außergewöhnlichste und kürzeste Metrolinie der Welt befindet sich in Serfaus/Tirol.
Serfaus liegt in einer Höhe von 1427 m, zwischen Landeck/T und dem Reschenpaß, und ist im Laufe der Zeit ein international bekannter Wintersportort geworden.
Ein Vergleich der Jahre 1960 und 1984 läßt vermuten, was sich täglich in dem 900 Seelen-Dorf abgespielt haben muß. Die Übernachtungszahl stieg von 80.000 auf 500.000 jährlich und die tägliche Lift-Kapazität von 1600 auf 20.000 Personen. Die Liftstation liegt am Ende der Dorfstraße, die als Sackstraße Ziel- anstelle Durchgangsverkehr aufnehmen muß, wodurch das Dorf alle 6000 Tagestouristen samt zugehörenden Autos und Bussen verkraften mußte.
1970 beschloß der Gemeinderat daher, das Dorf für die Autos zu schließen und einen großen Parkplatz an der Peripherie anzulegen. Für die Verbindung mit der ca. 1300 m entfernten Liftstation wurde eine Pendelbuslinie eingerichtet, die allerdings der wachsenden Zahl der Tagesgäste bald nicht mehr gewachsen war.

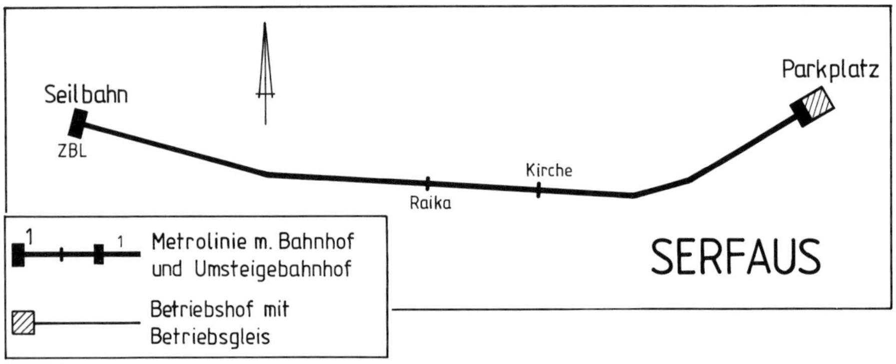

Ein eindrucksvolles Bild dessen, was die Dorfbewohner vorübergehend ausstehen mußten, bevor sie vom Verkehr befreit wurden (Seilbahnen Komperdell, Serfaus).

1983 erhielt das Ingenieurbüro Lässer-Feizlmayer (ILF) in Innsbruck den Auftrag, Untersuchungen über ein alternatives, dem Charakter des Dorfes angepaßtes Verkehrsmittel, anzustellen. Als optimale Lösung wurde eine »in einem Tunnel auf Luftkissen schwebende Seilbahn« vorgeschlagen, und am 8. Dezember 1983 entschied der Gemeinderat, dieses kühne Projekt zu realisieren, das im Hinblick auf Umweltschutz und Platzverhältnisse für Serfaus die beste Lösung darstellte. Die Bahn nahm am 14. Dezember 1985 ihren Betrieb auf.

Entwicklung und Bau der Metrolinie
Aufgrund der Linienstruktur kann nach der Definition dieses Buches ohne Weiteres von einer Metrolinie gesprochen werden, auch wenn diese zwischen den Endstationen »Parkplatz« und »Seilbahn« lediglich 1300 m lang ist.
Die Trasse liegt in einem Tunnel, der direkt unter der Dorfstraße liegt und in der offenen Bauweise ausgeführt wurde.
Weil die Häuser dicht an der Baugrube standen, mußten diese in Höhe der Fundamente gegeneinander abgestützt werden. Die Böschungen der Baugrube wurden mit bewehrtem Spritzbeton von 1020 cm Dicke und bis zu 25 m langen Ankern gesichert. Der Felsboden wurde mit hydraulischen Aufbruchhämmern abgeschrämmt, fallweise auch durch Sprengungen abgetragen.
Der Höhenunterschied zwischen den Stationen »Parkplatz« und »Seilbahn« beträgt 20,10 m, der kleinste Kurvenradius 300 m und die max. Neigung 5,33%.
Für die Führung der Kabine ist an der den »Bahnsteigen« gegenüberliegenden Wand mit Hilfe von Konsolen eine winkelförmige Führungsschiene angebracht; an beiden Seiten dieser Schiene rollen die Führungsräder der Kabine. Auf Boden- und Deckenhöhe befinden sich insgesamt 426 Führungsrollen für das Zugseil.

Zusammen mit den zwei Zwischenstationen, »Kirche« und »Raika«, die in der Hauptsache für die Pensionsgäste eingerichtet wurden, hat die Linie vier Stationen. Wegen des vollautomatischen Betriebs

Eine Kabine wird in den Tunnel abgelassen. An der Unterseite sind die drei Rahmen mit den Luftkissenanlagen sichtbar (Seilbahnen Komperdell, Serfaus).

Einfacher kann ein »Oberbau« in einem »Metrotunnel« nicht sein. Links unten die Führungsschiene, dahinter (nicht sichtbar) das Zugseil, welches unter der Decke wieder zur Umlenkrolle zurückläuft (Seilbahnen Komperdell, Serfaus).

sind die Bahnsteige durch eine Wand vom Tunnel getrennt und mit Schiebetüren versehen, die gleichzeitig mit den Kabinentüren öffnen und schließen.

Kabine und Antrieb

Die Kabine hat eine Länge von 14 580 mm, eine Breite von 2210 mm und bietet ca. 135 Personen Platz; das Gewicht beträgt 14,8 t. An einer Seite der Kabine sind drei Schiebetüren angebracht; für Notfälle befindet sich in den Stirnwänden eine Schiebetür. Zur Zeit sind zwei Kabinen fest miteinander gekuppelt, aber falls erforderlich, kann der Zug ohne Weiteres mit einer dritten Kabine erweitert werden. Lieferant der Kabinen ist die Firma Swoboda in Oberwels.

Die Luftkissenanlage tritt bei diesem System an die Stelle von Rädern; hierbei wird Gebrauch gemacht von dem von Otis TTD, Denver (Colorado) entwickelten »Transit Shuttle System«. Unter der Kabine befinden sich drei Rahmen mit je acht Hovair-Luftkissen, die von drei Kompressoren mit einem Druck von 0,2 bar versorgt werden. Dadurch tritt pro Luftkissen eine Luftmenge von 0,25 mü/sec aus, wodurch sich ein Luftfilm von 1 mm bildet, auf dem die Kabine »schwebt«. Nach dem Prinzip der Luftfederung ist das zugleich die Primärfederung der Kabine. Die erforderliche Leistung für die 24 Luftkissen beträgt 16 kW.

Als Sekundärfederung dienen pro Rahmen vier Gummifederelemente und vier Stoßdämpfer. An den beiden außenliegenden Rahmen sind je zwei Radpaare mit Luftreifen montiert, die die Führungsschiene umfassen.

Der Antrieb erfolgt durch einen thyristorgesteuerten Gleichstrommotor, der mit einer Leistung von 580 kW eine Höchstgeschwindigkeit des Kabinenzuges von ca. 40 km/h ermöglicht. Der Motor, untergebracht in der Station »Seilbahn«, treibt ein 29 mm dickes Zugseil an. Dieses Zugseil verläuft von der Kabine auf Bodenhöhe zum Motor und auf Deckenhöhe zurück zur Umlenkrolle in der Station »Parkplatz«; dort befindet sich auch die Spannvorrichtung. Von dort verläuft das Zugseil wieder auf Bodenhöhe zurück zur Kabine. Der Motor wird über zwei hydraulische Scheibenbremsen auf der Treibscheibe gebremst.

Pro Kabine sind 12 Bremsschuhe als Notbremse angebracht; im Notfall werden die Kompressoren abgeschaltet, so daß der Kabinenzug auf dem Tunnelboden schnell zum Stillstand kommt.

Für die Stromversorgung der Kabine (Kompressoren, Türen, Beleuchtung usw.) befindet sich am Tunneldach eine dreipolige Oberleitung mit 950 V Wechselstrom sowie einem dreifachen Stromabnehmer auf dem Kabinendach.

Betriebsablauf

In der Station »Seilbahn« befindet sich die ZBL, von wo aus der vollautomatische Betrieb kontroliert wird. Neben der Überwachung der Stationen werden permanent Fernseh-Bilder aus der »schwebenden« Kabine empfangen. Ständig wiederkehrende Durchsagen sind auf Chips digitalisiert und im Speicherchip abgelegt. Für die Verbindung der Kabine mit der ZBL ist eine Gegensprechanlage eingebaut. Die gesamte Kommunikation erfolgt induktiv über das Zugseil.

Die Umlaufzeit beträgt ca. 10 Minuten, davon 7 Minuten als »Fahrzeit«. In der Wintersaison (Mitte Dezember bis Ende April) ist die Metro täglich zwischen 8.00 und 18.00 Uhr in Betrieb; die Benutzung ist kostenlos. Vormittags wird von der Station »Seilbahn« nach »Parkplatz« ohne Halt gefahren und auf dem Rückweg an den Zwischenstationen gehalten, nachmittags ist die Reihenfolge umgekehrt. In der Sommersaison gibt es abweichende und eingeschränkte Betriebszeiten. Außerdem wird dann ein Fahrpreis von 10 ÖS. für eine Einzelfahrkarte erhoben.

Die Werkstatt befindet sich in der Station »Parkplatz«. An sechs Stellen befinden sich Einstiegsöffnungen, um im Notfall die Kabinen erreichen zu können, an zwei Stellen können die Kabinen aus dem Tunnel geholt bzw. in den Tunnel gebracht werden.

Ein Blick in die Zukunft

Der Einsatz eines dritten Wagens zur Erhöhung der Kapazität ist zwar geplant, es steht jedoch noch nicht fest, wann dieses Vorhaben realisiert wird. In diesem Falle ist eine zweite Antriebsanlage bei der Station »Parkplatz« vorgesehen, was in der Seilbahntechnik etwas völlig Neues sein dürfte.

Die Bahnsteighalle der »Dorfbahn«, wie die Linie in Serfaus auch genannt wird (Seilbahnen Komperdell, Serfaus).

Wien wurde Mitte des ersten Jahrhunderts als Römisches Legionslager unter den Namen »Vindobona« gegründet. 881 wurde zum ersten Male der Namen Wenia erwähnt.
Die »singende« Stadt an der Donau war seit 1156 Residenz u.a. mehrerer deutscher Kaiser aus dem Hause Habsburg.
Touristen aus der ganzen Welt besuchen Wien vor allem wegen der vielen historischen Gebäude, unter denen der gotische Stephansdom, die Kirche Maria am Gestade aus dem 14. Jh., die barocke Karlskirche und das ehemalige Kaiserschloß Schönbrunn, die Hofburg und Belvedere besonders zu erwähnen sind. Wien ist jedoch auch bekannt als Theaterstadt (u.a. Burgtheater, Staatsoper, Kammeroper, Theater a.d. Wien); vielbesungen sind Grinzing und der Wienerwald, an dessen Fuß die Stadt liegt.
In der Stadt wohnen ca. 1,7 Mio, mit dem Großraum zusammen über 2 Mio Einwohner. Neben der kulturellen Bedeutung für Österreich ist die Hauptstadt auch ein wichtiges Zentrum für Industrie und Handel.

Die Entwicklung des öffentlichen Verkehrs begann 1865 mit einer Pferdestraßenbahn vom Schottentor nach Hernals. Während diese erste (Probe)-Linie noch von einem Schweizer Unternehmen gebaut wurde, wurde für die weitere Entwicklung des Pferdestraßenbahn-Netzes ab 1868 die »Wiener Tramwaygesellschaft« gegründet. 1872 wurde dann die »Neue Wiener Tramwaygesellschaft« gegründet mit der Aufgabe, die Vororte mit der Stadt zu verbinden. Die beiden Unternehmungen standen leider in heftiger Konkurrenz, worunter sowohl Fahrgäste als auch Personal zu leiden hatte.
1883 wurde die erste offizielle elektrische Straßenbahnlinie auf dem Europäischen Kontinent zwischen Mödling und Klausen in Betrieb genommen. Wenig später wurde sie bis Hinterbrühl verlängert. Es folgte eine von Baden (bei Wien) ausgehende elektrische Straßenbahnlinie im Helenental.
Erste Bekanntschaft mit der elektrischen Traktion machte Wien 1895, als die »Neue Wiener Tramwaygesellschaft« erste Probefahrten mit zwei »Akkumulator«-Wagen machte. Am 27. Januar 1897 begann für die Stadt das Zeitalter der elektrischen Straßenbahn erst richtig.
Bereits 1893 jedoch wurde schrittweise mit dem Bau einer Stadtbahn begonnen, wobei Parallelen mit Berlin nicht zu verkennen waren. So verlief etwa die Hälfte des ca. 38 km langen Netzes über Viadukte, Brücken und Dämme, der Rest in Einschnitten oder Tunnels. Ursprünglich geplant als Verbindung zwischen den vielen Wiener Kopfbahnhöfen, blieb durch die Einmischung der Militärverwaltung, mit ihren »strategischen« Überlegungen, von einer großzügigen Gesamtkonzeption schließlich nur ein Torso übrig; dadurch wurde der ursprüngliche Hauptzweck, ein attraktives Verkehrsmittel für die Wiener Bevölkerung zu schaffen, zunächst nicht erreicht. Die »Stadtbahn« wurde zwischen 1898 und 1901 in Betrieb genommen; eine Linie, die sog. »Donaukanal- und Wientallinie«, lief von Heiligenstadt entlang dem Donaukanal und der »Wien« nach Hütteldorf; eine andere, die sog. »Gürtellinie«, begann gleichfalls in Heiligenstadt, verlief aber westlich des Stadtzentrums über Michelbeuren nach Meidling-Hauptstraße mit einem Anschluß an die »Wientallinie«. Zwischen Friedensbrücke und Nußdorfer Straße wurde ein Verbindungsgleis gelegt. Der Betrieb auf der Stadtbahn wurde zunächst mit Dampftraktion durch die Österreichische Staatsbahn ausgeführt, die das Netz aus wirtschaftlichen Gründen jedoch 1918 stillegte. 1924 wurde die »Stadtbahn« von der Stadt Wien gepachtet, die das Netz elektrifizierte und zwischen dem 3. Juni und dem 20. Oktober 1925 wieder in Betrieb nahm. Anstelle der Anschlüsse mit den Vorortbahnen wurden nun Übergangsstellen auf das städtische Straßenbahnnetz eingerichtet; auch der Anschluß in Meidling wurde abgebaut. Die Endstationen erhielten Kehrschleifen.
Da die Stadt Wien im Falle einer Vertragskündigung ihre Fahrzeuge auf dem Straßenbahnnetz einsetzen wollte, wurde die Stadtbahn nicht zu einer echten Schnellbahn, sondern nur zu einer Schnellstraßenbahn ausgebaut. Damit war eine große Chance für ein Schnellverkehrsnetz zunächst vertan.

Die Trasse der U4 im »Wiental« bei Hietzing, früher ein Teil der ehemaligen »Stadtbahn«-Linie WD (Stadtwerke Wien, Verkehrsbetriebe).

Folgende vier Linienkombinationen wurden eingerichtet:

WD: (Wiental–Donaukanal) Heiligenstadt-Hütteldorf

DG: (Donaukanal–Gürtel) Hietzing–Meidling-Hauptstraße–Friedensbrücke–Westbahnhof–Meidling-Hauptstraße

GD: wie DG, jedoch in umgekehrter Richtung

G: (Gürtel) Heiligenstadt–Meidling-Hauptstraße

Zunächst hatten die Fahrzeuge der »Stadtbahn« die gleiche Farbgebung (rot-creme) wie die Straßenbahn, aber nach kurzer Zeit erhielten sie die rote Farbe, die sie bis zur Inbetriebnahme der Fahrzeugtypen E6-c6 1980 behielten.

Die ersten Überlegungen zum Bau eines Metronetzes wurden bereits 1858 angestellt, aber mehr als ein paar Probebohrungen wurden nicht vorgenommen. Erwähnenswert sind jedoch zwei Pläne für eine Pferdemetro 1858 und eine »Kleinprofillinie« von Siemens & Halske 1883.

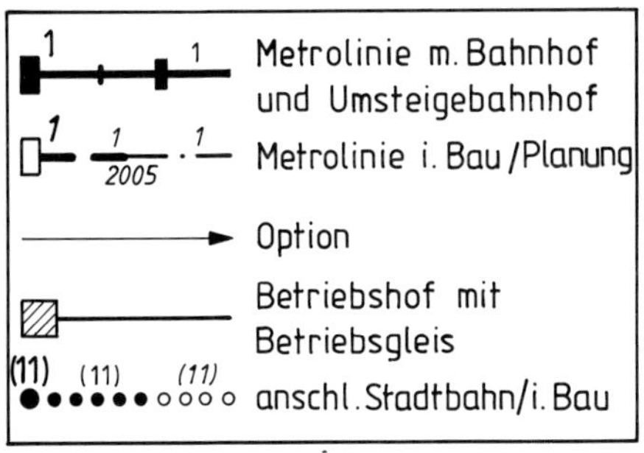

Als Anfang der sechziger Jahre dieses Jahrhunderts die Motorisierung auf stürmische Weise die Stadt eroberte, wurde das Thema »Metro« wieder aktuell. Nach einer Grundsatzentscheidung am 17. November 1966 über den Bau eines vier Linien umfassenden Netzes beschloß am 26. Januar 1968 der Gemeinderat endgültig, in einer ersten Bauphase die nachstehenden drei Metrolinien zu bauen:

U1 Praterstern–Reumannplatz,
U2 Schottenring–Karlsplatz,
U4 Heiligenstadt–Hütteldorf, unter Verwendung der Trasse der Stadtbahnlinie WD.

Durch diesen Entschluß wurde Wien endlich auch »Metrostadt«.

Entwicklung und Bau des Metronetzes:
Nachdem 1982 auch die zweite Bauphase ausgeführt wurde, verfügt das Netz heute über vier Metrolinien und eine Premetrolinie. Die nachstehende Aufstellung gibt eine Übersicht über die Entwicklung des Metronetzes und die Eröffnungsdaten:

A.Metrolinien:

U1 Kagran–Reumannplatz, 10,9 km
Karlsplatz–Reumannplatz: 25. Februar 1978;
Stephansplatz–Karlsplatz: 18. November 1978;
Nestroyplatz–Stephansplatz: 24. November 1979;
Praterstern–Nestroyplatz: 28. Februar 1981;
Kagran–Praterstern: 3. September 1982.

U2 Schottenring–Karlsplatz, 4,2 km
3. August 1980.

U3 Erdberg–Johnstraße, 8,3 km
Erdberg–Volkstheater: 6. April 1991;
Volkstheater–Westbahnhof: 4. September 1993;
Westbahnhof–Johnstraße: 3. September 1994.

U4 Heiligenstadt–Hütteldorf, 16,6 km
Heiligenstadt–Friedensbrücke: 8. Mai 1976;
Friedensbrücke–Schottenring: 3. April 1978;
Schottenring–Karlsplatz: 15. August 1978;

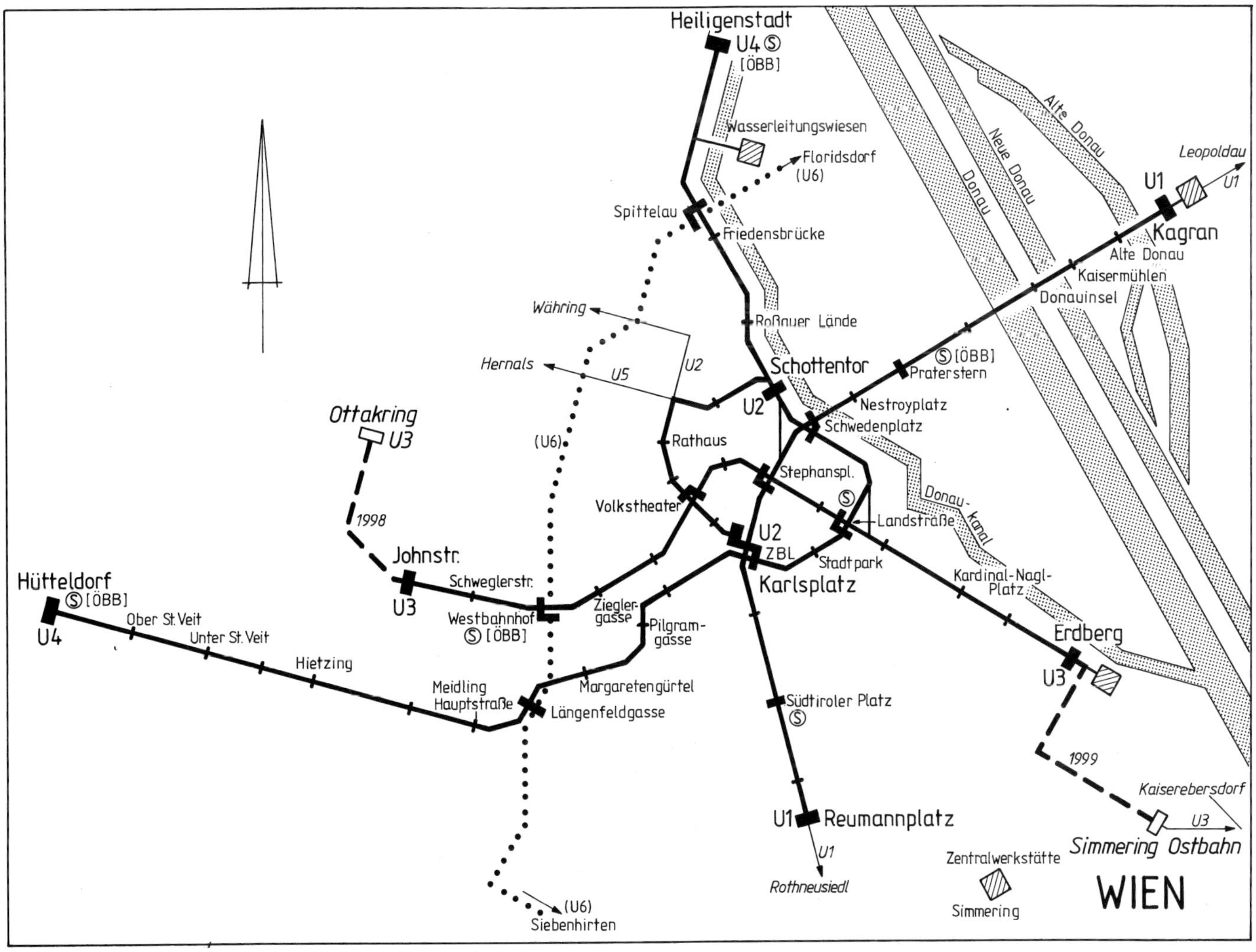

Endbahnhof der Linie U4 in Heiligenstadt mit zwei Metrozügen. Auf diesem Foto kommt das nicht alltägliche Frontsignal gut zur Geltung (A.M.Voogel).

Der Bahnhof Friedensbrücke (U4) mit Metrozug Richtung Heiligenstadt. Der Premetro-Triebwagen E6/c6 hat hier noch die alte Linienbezeichnung »G«, mittlerweile durch »U6« ersetzt. Seit 1991 wird dieser Bahnhof von der Linie U6 nicht mehr bedient (A.M.Voogel)

Schnitt durch die Reichsbrücke mit der in der Brückenkonstruktion verlegten Trasse der Linie U1 (Stadtwerke Wien, Verkehrsbetriebe).

Karlsplatz–Meidling-Haupstraße: 26. Oktober 1980;
Meidling-Hauptstraße–Hietzing: 31. August 1981;
Hietzing–Hütteldorf: 20. Dezember 1981.

Insgesamt hat das Metronetz eine Streckenlänge von 40,0 km, wovon 25 km in Tunnels liegen.

B. Premetrolinie

U6 Floridsdorf–Siebenhirten, 21,0 km
Heiligenstadt–Philadelphiabrücke, wovon das Teilstück Heiligenstadt–Gumpendorfer Straße zur 1898 eröffneten Stadtbahnlinie »G« gehört: 7. Oktober 1989;
Philadelphiabrücke–Siebenhirten, über die Trasse der Stadtbahnlinie 64: 15. April 1995.
Floridsdorf–Spittelau: 4. Mai 1996 (hiermit wurde der Endbahnhof Heiligenstadt von der U6 verlassen).

Das Metronetz verfügt über 55 Linienbahnhöfe, wovon drei gemeinsam genutzt werden, mit einem mittleren Abstand von ca. 762 m; hiervon sind 31 Bahnhöfe unterirdisch. An zehn Stellen im Netz kann auf andere Metrolinien (einschließlich Premetrolinie U6) umgestiegen werden, wobei der Bahnhof Karlsplatz zentraler Umsteigebahnhof zwischen den Linien U1, U2 und U4 ist. An sechs Stellen im Netz kann auf die S-Bahn umgestiegen werden, an vier Stellen auf die Nahverkehrszüge der ÖBB. Die Bahnsteige sind je nach Linie unterschiedlich lang: U1-115 m, U2 zwischen 75 und 80 m, U3-115 m und U4-120 m.
Bei der Linie U4 wurden die historischen Bahnhöfe des Architekten Otto Wagner, einem der bekanntesten österreichischen Architekten aus der Periode um die Jahrhundertwende, renoviert und den modernen Anforderungen der Metro angepaßt.
Auch die Behinderten wurden nicht vergessen: 40 cm von der Bahnsteigkante wurden 10 cm breite, gelbe Streifen in den Asphalt eingegossen; Rolltreppen sind in allen Bahnhöfen Standard, alle Bahnhöfe der Linie U3 sind mit Aufzügen ausgestattet.
Die Bahnhöfe sind mit viel Geschmack eingerichtet. Der Titel »Kunstlinie« für die U3 ist nicht aus der Luft gegriffen, in acht Bahnhöfen kann man entweder Überreste aus der Geschichte Wiens oder Werke bekannter österreichischer Künstler besichtigen. Eindrucksvoll ist z.B. der Bahnhof »Volkstheater« (U2/3), in dem ein Glasfries von Anton Lehmden die gesamte Bahnsteighalle der Linie U3 umrahmt: auf einer Fläche von 320 m^2 wurde ein Mosaik aus nahezu drei Millionen mit der Hand gebrochenen Glasteilchen aus »Murano«

und Steinstückchen zusammengesetzt, das »Entstehen der Natur« darstellend.
Ob die Premetrolinie U6 je zu einer vollen Metrolinie umgebaut wird, ist noch nicht absehbar; der Grund ist, daß praktisch die gesamte »Stammlinie« unter Denkmalschutz steht, weil auch hier alle Bahnhöfe und Viadukte der »Stadtbahn« von Otto Wagner gebaut wurden. Für die südliche Erweiterung von Philadelphiabrücke nach Siebenhirten wurde von der Trasse der Straßenbahnlinie 64 Gebrauch gemacht, jedoch jetzt mit einer niveaufreien Linienführung, um einen späteren Umbau auf Vollmetro nicht von vornherein zu erschweren. Nahe dem Bahnhof Tscherttegasse besteht eine Gleisverbindung zur »Badener Bahn« der »Wiener Lokalbahnen«, um Züge der Linie U6 in das Straßenbahnnetz überstellen zu können.
Die nördliche Verlängerung nach Floridsdorf ist eine Neubaustrecke, die mit Ausnahme eines ca. 1700 m langen Tunnels zwischen Jägerstraße und Dresdner Straße in Hochlage verläuft. Auch dieser Streckenteil ermöglicht einen eventuellen Vollmetrobetrieb.
Organisatorisch wird die Linie U6 von den Verkehrsbetrieben als »Metrolinie mit Oberleitung« betrachtet.

Dieses Bild entstand in der letzten Bauphase der Linie U1 und zeigt die Ausfädelung der Metrotrasse aus der Brückenkonstruktion in den Bahnhof Kaisermühlen (Stadtwerke Wien, Verkehrsbetriebe).

Der Bahnhof »Alte Donau« ist ein Beispiel moderner Bahnhofsgestaltung (Stadtwerke Wien, Verkehrsbetriebe).

Fahrzeuge
1972 wurden die ersten Doppeltriebwagen vom Typ U der Firma Simmering-Graz-Pauker (SGP) abgeliefert. Da der Wagenkasten zum größten Teil aus Aluminium besteht, konnte eine Gewichtsreduktion von 50% gegenüber einer Konstruktion in Stahlbauweise erreicht werden. Aufgrund ihrer Farbe erhielten die Triebzüge schon bald den Beinamen »Silberpfeile«. Auffallend ist das über die gesamte Wagenbreite reichende Lichtband, in dem die Front- und Schlußsignale aufgenommen sind. Das Fahrzeug wurde übrigens mit dem Österreichischen »Staatspreis für Design« ausgezeichnet.
Anläßlich des Baus der Linie U3 wurde eine zweite Triebzug-Generation, die äußerlich mit dem Typ U weitestgehend identisch ist, beschafft und als Typ U 11 bezeichnet. Der Unterschied steckt in einer neuen Technik. So werden jetzt wassergekühlte Drehstrommotoren eingebaut; die beim Bremsen freiwerdende Energie wird in die Stromschienen zurückgespeist, wodurch ca. 30% Energie eingespart werden kann. Ferner sind die Drehgestelle mit Lenkachsen ausgestattet, die den Verschleiß beim Fahren durch enge Kurven und die Quietschgeräusche reduzieren; aus diesem Grunde werden auf der Linie U2 ausschließlich diese Fahrzeuge eingesetzt. Auch die Lüftung wurde verbessert und mit einem zweiten Kanalsystem ausgestattet, die bei einer Außentemperatur von 23°C und höher den Luftdurchsatz von 3000mü/h auf 6600 mü/h vergrößert; hierdurch werden zu hohe Temperaturen im Fahrgastraum vermieden. Ferner wurden für die Ausstattung feuerhemmende Werkstoffe verwendet.

Betriebsablauf
Die Metrozüge werden über eine »dritte« Schiene mit 750 V Gleichstrom versorgt, die Stromabnahme erfolgt an der Unterseite.
Die Steuerung der Metrozüge erfolgt automatisch über LZB. Nach dem Schließen der Türen gibt der Fahrer lediglich den Abfahrtsbefehl; ferner überwacht er den Fahrtverlauf und versorgt die Fahrgäste mit Informationen.
In der ZBL, die sich am Karlsplatz befindet, wird der gesamte Betriebsablauf, einschließlich der Linie U6, über einen Doppelrechner überwacht. Dieser vergleicht die Ist-Daten mit den Soll-Daten und übermittelt diese über Farbmonitore an die Stellwerke; auch die Zugzielanzeiger in den Bahnhöfen werden von dem Rechner gesteuert. Das System stellt anhand der Daten die Fahrwege ein und gibt die Geschwindigkeit für ein energieoptimiertes Fahren vor. Die kleinstmögliche Zugdichte beträgt 70 sec. Das Wenden der Züge an den Endbahnhöfen erfolgt automatisch, was die Wendezeiten erheblich verkürzt.
Die ZBL überwacht die Bahnhöfe über Fernsehkameras und versorgt die Reisen-

Drei schöne Beispiele von der Architektur Otto Wagners:

Bahnhof »Stadtpark« (U4) mit »Silberpfeil« (A.M.Voogel).

Bahnhofs-Pavillon Karlsplatz (U2/4) (A.M.Voogel).

Bahnhof Ober St. Veit (U4) (Stadtwerke Wien, Verkehrsbetriebe).

den mit Informationen. Der Fahrer kann überall im Netz Kontakt mit der ZBL und den Stellwerken aufnehmen; auch die Energieversorgung und andere technische Einrichtungen werden in der ZBL überwacht.

Werktags verkehren die Metrozüge zwischen 05.00 und 00.30 Uhr, mit einer Zugfolge von 7,5 Minuten, in der HVZ von 3 Minuten.

Die laufende Wartung an den Fahrzeugen wird in den Betriebswerkstätten Wasserleitungswiese, Kagran und Erdberg ausgeführt. Für größere Reparaturen werden die Triebzüge, mangels Anschluß an das Metronetz, auf Spezial-Niederflurwagen der ÖBB verladen und über einen Gleisanschluß in die, »Zentralwerkstätte« in Simmering gebracht. Nach erfolgter Reparatur werden die Fahrzeuge in einer Prüfhalle und auf einem Probegleis eingehend geprüft.

Für Betriebsfahrten zwischen den Metrolinien befinden sich zwischen den Bahnhöfen Schottenring und Stephansplatz (U4/1), im Bahnhof Schottenring (U2/4) und zwischen den Bahnhöfen Schwedenplatz und Landstraße (U4/3) Verbindungsgleise.

Die Wiener Verkehrsbetriebe arbeiten mit anderen Verkehrsbetrieben im »Verkehrsverbund Ostregion (VOR)« zusammen, wodurch man mit einer Fahrkarte von der ungarischen Grenze bis St. Pölten fahren kann. Die Wiener Linien sind innerhalb des »VOR« als sog. »Kernzone 100« aufgenommen; für diese Zone sind verschiedene Arten von Fahrkarten erhältlich, vom Einzelfahrschein über Streifenkarten bis hin zu Netzkarten, wie z.B. die »Wiener Einkaufskarte« (Werktags von 08.00-20.00), »24« bzw. »72 Stunden Wien« sowie Umwelt-, Streifen- und Jahresnetzkarten. Mit Ausnahme der sog. Halbpreis- und Einzelfahrscheine sind alle Fahrscheine ausschließlich an Automaten, in Trafiken, in den Metrobahnhöfen und in 37 über die Wiener Bezirke verteilten Vorverkaufsstellen erhältlich.

Mittelbahnsteig des Bahnhofs Hütteldorf (U4) (Stadtwerke Wien, Verkehrsbetriebe).

»Silberpfeil« der Serie U, hier im Bahnhof »Alte Donau« (U1) (Siemens Verkehrstechnik)

Typ:	**U**	**U11**
Baujahr:	**1971**	**1986**
Länge ü.K. (mm):	36800	36980
Breite (mm):	2800	2800
Dienstgewicht (t):	52,6	56,0
Max. Fahrgastzahl:	280	280
Sitzplätze:	98	98
Stehplätze:	182	182
Einstiege p. Seite:	6	6
Leistung (kW):	4 x 200	8 x 125
Beschleunigung (m/s^2):	1,0	1,0
Bremsverzögerung (m/s^2):	1,2	1,2
Notbremsverzögerung (m/s^2):	1,4	1,4
v/max (km/h):	80	80
Bestand (31.12.95):	136	96

Interieur des Triebzuges »U« (Siemens Verkehrstechnik)

Zentrale Betriebsleitstelle am Karlsplatz (Stadtwerke Wien, Verkehrsbetriebe).

Blick in die Betriebswerkstätte »Wasserleitungswiese« mit einem Triebzug der Serie U1 auf der Hebebühne (Stadtwerke Wien, Verkehrsbetriebe).

Ein Blick in die Zukunft

Der 1984 vom Wiener Stadtrat beschlossene »Stadtentwicklungsplan« (STEP) umfaßt die Baustufen 3 und 4.

An der Realisierung der Baustufe 3, der Verlängerung der Linie U3, wird inzwischen mit Hochdruck gearbeitet; die westliche Verlängerung von der Johnstraße nach Ottakring wird, wenn alles nach Plan verläuft, im Mai 1998 in Betrieb genommen werden, die östliche Verlängerung von Simmering-Ostbahn nach Erdberg 1999. Damit ist das Metronetz vorläufig komplett. Es wird dann eine Länge von 46,8 km umfassen.

Die folgenden Projekte für die Zeit nach 2000 (Baustufe 4) befinden sich bei der Stadt Wien noch im Vorplanungsstadium:

U1-Nord	Leopoldau–Kagran
U1-Süd	Reumannplatz–Rothneusiedl
U2-Nord	Währing–Universitätsstraße
U3-Süd	Kaiserebersdorf–Simmering Ostbahn
U5	Landesgerichtsstraße—Hernals

Die Pläne der Baustufe 4 sehen ferner eine Verlängerung der Premetrolinie U6 von Floridsdorf nach Grossjedlersdorf vor.

BELGIEN

BRÜSSEL

MIVB STIB

Betreiber: Maatschappij voor het Intercommunaal Vervoer te Brussel (MIVB)/ Société des Transports Intercommunaux de Bruxelles (STIB)

Brüssel ist die Hauptstadt von Belgien und der Provinz Brabant. Neben den staatlichen und provinziellen Regierungsstellen befinden sich neben dem Sitz des Europarates und dem Europaparlament weitere wichtige Behörden der Europäischen Gemeinschaft sowie der NATO in dieser Stadt, die zudem ein Zentrum von Kultur und Wissenschaften ist.
Daneben ist die Stadt ein bedeutender Schnittpunkt wichtiger Verkehrsadern zu Lande, zu Wasser und in der Luft.
Die ansässige Industrie produziert u.a. Maschinen und elektrotechnische Produkte.
Obwohl die Kernstadt weniger als 200.000 Einwohner hat, zählt die Region auf einer Fläche von 241 km² rund 1,2 Mio Einwohner, die zum größten Teil in Brüssel arbeiten. Entsprechend sind die Verkehrsverhältnisse.

Die Geschichte des öffentlichen Verkehrs begann 1842 mit einer Pferde-Omnibuslinie, die sich innerhalb von 25 Jahren zu einem sieben Linien umfassenden Netz entwickelte. Die »Société Vaucamps« wurde seltsamerweise von London aus geleitet und verfügte über 25 Wagen englischer Herkunft, bis auf einen Wagen alles Doppeldecker.
Mit einer Vorführstrecke in der Lakensestraat kam 1854 auch die erste Pferdestraßenbahn nach Brüssel; ein Konsortium unter Führung eines Herrn Morris erhielt darauf die Konzession für eine Linie Centrale Hallen–Laken. Es dauerte jedoch bis 1869, bis die erste Linie von Sint Mariakerk (Schaarbeek) nach Terkamerenbos eröffnet wurde.
Eine dritte Gruppe, die »Compagnie Brésilienne«, betrieb ebenfalls zwei Linien beim »Park van Brussel« und den umliegenden Alleen.
Ende 1874 übernahm Herr Vaucamps die Linien des Herrn Morris und mit einiger Verspätung auch die der zu diesem Zeitpunkt recht abgewirtschafteten »Compagnie Brésilienne«.
Auf Anregung der Stadtverwaltung wurde 1879 aus diesen drei Unternehmen die »Tramways Bruxellois« gebildet, die bis zum 31. Dezember 1945 den öffentlichen Schienenverkehr in Brüssel versorgte.

Die ersten elektrischen Straßenbahnen erschienen 1893 in den Brüsseler Straßen. Aus der ersten Linie von Hallepoort nach Ukkel wuchs ein Straßenbahnnetz, daß zum Ende der Konzession, 1945, eine Gesamtlänge von 241 km hatte. Bis Dezember 1953 führte eine »vorläufige Administration« die Geschäfte, bis das Unternehmen am 1. Januar 1954 durch eine neu gegründete »Maatschappij voor Intercommunaal Vervoer (MIVB)« übernommen wurde.

Das gegenwärtige Straßenbahnnetz mit 15 Linien ist im Vergleich zu 1945 um ca. 40 km kürzer geworden. Demgegenüber steht ein wachsendes Metronetz mit drei Linien und einer Länge von 37 km.
Die Verkehrsentwicklung in Brüssel machte die Rekonstruktion der »Kleinen Ringstraße« erforderlich; bei dieser Gelegenheit wurde zum ersten Mal eine Straßenbahntrasse auf eigenem Planum gelegt. In dieser Periode entstanden auch die ersten unterirdischen Bauten, darunter als bedeu-

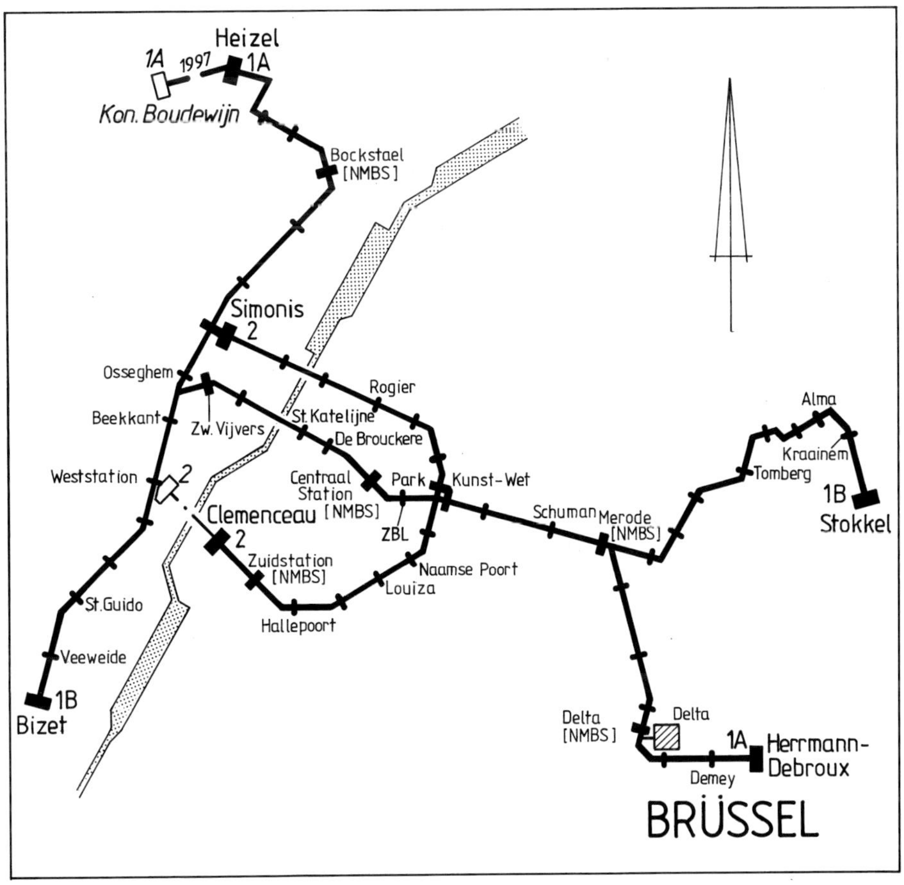

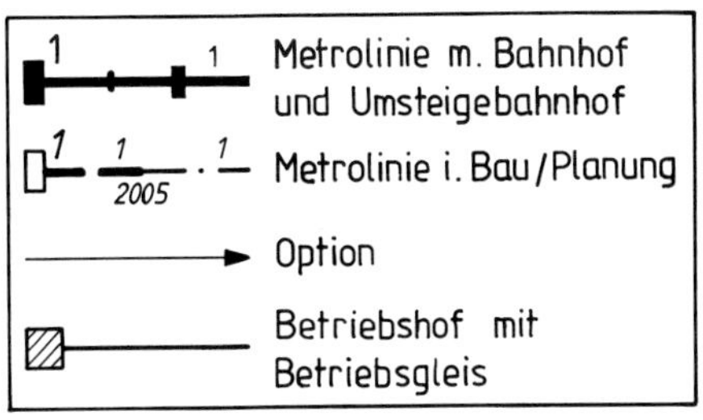

tendstes Bauwerk der »Grondwettunnel« . Die ersten »freien Bahnkörper« zeigten, daß eine Verbesserung und Beschleunigung des öffentlichen Verkehrs nur auf diesem Wege zu erreichen wäre, und, falls die Oberfäche hierfür keinen Platz bietet, die Trennung zwischen IV und ÖV auf einer zweiten Ebene, in diesem Fall also unterirdisch, erfolgen müßte.
Zunächst wurde geplant, Straßenbahnlinien durch diese Tunnels zu führen.
In einer Studie aus dem Jahre 1963 über die Entwicklung des zukünftigen öffentlichen Verkehrsnetzes wurde nachgewiesen, daß die zunehmenden Verkehrsprobleme nicht nur die Innenstadt, sondern auch die Außenbezirke der Stadt betreffen würden. Um die zu erwartenden Fahrgastzahlen verarbeiten zu können, wurde seitens des Gemeinderates und der Regierung ein »klassisches« Metrosystem bevorzugt. Weil die geplanten Metrolinien anstelle der am meisten frequentierten Straßenbahnlinien treten und ihre Realisierung mit hohen Kosten verbunden sein würden, wurde beschlossen, das Metronetz in zwei Phasen aufzubauen:

- Bau von Premetrotunnels an den notwendigsten Stellen
- sukzessive Ergänzung der Tunnelstrecken und Umstellung auf Metro-Betrieb

Trotz der vorgesehenen Benutzung der fertiggstellten Abschnitte durch die vorhandenen Straßenbahnfahrzeuge wurden die Tunnel nach Metro-Parametern gebaut, wobei in den Bahnhöfen über eine Länge von 30 m Behelfs-Bahnsteige mit einer Höhe von 50 cm gebaut wurden; die Bahnsteighöhe beim Metrobetrieb beträgt einen Meter.

Die 1963 verabschiedeten Metropläne sahen den Bau einer Ost-West-Linie vor, die sich an der östlichen und westlichen Peripherie der Stadt in je zwei Linien nach Norden und Süden aufteilen würde, eine Nord-Süd-Linie zwischen den zwei wichtigsten Brüsseler Bahnhöfen, ein sog. »Kleiner Ring« und ein sog. »Großer Ring«. 1965 wurde mit dem Bau des ersten Tunnelteilstücks zwischen »Schuman« und »De Brouckere« begonnen.

Entwicklung und Bau des Metronetzes
Die nachstehende Übersicht zeigt die Entwicklung des Metronetzes sowie die Eröffnungsdaten:

Ost-West-Linie
1A Herrmann-Debroux–Heizel, 16,6 km
1B Stokkel–Bizet, 15,9 km
in Betrieb genommen: als Premetro:
Schuman–De Brouckere: 20. Dezember 1969;

als Metro:
Tomberg–Merode–St. Katelijne bzw. Demey–Merode: zwischen 20. September 1976 und 17. Juni 1977;
St. Katelijne–Beekkant–St. Guido bzw. Bockstael: zwischen 8. Mai 1981 und 6. Oktober 1982;
Alma–Tomberg: 8 Mai 1982;
Herrmann-Debroux–Demey: 23. März 1985;
Bockstael–Heizel: 10. Mai 1985;
St. Guido–Veeweide: 5. Juli 1985;
Stokkel–Alma: 31. August 1988;
Veeweide–Bizet: 10. Januar 1992.

Das Teilstück Merode–Zwarte Vijvers wird von beiden Linien zusammen befahren.
»Kleiner Ring«
2 Simonis–Clemenceau, 7,420 km

In Betrieb genommen:
als Premetro:
Rogier–Louiza: zwischen 21. Dezember 1970 und 19. August 1985;

als Metro:
Simonis–Zuidstation (Südbahnhof): 2. Oktober 1988;
Zuidstation–Clemenceau: 28. Juni1993.

Hiermit hat das Metronetz eine Linienlänge von 40 km, die Trassenlänge beträgt 28,120 km. Der Anteil der Tunnel beträgt ca. 80%.

Darüberhinaus sind folgende Premetrostrecken fertiggestellt worden:

- Noordstation–Albert, Länge 8,1 km, als Teil einer zukünftigen Nord-Südverbindung
- Station Diamant–Boileau, Länge 2,8 km, als Teil des zukünftigen »Großen Rings«

Wann diese Premetrolinien in Metrolinien umgewandelt werden, ist noch nicht bekannt. Wie andere europäische Städte hat auch Brüssel mit leeren Kassen zu kämpfen, die einer baldigen Realisierung im Wege stehen.
Weil die Metrolinien zum größten Teil der oberirdischen Straßenführung folgen, wurden beim Tunnelbau zumeist die offene Bauweise und die Deckelbauweise angewandt, letztere in der Hauptsache dort, wo mit größeren Verkehrsproblemen zu rechnen war. Ein kurzes Stück, beim »Park van Brussel«, wurde in der Schildbauweise gebaut; allerdings weniger aus Notwendigkeit als vielmehr, um damit Erfahrungen zu sammeln. An verschiedenen Stellen mußten die Tunnelbauer die Vereisungstechnik zu Hilfe nehmen. Der Bahnhof Bizet wurde wegen der ungünstigen geologischen Verhältnisse teiweise unter Wasser gebaut.
Mit der Erweiterung des »Kleinen Rings« bis Zuidstation als Metrolinie 2 wurde zugleich die geplante Verlängerung nach Anderlecht (Clemenceau) begonnen. Eine der schwierigsten Passagen bei diesem Projekt war die teilweise Unterfahrung eines Fabrikgebäudes über eine Länge von ca. 70 m, wobei das Gebäude vorübergehend mit Unterzügen abgestützt werden mußte.
Andere Probleme gab es beim Teilstück zwischen den Bahnhöfen Munthof und Hallepoort, wo in einer Tiefe von mehr als 10 Metern große Teile von 3 bis 4 m dicken Festungsmauern aus dem 18.Jh. gefunden wurden. Ein Teil dieser Mauern wurde im Bahnhof Munthof als Dekoration wieder aufgebaut.
Überall wo die Gefahr zu hoher Geräusch-Emissionen bestand, wurden elastisch aufgelegte Gleiströge vorgesehen. Der Ober-

Der modern gestaltete Bahnhof Kraainem (1B) (Verbruggen, MIVB, Brüssel).

bau besteht aus Vignoles-Schienen auf Holzschwellen mit Schotterbett.
Insgesamt verfügt die Metro über 53 Bahnhöfe. An vier Stellen kann innerhalb des Metronetzes umgestiegen werden, fünf Bahnhöfe bieten Anschluß an die Nahverkehrszüge der NMBS. Der Bahnhof »Zuidstation« ist in zwei, nach Richtungen getrennten Ebenen gebaut und bietet Umsteigemöglichkeiten von der Linie 2 auf die Premetrolinien 23, 55 und 90. Das Ein- und Aussteigen erfolgt nach der »Spanischen Methode«, d.h. Einsteigen in den Metrozügen über Seitenbahnsteige und Aus- bzw. Umsteigen über den Mittelbahnsteig. Die Tatsache, daß die oberirdische Infrastruktur nur übereinander liegende Tunnels zuließ, kam dieser Umsteigesituation zugute.
Der Bahnhof Hallepoort ist als Verzweigungsbahnhof gebaut, wobei sich die Gleise der Premetro im südlichen Ast auf der ersten Ebene und die Gleise der Metrolinie 2 auf der zweiten Ebene befinden. Um mit Fünfwagenzügen fahren zu können, beträgt die Länge der Bahnsteige überall 120 m. Alle Bahnhöfe sind mit Rolltreppen ausgestattet.
Ein besonderer Aspekt in Brüssel ist das Programm »Kunst in der Metro«. Über dieses Programm ist bei den Fremdenverkehrsbüros und den MIVB-Agenturen eine Broschüre erhältlich, in der das Metronetz in drei farblich unterschiedliche Gruppen eingeteilt ist. In 38 Bahnhöfen (und einem Premetrobahnhof) innerhalb dieser Gruppen sind Gemälde, Reliefs und Skulpturen bekannter belgischer Künstler zu besichtigen. In der Broschüre ist angegeben, in welchem Bahnhof sich die Werke bestimmter Künstler befinden. Im Bahnhof Hankar (Linie 1A) befindet sich die Wandmalerei »Notre Temps« von Roger Somville, im Bahnhof Aumale (Linie 1B) kann der Welt größte (600 m^2) Fotomontage von Paul Laenen besichtigt werden; der Bahnhof Kruidtuin (Linie 2) zeigt Werke von Emile Souply (Wandkomposition in Stahl), Pierre Caille (bemalte Holz-Skulpturen) und Jean Pierre Ghysels (Reliefs in Kupfer). Im Bahnhof Munthof (Linie 2) befinden sich neben Werken von Pol van de Botermet das Fragment der Stadtmauer und, in der Fußgängerpassage, eine alte Kunstdruckpresse.

Noch ist der Bahnhof »Heizel« Endbahnhof der Linie 1A, aber an einer 400 m langen Erweiterung bis »Koning Boudewijn« wird gegenwärtig gearbeitet. Im Hintergrund das »Atomium«. (A.M.Voogel).

Blick in den Bahnhof »Alma« (1B). Dieser Bahnhof ist ein Bestandteil der Universität von Brüssel. Ab hier verläuft die Trasse nach Stokkel oberirdisch (Verbruggen, MIVB, Brüssel).

Fahrzeuge

Für den Metrobetrieb wurden zwischen 1974 und 1981 achtzig Doppeltriebwagen nach folgendem Schema abgeliefert:

- BN/ACEC 30 DT 1974/76
- CFC/ACEC 15 DT 1975/76
- BN/ACEC 35 DT 1980/81,

insgesamt also 160 Wagen.

Der Bahnhof »Hankar« zeigt eine Wandmalerei von Roger Somville, mit dem Titel »Notre Temps« (Verbruggen, MIVB, Brüssel).

Metrozug Richtung »St. Katelijne« im Bahnhof »De Brouckere« (1A/B) (A.M.Voogel).

Typ	**»Brüssel«**	
Baujahr	**1974-1981**	**1989**
	DT	**M**
Länge ü.K. (mm):	35600	17800
Breite (mm):	2700	2700
Dienstgewicht (t):	32	30
Max. Fahrgastzahl:	282	145
Sitzplätze:	80	44
Stehplätze:	202	101
Einstiege p. Seite:	8	4
Leistung (Kw):	4x 266	2 x 266
Beschleunigung (m/s^2):	1,33	1,33
Bremsverzögerung (m/s^2):	1,2	1,2
Notbremsverzögerung (m/s^2):	1,7	1,7
v/max (km/h):	70	70
Bestand (31.12.95):	80	32

Durch die Zunahme der Beförderungszahlen, insbesondere durch die 1988 eröffnete Linie 2, wo zwei gekuppelte DT eingesetzt werden mußten, wurde deutlich, daß die Erweiterung des Fahrzeugparks unvermeidlich war. 1989 wurden bei BN/ACEC 32 motorisierte Zwischenwagen ohne Fahrerstand bestellt, die bis Ende 1993 geliefert wurden; hieraus konnten nun 32 Dreiwagenzüge gebildet werden. Maximal können ein DT und ein Dreiwagenzug mit einander gekuppelt fahren.
Zwischen den Wagen besteht lediglich ein Betriebsdurchgang, der mit Fenstern versehen ist, um einen Durchblick durch den Zug zu ermöglichen.
Die beim Bremsen freiwerdende Energie wird in die Stromschiene zurückgespeist, wodurch ca.40% Energie eingespart wird.

Betriebsablauf

Die Metrozüge werden über eine »dritte« Schiene mit 900 V Gleichstrom versorgt und nehmen den Strom von der Unterseite der Stromschiene ab. Die Energieversorgung erfolgt durch 89 über das Netz verteilte Gleichrichterwerke, die in der ZBL kontrolliert werden.

Von dieser, im Bahnhof Park untergebrachten ZBL wird über einen Zentralrechner der weitestgehend automatische Betrieb überwacht; von hieraus kann im Störungsfalle in den Betriebsablauf eingegriffen werden. Das Abfahren, Beschleunigen und Abbremsen der Züge erfolgt rechnergesteuert. Die Sicherung basiert auf einem Selbstblocksystem mit Lichtsignalen und ATP. Jeder Zug wird beim Einfahren in den Bahnhof automatisch registriert und dem Zentralrechner gemeldet; mit dem Rechner gekoppelte Zugzielanzeiger auf den Bahnsteigen melden die nächsten drei zu erwartenden Züge an. Die Kommunikation zwischen dem Fahrer und der ZBL erfolgt über Zugbahnfunk. Über die im Wagen befindlichen Lautsprecher können, außer den vom Rechner gesteuerten Bahnhofsansagen, auch Informationen vom Fahrer oder von der ZBL durchgesagt werden.

Die Bahnhofsüberwachung erfolgt ebenfalls in der ZBL über Kameras und Monitore.

Werktags verkehren die Metrozüge zwischen 05.04 und 01.00 Uhr mit einer Zugfolge von 13 Minuten (Linie 1A/1B) und 7 Minuten (Linie 2), in der HVZ von 7 bzw. 5 Minuten.

Abstellgleise befinden sich u.a. an den Endstationen. Wartung und Reparaturen der Metrozüge werden in der dem Betriebshof Delta angegliederten Hauptwerkstatt (Linie 1A) durchgeführt; bei Simonis befindet sich dazu ein Verbindungsgleis zwischen den Linien 1A und 2.

Aus Gründen der Arbeitssicherheit enden die Stromschienen einige Meter vor der Werkstatt. Für Rangierbewegungen auf dem Gelände oder in der Werkstatt wird von Diesel- oder Akkulokomotiven Gebrauch gemacht. Beim Aus- und Einrücken der Metrozüge wird je nach Abstellgleis von einer mobilen Stromschiene oder einer flexiblen Stromleitung Gebrauch gemacht.

Das Tarifsystem sieht eine Magnetkarte für eine, bzw. fünf und zehn Fahrten vor. Diese wird in einem Lesegerät auf Gültigkeit kontrolliert und entwertet. Die Karte muß jedesmal beim Betreten eines Bahnhofs bzw. eines Fahrzeugs der MIVB oder einer der anderen in der Brüsseler Region (»Gewest«) verkehrenden Gesellschaften (De Lijn, TEC und NMBS) in das Lesegerät gesteckt werden. Diese Karten wurden im Oktober 1993 eingeführt. In der ganzen Region besteht ein fester Tarif mit Umsteigerecht:

a) innerhalb einer Stunde auf allen Fahrzeugen der MIVB, De Lijn oder TEC innerhalb der Region;
b) innerhalb zwei Stunden beim Umsteigen auf Züge der NMBS innerhalb der Region.

Daneben sind diverse Tages-, Monats- und Jahreskarten erhältlich.

Zwei Doppeltriebwagen im Betriebshof »Delta« (A.M.Voogel)

Metrozug der Linie 1A von »Herrmann Debroux« verläßt den Tunnel unter Betriebshof und Hauptwerkstatt »Delta« (A.M.Voogel).

Ein Blick in die Zukunft

Linie 1A wird um ca. 400 m vom Bahnhof Heizel zum neuen Bahnhof »Koning Boudewijn« (ursprünglich geplant als »Amandelbomen«) verlängert. Bei dieser Gelegenheit wird der 1985 zunächst in einer vorläufigen Ausführung gebaute Bahnhof Heizel erweitert. Mit einem weiteren Bahnsteig wird dieser Bahnhof in der Lage sein, die Besucherströme bei Großveranstaltungen besser zu verkraften. Die Fortschritte bei der Bahnhofserweiterung werden jedoch sehr stark beeinflußt durch die knappe Finanzsituation, so daß sich die Inbetriebnahme der Streckenverlängerung bis 1997 hinauszögern wird.

Geplant ist auch, die Linie 2 zum Westbahnhof (»Weststation«) zu verlängern, aber das wird wohl erst nach 2000 stattfinden.

FINNLAND

HELSINKI HKL HST

Betreiber: Helsingin kaupungin liikennelaitos (HKL) (Städtische Verkehrsbetriebe Helsinki)

Helsinki, die Hauptstadt von Finnland, liegt malerisch an einer Reihe von Fjorden entlang des Finnischen Golfes; das Stadtzentrum liegt auf einer Halbinsel, die Vororte sind nördlich und östlich orientiert und liegen teilweise auf Inseln und Halbinseln.
Die Stadt hat ca. 490.000 Einwohner; die gesamte Region hat auf einer Fläche von 737 km² 800.000 Einwohner.
Die Stadt ist Mittelpunkt von Industrie (Schiffsbau, Motorenund Fahrzeug-Industrie), Kultur und Wissenschaft.
Bedingt durch die Lage der Stadt sind die Arbeitsplätze auf das Zentrum mit den nahen Hafenanlagen konzentriert, während sich die Wohngebiete in den Vororten befinden. Gerade durch die gegebene Infrastruktur verlangt der starke Berufsverkehr nach einem leistungsfähigen öffentlichen Verkehr, um den Individualverkehr während der HVZ in Grenzen zu halten.

Es ist deshalb nicht verwunderlich, daß bereits 1950 über den Bau einer Metrolinie diskutiert wurde. 1968 wurde ein Plan für eine Metrolinie von Itäkeskus nach Kamppi ausgearbeitet, der im Mai 1969 vom Gemeinderat angenommen wurde. Es dauerte nicht lange, da wurde die Planung um die Bahnhöfe Ruoholati im Zentrum und Mellunmäki im Norden erweitert. Mit Blick auf die Kosten wurde beschlossen, nur die Trasse in der Innenstadt unterirdisch verlaufen zu lassen.
Der Bau einer Probestrecke auf der geplanten Trasse zwischen Roihupelto und Herttoniemi wurde 1971 begonnen, und ein Jahr später konnten dort mit einem vom finnischen Konsortium Valmet Oy/Strömberg Oy, Tampere gelieferten Versuchs-Triebzug die ersten Testfahrten durchgeführt werden. Zu diesem Zweck war eine kleine Werkstatt auf dem Gelände des geplanten Betriebshofs eingerichtet worden. Mit dem Bau der ersten Bahnhöfe wurden die Arbeiten an der Metrolinie aufgenommen, aber erst 1993 war mit der Inbetriebnahme des letzten Teilstücks die gesamte Linie fertiggestellt. Gegenwärtig benutzen jährlich ca. 35 Mio Fahrgäste die Metro, daß ist ein Anteil von 20% an den gesamten Transportleistungen der Verkehrsbetriebe.

Entwicklung und Bau des Metronetzes
Die Linie wurde wie folgt in Betrieb genommen:
Mellunmäki–Ruoholahti 16,9 km
Itäkeskus–Hakaniemi: 1. Juni 1982,
Hakaniemi–Rautatientori: 1. September 1982,
Rautatientori–Kamppi: 1. März 1983,
Kontula–Itäkeskus: 1. November 1986,
Mellunmäki–Kontula: 1. September 1989,
Kamppi–Ruoholahti: 16. August 1993,

Die Tunnelstrecke hat eine Länge von 4,9 km.

Die angewandten Bauweisen für den Tunnel wurden beeinflußt durch die geologischen Verhältnisse. Abgesehen von der Bodenkonsistenz unterhalb des Bahnhofsvorplatzes, wo die NÖT mit Vereisungstechnik angewandt wurde, traf man überall auf Felsböden, die nur durch Sprengungen abgetragen werden konnten; hierbei wurden rund 600.000 mü Felsboden abtransportiert. Mit Felsankern und Spritzbeton wurden die Wände gesichert und danach verkleidet. Auf dieselbe Weise wurden die unterirdischen Bahnhöfe gebaut. Die Decke der Bahnsteighalle des in 25 m Tiefe gelegenen Bahnhofs Rautatientori wird von zwei, aus dem Fels gehauenen Pfeilern gestützt; die beiden darüber gelegenen Ebenen, zentrale Schalterhalle und Fußgänger-Passage, entstanden in der Deckelbauweise. Bei der Querung des Kluuvi-Grabens, eines unterirdischen Wasserlaufs zwischen den Bahnhöfen Hakaniemi und Rautatientori, wurden zwischen den beiden Felsformationen zwei eingleisige Brücken mit einer Länge von je ca. 40 m aus ca. 60 cm langen Tübbings gebaut. Dazu wurden an den zeitweiligen Tunnelenden mit großer Vorsicht Bohrkammern gesprengt, um einen Vereisungsschirm anbringen zu können; danach wurden die aus jeweils zwölf Segmenten bestehenden Tübbings angebracht. Nach jedem montierten Tübbing wurde der Hohlraum zwischen Tunnelwand und Tübbing mit Spritzbeton hinterfüllt. Hierdurch enstand eine steife Konstruktion, die in der Lage ist, hohe Drücke aufzunehmen. Der Verei-

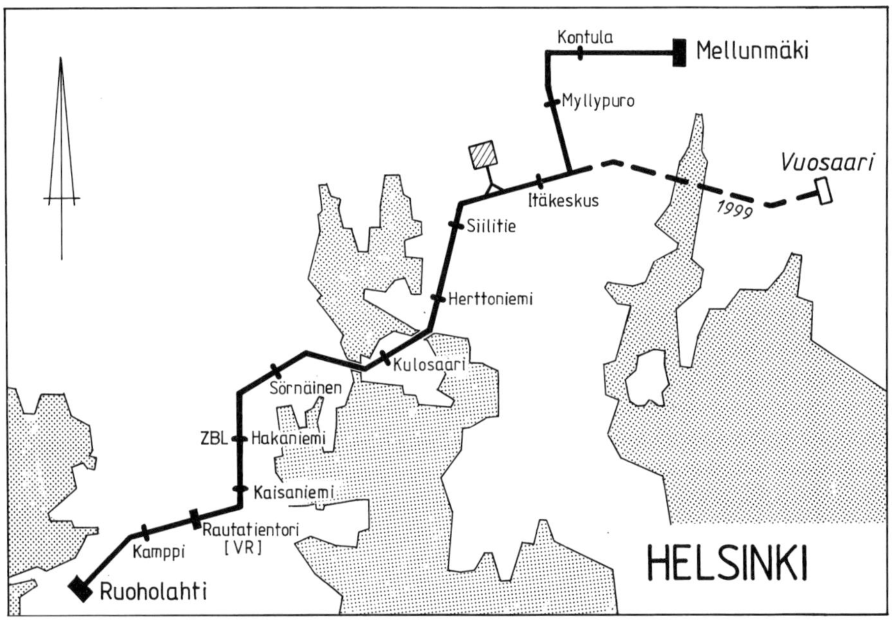

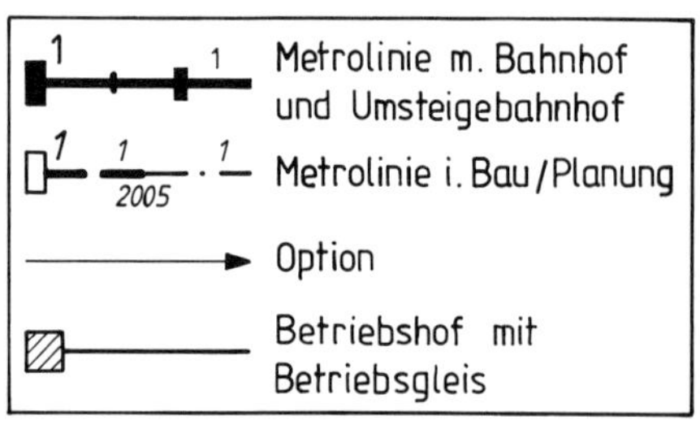

sungsschirm hatte eine Dicke von ca. 1,70 m bei einer Temperatur von -25 °C.
Außerhalb des Tunnels verläuft die Trasse über Dämme, Viadukte oder im Einschnitt. Weil die Wartung des Oberbaus von den Finnischen Eisenbahnen (VR) durchgeführt wird, wird die in Finnland übliche Spurweite von 1524 mm auch bei der Metro eingehalten; zudem können fallweise die Metrofahrzeuge über die Bahnstrecken transportiert werden.
Der Oberbau besteht aus Vignoles-Schienen (54,43 kg/m), diese liegen mit Betonschwellen auf Schotterbett. Innerhalb der Tunnels liegt das Schotterbett auf einer Unterlage aus Mineralwolle, um zu hohe Geräuschemissionen zu verhindern.
Der kleinste Kurvenradius beträgt 300 m, die max. Neigung 3,5%.
An der Linie liegen 13 Bahnhöfe, davon sechs unterirdisch; am Bahnhof Rautatientori kann auf die Züge der Finnischen Eisenbahnen (VR) umgestiegen werden. Der Bahnhof Kamppi liegt mit 30 m am tiefsten von allen Bahnhöfen.Der Ausbau des Bahnhofs Kaisaniemi wurde aus Kostengründen erst 1992 in Angriff genommen; am 28. Februar 1995 wurde dieser Bahnhof in Betrieb genommen.
Mit Ausnahme des Bahnhofs Itäkeskus (Mitten- und Seitenbahnsteig) haben alle Bahnhöfe Mittelbahnsteige mit einer Länge von 135 m. An der Bahnsteigkante ist eine Warnzone markiert, die erst betreten werden darf, wenn der Zug zum Stillstand gekommen ist. Die Bahnsteige sind einheitlich ausgestattet, die Bahnhöfe selber sind individuell gestaltet und an die oberirdische Umgebung angepaßt. In den Fußgängerebenen befinden sich Warteräume, Informations- und Serviceeinrichtungen. Rolltreppen und Aufzüge verbinden die Ebenen miteinander; bei den oberirdischen Bahnhöfen sind Rampen für Behinderte angebracht. Die Hinweisschilder sind im Stil an die der Eisenbahn angepaßt; in den Bahnhöfen sind die Richtungsschilder der Metro mit weißen Buchstaben auf rotem Grund und allgemeine Hinweise mit schwarzen Buchstaben auf weißem Grund ausgeführt.

Fahrzeuge

1972 wurde ein erster Versuchszug auf dem Streckenabschnitt bei Herttoniemi eingehend erprobt. Die mit diesem Zug gemachten Erfahrungen waren die Basis für die Bestellung von drei Prototyp-Triebzügen, die 1979 von dem finnischen Firmenkonsortium Valmet Oy/Railway Division (heute: Oy Transtech Ltd.) und Oy Strömberg AB (heute: ABB Signal Oy) abgeliefert wurden. Eine der Forderungen an den Hersteller war die schnelle Ausführung von Reparaturen an Wagenkasten und Antrieb, indem beschädigte oder defekte Teile auf einfachem Wege ausge-

Eindrucksvoll ist die große, aus dem Fels gehauene Bahnsteighalle des südwestlichen Endbahnhofs Ruoholahti. Um die Felspfeiler sind Glaswände angebracht. Die schwarz-weiße Säule im Vordergrund dient als Treffpunkt und Sitzplatz (HKL).

Der in einem Einschnitt gelegene Bahnhof Myllypuro (HKL).

Zwei gekuppelte Doppeltriebwagen im Bahnhof Kamppi. Auch dieser Bahnhof wurde in den Felsen gebaut (HKL).

tauscht werden können. Die lange Erprobungsphase zeigte sich vorteilhaft, denn nach geringen Anlaufproblemen konnte ein hoher Grad an Betriebssicherheit erreicht werden.

Ab 1980 wurden 39 Triebzüge abgeliefert, so daß die Metro heute über 42 Triebzüge verfügt. Diese setzen sich zusammen aus zwei kurzgekuppelten Triebwagen (DT) mit Drehstromantrieb. Zwischen den Wagem besteht keine Übergangsmöglichkeit. Die kleinste betriebsfähige Einheit besteht aus einem DT, drei DT können maximal in einem Zug fahren.

Betriebsablauf

Die Metrozüge werden über eine »dritte« Schiene mit 750 V Gleichstrom versorgt, die Stromabnahme erfolgt an der Unterseite. Die Energieversorgung erfolgt durch acht entlang der Linie verteilte Unterwerke; die Überwachung der Energieversorgung erfolgt im »CTC (Central Traffic Control)«, was der deutschen ZBL entspricht.

Die Züge werden über einen Zentralrechner gesteuert und fahren automatisch, wodurch der kleinstmögliche Zugabstand 90 sec. beträgt; aus Sicherheitsgründen ist der Fahrerstand besetzt. Die im Bahnhof Hakaniemi befindliche ZBL wurde im Oktober 1994 in Betrieb genommen; Stellwerke befinden sich in den Bahnhöfen Herttoniemi und Kontula, wobei letzterer unbesetzt ist und von Herttoniemi aus kontrolliert wird. Die Zugsicherung basiert auf dem »fail-safe«-System, d.h., daß bei Störungen der Betrieb automatisch eingestellt wird. Sowohl im ZBL als auch in den Stellwerken kann in diesem Falle manuell eingegriffen werden. Die Linie ist für diesen Fall mit Blocksignalen gesichert. Wenn ein Zug sich einem Bahnhof nähert, werden in dem zuständigen Stellwerk automatisch die Überwachungs-Monitore eingeschaltet. Das im Stellwerk anwesende Aufsichtspersonal überwacht das Ein-und Aussteigen, schließt die Türen und gibt den Abfahrtsbefehl. Über Zugbahnfunk besteht eine direkte Verbindung mit dem Zug. Über Kameras und Monitore werden alle Bahnhöfe in der ZBL überwacht.

An Werktagen verkehren die Metrozüge zwischen 05.14 und 23.34 Uhr mit einer Zugfolge von 10 min, in der HVZ von 5 min. Die Wartung der Fahrzeuge sowie die Hauptuntersuchungen erfolgen in der zentralen Werkstatt im Betriebshof Itäkeskus. In der Werkstatt befinden sich vier Gleise, eingerichtet für je ein eigenes Wartungsprogramm RM-1 bis RM-4, je nach Kilometer- oder Zeit-Intervallen.

Neben den Abstellgleisen des Betriebshofs Itäkeskus sind weitere Abstellmöglichkeiten an den Endbahnhöfen und in Kamppi eingerichtet.

Für die Benutzung der Metro besteht ein Einheitstarif, mit Umsteigemöglichkeiten auf Bus und Straßenbahn.

Ein Blick in die Zukunft

Mit dem Bau einer neuen, ca. 4,2 km lange Linie von Vuosaari nach Itäkeskus mit zwei unterirdischen Zwischenbahnhöfen, Rastila und Puotila, wurde am 14. Juni 1994 begonnen; es wird erwartet, diese Linie 1998/1999 in Betrieb nehmen zu können. Von dieser Strecke verlaufen 900 m durch einen Beton- und 700 m durch einen Felsentunnel, 600 m liegen auf einem Viadukt über den »Vartiokylänlahti«; der übrige Streckenanteil verläuft ebenerdig. Für den Betrieb auf dieser Linie werden 12 weitere DT benötigt. Noch nicht geklärt ist die Frage, ob ein völlig neuer Triebzug oder eine verbesserte Ausführung des Typs 100 beschafft wird. Die europaweite Ausschreibung wurde April 1996 eröffnet.

Typ	**100**
Baujahr:	**1980-1984**
Länge ü. K. (mm):	44200
Breite (mm):	3200
Dienstgewicht (t):	60
Max. Fahrgastzahl:	400
Sitzplätze:	134
Stehplätze:	266
Einstiege p. Seite:	6
Leistung (kW):	8 x 125
Beschleunigung (m/s^2):	1,2
Bremsverzögerung (m/s^2):	1,2
Notbremsverzögerung (m/s^2):	–
v/max (km/h):	90
Bestand (31.12.1995):	42

Der nordöstliche Endbahnhof Mellunmäki ist auf einem Viadukt gelegen (HKL).

FRANKREICH

LILLE

Transpole

Betreiber: Transports en commun de la métropole lilloise (Transpole)

Lille, die Hauptstadt des französischen Départements Nord, liegt ca. 15 km von der belgischen Grenze entfernt. Die Stadt ist Zentrum eines am 31. Dezember 1966 gegründeten Gemeindeverbandes aus 86 Einzelgemeinden mit ca. 1 Mio Einwohner auf einer Fläche von 612 km². Die größten Gemeinden in diesem Verband sind außer der Stadt Lille (171.000 Einwohner) Villeneuve d'Ascq, Roubaix und Tourcoing.
Lille wurde von den Grafen von Flandern gegründet, daher stammt auch der kaum noch gebrauchte niederländische Zweitnamen Rijssel. Unter der anschließenden Herrschaft der Burgunder blühten Handel und Kunst auf. 1667 wurde Lille Hauptstadt des französischen Flandern und fiel mit dem Friedensvertrag von Utrecht 1713 endgültig Frankreich zu. Das historische Stadtzentrum beherbergt noch viele Zeugen der Geschichte, wie z.B. das Palais Rhihour (1454-1473), einst Residenz Philipps des Guten, oder die »Vieille Bourse«. Die Universitätsstadt Lille ist Mittelpunkt von Landwirtschaft und Industrie, in der die Textilindustrie dominiert. Die Stadt wird von mehreren Eisenbahnlinien erschlossen und verfügt über einen Binnenhafen und einen Flughafen.

Obwohl erste Pläne für eine Pferdebahnlinie von Lille über Roubaix nach Tourcoing bereits 1857 existierten, dauerte es bis 1874, ehe sich in Lille ein Netz von Pferde-Straßenbahnlinien entwickelte. 1880 wurde dann nach Roubaix eine Dampfstraßenbahnlinie eröffnet, die 1885 nach Tourcoing verlängert wurde. In diesen beiden Städten fuhren seit 1877 ebenfalls Pferdestraßenbahnen; 1894 wurde dort mit dem Bau elektrischer Straßenbahnlinien begonnen, die 1896 in Betrieb genommen wurden.
In Lille wurde erst nach 1901 der elektrische Betrieb aufgenommen. Ein Herr namens A. Mongy (Compagnie lilloise) wollte innerhalb der Region ein ausgedehntes Straßenbahnnetz aufbauen, wobei die genannten Städte durch eine Straßenbahnlinie auf eigenem Gleiskörper verbunden werden sollten. Hierzu wurde 1909 eine Konzession beantragt, die zwar erteilt wurde, jedoch nicht an genannte »Compagnie« sondern an ein neu gegründetes Unternehmen, die »Electrique de Lille-Roubaix-Tourcoing (ELRT)«. Dieses Unternehmen betrieb die 1909 eröffnete Linie Lille–Armentières, das Netz in Armentières, und ab 1922 auch die Stadtlinien von Roubaix-Tourcoing.
Bei der Gründung der »Communauté Urbaine de Lille (CUDL)« 1968 wurde unter anderem eine Verbesserung des ÖPNV angestrebt. Studien hatten belegt, daß, um das zu erwartende Verkehrschaos zu vermeiden, ein öffentliches Verkehrsmittel auf eigenem Planum mit einer hohen Verkehrsdichte erforderlich war. Der CUDL entschied, diese Aussage im General-Verkehrsplan zu berücksichtigen, wobei zunächst offengehalten wurde, welchem Verkehrssystem der Vorzug zu geben wäre. Nach einer internationalen Ausschreibung erhielt 1972 ein Konsortium unter Federführung der Firma MATRA den Auftrag, ein adäquates Verkehrssystem nach dem vorgegebenen Lastenheft zu entwickeln. Das danach von MATRA vorgestellte vollautomatische Bahnsystem »VAL« wurde auf einer Versuchsstrecke im Universitätsviertel von Lille, Villeneuve d'Asq, zwischen 1973 und 1974 eingehend erprobt.
Als der Nachweis erbracht war, daß dieses System in der Praxis anwendbar war, beschloß die Verwaltung der »Communauté« am 29. Mai 1974 den Bau von vier VAL-Linien, wobei zunächst die Verbindung von »Quatre Cantons« über »Gares« zum »Centre Hospitalier Régional (C.H.R.)« eingeplant wurde. 1977 wurde mit dem Bau einer Werkstätte in Villeneuve d'Ascq, bei der zukünftigen Endstation Quatre Cantons, begonnen und 1978 konnte die Trasse der Linie 1 in Angriff genommen werden. Zwischenzeitlich flossen noch eingreifende Änderungen im Konzept ein. Ursprünglich waren an den Endstationen Wendeschleifen vorgesehen, so daß hier Einrichtungs-Fahrzeuge ausgereicht hätten. Nach Einspruch des Kommunalverbandes Lille-Roubaix-Tourcoing, der eine Linie Lille–Tourcoing ohne Wendeschleifen forderte, mußten Zweirichtungsfahrzeuge entwickelt werden. Auch sorgten Einsprüche aus der Bevölkerung für eine teilweise Neuplanung der Trasse, was wiederum länger dauerte. Der erste Streckenabschnitt von Quatre Cantons bis République wurde am 25. April 1983 offiziell eröffnet und, nachdem die Bevölkerung zwei Wochen lang mit dem neuen Verkehrssy-

Mit diesem Fahrzeug wurden die ersten Gehversuche des VAL-Systems gemacht (Communauté Urbaine de Lille).

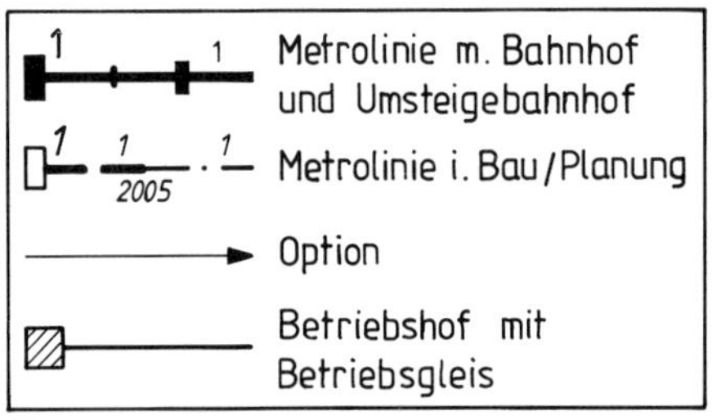

stem Bekanntschaft machen konnte, am 16. Mai 1983 in Betrieb genommen.

Entwicklung und Bau des Metronetzes
Das Netz besteht zur Zeit aus zwei Linien, die wie folgt in Betrieb genommen wurden:

1 **Quatre Cantons–C.H.R. B-Calmette, 13,0 km**
Quatre Cantons–République: 16. Mai 1983,
République–C.H.R. B-Calmette: 2. Mai 1984.

2 **Fort de Mons–St.Philibert, 15,5 km**
Gare Lille Flandres–St.Philibert: 3. April 1989,
Gare Lille Europe–Gare Lille Flandres: 5. Mai 1994,
Fort de Mons–Gare Lille Europe: Februar 1995.

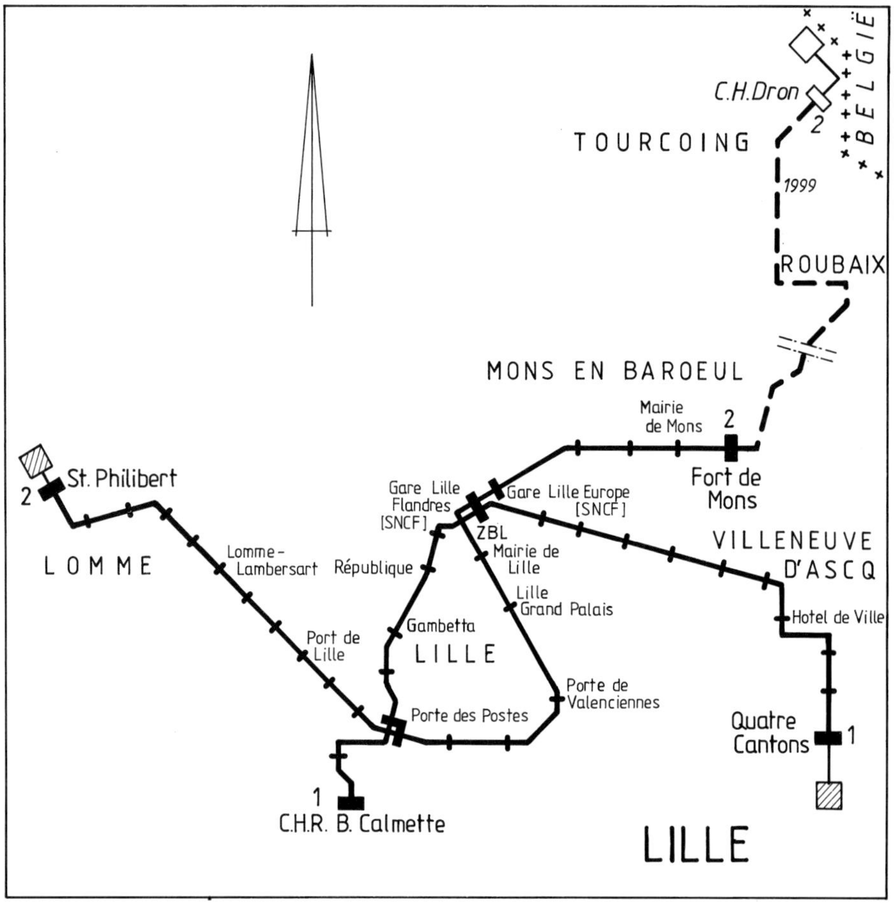

Die Gesamt-Netzlänge beträgt 28,5 km, wovon 10,6 km auf Viadukten und 15,8 km in Tunnels verlaufen.
Die Hälfte des Tunnels der Linie 1 wurde aufgrund der großen Tiefenlage (ca. 30 m) in der NÖT gebaut, wobei der umgebende Boden vorab mit Beton-Injektionen gestützt wurde. Bei der anderen Hälfte, auf einer Tiefe von ca. 12 m, wurde die offene Bauweise angewandt. Bei einem Teil des Tunnels der Linie 2 (ursprünglich Liniennummer 1b) wurde die Schildbauweise angewandt, wobei wegen der geologischen Situation ein Hydroschild eingesetzt wurde. Bei einer besonders kritischen Passage von Kreideformationen mußte sogar ein verlängertes Bohrschild eingesetzt werden. An den Stellen, wo nach der bergmännischen Bauweise gearbeitet wurde, wurde der Aushub aus dem Tunnel gespült.
Die max. Neigung beträgt 7% (!), die dem (luftbereiften) System jedoch keine Probleme bereitet.
Der Oberbau besteht aus zwei Beton-Fahrbahnen und je zwei seitlich angebrachten Führungsschienen. An Abzweigungen ist die zur Weiche liegende Führungsschiene unterbrochen. Ihre Funktion wird an diesen Stellen durch zwischen den Fahrspuren angeordnete Führungen übernommen, in denen sich auch die Weichenzungen befinden. In diese Führungen greift ein unterhalb des Drehgestells angebrachtes Führungsrad, welches das Fahrzeug in der Spur hält oder in der erforderlichen Richtung steuert (siehe Zeichnung).
Linie 1 hat 18, Linie 2 hat 23 Linienbahnhöfe, wovon je 13 unterirdisch liegen. Der mittlere Bahnhofstabstand beträgt 738 m.
Die Bahnhöfe »Gares Lille Flandres« und »Porte des Postes« sind Kreuzungsbahnhöfe auf zwei Ebenen. Am Bahnhof »Gare Lille Flandres« kann auf die Züge der französischen Staatsbahn (SNCF) umgestiegen werden, der Bahnhof »Gare Lille Europe« bietet Anschluß an die TGV-Züge.
Alle Bahnhöfe haben Seitenbahnsteige mit einer Länge von 52 m, wovon gegenwärtig 26 m für einen Doppeltriebwagen (DT) genutzt werden. Würde es der Betrieb erfordern, zwei DT einzusetzen, könnte der Bahnsteig entsprechend angepaßt wer-

Das Viadukt nahe des Bahnhofs Cité Scientifique, in Richtung Lille gesehen (Communauté Urbaine de Lille).

Ein VAL-Triebzug im Tunnel. Dieser Tunnel wurde in der Schildbauweise gebaut. Deutlich erkennbar die Tübbing-Elemente aus Beton (MATRA).

Rechts: Eine Weichenverbindung. Zwischen den Rollbahnen liegen die Hilfs-Führungsschienen mit trichterförmigen Enden, damit das Führungsrädchen störungsfrei einfädeln kann.In der linken Führungsschiene ist die Weichenzunge ersichtlich (MATRA).

So schön können Metro-Bahnhöfe sein.... Bahnhof République (Linie 1) (Communauté Urbaine de Lillc).

Der VAL 206-Triebzug im Detail (MATRA).

den. Aus Sicherheitsgründen sind die Bahnsteige durch Glaswände und gleichzeitig mit den Fahrzeugtüren sich öffnenden Schiebetüren vom Fahrweg getrennt. In den unterirdischen Bahnhöfen befinden sich Fußgängeretagen mit Kiosken und andere Serviceeinrichtungen. Die Bahnhöfe sind mit vielen Licht- und architektonischen Effekten geschmackvoll eingerichtet.

Fahrzeuge

Die Doppeltriebwagen (DT) des VAL-Metro-Systems sind in Aluminium-Bauweise konzipiert; dadurch konnte das Gewicht auf 31 t. beschränkt werden. Jeder Wagen hat zwei einachsige Drehgestelle mit luftbereiften Rädern; im Falle von Reifenschäden können die Züge durch die in den Reifen angebrachten Stahl-»Noträder« sicher zum Stehen gebracht werden. Die seitliche Führung erfolgt durch je zwei Paar, horizontal angebrachte, luftbereifte Führungsräder pro Drehgestell. An beiden Enden des Triebzuges befindet sich ein »Schienenräumer«, diese bringen die Züge bei auf der Fahrbahn liegenden Gegenständen zum Stillstand. Die Luftbereifung ermöglicht das Befahren von 7%-Steigungen sowie die hohen Beschleunigungs- und Bremswerte; auch die Geräuschemissionen halten sich in Grenzen. Der Triebzug wird von vier Gleichstrommotoren angetrieben; zwei Triebzüge können miteinander gekuppelt fahren. Sechs doppelte Schiebetüren je Seite ermöglichen einen schnellen Fahrgastwechsel.

Die Fahrzeuge wurden von GEC-Alsthom und CIMT unter der Federführung von MATRA gebaut.

Betriebsablauf

Die zwei seitlich vom Fahrweg angebrachten Führungsschienen bilden für das VAL-System zugleich die positive und negative Stromführung; die Stromabnehmer bestreichen diese Schienen an den innenliegenden Seitenflächen. Diese Schienen brauchen nicht abgedeckt zu werden, weil sie für die Fahrgäste nicht erreichbar sind. Arbeiten am Fahrweg werden nach dem Ausschalten des Fahrstroms ausgeführt. Die Fahrspannung beträgt 750 V Gleichstrom.

Im »Poste de Contrôle et de Commande (PCC)«, der ZBL, die im Bahnhof »Gare Lille Flandres« untergebracht ist, überwachen drei Disponenten den gesamten Betriebsablauf, einschließlich der Energieversorgung und der Tunnelbelüftung. In der PCC befinden sich 24 Monitoren, die ihre Bilder von insgesamt 250 Kameras bekommen. Ein Zentralrechner übermittelt den Zügen die Fahr- und Bremsbefehle, kontrolliert den Fahrbetrieb und vergleicht diesen mit dem theoretischen Fahrplan, so daß Anpassungen vorgenommen werden können; die Höchstgeschwindigkeit von 60 km/h wird von einem getrennten System kontrolliert; dieses Steuerungssystem ermöglicht eine minimale Zugfolge von 60 sek. bei einer Haltezeit von 30 sek. Werktags verkehren die Metrozüge auf beiden Linien zwischen 05.12 Uhr und 00.12 Uhr mit einer Zugfolge von 3-6 Minuten, in der HVZ von ca. 1,5 Minuten. Weil die Züge ohne Fahrer oder Zugbegleiter verkehren, befinden sich in den Wagen Gegensprechanlagen mit dem PCC sowie

Typ:	**VAL 206**
Baujahr:	**1981**
Länge ü.K. (mm):	26140
Breite (mm):	2060
Dienstgewicht (t):	31
Max. Fahrgastzahl:	154
Sitzplätze:	68
Stehplätze:	86
Einstiege p. Seite:	6
Leistung (kW):	4 x 120
Beschleunigung (m/s^2):	1,3
Bremsverzögerung (m/s^2):	1,3
Notbremsverzögerung (m/s^2):	1,8-2,4
v/max (km/h):	80
Bestand (31.12.1995):	83

VAL 206-Triebzug in der neuen »Transpole«-Farbgebung: ein breites dunkelgrünes Band unterhalb der Fenster, am oberen Rand mit einem schmalen farbigen Streifen abgeschlossen: an den Kopfenden rot, an den Seitenflächen gelb. Rechts unterhalb der Frontscheine ist das »Transpole«-Symbol angebracht (Transpole).

Rechts: Das Interieur des VAL-206 (MATRA).

ein Notschalter, womit im Notfall im betreffenden Streckenabschnitt der Strom ausgeschaltet und die Züge angehalten sowie die Fahrzeugtüren geöffnet werden können.
Die Wartung der Fahrzeuge erfolgt in den Werkstätten bei den Endbahnhöfen der Linie 1 - Quatre Cantons und Linie 2 - St. Philibert.

Ein Blick in die Zukunft
Die 13 km lange Verlängerung der Linie 2 von Fort de Mons nach Tourcoing ist momentan im Bau und wird nach letzten Meldungen in März 1999 eröffnet werden. Mit der Inbetriebnahme des letzten, 3 km langen Teilstücks bis Tourcoing/C.H.Dron im November 1999 wird die Linie 2 eine Gesamtlänge von 31,5 km und 43 Bahnhöfe haben. Beim Endbahnhof C.H.Dron wird eine weitere Werkstatt gebaut werden.
Für den Betrieb auf der erweiterten Linie 2 werden 60 neue Triebzüge erforderlich. Seit geraumer Zeit wird im Netz ein Prototyp-Triebzug VAL 208 eingehend erprobt; dieses Fahrzeug wurde bereits im Kapitel »Die Metro« unter »Fahrzeuge« besprochen.

Ein Blick in die »Poste de Contr"le et de Commande« (MATRA).

LYON

Betreiber:Société Lyonnaise des Transports en Commune (TCL)

Lyon, die frühere Seidenmetropole und heutige Hochburg der Gastronomie ist mit 411.000 Einwohnern die zweitgrößte Stadt Frankreichs. Im 490 km² umfassenden Großraum wohnen gegenwärtig 1,2 Millionen Menschen.
Lyon wurde vor rund 2000 Jahren zwischen den Flüssen Saône und Rhône gegründet. In der historischen Innenstadt finden sich noch viele Zeugen aus dieser Zeit. Die Stadt liegt in einem hügeligen Gelände, wobei das nördlich gelegene Weberviertel »La Croix Rousse« mit seinen labyrinthartigen Gängen und Gäßchen (traboules) einen dominanten Platz einnimmt. Sehenswert ist auch das Prominentenviertel »Les Brotteaux« am linken Rhône-Ufer mit seinen herrlichen Jugendstilfassaden.
Lyon entwickelte sich im Laufe der Zeit zu einem Zentrum der Metall-, Textil- und chemischen Industrie und ist ein wichtiger Verkehrsknoten in »Haute-Savoie (Hochsavoien)«.
Der innerstädtische Verkehr wird stark beeinflußt durch die Struktur der Stadt mit ihren zwei Flüssen.

Schon früh verfügte Lyon über ein gut funktionierendes und dichtes öffentliches Verkehrsnetz mit Straßenbahn-, Bus- und Trolleybuslinien. Als nach dem Zweiten Weltkrieg dieses Netz dringend renoviert werden mußte, begann in Lyon, wie in anderen europäischen Städten auch, das Straßenbahn »Sterben«; 1957 verschwand schließlich als letzter der berühmte »Train Bleu« Lyon–Neuville. Jedoch stellte sich schon bald heraus, daß der Omnibus allein nicht das Nonplusultra für den ÖPNV in Lyon sein konnte. Indes waren Metropläne für Lyon nichts Neues; der erste Plan stammte immerhin von 1900, und mit schöner Regelmäßigkeit wurden im Verlaufe der Jahrzehnte immer wieder neuere und bessere Pläne veröffentlicht. Nachdem sich die Stadtverwaltung von Lyon Anfang der sechziger Jahre aufgrund der Verkehrssituation nunmehr ernsthaft mit der Metro-Problematik beschäftigte, wurde 1968 die »Société d'Etudes du Métropolitain de l'Agglomération Lyonnaise (S.E.M.A.LY.)« gegründet. Dieses Planungsbüro hatte zum Ziel, einen realistischen Plan auszuarbeiten und diesen in die Wirklichkeit umzusetzen; mittlerweile hatte sich die S.E.M.A.LY zu einem Unternehmen entwickelt, welches weltweit ähnliche Projekte plant und baut.

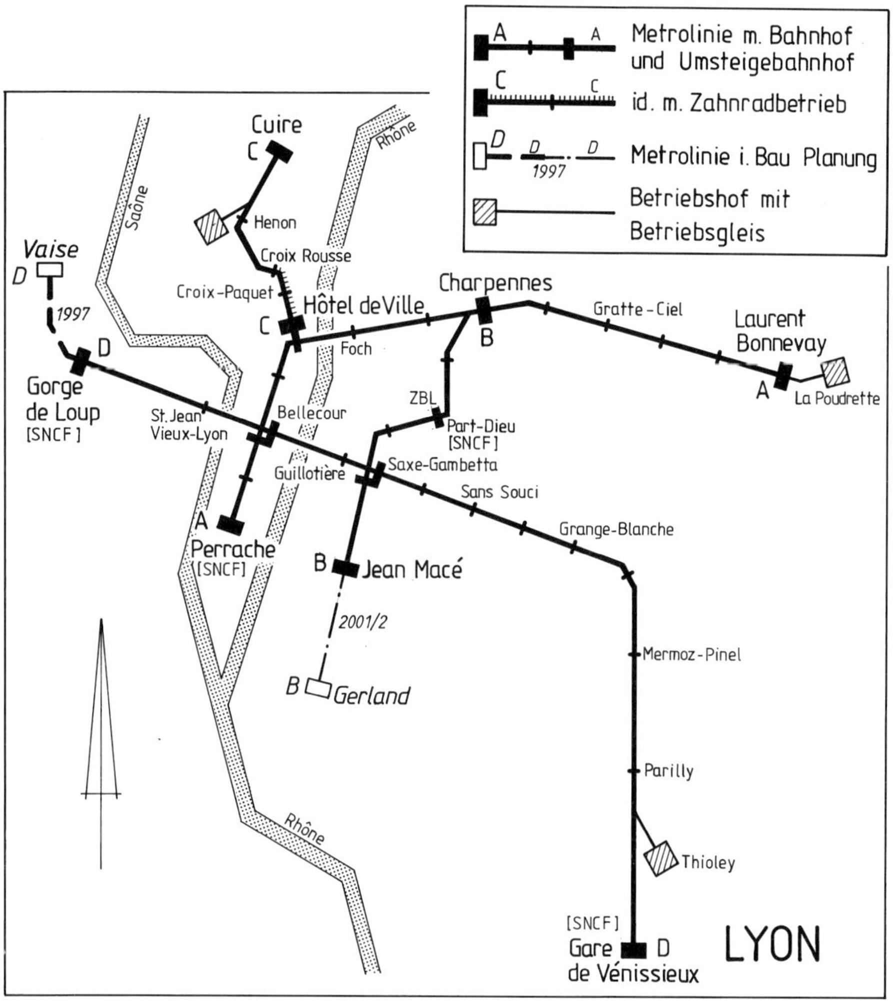

Nach mehreren Vorentwürfen präsentierte die S.E.M.A.LY. 1970 das Projekt eines Netzes, bestehend aus einer nach Süden abbiegenden Ost-Westlinie (A) mit einem Abzweig ebenfalls nach Süden (B) sowie einer Nord-Südlinie zwischen Cuire und H"tel de Ville, unter Einbeziehung der Trasse einer alten Standseilbahn zwischen Croix-Rousse und Croix-Paquet (C). Wegen der Rekonstruktion dieses Teilstücks und des Baus der neuen Linie wurde diese Standseilbahn 1972 stillgelegt und nach erfolgtem Umbau Dezember 1974 als »Zahnrad-Metro« wieder in Betrieb genommen.
Zu einem späteren Zeitpunkt wurde diesem Plan noch eine Nordwest-Südlinie (D) zugefügt.
Die Arbeiten wurden 1973 begonnen und am 28. April 1978 wurde mit den ersten Streckeneröffnungen die Metro offiziell in Betrieb genommen.

Entwicklung und Bau des Metronetzes
Nachstehend eine Übersicht über die Entwicklung des Metronetzes und ihre Eröffnungsdaten:

A Laurent Bonnevay–Perrache, 8,1 km 28. April 1978.

B Charpennes–Jean Macé, 3,7 km
Charpennes–Part Dieu: 28. April 1978,
Part Dieu–Jean Macé: Dezember 1981.

C Cuire–Hôtel de Ville, 2,4 km
Croix-Rousse–Croix-Paquet: Dezember 1974.
Croix Paquet–Hôtel de Ville: 28. April 1978; (bei dieser Gelegenheit wurde die Strecke offiziell als Linie »C« des am gleichen Tag eröffneten Metronetzes in Betrieb genommen.)
Cuire–Croix Rousse: 1984.

D Gorge de Loup–Gare de Vénissieux, 11,5 km
Gorge de Loup–Grange-Blanche: 9. September 1991,
Grange-Blanche–Gare de Vénissieux: Dezember 1992.

Die Trasse der Linie C mit der Zahnschiene inmitten des Gleises (Transpress).

Eine schöne Aufnahme des Bahnhofs Parilly (Linie D) mit seiner gewölbe-ähnlichen Bahnsteighalle. Auf diesem Foto sind die halbrunden Sperren zu sehen, die den Raum zwischen den Wagen absichern (SEMALY).

Gegenwärtig hat das Metronetz in Lyon eine Gesamtlänge von 25,7 km, wovon 20,6 km in Tunnel liegen.
Die Tunnel für die Linien A und B entstanden in der offenen Bauweise. Während der Bauarbeiten wurden immer wieder Spuren aus dem Altertum gefunden, insbesondere aus der gallo-romanischen Zeit. Beim Ausheben der Baugrube für den Bahnhof »Hôtel de Ville« wurde die alte Stadtmauer von Lyon freigelegt; für diese Baugrube mußten übrigens mehrere Häuser abgerissen werden.
Ein ca. 230 m langes Tunnelstück der Linie C zwischen »Croix Rousse« und »Hôtel de Ville« entstand in der Schildbauweise.
Beim Bau der 12,2 km langen Tunnelstrecke der Linie D wurden alle bekannten Bauweisen angewandt. Das 1,4 km lange Teilstück zwischen den Bahnhöfen Gorge de Loup und St.Jean/Vieux Lyon mußte aus dem Granitboden gesprengt werden. In St.Jean wurden 350 m Tunnel in der NÖT gebaut; im Anschluß daran wurden bis Guillotière mit einem Hydroschild von 6,50 Durchmesser zwei 1,33 km lange eingleisige Tunnelröhren gegraben. Beim Bahnhof Gorge de Loup und von Guillotière bis Gare de Vénissieux wurde insgesamt rund 9 km Tunnel in der offenen Bauweise gebaut. Der zum Teil hohe Grundwasserspiegel machte verschiedene Zusatzmaßnahmen erforderlich, wie z.B. Jet-grouting in nicht zu großen Tiefen, bis zu 20 m tiefe Schlitzwände oder vorgefertigte Elemente, die in den Boden getrieben wurden.
Eine besondere Konstruktion ist die Rh"ne-Querung der Linie A zwischen den Bahnhöfen Foch und Hôtel de Ville; die Metrogleise liegen hier in den beiden, als Rohren ausgebildeten Trägern der 187 m langen Morandbrücke; eine ähnliche Konstruktion findet sich auch in Wien bei der Reichsbrücke (U1).
Weil mit Ausnahme der Linie C alle Metrozüge luftbereift sind, besteht der Fahrweg der Linien A, B und D aus Stahl-Doppel-T-Profilen (68 kg/m), mit dazwischenliegendem »Hilfsgleis« in Normalspur (1435 mm) auf Betonschwellen. Der gesamte Oberbau ist direkt auf dem Tunnelboden verlegt. Für die Führung der Metrozüge sind seitlich Stahl-U-Profile angebracht, die gleichzeitig der Stromführung dienen. Der kleinste Kurvenradius beträgt 100 m, die max. Neigung 6,5 %.
Die Linie C ist wegen der starken Neigung zwischen den Bahnhöfen H"tel de Ville und Croix Rousse mit Zahnradantrieb, System »Strub«, ausgerüstet. Der Oberbau besteht aus Vignoles-Schienen mit Betonschwellen auf einem Schotterbett. Die Zahnstange liegt mittig zwischen den Schienen. Der kleinste Kurvenradius beträgt hier 80 m, die max. Neigung 17,5%.
Das Metronetz verfügt momentan über 37 Bahnhöfe, wovon der Bahnhof Charpennes der Linie A zugleich Endbahnhof der Linie B ist; Umsteigemöglichkeiten zwi-

schen den Metrolinien bestehen außerdem in Bellecour, Saxe Gambetta und H"tel de Ville sowie in St.Jean/Vieux Lyon auf die Standseilbahnen nach Fourvière und St. Just. An vier Bahnhöfen, Gorge de Loup, Part-Dieu, Perrache und Gare de Vénissieux, kann auf die Züge der französischen Staatsbahn SNCF umgestiegen werden; hierbei kommt dem direkt unterhalb eines Groß-Einkaufszentrums angelegten Bahnhof Part-Dieu wegen der Nähe zum gleichnamigen Fernbahnhof der SNCF besondere Bedeutung zu.

Mit Ausnahme von »Bellecour« und »Grange-Blanche« (D) haben alle Bahnhöfe Seitenbahnsteige; die Bahnsteiglängen betragen 70 bis 100 m. Wenn der Betrieb den Einsatz von Sechswagenzügen erforderlich machen sollte, können die Bahnsteige bis zu einer Länge von 109,20 m erweitert werden. Die Bahnsteigbreite beträgt 3 bis 4,50 m, bei Knotenbahnhöfen 8 bis 9 m. Trotz des vollautomatischen Betriebs der Linie D sind die Bahnsteige dieser Linie nicht mit Glaswänden und -Türen, wie z.B. beim VAL-System, vom Fahrweg getrennt.

Unter den durchweg nach ästhetischen Gesichtspunkten gestalteten Bahnhöfen verdient der Bahnhof Parilly (D) besondere Erwähnung, dessen Bahnsteighalle Ähnlichkeiten mit einer »Krypta« aufweist.

Alle Bahnhöfe sind mit Rolltreppen ausgestattet, wobei die Anzahl pro Bahnhof mit dem zu erwartenden Fahrgastaufkommen abgestimmt wurde.

Der mittlere Bahnhofsabstand beträgt ca. 700 m.

Luftbereiftes Drehgestell der »D«-Fahrzeuge. Die innenliegenden »Eisenbahnräder« zeigen sowohl den erhöhten Spurkranz für die Hilfsführung als auch die zylindrischen Laufflächen (GEC-Alsthom).

Fahrzeuge

Von Details abgesehen haben die Metrofahrzeuge der verschiedenen Linien seit der ersten Lieferung 1978 ein ähnliches Aussehen. Die Entwürfe stammen von Ph. Neerman in Kortrijk, der u.a. auch für das Design der neuen Straßenbahnzüge von Straßburg und die Metrofahrzeuge von Marseille verantwortlich zeichnet.

Abgesehen von den Fahrzeugen der Linie C sind bei allen Metrozügen die »Fahr«- und Führungsräder luftbereift. An der Innenseite der »Fahr«-Räder befinden sich eisenbahnähnliche Sicherheitsräder, die im Falle von Reifenschäden oder an Stellen mit fehlenden Führungsschienen, z.B. bei Weichen oder im Betriebshof, die Führung des Fahrzeuges übernehmen. Die Räder haben deshalb höhere Spurkränze als üblich; auf die Konizität der Radreifen konnte verzichtet werden.

Die Fahrzeuge der Linien A und B bestehen aus Dreiwagenzügen in der Aufstellung Mc+T+Mc; ausnahmsweise können auch Vierwagenzüge Mc+T+T+Mc zusammengestellt werden.

Bei der Inbetriebnahme der »Zahnrad-Linie« Croix-Rousse–Croix-Paquet im Jahr 1974 wurden zunächst Triebwagen der Schweizer Firma SLM beschafft; bereits 1984, anläßlich der Erweiterung der Linie nach Cuire, wurden diese durch neue, den modernen Fahrzeugen der Linien A und B angepaßte, Triebwagen ersetzt, die lediglich hinsichtlich der herkömmlichen Drehgestelle sowie dem Dachstromabnehmer von diesen abweichen. Ferner verfügen die Fahrzeugen über vier Bremssysteme:

- elektrische Widerstandsbremse mit Energie-Rückgewinnung
- Druckluft-Klotzbremsen für Adhäsions-Betrieb
- Trommel-Bandbremse für Zahnrad-Betrieb
- Federspeicher-Trommelbremse

Diese Triebwagen werden als Zweiwagenzüge in der Aufstellung Mc+Mc eingesetzt.

Die Metrozüge der Linie D bestehen aus zwei identischen und fest miteinander verbundenen Triebwagen (M+M), die zu Vierwagenzügen zusammengestellt werden können. Außer einer geänderten Anordnung der Front- und Schlußlampen (vertikal) ist als augenfälligste Abweichung gegenüber den übrigen Fahrzeugen das Fehlen des Fahrerstandes zu nennen; an den Wagenenden befinden sich lediglich unter einer Abdeckung angebrachte Not-Fahrschalter.

Die Wagenkästen sind aus geschweißten Aluminium-Profilen hergestellt; die Köpfe (bei den Mc der Typen A, B und C einseitig, beim Typ D beidseitig) bestehen aus glasfaserverstärktem Polyester (GFK).

Hersteller des gesamten Fahrzeugparks ist GEC-Alsthom, die Drehgestelle der C-Triebwagen wurden von SLM geliefert.

Typ:	**A/B**		**C**	**D**
Baujahr:	**1978/1981**		**1984**	**1991**
	Mc	**T**	**Mc**	**M**
Länge ü.K. (mm):	18070	17632	18070	18084
Breite (mm):	2890	2890	2890	2890
Dienstgewicht(t):	26	26	26	25,5
Max. Fahrgastzahl:	126	132	126	132
Sitzplätze:	52	56	52	56
Stehplätze:	74	76	74	76
Einstiege p. Seite:	3	3	3	3
Leistung(kW):	2x217	–	2x217	2x256
Beschleunigung (m/s^2):	1,2	–	1,2	1,33
Bremsverzögerung (m/s^2):	1,2	–	1,2	1,0
Notbremsverzögerung (m/s^2):	1,2	–	1,2	1,0
v/max (km/h):	90	–	90	75
Bestand (31.12.95):	64	32	10	72

Betriebsablauf

Die Metrozüge der Linien A, B und D werden über die Führungsschienen mit 750 V-Gleichstrom versorgt; die Rückführung erfolgt über eine zwischen den Schienen angebrachte zusätzliche Stromschiene. Die Metrozüge der Linie C werden über eine Oberleitung ebenfalls mit 750 V Gleichstrom versorgt. Die Züge in Lyon verkehren im Linksverkehr.

Bei dem Bahnhof Part-Dieu befindet sich die »Poste de Commande Centralisée (PCC)«, ZBL für alle vier Linien. Diese besteht aus drei Abteilungen: operationelle Betriebsleitung, technische Kontrolle und Kontrolle der Energieversorgung und der Bahnhöfe.

Die operationelle Betriebsleitung kontrolliert über einen Zentralrechner den Fahrbetrieb und das Sicherungssystem und ergreift im Störungsfalle alle erforderlichen Maßnahmen.

Auf der Linie D besteht seit September 1992 automatischer Betrieb nach dem System »MAGGALY«. Um nach der Eröffnung der ersten Teilstrecke Gorge de Loup–Grange Blanche am 9. September 1991 vorübergehend manuell fahren zu können, wurde in den Triebwagen zeitweise ein provisorischer Fahrstand eingebaut.

Metrozug Type »A/B« im Bahnhof Place Guichard (SEMALY).

Auf der starken Steigung nach Cuire erreicht ein Zahnrad-Triebzug vom Typ »C« den offenen Bahnhof Croix Paquet (TCL, Lyon).

Ein Triebzug vom Typ »D« im Endbahnhof Gare de Vénissieux (GEC-Alsthom).

»MAGGALY« ist die Abkürzung von »Métro Automatique ... Grand Gabarit de l'Agglomération Lyonnaise«, eine Entwicklung der Firma MATRA. Das System basiert auf einem flexiblen Selbstblocksystem, bei dem die Blocklänge von der Geschwindigkeit des Zuges abhängig ist; alle Fahr- und Bremsbefehle kommen von einem Zentralrechner im PCC.
An Stelle der fehlenden Glaswände an den Bahnsteigkanten wird die Sicherheit der wartenden Fahrgäste durch ein Netz von Lichtschranken über die gesamte Bahnsteiglänge gewährleistet. Wird nur ein Lichtstrahl unterbrochen, bleibt das ohne Folgen für den Zugbetrieb; bei zwei unterbrochenen Lichtstrahlen wird ein einfahrender Zug mittels Notbremsung zum Stehen gebracht. Bei Unterbrechung von mehr als zwei Lichtstrahlen wird zusätzlich die gesamte Energieversorgung abgeschaltet. Ferner sind an den Stellen, wo sich nach Stillstand des Zuges die Kupplungen befinden, halbrunde Barrieren angebracht.
Die Kontrolle der Bahnhöfe erfolgt mit Hilfe von Monitoren, Feuermeldern und Alarmanlagen im PCC. Von hier werden auch Mitteilungen an die in den Bahnhöfen wartenden Fahrgäste übermittelt.
Werktags verkehren die Metrozüge zwischen 05.00 und 00.20 Uhr mit einer Zugfolge von 6 Minuten, in der HVZ von 2,5 bis 4 Minuten und in den Abendstunden von 11 Minuten.

Die großen Reparaturen der auf den Linien A, B und D verkehrenden Fahrzeuge erfolgen in der dem Betriebshof La Poudrette angegliederten Hauptwerkstatt. Der Betriebshof der Linie D befindet sich in Thioley; dieser wird, ebenso wie die Linie D selbst, mit der »pilotage automatique« betrieben. Die Triebwagen werden vom Zentralrechner abgerufen, zusammengestellt und je nach Verkehrsdichte im Umlauf gebracht. Defekte Triebwagen werden nach Ankunft automatisch auf einem Übergabegleis abgestellt, von wo sie manuell in die Werkstatt gefahren werden. Auch die Wagenwäsche erfolgt automatisch.
Der Betriebshof der Linie C befindet sich beim Bahnhof Henon.

Ein Blick in die Zukunft

Die Verlängerung der Linie D bis Vaise wird im April 1997 in Betrieb genommen. Für die Linie B ist eine südliche Verlängerung nach Gerland geplant; mit der Eröffnung wird für 2001-2002 gerechnet.

Bahnhof Bellecour (Linie D) mit einem einfahrenden Metrozug (SEMALY)

Der nordwestliche Endbahnhof der Linie D, Gorge de Loup, mit wartendem Metrozug (SEMALY).

Betreiber: Régie des Transports de Marseille (RTM)

Marseille wurde ca. 600 v. Chr. von Griechen aus der kleinasiatischen Stadt Phokaia unter dem Namen Massilia gegründet und war eine wichtige Handelsniederlassung; von hier ging die Kolonialisierung des Rh“negebietes (Gallia Graeca) aus. Während der römischen Besatzung verlor die Stadt ihre Vormachtstellung an die Stadt Arles. Erst während den Kreuzzügen gewann Marseille wieder an Bedeutung und es konnte die Basis für einen gewissen Wohlstand gelegt werden. Die »Unterstadt« war von 1214 bis 1252 sogar eine unabhängige Republik.
Die Pestepidemie von 1720, mit 50.000 Toten allein in Marseille, brachte einen starken Rückschlag, wovon sich die Stadt erst nach 1830 wieder erholte. Die Eroberung von Algier im gleichen Jahr und die Öffnung des Suezkanals 1869 brachten die Hafenstadt am Mittelmeer wieder zur Blüte, insbesondere durch den Handel mit Nord-Afrika und Süd- und Ost-Asien; hierdurch kam die Stadt zu ihrem Beinamen »Porte de l'Orient«. Diese Tendenz setzte sich bis weit in das 20. Jahrhunderts fort: Höhepunkte waren z.B. der Bau des großen Ölhafens in Etang de Berre und der »Europort« im »Golfe du Fos«. Marseille ist nach Rotterdam der zweitgrößte europäische Hafen.
Aber auch die Industrie kommt in Marseille nicht zu kurz, wobei die Werften die größte Rolle spielen.
Die Stadt mit ihren 900.000 Einwohnern (Großraum: 1,2 Mio) ist reich an historischen Gebäuden, wie z.B. »Notre-Dame-de-la Garde« erbaut im romanisch-byzantinischen Stil, »gekrönt« von einem fast 10 m hohen vergoldeten Engel. Auch die »Basilique Saint-Victor« aus dem 13. Jhd. und die »Ancienne Cathédrale La Major« zeugen von einer reichen Vergangenheit.

Das heutige ÖPNV-Netz von Marseille umfaßt zwei Metrolinien, eine Straßenbahnlinie sowie 69 Bus- und 6 Trolleybuslinien.
Bereits 1922 lag der komplette Plan eines Metronetzes auf dem Tisch, welcher jedoch vom Rat der Stadt nicht akzeptiert wurde. Im Lauf der Zeit zwangen die Verkehrsverhältnisse in der Stadt regelmäßig zu neuen Debatten über diese Thematik, aber erst 1969 entschied sich der Gemeinderat für den Bau der beiden Metrolinien in Marseille. Nach gründlichen Vorbereitungen und umfassenden geologischen Untersuchungen konnte 1973 mit dem Bau begonnen werden.

Metrozug auf einer Viadukttrasse (GEC-Alsthom).

Entwicklung und Bau des Metronetzes
Die folgende Übersicht stellt die Entwicklung des Metronetzes und die jeweiligen Eröffnungsdaten dar:

1 **La Rose–La Timone, 10,4 km**
La Rose–Gare St. Charles: November 1977
Gare St. Charles–Castellane:1978
Castellane–La Timone: 1992

2 **Bougainville–Ste. Marguerite/Dromel, 8,8 km**
Joliette–Castellane:1984,
Castellane–Ste. Marguerite/Dromel: 1986,
Bougainville–Joliette:1987.

Gegenwärtig hat das Metronetz eine Gesamtlänge von 19,2 km, hiervon liegen 15,6 km. in Tunnel. Die übrigen Strecken liegen ebenerdig oder auf Viadukten.
Beim Bau der Tunnel wurde in der Hauptsache die Schildbauweise angewandt, wobei sowohl eingleisige als auch zweigleisige Tunnel gebaut wurden. Zwischen den Bahnhöfen Jules Guesde und Castellane (Linie 2) wurde ein Abschnitt in der NÖT gebaut. Zum Teil mußte gesprengt werden. Für die unterirdischen Bahnhöfe wurden sowohl die offene Bauweise als auch die Schildbauweise angewandt.
Wegen der luftbereiften Fahrzeuge besteht der Fahrweg aus Stahl-Doppel-T-Profilen (68 kg/m) mit dazwischenliegendem »Hilfsgleis« in Normalspur auf Betonschwellen. Der gesamte Oberbau ist in den Tunneln direkt auf dem Boden verlegt, außerhalb der Tunnel auf einem Schotterbett. Für die seitliche Führung der Metrozüge sind Stahl-U-Profile angebracht, die gleichzeitig

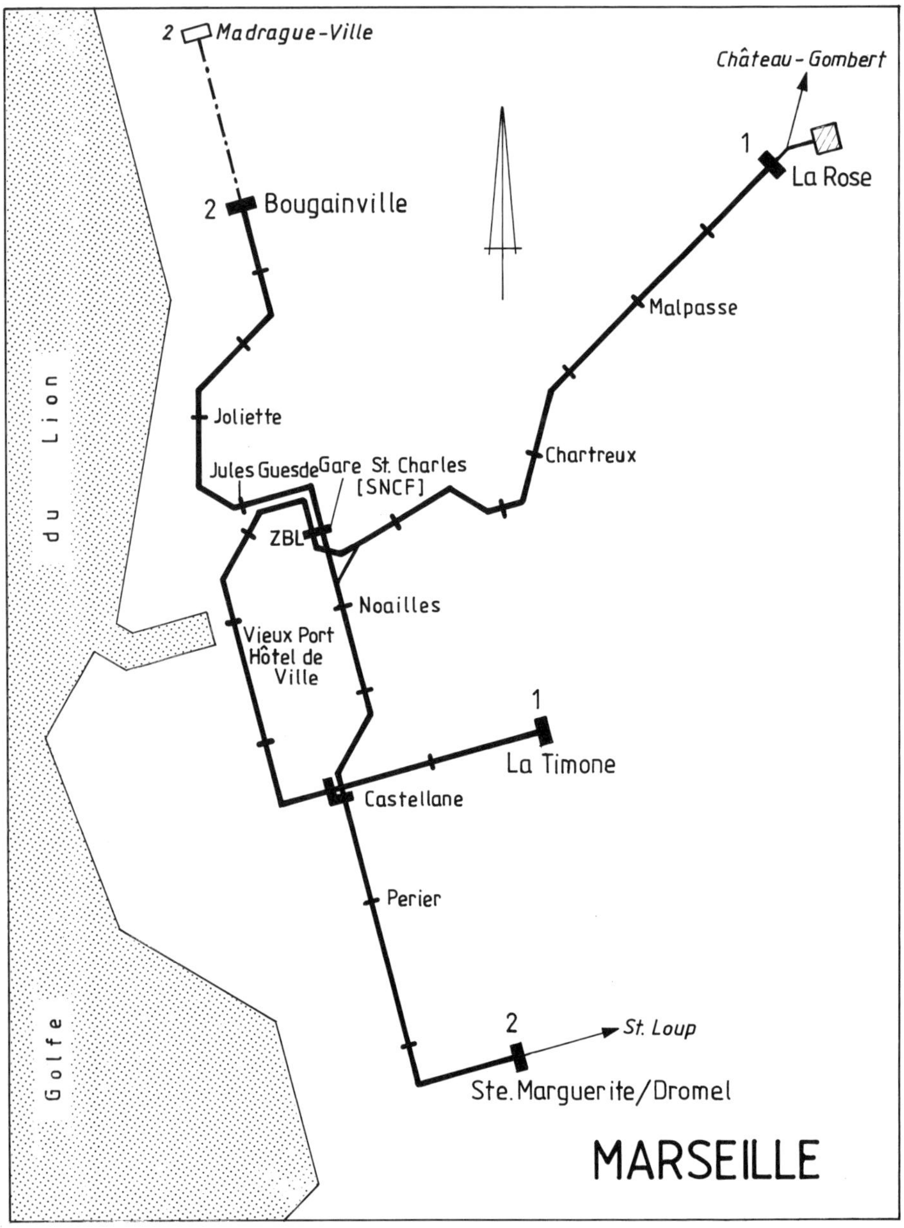

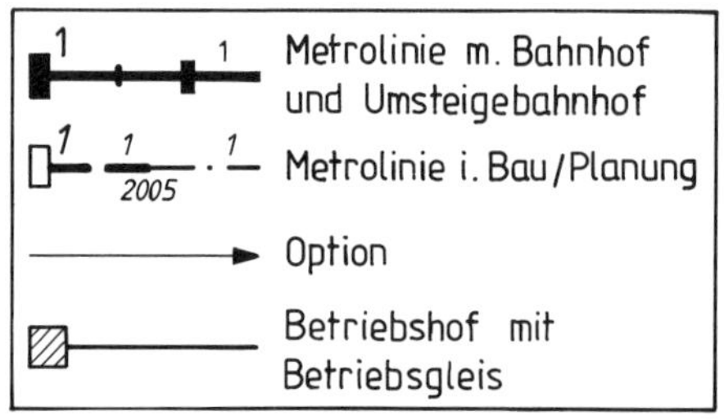

der Stromführung dienen. Der kleinste Kurvenradius beträgt 150 m, die max. Neigung 5,8 %.

Im Netz befinden sich 26 Linienbahnhöfe, wovon 20 unterirdisch liegen. Auf zwei Bahnhöfen, Gare St.-Charles und Castellane, kann innerhalb des Metronetzes umgestiegen werden; der Bahnhof Gare St. Charles bietet Anschluß an die Züge der französischen Staatsbahn (SNCF).

Die Bahnhöfe haben sowohl Mittel- (10) als auch Seitenbahnsteige (16) mit einer Länge von 70 bis 90 m; der Bahnhof Castellane hat einen Mittelbahnsteig mit einer Länge von 145 m. Die Breite der Mittelbahnsteige beträgt 8 m, die der Seitenbahnsteige 3,50 bis 4 m.

Alle Bahnhöfe sind mit Rolltreppen ausgestattet und mit Serviceeinrichtungen versehen. Bei der Gestaltung der Bahnhöfe wurde häufig von Sichtbeton, Keramik, farbigen Kieselsteinen und emaillierten Elementen Gebrauch gemacht, wobei die Motive der einzelnen Bahnhöfe der lokalen Bedeutung angepaßt wurden. Der mittlere Banhofsabstand beträgt 760 m.

Metrozug im Bahnhof La Rose. Im Hintergrund die Einfahrt in den Betriebshof (Transpress).

Fahrzeuge

Die von Ph. Neerman in Kortrijk gestylten und von Alsthom gelieferten Fahrzeuge wurden in drei Bauserien abgeliefert, zwei Serien mit Trieb- (Mc) und Zwischenwagen (T) und eine Serie mit Triebwagen ohne Fahrerstand als Zwischenwagen (M). Hiermit können sowohl Drei- (Mc+T+Mc) als auch Vierwagenzüge (Mc+M+R+Mc) zusammengestellt werden.

Der luftgefederte Wagenkasten ruht auf Drehgestellen mit luftbereiften »Fahr«- und Führungsrädern. An der Innenseite der »Fahr«-Räder befinden sich eisenbahnähnliche Sicherheitsräder, die bei Reifenschäden oder an Stellen mit fehlenden Führungsschienen, z.B. bei Weichen oder im Betriebshof, die Führung des Fahrzeuges übernehmen. Die Räder haben deshalb höhere Spurkränze als üblich; auf die Konizität der Radreifen konnte verzichtet werden.

Die lastabhängige Bremsanlage besteht aus einer elektrischen Widerstandsbremse, die mit der Luftdruckbremse gekoppelt ist. In den Wagen wird durch eine an den Stirnwänden angebrachte Leuchtschrift angegeben, an welcher Seite im nächsten Bahnhof ausgestiegen werden muß.

Betriebsablauf

Die Metrozüge werden über die Führungsschienen mit 750 V Gleichstrom versorgt. Sowohl die Stromrückführung als auch die zusätzliche Erdung erfolgt mittels Schleifkontakten über das Hilfsgleis. Vier über das Netz verteilte Unterwerke versorgen die Metro mit Energie.

Der gesamte Zugebtrieb wird in der beim Bahnhof Gare Saint-Charles eingerichteten ZBL überwacht; die Züge werden automatisch gesteuert, wobei in der Fahrerkabine die erlaubten Geschwindigkeiten signaliert werden. Der Fahrer hat lediglich die Aufgabe, die Türen zu schließen und die Züge abzufertigen. Bei Unregelmäßigkeiten kann der Zug vom Fahrer manuell gesteuert werden.

Über eine Fernseh-Ringleitung werden in der ZBL alle Bahnhöfe überwacht.

Bei zwei Bahnhöfen sind Gleisverbindungen angebracht, um im Störungsfalle die Züge wenden zu können.

Werktags verkehren die Metrozüge zwischen 05.00 und 24.00 Uhr mit einer Zugfolge von 5 bis 10 Minuten, in der HVZ von 3 Minuten. Die Wartung der Metrofahrzeuge erfolgt im Betriebshof nahe dem Endbahnhof der Linie 1 in La Rose. Um auch die auf der Linie 2 verkehrenden Fahrzeuge von diesem Betriebshof aus ein- und ausrücken lassen zu können bzw. zu warten, befindet sich beim Bahnhof Gare St. Charles ein Verbindungsgleis zwischen den beiden Linien.

Für die Benutzung der Metro besteht ein Im gesamten Netz gültiger Einheitstarif mit Mehrfahrtenkarten und Abonnements, unter denen sich die sog. »Carte Azur« befindet; diese persönliche Monatskarte ist auf allen RTM-Linien und i innerhalb der Region auch in den Zügen der SNCF gültig. Die Fahrkarten sind codiert und werden in mit Micro-Prozessoren ausgestatteten Drehkreuzen automatisch kontrolliert.

Ein Blick in die Zukunft

Am 27. November 1989 beschloß der Gemeinderat die Verlängerung der Linie 2 von Bougainville nach Madrague-Ville; obwohl dieses Projekt erste Priorität besitzt, kommt die Planung noch nicht recht in Gang.

Weitere Erweiterungspläne bestehen für die Linie 1 von La Rose nach Chƒteau-Gombert und für die Linie 2 von Ste. Marguerite nach St. Loup.

Typ:	**»Marseille«**		
Baujahr:	**1977–1984**		**1985**
	Mc	**T**	**M**
Länge ü.K. (mm):	16185	15380	15380
Breite (mm):	2600	2600	2600
Dienstgewicht (t):	27,5	20,5	27
Max. Fahrgastzahl:	116	120	120
Sitzplätze:	44	48	48
Stehplätze:	72	72	72
Einstiege p. Seite:	3	3	3
Leistung (kW):	4x130	-	4x130
Beschleunigung (m/s²):	1,3	-	1,3
Bremsverzögerung (m/s²):	1,2	-	1,2
Notbremsverzögerung (m/s²):	1,6	-	1,6
v/max (km/h):	80	-	80
Bestand (31.12.95):	72	36	36

Ein Vierwagenzug auf der Viaduktrasse (RTM, Marseille).

Ein Blick auf den Betriebshof La Rose mit abgestellten Fahrzeugen (Transpress).

RATP

PARIS Betreiber: Régie Autonome des Transports Parisiens (RATP)

Seit dem Jahre 987 ist Paris Hauptstadt von Frankreich. Die Keimzelle der Stadt ist die »Ile de la Cité«: hier gründete Julius Caesar die gallische Wasserfestung »Lutetia Parisiorum«.
Paris ist kulturelles, wirtschaftliches und politisches Zentrum Frankreichs. Die historisch gewachsene Innenstadt mit ihren vielen berühmten Plätzen und Gebäuden, darunter die Place de la Concorde mit dem Obelisk von Luxor, der Louvre, die Tuilerien, der Arc de Triomphe, das Centre Pompidou und natürlich Notre-Dame und der Eiffelturm, erinnert nicht nur an die französische, sondern auch an die europäische Geschichte und zieht alljährlich Millionen von Touristen aus aller Welt an.
Paris liegt inmitten der 12000 km² großen »Ile de France«, einer Region mit sieben »Departements« und 11 Mio Einwohnern, das sind 20% der gesamten Bevölkerung Frankreichs. Innerhalb dieser Region befinden sich 5 Mio Arbeitsplätze, davon 1,8 Mio innerhalb des Stadtgebietes. Die Stadt selbst hat 2,2 Mio Einwohner, der Großraum Paris 4 Mio. Diese beeindruckenden Zahlen verdeutlichen, welch gewaltige Verkehrsströme diese Stadt täglich zu verkraften hat.
Trotz der Tatsache, daß der ÖPNV nur ca. 31% des gesamten Verkehrsvolumens ausmacht ist das Netz der RATP, bestehend aus Metro, RER Umwandlung), Bus und, seit 1992 auch wieder der Straßenbahn (zwischen Saint Denis und Bobigny) mit rund 8000 Fahrzeugen als vorbildlich zu bezeichnen.

Die Geschichte des Schienenverkehrs in der Region beginnt mit der Eröffnung der Eisenbahnlinie Paris–Le Pecq am 24. August 1837. Durch die anschließende schnelle Entwicklung des Eisenbahnverkehrs sowie die Einrichtung der ersten Kopfbahnhöfe an der Peripherie der Hauptstadt wurde schon bald deutlich, daß eine Verbindung dieser Bahnhöfe untereinander unerläßlich war. 1845 lag der erste Plan auf dem Tisch, der eine Verbindung der »Halles« (die Pariser Markthallen) mit den Bahnhöfen »Lyon« und »Nord« vorsah, aber die Revolution von 1848 verhinderte diesen Plan. Ein interessanter, 1856 veröffentlichter Plan, die »Halles« mittels einer Untergrundbahn zu bevorraten, war wiederum seiner Zeit zu weit voraus und geriet bald in Vergessenheit.
Nach Londoner Beispiel wurden zwischen 1872 und 1889 regelmäßig Pläne für Untergrundbahnen vorgelegt, doch konnte sich der Stadtrat von Paris mit solcherlei Plänen nicht anfreunden und erschwerte Konzessionserteilungen durch unsinnige Vorschriften. Die Jahre vergingen, die Verkehrsverhältnisse wurden zunehmend chaotischer und so war es nicht verwunderlich, daß 1892 wieder von einem unterirdischen Bahnnetz die Rede war, und zwar in einem Rapport des Distrikt-Prefekten »Seine« . Dieser, vom zuständigen Dezernent für »Brücken und Straßen« entwickelte Plan, beinhaltete ein Netz von Untergrundbahnen, bestehend aus einer Ringlinie und mehreren Durchmesserlinien, die die Innenstadt mit den Außenbezirken verbinden sollten. Am 22. November 1895 wurde endlich die Zustimmung für den Bau eines sechs Linien großen Metronetzes erteilt; die Weltausstellung von 1900 beschleunigte das Projekt sogar noch.
Diese sechs Linien waren:

A: Porte de Vincennes–Porte Dauphine
B: Ringlinie über die wichtigsten Boulevards
C: Batignolles über Linie B und Etoile nach Porte Maillot
D: Place Valhubert–Quai Conti
E: Place du Danube–Palais Royal
F: d'Auteuil–Opéra

Bevor 1898 der erste Spatenstich erfolgte, wurde anhand einer detaillierten Untersuchung festgestellt, daß durch Tausch der Endbahnhöfe der Linien A und C, Porte Dauphine bzw. Porte Maillot, eine größere Effizienz zu erwarten war. Ferner wurde beschlossen, zunächst die 10,3 km lange Linie A (Porte de Vincennes–Porte Maillot) und die Teilstrecken Etoile–Porte Dauphine (Linie C) und Etoile–Trocadéro (Linie B) zu bauen.

Bei der Eröffnung der Weltausstellung April 1900 war die Linie A, inzwischen in Linie 1 umbenannt, zwar noch nicht ganz fertig, aber am 19. Juli 1900 konnten die ersten Fahrgäste mit dem neuen Verkehrsmittel Bekanntschaft machen. Von den 18 Bahnhöfen waren acht fertig, die restlichen zehn wurden sukzessive zwischen dem 6. August und dem 1. September des gleichen Jahres eröffnet.
Das Netz wurde betrieben von der »Compagnie du Métropolitain de Paris (CMP)« . Nach Ablauf der Konzession am 1. Januar 1945 wurde der Betrieb vier Jahre lang vertretungsweise von der »Administration provisoire de métropolitain« geführt, bis am 21. März 1949 die RATP gegründet wurde. 1993 beförderte die Metro 1,2 Mrd. Fahrgäste.

Entwicklung und Bau des Metronetzes
Zur Zeit umfaßt das Metronetz von Paris 15 Linien, die wie folgt in Betrieb genommen wurden:

1 Château de Vincennes–Grande Arche de La Défense, 16,6 km
Porte de Vincennes–Porte Maillot: 19. Juli 1900 (erste Metrolinie);
Château de Vincennes–Porte de Vincennes: 24. März 1934;
Porte Maillot–Pont de Neuilly: 29. April 1937,

* RER = Réseau Express Régional. Vergleichbar mit der deutschen S-Bahn; auch hier werden die Gemeinden in der Region durch schnelle Triebzüge mit der Innenstadt verbunden. Die vier RER-Linien werden gemeinsam von der RATP und der französischen Staatsbahn SNCF betrieben.

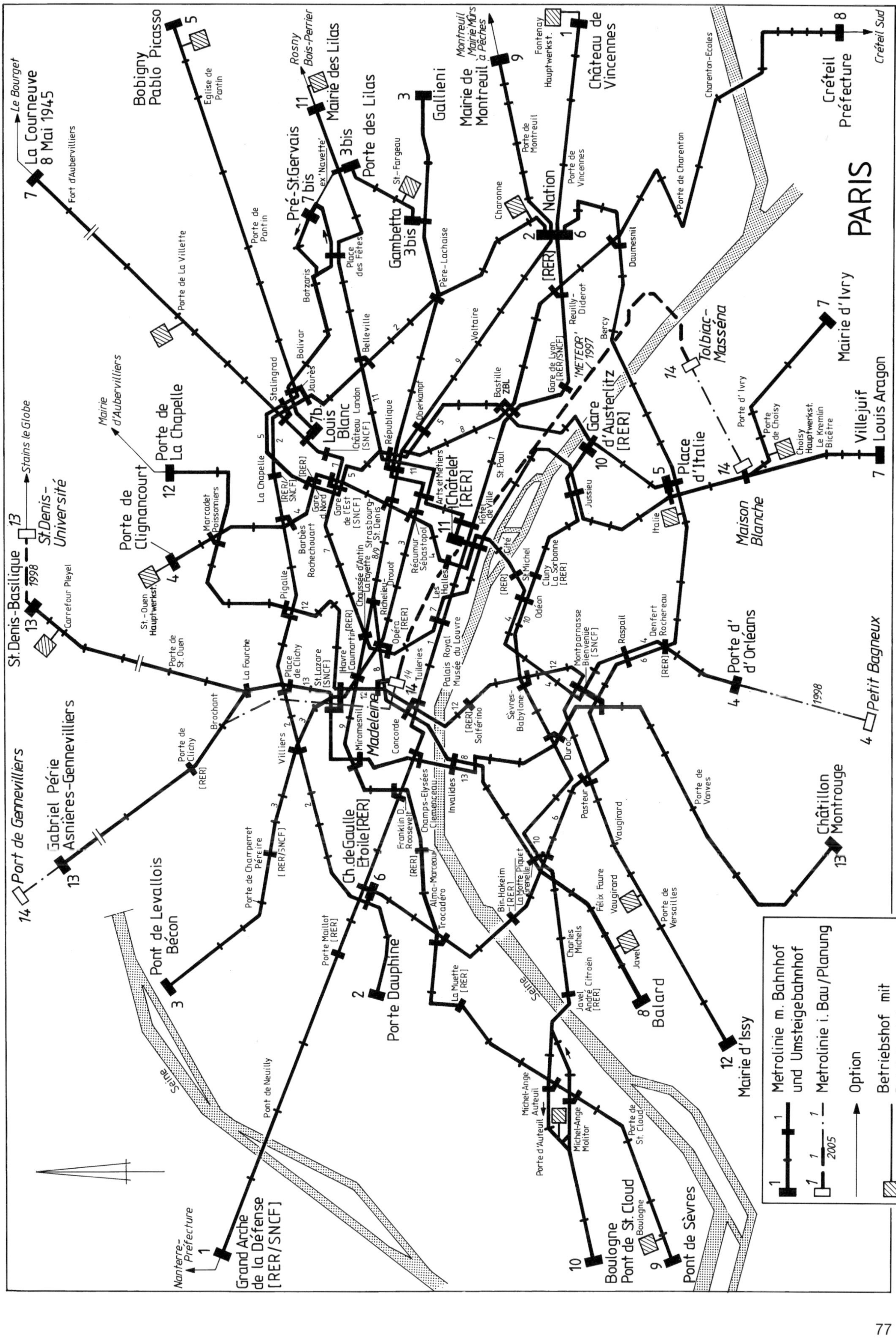
PARIS
Metrolinie m. Bahnhof und Umsteigebahnhof
Metrolinie i. Bau/Planung
2005
Option
Betriebshof mit Betriebsgleis
La Courneuve 8 Mai 1945
Le Bourget
Fort d'Aubervilliers
Bobigny Pablo Picasso
Eglise de Pantin
Porte de Pantin
Rosny Bois-Perrier
Mairie des Lilas
Porte des Lilas
Pré-St.Gervais
ex 'Navette'
Botzaris
Place des Fêtes
Gallieni
St.-Fargeau
Gambetta
Père-Lachaise
Montreuil Mairie Murs à Pêches
Mairie de Montreuil
Porte de Montreuil
Fontenay Hauptwerkst.
Château de Vincennes
Porte de Vincennes
Nation
Charonne
[RER]
Daumesnil
Créteil Préfecture
Créteil Sud
Charenton-Ecoles
Porte de Charenton
Porte de La Villette
Stalingrad
Bolivar
Jaurès
Belleville
Louis Blanc
Château Landon [SNCF]
République
Oberkampf
Voltaire
Bastille ZBL
Reuilly-Diderot
Gare de Lyon [RER/SNCF]
'METEOR' 1997
Bercy
Tolbiac-Masséna
Mairie d'Ivry
Porte d'Ivry
Porte de Choisy
Choisy Hauptwerkst.
Le Kremlin Bicêtre
Villejuif Louis Aragon
Maison Blanche
Place d'Italie
Italie
Gare d'Austerlitz [RER]
Jussieu
St. Paul
Hôtel de Ville
Châtelet [RER]
Arts et Métiers
Strasbourg-St. Denis
Gare de l'Est [SNCF]
Gare du Nord
La Chapelle
Mairie d'Aubervilliers
Porte de La Chapelle
Stains le Globe
St.Denis-Université
St.Denis-Basilique
1998
Carrefour Pleyel
Porte de Clignancourt
Marcadet Poissonniers
Barbès Rochechouart
St.-Ouen Hauptwerkst.
Pigalle
Chaussée d'Antin La Fayette
Richelieu-Drouot
Réaumur Sébastopol
Les Halles
Cité
St.Michel
Cluny La Sorbonne [RER]
Odéon
Opéra
Havre Caumartin
Tuileries
Palais Royal Musée du Louvre
Madeleine
St.Lazare [SNCF]
Place de Clichy
La Fourche
Porte de St. Ouen
Brochant
Porte de Clichy
Gabriel Périe Asnières-Gennevilliers
Port de Gennevilliers
Villiers
Miromesnil
Concorde
Solférino
Sèvres-Babylone
Montparnasse Bienvenüe [SNCF]
Raspail
Denfert Rochereau
Porte d' d'Orléans
Petit Bagneux
Duroc
Invalides
Champs-Elysées Clemenceau
Franklin D. Roosevelt
Porte de Champerret Péreire [RER/SNCF]
Pont de Levallois Bécon
Ch.de Gaulle Etoile [RER]
Porte Maillot [RER]
Porte Dauphine
Alma-Marceau
Trocadéro
Bir-Hakeim
La Motte Piquet Grenelle
Pasteur
Vaugirard
Porte de Vanves
Châtillon Montrouge
Félix Faure
Porte de Versailles
Mairie d'Issy
Balard
Javel
Charles Michels
Javel André Citroën [RER]
La Muette [RER]
Seine
Pont de Neuilly
Grand Arche de la Défense [RER/SNCF]
Nanterre-Préfecture
Michel-Ange Auteuil
Michel-Ange Molitor
Porte d'Auteuil
Porte de St. Cloud
Boulogne Pont de St. Cloud
Boulogne
Pont de Sèvres

Pont de Neuilly–Grande Arche de La Défense: 1. April 1992.

2 **Nation–Porte Dauphine, 12,3 km**
zwischen 13. Dezember 1900 und 2. April 1903.

3 **Gallieni–Pont de Levallois/Bécon, 11,7 km**
Père Lachaise–Villiers: 19. Oktober 1904;
Gambetta–Père Lachaise: 25. Januar 1905;
Villiers–Péreire: 23. Mai 1910;
Péreire–Porte de Champerret: 15. Februar 1911;
Porte de Champerret–Pont de Levallois/Bécon: 24. September 1937;
Gallieni–Gambetta: 2. April 1971.

3 bis **Porte des Lilas–Gambetta, 1,3 km**
November 1921 als Teil der Linie 3, am 2. April 1971 umbenannt in Linie 3bis und als »navette« (Pendellinie) betrieben.

4 **Porte de Clignancourt–Porte d'Orléans, 10,6 km**
zwischen 21. April 1908 und 9. Januar 1910.
(Mit dem Neubau des RER-Bahnhof Chƒtelet-Les Halles wurde eine Verlegung der Linie um 330 m erforderlich; hierbei entstand der neue Metro-Bahnhof »Les Halles« . Die beiden am 3. Oktober 1977 eröffneten Bahnhöfe und der bestehende Bahnhof Chƒtelet wurden durch einen Fußgängertunnel miteinander verbunden.)

5 **Bobigny/Pablo Picasso–Place d'Italie, 14,6 km**
Gare du Nord–Place d'Italie: zwischen 2. Juni 1906 und 15. November 1907;
Eglise de Pantin–Gare du Nord: 12. Oktober 1942 (mit einem neuen Bahnhof »Gare du Nord« , eröffnet am 6. Oktober 1942), seit dem 12. Oktober 1942 ist »Place d'Italie« endgültig Endbahnhof der Linie 5 (s. Linie 6);
Bobigny/Pablo Picasso–Eglise de Pantin: 26. April 1985.

6 **Nation–Ch. de Gaulle/Etoile, 13,6 km**
Place d'Italie–Etoile: zwischen 2. Oktober 1900 und 25. April 1906 (dieses Teilstück wurde bis 17. Mai 1931 und vom 6. Dezember 1931 bis 12. Oktober 1942 von Linie 5 bedient);
Nation–Place d'Italie:1. März 1909.

7 **La Courneuve/8 Mai 1945–Maison Blanche–Mairie d'Ivry en Villejuif/Louis Aragon, 22,4 km**
Porte de la Villette–Palais Royal: zwischen 5. November 1910 und 1. Juli 1916;
Palais Royal–Maison Blanche–Porte de Choisy–Porte d'Ivry:zwischen 16. April 1926 und 26 April 1931 (das Teilstück Place d'Italie–Porte de Choisy wurde bis 10. Dezember 1982 von Linie 10 bedient);
Porte d'Ivry–Mairie d'Ivry: 1. Mai 1945;
Fort d'Aubervilliers–Porte de la Villette: 4. Oktober 1979;
Maison Blanche–Villejuif/Louis Aragon: zwischen 10. Dezember 1982 und 28. Februar 1985;
La Courneuve/8 Mai 1945–Fort d'Aubervilliers: 6. Mai 1987.

7 bis **Pré-St.Gervais–Louis Blanc, 3,1 km**
Januar 1911, als Ast der Linie 7, und seit 3. Dezember 1967 als eigenständige Linie befahren.

8 **Créteil-Préfecture–Balard, 22,1 km**
Opéra–La Motte-Picquet–Beaugrenelle (seit 1945 »Charles Michels«): 13. Juli 1913, das Teilstück La Motte-Piquet-Beaugrenelle wurde am 27. Juli 1937 von der Linie 10 übernommen;
Porte de Charenton–République–Richelieu-Drouot–Opéra: zwischen 30. Juni 1928 und 5. Mai 1931, das Teilstück Republique–Richelieu-Drouot wird zusammen mit der Linie 9 befahren;
Charenton-Ecoles–Porte de Charenton: 5. Oktober 1942;
Créteil-Préfecture–Charenton-Ecoles: zwischen 19. September 1970 und 10. September 1974;
La Motte-Picquet–Balard: 27. Juli 1937.

9 **Mairie de Montreuil–Pont de Sèvres, 19,6 km**
Chaussée d'Antin–Porte de St. Cloud: zwischen 8. November 1922 und 29. September 1923;
Porte de Montreuil–République–Richelieu-Drouot–Chaussée d'Antin: zwischen 30. Juni 1928 und 10. Dezember 1933, das Teilstück République–Richelieu-Drouot wird zusammen mit der Linie 8 befahren;
Porte de St. Cloud–Pont de Sèvres: 3. Februar 1934;
Mairie de Montreuil–Porte de Montreuil:14. Oktober 1937.

10 **Gare d'Austerlitz–Boulogne/Pont de St.Cloud, 11,7 km**
Jussieu–Porte d'Auteuil:zwischen 10. März 1925 und 26. April 1931, das Teilstück La Motte-Picquet–Porte d'Auteuil wurde ab 30. September 1913 bis 27. Juli 1937 von der Linie 8 bedient;
Porte d'Auteuil–Boulogne/Pont de St. Cloud: zwischen 3. Oktober 1980 und 2. Oktober 1981,
Gare d'Austerlitz–Jussieu: 12. Juli 1939.

11 **Mairie des Lilas–Chatelet, 6,3 km**
zwischen 28. April 1935 und 17. Februar 1937.

12 **Porte de la Chapelle–Mairie d'Issy, 13,9 km**
Porte de la Chapelle–Porte de Versailles: zwischen 5. November 1910 und 23. August 1916,
Porte de Versailles–Mairie d'Issy: 24. März 1934.

13 **St.Denis-Basilique und Asnières-Gennevilliers/Gabriel Périe–La Fourche–Châtillon-Montrouge, 21,1 km**
Diese Linie setzt sich zusammen aus Teilstrecken der Linien 8, 10 und 14 und bestand vor der Inbetriebnahme der Gesamtverbindung am 9. November 1976 aus zwei Linien:
13 St. Denis-Basilique–Champs Elysées/Clemenceau
14 Invalides–Porte de Vanves.
Porte de St. Oen–La Fourche–Gare St. Lazare: 26. Februar 1911;
Porte de Clichy–La Fourche: 20. Januar 1912;
Invalides–Duroc (Linie 10, später 14): 30. Dezember 1923;
Duroc–Portes des Vanves (Linie 8, später 14): zwischen 21. Januar und 27. Juli 1937;
Carrefour Pleyel–Porte de St. Oen: 30. Juni 1952;
St. Denis-Basilique–Carrefour Pleyel: 20. Mai 1976;
Gare St. Lazare–Invalides: zwischen 27. Juni 1973 und 9. November 1976,
Portes des Vanves–Chƒtillon-Montrouge: 9. November 1976,
Asnières-Gennevilliers/Gabriel Périe–Porte de Clichy: 9. Mai 1980.

Diese Aufstellung ist nicht komplett ohne Erwähnung der »Navette«, die ab 27. November 1921 zwischen den Bahnhöfen Porte des Lilas und Pré St. Gervais verkehrte. Diese 760 m lange, eingleisige Linie wurde am 2. September 1939 eingestellt und wird seither nur für Betriebs-und Probefahrten benutzt.
Gegenwärtig hat das Netz eine Gesamtlänge von 200,9 km, wovon 16,6 km auf Viadukten oder in einer Eingrabung liegen. Die Linien 1, 4, 6, und 11 sind für den Betrieb mit luftbereiften Fahrzeugen eingerichtet.
Weitaus die meisten Metrotunnel entstanden in der bergmännischen (belgischen) und offenen Bauweise, der Querschnitt ist meist elliptisch; die Trassen folgten im allgemeinen der oberirdischen Straßenführung. Die ersten Tunnel lagen zum Teil auch direkt unter der Straßenoberfläche. Mit der weiteren Entwicklung der Bautechnologie konnten auch in Paris, an Stellen mit geologischen oder bautechnischen Problemen, neue Baumethoden, wie u.a.

Zwei Beispiele von bildschönen Metro-Eingängen in Paris. Links der Zugang zum Bahnhof Richard-Lenoir (Linie 5) zwischen »Oberkampf« und »Bastille«; rechts der Eingang des Bahnhofs Porte Dauphine (Linie 2) beim Bois de Boulogne (RATP).

die Schildbauweise (Seine-Querung bei »Concorde«) und die Caisson-Bauweise, eingeführt werden.

Die Linien 12 und 13 wurden ursprünglich als Linien A und B von der »Société du Chemin de fer électrique souterrain du Nord-Sud« betrieben; 1934 wurde diese von der CMP übernommen. Nach der Überholung beider Strecken, wobei die alten englischen Schienen entfernt wurden, besteht der Oberbau im gesamten Netz aus Vignoles-Schienen mit einem Metergewicht von 52 kg mit Holz- und Betonschwellen auf einem Schotterbett.

Der kleinste Kurvenradius beträgt 40 m, die max. Neigung 2,5% (ausgenommen Linie 11, wo zwischen Porte des Lilas und République zum Teil 4% erreicht werden); die Spurweite beträgt 1435 mm.

Die für Luftreifenbetrieb vorgesehenen Strecken hatten zunächst Fahrbahnen aus Holz,doch zwangen die unruhigen Fahreigenschaften letztendlich zur Umstellung auf Stahlprofile; nur die Abstellgleise haben noch Fahrbahnen aus Holz. Zwischen den Fahrbahnen befindet sich ein »Hilfsgleis« mit einer Spurweite von ebenfalls 1435 mm. Die Spurführung erfolgt über die T-förmigen Stromschienen.

Das Metronetz verfügt über 372 Linienbahnhöfe (nominell 294), wovon 319 in der Stadt und 53 im Großraum Paris liegen; 26 Bahnhöfe sind oberirdisch. Es bestehen folgende Umsteigebeziehungen: Metro/Metro 57, Metro/RER (RATP und SNCF) 26 und Metro/SNCF 8.

Bei Pré St. Gervais (7b) und Porte d' Auteuil (10) befinden sich insgesamt neun Einrichtungs-Bahnhöfe, bedingt durch die in Schleifen verlaufende Linienführung.

Die ursprüngliche Bahnsteiglänge beträgt 75 m; anläßlich des Umbaus der Linien 1 und 4 auf Luftreifenbetrieb wurden die Bahnsteige dieser Linien auf 90 m erweitert. Bei den Linien 8 und 9 beträgt die Länge 105 m.

Einige Bahnhöfe haben bedingt durch ihre Lage in den hügeligen Stadtvierteln eine Tiefenlage von mehr als 20 m, wie z.B. Abbesses (12): 36 m, Buttes Chaumont (7bis): 28,7 m, Porte des Lilas (11): 21,92 m, Place des Fêtes (7bis und 11): 20,32 m. Die Bahnhöfe sind meistens mit Seitenbahnsteigen ausgerüstet. Aus diesem Grund sind die Knotenbahnhöfe mit richtungsorientierten Fußgängertunneln versehen, wodurch es auf Bahnhöfen mit Umsteigemöglichkeiten auf drei und mehr Linien zu einem ausgesprochenen Wirrwarr von Tunneln und Treppen kommt; Ortsfremde tun gut daran, sich vorab genau über die Hauptrichtung, an der der gewünschte Zielbahnhof liegt, zu informieren.

Die nachstehenden Zahlen zeigen, daß längst nicht alle Bahnhöfe behindertengerecht ausgestattet sind:

Bahnhöfe	Aufzüge	Rolltreppen	Rollsteige
11	26	-	-
194	-	428	-
3	-	-	7

Mehrere alte Bahnhöfe sind mittlerweile modernisiert. Die bislang weißgekachelten Wände wurden sukzessive in modernen Farben gestrichen; auch die Beleuchtung wurde den heutigen Anforderungen angepaßt. Einige Bahnhöfe haben eine ihrem Namen entsprechende Einrichtung, z.B. Argentine und Louvre (1), Bourse (3) und cole Militaire (8).

Fahrzeuge

Die ersten Metrozüge setzten sich zusammen aus einem zweiachsigen Triebwagen und zwei zweiachsigen Beiwagen mit Holzaufbauten; die Triebwagen wurden über eine Kette auf einer Achse angetrieben.

1902 wurden von der Firma Thomson zwei neue Serien in einer langen und einer kürzeren Ausführung abgeliefert, ebenfalls mit Holzaufbauten; die Triebwagen hatten erstmalig Motordrehgestelle. Die »kurzen« Wagen der Serie 300 (Länge 10850 mm) hatten je Seite zwei Türen, die »Langen« der Serie 400 (Länge 13350 mm) drei Türen. Ein schwerer Unfall am 10. August 1903, mit 84 Toten, hatte nachhaltigen Einfluß auf die künftige Konstruktion von Metrofahrzeugen.

1905 bestellte die »Métropolitain« bei der gleichen Firma, jetzt unter dem neuen Firmennamen »Sprague-Thomson« , eine Folgeserie der »300« , jetzt jedoch mit Aufbauten in Stahlbauweise.

Von der »langen« Ausführung erschien 1907 auch eine Stahlversion als Serie 500, gefolgt durch die verbesserte Serien 600 und 700, wobei letztgenannte noch geräumiger und komfortabler war als die vorhergehenden Serien.

Mit einer Länge von 14200 mm erschienen 1927 die von Sprague-Thomson gelieferten Metrofahrzeuge auf der Schiene, die bis in die jüngste Geschichte das Gesicht der Pariser Metro prägten. Die Triebwagen waren mit je vier Motoren ausgerüstet; in der Regel setzte sich ein Metrozug zusammen aus zwei Trieb- und drei Zwischenwagen, mit einem rot lackierten Erster-Klasse-Wagen in der Mitte. Der letzte »Sprague-Thomson« dieser Serie fuhr auf der Linie 9 und wurde am 16. April 1983 aus dem Verkehr gezogen.

1951-1953 wurden 75 achtachsige Doppelgelenkzüge vom Typ MA-52 »articulé« (Fa. Brissonneau & Lotz) beschafft; diese hatten jedoch keine Übergangsmöglichkeit zwischen den Wagen.

Auch der halb-offene Kreuzungsbahnhof Bastille ist ein schönes Beispiel vom Bahnhofsbau am Anfang dieses Jahrhunderts. Die Aufnahme stammt von 1953 mit »passendem« Sprague-Thomson Metrozug (Ing. J.A.Bonthuis).

Bei der Beschreibung der Pariser Metro dürfen die berühmten Sprague-Thomson Fahrzeuge, die viele Jahrzehnte das Bild dieses Betriebs geprägt haben, nicht fehlen. Dieser Metrozug mit einem kurzen Triebwagen (drei Einstiege) verläßt den Bahnhof Jaurès (Linie 2) über eine Brücke, welche über den Canal Saint Martin führt (Ing.J.A.Bonthuis).

Ein Metrozug mit langen, viertürigen Wagen auf der Marnebrücke in Charenton (Linie 8) (Ing.J.A.Bonthuis).

Das Jahr 1956 brachte die ersten luftbereiften Metrozüge der Serie MP-55 (Matériel Roulant Pneumatique). Bei diesen Fahrzeugen sind die »Fahr« - und Führungsräder luftbereift. An der Innenseite der »Fahr« -Räder befinden sich eisenbahnähnliche Sicherheitsräder, die im Falle von Reifenschäden oder an Stellen mit fehlenden Führungsschienen, z.B. bei Weichen oder im Betriebshof, die Führung des Fahrzeuges übernehmen. Die Räder haben deshalb höhere Spurkränze als üblich. Durch Messen des Abstandes des Stahlrades zum »Hilfsgleis« an bestimmten Stellen wird die Reifenspannung kontrolliert. Diese Betriebsart wurde mit Triebwagen der Versuchsserie MP-51 zwischen 1952 und 1955 auf der eingleisigen und am 2. September 1939 stillgelegten Strecke zwischen Porte des Lilas und Pré-St. Gervais erprobt und danach auf der Linie 11 eingeführt; danach wurden sukzessive auch die Linien 1, 4 und 6 mit dem System ausgerüstet. Ab 1963 kam die zweite Serie MP-59 zur Auslieferung, 1973 gefolgt von der Serie MP-73.
1967 wurde begonnen, die alten »Sprague-Thomson« Fahrzeuge aus dem Verkehr zu nehmen und durch modernere Fahrzeuge der Serie MF-67 (Matériel Roulant Ferroviaire) zu ersetzen, die mit einem Bestand von 1481 Einheiten weitaus die größte Fahrzeugserie der RATP bildet.
Zwischen 1978 und 1986 wurden die äußerlich bereits in die Zukunft weisenden Fahrzeuge der Serie MF-77 abgeliefert. Mit Ausnahme der Serie MF-77 sind bei allen Serien je Wagenseite vier Doppel-Schiebetüren angebracht, bei der Serie MF-77 drei Doppel-Schwenktüren.
Die Zug-Zusammenstellungen hängen im hohen Maße von der Belastung der Linie ab. In der Regel bestehen die Züge aus drei Trieb (Mc und M)- und zwei Zwischenwagen (T); bei den Linien 1 und 4 befinden sich vier Trieb- und zwei Zwischenwagen in einem Zugverband. Hersteller der Metrozüge waren u.a. B&L, CIMT und Alsthom.
Ab Juli 1993 wurde von Alsthom/Bombardier der völlig neue Dreiwagen-Triebzug Serie MF-88 (Bombardier-ANF/GEC-Alsthom), als »Métro 2000« , abgeliefert. Abgesehen von dem modernen Exterieur fällt auf, daß die Züge durch nahezu wagenbreite Faltenbalg-Übergänge durchgehend

Bis August 1991 kannte die Metro Erster-Klasse Wagen; dieser viertürige Sprague-Thomson A-Wagen wurde in Barbès Rochechouart (Linie 2) fotografiert (Ing.J.A.Bonthuis).

Im gleichen Zug befand sich ein dreitüriger AB-Wagen (Ing.J.A.Bonthuis).

Ein Triebwagen vom Typ MP 51 für den Probebetrieb mit Luftreifen als »Navette« im Bahnhof Porte des Lilas. In der Übersetzung wird mit dem Begriff »Navette« die hin-und-her schießende Spule eines Webstuhls umschrieben. Von diesem Typ wurden nur wenige Exemplare geliefert. Nach dem positiv abgeschlossenen Probebetrieb wurden Fahrzeuge vom Typ MP 55 beschafft (RATP).

Ein guter Vergleich von 21 Jahren Metro. Die Pont de Bercy 1971 und 1992 mit Sprague-Thomson- bzw. MF 67-Fahrzeugen (Ing.J.A.Bonthuis).

begehbar sind. Eine Einheit setzt sich zusammen aus zwei Trieb- und einem Zwischenwagen, aber das Konzept erlaubt ohne weiteres die Zusammenstellung zu Fünf- oder Achtwagenzügen. Um den Radverschleiß in den zum Teil engen Kurven zu vermindern, kamen an Stelle der üblichen Drehgestelle einachsige Radsätze zum Einsatz, die sich in den Kurven automatisch einstellen. Der jeweils vordere und hintere Radsatz eines Zuges ist mit einer Bissel-Laufachse ausgerüstet. Beim Interieur wurden vandalismusresistente Werkstoffe eingesetzt. Die MF-88 ist das Ergebnis der Praxis-Erprobungen, die seit Mitte der achtziger Jahre mit zwei sog. »Boa« - Prototypen durchgeführt wurden, insbesondere im Hinblick auf eine bessere Kurvengängigkeit.
Inzwischen hat GEC Alsthom im April 1995 die ersten zwei Triebzüge der neuen »Pneumatique« -Serie MP-89 abgeliefert, die einer intensiven Erprobung unterworfen wurden. Inzwischen ist die Ablieferung der bestellten 19 Fünfwagen- und 50 Sechswagenzüge angelaufen. Auch diese Züge sind mit Faltenbalg-Übergängen ausgestattet, die jedoch schmaler sind als die der MF-88.

Der BOA-Triebzug markierte den Beginn einer neuen technischen Periode. Von diesen Triebzügen wurden 1985 zwei Einheiten geliefert, womit Erfahrungen gesammelt wurden, die zur Entwicklung des Typs MF 88 führten. Der BOA-Triebzug ist nie in Serienfertigung gegangen (RATP).

Luftbereifter Metrozug vom Typ MP 55 im Bahnhof Louvre (Ing. J.A.Bonthuis).

Nachdem sie über vierzig Jahre auf den Metrolinien, zuletzt Linie 10, Dienst getan haben, werden die Fahrzeuge vom Typ MA 52-»Articulé«, hier im Bahnhof Porte d'Auteuil, ausgemustert (RATP).

Metrozug vom Typ MP 73 im Bahnhof St. Jacques (RATP).

Einen großen Schritt in der Metro-Technik bedeutet dieser Triebzug vom Typ MP 89. Diese Ausführung hat noch einen Fahrerstand, für die »METEOR« -Linie 14 werden jedoch Fahrzeuge gleichen Typs ohne Fahrerstand beschafft, weil diese Linie voll-automatisch betrieben wird. Auf diesem Bild steht der Triebzug auf seinen Hifsrädern (RATP).

Auf diesem Bild ist die Führung von luftbereiften Fahrzeugen deutlich erkennbar (Ing.J.A.Bonthuis).

Ein Metrozug vom Typ MP 59 im Bahnhof Franklin D. Roosevelt (Linie 1) (RATP).

Betriebsablauf

Die Metrozüge werden über eine »dritte« Schiene mit 750 VGleichstrom versorgt; die Stromabnahme e.folgt an der Oberseite, bei der »Pneumatique« seitlich. Die Energieversorgung erfolgt durch 119 Gleichrichterwerke; der Gesamt-Stromverbrauch der RATP nur für den Metrobetrieb beträgt ca. 0,7 Mrd kW/h/Jhr.

Bei der »Pneumatique« erfolgt die Stromrückführung mit einem Schleifer über das Hilfsgleis.

Im Gegensatz zur Eisenbahn und RER wird bei der Metro rechts gefahren.

Seit 1975 werden alle Metrozüge im sog. »Poste de Commande et de Contrôle centralisés (PCC)« , vergleichbar mit der ZBL und nahe dem Bahnhof Bastille untergebracht, überwacht und gesteuert. Bis April 1983 waren von der neuen Sicherungstechnik nur die Linien 3bis, 7bis und 10 ausgenommen, weil dort noch die alten »Sprague-Thomson« -Fahrzeuge fuhren, die aus verständlichen Gründen nicht mehr umgebaut wurden. Der Fahrer hat bei dieser sog. »Conduite Manuelle Contr"lée« nur noch die Aufgabe, die Fahrgastbewegungen zu überwachen und die Züge abzufertigen. Um die Zugfolge weiter verdichten zu können, ging man noch einen Schritt weiter und programmierte bei 12 Linien die gesamte Fahrt vor (»Pilotage

Triebzug vom Typ MP 89 im Bahnhof Pont de Neuilly (GEC-Alsthom).

Der Typ MF 67, hier auf Linie 13 unterwegs, war die erste Neubeschaffung von »Stahl-Fahrzeugen (Matériel fer moderne) nach dem Typ MA 52 "Articulé« (GECAlsthom).

Sowohl Exterieur als auch Interieur vom Typ MF 77 sind bereits zukunftsweisend. Endbahnhof Linie 13 St. Denis-Basilique (GEC-Alsthom).

Typ:	MA 52
Baujahr:	1951-1953
	Gelenkzug
Länge ü.K. (mm):	36620
Breite (mm):	2400
Dienstgewicht (t):	55,14
Max. Fahrgastzahl:	355
Sitzplätze:	64
Stehplätze:	192
Einstiege p. Seite:	11
Leistung (kW):	4x92
Beschleunigung (m/s^2):	–
Bremsverzögerung (m/s^2):	–
Notbremsverzögerung (m/s^2):	–
v/max km/h):	70
Bestand (31.12.1995)[1]:	6

Typ:		MP 55	
Baujahr:		1956-1958	
	Mc	M	T
Länge ü.K. (mm):	15395	14790	14790
Breite (mm):	2400	2400	2400
Dienstgewicht (t):	22,6	21,8	–
Max. Fahrgastzahl:	114	118	118
Sitzplätze:	24	24	24
Stehplätze:	90	94	94
Einstiege p. Seite:	4	4	4
Leistung (kW):	4x90	4x90	
Beschleunigung (m/s^2):	–	–	
Bremsverzögerung (m/s^2):	–	–	
Notbremsverzögerung (m/s^2):	–	–	
v/max (km/h):	70	70	
Bestand 31.12.1995)[1]:	–		

Typ:		MP 59	
Baujahr:		1963-1975	
	Mc	M	T
Länge ü.K. (mm):	15095	14790	14790
Breite (mm):	2400	2400	2400
Dienstgewicht (t):	23,8	23,3	20,1
Max. Fahrgastzahl:	114	118	118
Sitzplätze:	24	24	24
Stehplätze:	90	94	94
Einstiege p. Seite:	4	4	4
Leistung (kW):	4x102	4x102	
Beschleunigung (m/s^2):	–	–	
Bremsverzögerung (m/s^2):	–		
Notbremsverzögerung (m/s^2):	–	–	
v/max (km/h):	70	70	
Bestand (31.12.1995)[1]:	1	1	1

Typ:		MP 73	
Baujahr:		1973-1974	
	Mc	M	T
Länge ü.K. (mm):	15615	14790	14790
Breite (mm):	2400	2400	2400
Dienstgewicht (t):	23,8	23,3	20,1
Max. Fahrgastzahl:	112	117	117
Sitzplätze:	24	24	24
Stehplätze:	88	93	93
Einstiege p. Seite:	4	4	4
Leistung (kW):	4x107	4x107	
Beschleunigung (m/s^2):	1,3	1,3	
Bremsverzögerung (m/s^2):	1,35	1,35	
Notbremsverzögerung (m/s2):	–	–	
v/max (km/h):	70	70	
Bestand (31.12.1995)[1]:	1	1	1

atomatique«). Der Fahrer bekommt bei der Abfahrt von den Bahnhöfen Angaben über die bis dahin zurückgelegte Strecke, die Haltezeiten und der Abstand zum vorausfahrenden Zug. Nach einer vorgegebenen Haltezeit werden nach einem akustischen Signal die Türen ohne Pardon geschlossen. Um die Fahrgastströme in diesem Falle besser regulieren zu können, werden nach Ankunft des Zuges die Bahsteigzugänge abgeschlossen und nach Abfahrt wieder geöffnet.

Die Streckensicherung erfolgt über ein automatisches Blocksystem mit 4348 Haupt-, Vor- und Rangiersignalen. Die Endbahnhöfe sowie Zwischenbahnhöfe mit Wende- und Abstellgleisen werden von 54 Stellwerken kontrolliert.

Die Metrozüge verkehren zwischen 05.30 und 01.15 Uhr mit einer Mindestzugfolge je nach Linie zwischen 100 sek. und 4,5 Minuten.

Die Wartung der Fahrzeuge erfolgt in 14 Linienwerkstätten, für größere Reparaturen und Hauptuntersuchungen sind drei Hauptwerkstätten vorhanden.

Für die Benutzung der Metros besteht ein Einheitstarif, gültig im gesamten Netz; der Kauf eines »Carnet de 10 billets« ermäßigt den Fahrpreis um ca. 40%.

Im August 1991 wurde bei der Metro die 1.Klasse abgeschafft. Alle Fahrkarten einschließlich Wochenkarten sind an den Fahrkartenschaltern und -Automaten erhältlich; die Kontrolle erfolgt automatisch an den Drehkreuzen.

Ein Blick in die Zukunft

Das Projekt »METEOR« (METro Est-Ouest Rapid) zeigt bereits in das nächste Jahrhundert. Diese (Neubau)-Linie 14 wird langfristig Maison Blanche (südlicher Abzweigbahnhof der Linie 7) mit Port de Gennevilliers, als westlicher Verlängerung der heutigen Linie 13 verbinden. Hierbei ist

Typ:	MP 89	
Baujahr:	1994-1995	
	5-Wagenzug	6-Wagenzug
Länge ü.K. (mm):	75400	90280
Breite (mm):	2448	2448
Dienstgewicht (t):	119,5	144,2
Max. Fahrgastzahl:	571	688
Sitzplätze:	108	132
Stehplätze:	463	556
Einstiege p. Seite:	15	18
Gesamtleistung (kW):	1800	2400
Beschleunigung (m/s²):	1,35	1,35
Bremsverzögerung (m/s²):	–	–
Notbremsverzögerung (m/s²):	2,3	2,3
v/max km/h):	80	80
Bestand (31.12.1995)[1]:	1	1

1 Bei den »Pneu« - Serien MP 55/59/73 sind keine detaillierte Zahlen bekannt. Gesamt-Bestand mit Ausnahme von MP 89: Mc + M - 597, T - 310. Vom Typ MP 89 befinden sich 19 Fünfwagen- und 52 Sechswagenzüge in Ablieferung.

Typ:	MF 67		
Baujahr:	1967-1978		
	Mc	M	T[2]
Länge ü.K. (mm):	15515	14790	14790
Breite (mm):	2400	2400	2400
Dienstgewicht (t):	27,3	26,5	–
Max. Fahrgastzahl:	112	117	117
Sitzplätze:	24	24	24
Stehplätze:	88	93	93
Einstiege p. Seite:	4	4	4
Leistung (kW):	4x112 [3]	4x112 [3]	
Beschleunigung (m/s²):	0,9	0,9	
Bremsverzögerung (m/s²):	1,1	1,1	
Notbremsverzögerung (m/s²):	–	–	
v/max (km/h):	80	80	
Bestand (31.12.1995):	600	300	582

2 Die Gruppe MF 67-T beihaltet eine Anzahl von Steuerwagen (S) mit den Abmessungen der Ausführung Mc.

3 Ein Teil der Triebwagen wurde ausgestattet mit 2x180 kW.

Typ:	MF 77		
Baujahr:	1978-1986		
	Mc	M	T
Länge ü.K. (mm):	15470	15500	15500
Breite (mm):	2460	2460	2460
Dienstgewicht (t):	28,2	27,6	16,8
Max. Fahrgastzahl:	110	118	118
Sitzplätze:	22	28	28
Stehplätze:	88	90	90
Einstiege p. Seite:	3	3	3
Leistung (kW):	2x265	2x265	
Beschleunigung (m/s²):	1,0	1,0	
Bremsverzögerung (m/s²):	1,15	1,15	
Notbremsverzögerung (m/s²):	–	–	
v/max (km/h):	100	100	
Bestand (31.12.1995)[1]:	394	196	393

Typ:	MF 88
Baujahr:	1993
	3-Wagenzug
Länge ü.K. (mm):	46440
Breite (mm):	2440
Dienstgewicht (t):	74
Max. Fahrgastzahl:	346
Sitzplätze:	64
Stehplätze:	282
Einstiege p. Seite:	9
Leistung (kW):	4x220
Beschleunigung (m/s²):	0,79
Bremsverzögerung (m/s²):	1,2
Notbremsverzögerung (m/s²):	-
v/max (km/h):	80
Bestand (31.12.1995)[1]:	27

Der gegenwärtig modernste Triebzug der »Stahl«-Gattung, Typ MF 88 im Einrichtungsbahnhof Place de Fêtes (Linie 7bis) (RATP).

Der Betriebshof in Bobigny mit abgestellten Metrozügen vom Typ MF 67. Im Hintergrund links ein Zug der ersten Pariser Straßenbahnlinie Bobigny–St.Denis (Ing. J.A.Bonthuis).

geplant, daß die Linie 14 im Anschluß an den neuen Tunnel ab Brochant die bestehende Trasse der Linie 13 bis zum momentanen Endbahnhof »Gabriel Péri« benutzt; Linie 13 wird dann nur noch den nördlichen Ast nach St.Denis bedienen.

Das erste, gegenwärtig in Bau befindliche sieben Kilometer lange Teilstück von Tolbiac-Masséna bis Madeleine wird voraussichtlich Ende 1997 in Betrieb genommen; »Saint Lazare« wird im Jahre 2000 erreicht. Das Betriebssystem wurde von MATRA entwickelt und ähnelt dem VAL-System; die Bahnsteige werden durch Glaswände und synchron mit den Fahrzeugtüren öffnenden Glastüren vom Fahrweg getrennt. Die Fahrzeuge stammen aus der Serie MP-89, Version »METEOR« ohne Fahrerstand und mit einer entsprechenden technischen Ausrüstung. Die Wartung erfolgt vorübergehend in dem in der südlichen Erweiterung gelegenen zukünftigen Bahnhof »Tolbiac-Nationale« .

Unter dem Titel »Orbitale« sollen bis zum Jahre 2015 zwei große kreisförmige Querverbindungen durch die näheren Vororte entstehen; hierbei wird für den inneren Ring an eine vollautomatische Metrolinie gedacht an der die bestehenden Metrolinien angeschlossen werden.

Bis 1998 sollen im Hinblick auf diese »Orbitale« die folgenden Linien-Verlängerungen realisiert werden:

13	nord	St.Denis-Basilique–St.Denis-Université (bereits in Bau)
4	süd	Porte d'Orléans–Petit Bagneux

Bis 2015 sind die folgenden Verlängerungen geplant:

1	west	La Défense–Nanterre-Préfecture
7	nord	La Courneuve–Le Bourget
8	süd	Créteil-Préfecture–Créteil Sud,
9	ost	Mairie de Montreuil–Montreuil M–rs … Pêches
11	ost	Mairie des Lilas–Rosny-Bois Perrier
12	nord	Porte de la Chapelle–Mairie d'Aubervilliers
13	nord	St. Denis-Université–Stains Le Globe
14	nord	St.-Lazare–Port de Gennevilliers
14	süd	Tolbiac-Masséna–Maison Blanche.

TOULOUSE

Betreiber: Société d'Economie Mixte des Transports Publics de l'Agglomération Toulousaine (SEMVAT)

Die Industrie- und Universitätsstadt Toulouse, Hauptstadt der Provinz Haute-Garonne im Languedoc und an der Garonne gelegen, hat eine wechselhafte Geschichte. Entstanden aus einer keltischen Ansiedlung, war die Stadt während der römischen Besatzung ein blühender Handelsplatz. Vom 6. bis zum 13. Jh. erlebte die Stadt zunächst als Hauptstadt des westgotischen Königreiches und später des damaligen Aquitaine mehrere Machthaber, ehe sie zusammen mit dem Languedoc der französischen Krone unterworfen wurde und an Bedeutung verlor. Erst im 16. Jh. ließ die Stadt wieder von sich hören, als hier ein blauer Farbstoff aus dem Färberwaid (franz. »pastel«, lat. Isatis Tinctoria) gewonnen wurde und über lange Zeit ein Verkaufsrenner war. Als jedoch zu einem späteren Zeitpunkt mit Indigo die gleichen Resultate erzielt wurden, verschwand dieser Farbstoff wieder vom Markt.
Wer heute den Namen »Toulouse« erwähnt, denkt unwillkürlich an den »Airbus« und an die »Ariane«, die mit einem hohen Zuverlässigkeitsgrad kommerzielle Satelliten ins Weltall transportiert. Eng verbunden mit der Luft- und Raumfahrt ist die Universität von Toulouse. Die Stadt hat ca. 400.000 Einwohner, davon ca. 20.000 Studenten; im Großraum Toulouse wohnen ca. 600.000 Menschen.
Ebenso wie in anderen Städten wurde die historische Stadt durch den zunehmenden Verkehr in Mitleidenschaft gezogen; die drittgrößte französische Stadt führt mit 1,2 Autos pro Haushalt die Statistiken an.

Seit im Juli 1957 die letzte Straßenbahnlinie zwischen St. Michel und Ponts-Jumeaux eingestellt wurde, wurde der ÖPNV mit Omnibussen und Regionalzügen der französischen Staatsbahn SNCF durchgeführt. Das herrschende Ungleichgewicht im Verkehr (ÖV: 201.000, IV: 1,2 Mio Fahrten/Tgl.) findet seinen Niederschlag in einem permanenten Verkehrschaos.
Nach der Gründung der SEMVAT 1973 unter der Obhut des 1972 gegründeten »Syndicat mixte des transports en commune (SMTC)« wurden Überlegungen angestellt, wie der öffentliche Nahverkehr in effizientere und attraktivere Bahnen gelenkt werden könnte. 1980 fiel bei der SMTC die Grundsatzentscheidung zum Bau eines drei Linien umfassenden öffentlichen Verkehrsnetzes mit auf eigener Trasse verkehrenden Fahrzeugen; 1984 wurde bereits ein detaillierterer Plan eines Netzes mit zwei Linien, A und B, mit einer unterirdischen Streckenführung durch die Innenstadt vorgelegt. Im Juli 1985 fiel schließlich die Systementscheidung zugunsten eines Metronetzes nach dem 1983 mit Erfolg in Lille eingeführten System »VAL«. Im September 1989 wurde unter der Regie der, inzwischen gegründeten städtischen Entwicklungsgesellschaft »MT-Développement« mit dem Bau der ersten Linie »A« begonnen. Am 26. Juni 1993 wurde die Linie vom französischen Ministerpräsidenten festlich in Betrieb genommen. An diesem und am nächsten Tag durften die Bürger von Toulouse kostenlos mit der neuen Metro »probefahren«.

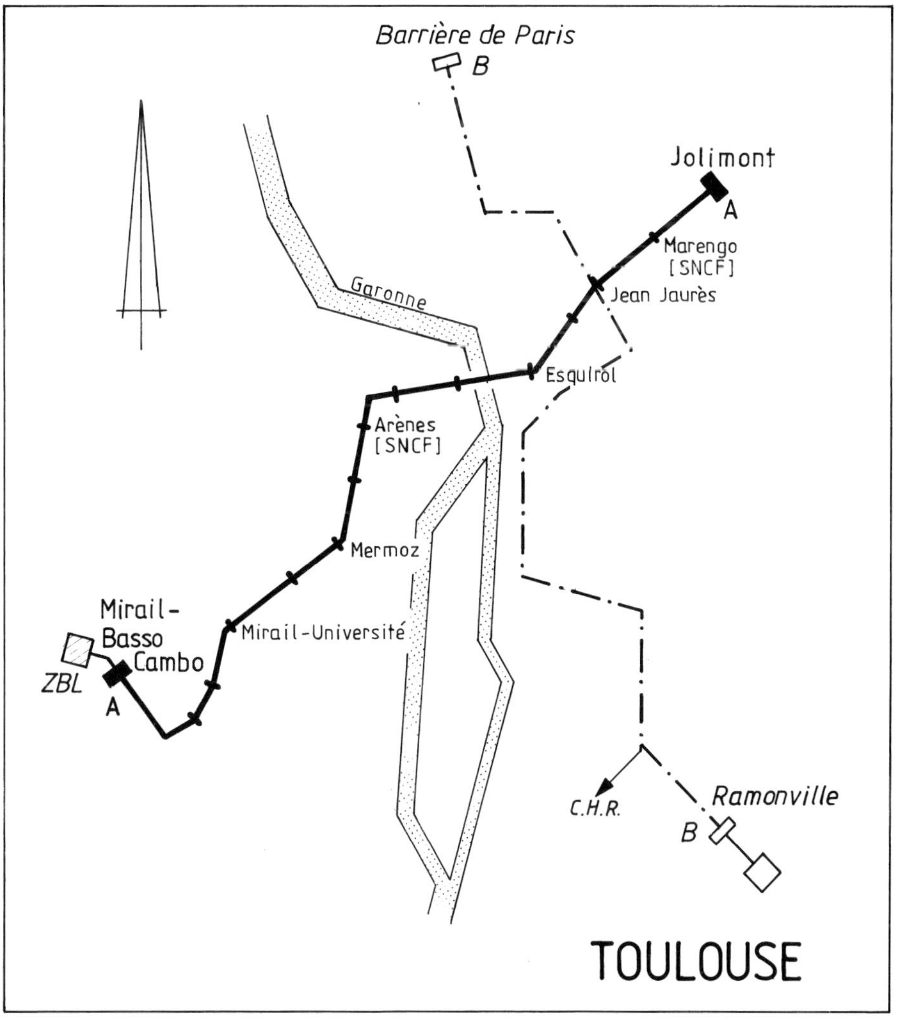

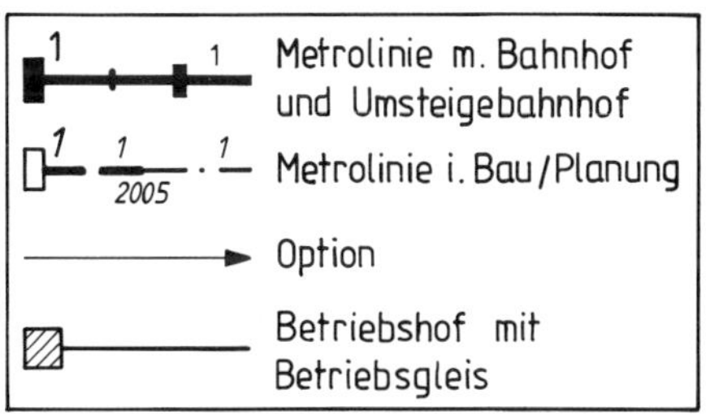

Der Bahnhof Esquirol. Auffallend die röhrenförmige Mittelhalle zwischen den Bahnsteigen. Durch die Arkade links ist die Glas-Trennwand zu den »Gleisen« zu sehen (SEMVAT).

Entwicklung und Bau des Metronetzes

Linie A Jolimont–Mirail-Basso Cambo, 10 km
26. Juni 1993
Von dieser Strecke liegen 9 km in Tunnel und 1 km auf Viadukten.

Die Strecke beginnt im Bahnhof Jolimont, welcher wegen der Geländeverhältnisse auf einem Viadukt direkt am Eingang des ca. 1230 m langen Tunnels liegt. Von diesem Tunnel wurden ca. 750 m in der offenen Bauweise unter Verwendung vorgefertigter Elemente gebaut. Dieses Teilstück hat die stärkste Neigung der ganzen Strecke mit 7%. Das anschließende 480 m lange Tunnelteilstück mit dem Bahnhof Jean Jaurès entstand in der bergmännischen Bauweise. Dieser Bahnhof ist als Kreuzungsbahnhof mit der geplanten Linie B das größte Bauwerk in der Linie; in diesem Bahnhof integriert sind ein Einkaufszentrum und eine Tiefgarage mit 1200 Stellplätzen. Die Tiefgarage und der angebaute Tunnelteil wurden 1986 gebaut. Ab hier verläuft die Linie in zwei eingleisigen Tunnelrohren mit einer Länge von je ca. 2,0 km, die in der Schildbauweise gebaut wurden. Nach der Kreuzung mit der Garonne und bevor der Bahnhof St. Cyprien-République erreicht wird, münden die beiden Tunnelrohre in einem 3,7 km langen zweigleisigen Tunnel bei dem ebenfalls die Schildbauweise angewandt wurde. Der Bahnhof Bagatelle und ein anschließendes kurzes Teilstück wurden in der offenen Bauweise gebaut, wonach die Linie über ein ca. 400 m langes Viadukt die »Westliche Ringstraße« überquert. Ab da liegen die Gleise wieder in einem in der offenen Bauweise gebauten Tunnel, bis nach dem Bahnhof Bellefontaine das Viadukt mit dem Endbahnhof Basso Cambo erreicht wird.
Auch die Archäologen wurden fündig; in einer Tiefe von 4,50 m wurden auf einer Länge von 3 km, u.a. in der Square Charles de Gaulle, die Fundamente einer römischen Ansiedlung aus ca. 30 n.Chr. entdeckt. Auch an anderen Stellen, wie z.B. am Place d'Esquirol, zeugten Fundamente und kleinere Funde aus verschiedenen Perioden von der Geschichte Toulouses.
Der Oberbau besteht aus zwei Beton-Fahrbahnen und je zwei seitlich angebrachten Führungsschienen. An Weichen ist die zur Weiche liegende Führungsschiene unterbrochen. Ihre Funktion wird an diesen Stellen durch zwischen den Fahrspuren angeordnete Führungen, in denen sich auch die Weichenzungen befinden, übernommen. In diese Führungen greift ein unterhalb des Drehgestells angebrachtes Führungsrad, welches das Fahrzeug in der Spur hält oder in der erforderlichen Richtung steuert.
Von den 15 Bahnhöfe liegen zwei oberirdisch. Mit Ausnahme von »Capitol« und »Esquirol« wurden alle unterirdischen Bahnhöfe in der offenen Bauweise gebaut. Zwölf Bahnhöfe haben Seitenbahnsteige; die drei Bahnhöfe Jean Jaurès, Capitole und Esquirol haben, bedingt durch die örtliche Tunnelkonstruktion, Mittelbahnsteige. Bei den letzten beiden Bahnhöfen wurde zwischen den beiden »Fahrtunnels« ein drittes Rohr gebohrt als sog. Verteilerhalle mit arkadenförmigen Zugängen zu den Bahnsteigen. Diese Konstruktion ist in den östlichen Staaten öfter anzutreffen (u.a. Budapest, Moskau). Die Bahnsteige haben in der Regel eine Länge von 26 m für einen Doppeltriebwagen (DT). Die Bahnhöfe Jolimont und Arènes sind mit einer Bahnsteiglänge von 52 m bereits für einen eventuellen Betrieb mit zwei DT eingerichtet, weitere Bahnhöfe sind für eine spätere Nachrüstung vorbereitet. Leider war das bei drei Bahnhöfen aufgrund einer zu späten Beschlußfassung offenbar nicht mehr möglich; wir dürfen gespannt sein, wie dieser Planungsfehler zu gegebener Zeit aufgefangen wird.
Aus Sicherheitsgründen sind die Bahnsteige durch Glaswände und synchron mit den Fahrzeugtüren sich öffnenden Schiebetüren vom Fahrweg getrennt. Die Bahnhöfe sind geschmackvoll unter Mitarbeit bekannter französicher Künstler eingerichtet. Die Wände sind weiß gekachelt, Bahnhofsname und Umrahmung bestehen aus farbigen Kacheln, wobei für jeden Bahnhof eine eigene Farbe gewählt wurde; die Böden sind grau gefliest. Das Ganze wurde mit einer graffiti-abweisenden Beschichtung versehen. Auch bei den Eingängen wurde von modernen Bauelementen Gebrauch gemacht.
Die Bahnhöfe sind mit insgesamt 38 Aufzügen und 40 Rolltreppen behindertengerecht ausgestattet.

Fahrzeuge

Die Doppeltriebwagen des VAL-Metro-Systems sind in Aluminiumbauweise konzipiert; dadurch konnte das Gewicht auf 27,8 t. beschränkt werden. Jeder Wagen hat zwei ein-achsige Drehgestelle mit luft-

Zwei VAL-Triebzüge, gesehen durch die Trennwand (MATRA).

Ein VAL-Triebzug am Endbahnhof Mirail-Basso Cambo (SEMVAT).

bereiften Rädern; im Falle von Reifenschäden können die Züge durch die in den Reifen angebrachten Stahl-»Noträder« sicher zum Stehen gebracht werden. Die seitliche Führung erfolgt durch je zwei Paar, horizontal angebrachte, luftbereifte Führungsräder pro Drehgestell. An beiden Enden des Triebzuges befindet sich eine Art »Fühler-Stange«, die bei auf der Fahrbahn liegenden Gegenständen den Zug zum Stillstand bringt. Die Luftbereifung ermöglicht das Befahren von 7%-Steigungen sowie die hohen Beschleunigungs- und Bremswerte; auch die Geräuschemissionen halten sich in Grenzen. Der Triebzug wird von vier Gleichstrom-Motoren angetrieben; zwei Triebzüge können miteinander gekuppelt fahren. Sechs doppelte Schiebetüren je Seite ermöglichen einen schnellen Fahrgastwechsel.
Die Fahrzeuge wurden von GEC-Alsthom, unter der Federführung von MATRA, gebaut.

Zwei Triebzüge im Depot Basso Cambo (SEMVAT).Stand: 14.07.96

Betriebsablauf

Die beiden seitlich vom Fahrweg angebrachten Führungsschienen bilden für das VAL-System zugleich die positive und negative Stromführung; die Stromabnehmer bestreichen diese Schienen an den innenliegenden Seitenflächen. Diese Schienen brauchen nicht abgedeckt zu werden, weil sie für die Fahrgäste nicht erreichbar sind; Arbeiten am Fahrweg werden nach dem Ausschalten des Fahrstroms ausgeführt. Die Fahrspannung beträgt 750 V Gleichstrom.
In der »Poste de Contr"le et de Commande (PCC)«, die im Betriebshof »Basso Cambo« untergebracht ist, überwachen drei Disponenten den gesamten Betriebsablauf, einschließlich der Energieversorgung und der Tunnelbelüftung. In der PCC befinden sich 10 Monitore, die ihre Bilder von insgesamt 150 Kameras bekommen. Ein Zentralrechner übermittelt den Zügen die Fahr- und Bremsbefehle, kontrolliert den Fahrbetrieb und vergleicht diesen mit dem theoretischen Fahrplan, so daß Anpassungen vorgenommen werden können; die Höchstgeschwindigkeit von 60 km/h wird von einem getrennten System kontrolliert; dieses Steuerungssystem ermöglicht eine minimale Zugfolge von 60 sek. bei einer Haltezeit von 30 sek. Werktags verkehren die Metrozüge auf beiden Linien zwischen 05.00 Uhr und 00.30 Uhr mit einer Zugfolge von 6 Minuten, in der HVZ von 2 Minuten.
An der Südseite des Bahnhofs Arènes ist eine Gleisverbindung eingerichtet, so daß die Züge hier fallweise wenden können. Im Bahnhof Jean Jaurès befindet sich ein 80 m langes Abstellgleis, welches am nördlichen Gleis angeschlossen ist.
Trotz aller Automatik sind an der Strecke und bei den Bahnhöfen für Notfälle Lichtsignale angebracht.
Um die Sicherheit auf den Bahnhöfen zu gewährleisten, stellt die Polizei eine 30 Mann starke Sicherheitsbrigade mit vier Posten in oder nahe den Bahnhöfen Jolimont, Jean Jaurès, Bagatelle und Bellefontaine; ferner können die Bilder der 150 Überwachungskameras im Posten Jean Jaurès oder in der Polizeizentrale abgerufen werden.
Weil die Züge ohne Fahrer oder Zugbegleiter verkehren, befinden sich in den Wagen Gegensprechanlagen mit dem PCC sowie ein Notschalter, womit im Notfall im betreffenden Streckenabschnitt der Strom ausgeschaltet und die Züge angehalten sowie die Fahrzeugtüren geöffnet werden können.
Die Wartung der Fahrzeuge erfolgt im Betriebshof am Endbahnhof Basso Cambo. Hier befinden sich drei 250 m lange Abstellgleise; in der Werkstatt sind Hebebühnen für fünf DT. Auf dem Gelände befindet sich ein ca. 600 m langes Probegleis.

Typ:	**VAL 206**
Baujahr:	**1991**
Länge ü.K. (mm):	26140
Breite (mm):	2060
Dienstgewicht (t):	27,8
Max. Fahrgastzahl:	154
Sitzplätze:	68
Stehplätze:	86
Einstiege p. Seite:	6
Leistung (kW):	4 x 120
Beschleunigung (m/s^2):	1,3
Bremsverzögerung (m/s^2):	1,3
Notbremsverzögerung(m/s^2):	1,8-2,4
v/max (km/h):	80
Bestand (31.12.1995):	29

Ein Blick in die Zukunft

Das Projekt zum Bau der Linie »B« ist mittlerweile genehmigt; die Planung ist jedoch noch nicht ganz abgeschlossen, man strebt aber an, im Laufe des Jahres 1998 die Bauarbeiten beginnen und die Linie 2004 in Betrieb nehmen zu können.
Die zwischen den Endbahnhöfen Barrière de Paris und Ramonville 11,4 km lange Linie wird voraussichtlich 16 Bahnhöfe erhalten. Umsteigemöglichkeiten wird es am Bahnhof Jean Jaurès auf die Linie A und am Bahnhof St. Agne auf die Züge der französischen Staatsbahn (SNCF) geben. Ab dem Bahnhof Sabatier-Bellevue ist ein VAL-Pendeldienst (»Navette«) mit der Universitätsklinik CHR geplant. Hinter dem südlichen Endbahnhof Ramonville ist ein Betriebshof mit einer kleinen Werkstatt geplant. Größere Reparaturen sowie Hauptuntersuchungen werden in Basso Cambo durchgeführt, hierzu wird südlich Jean Jaurès eine Verbindung zwischen den Linien A und B gebaut. Die Steuerung und Überwachung der Linie B wird im bestehenden PCC in Basso Cambo erfolgen, der hierzu bereits vorbereitet ist. Für den Betrieb auf der Linie B werden ca. 37 VAL-Doppeltriebwagen erforderlich sein; man geht jedoch auch von einer Steigerung des Verkehrsaufkommens auf der Linie A aus, wofür zehn weitere DT nötig sein werden, so daß insgesamt 47 neue VAL-Triebzüge beschafft werden müssen. Lieferant und Fahrzeugtyp können erst nach einer entsprechenden Ausschreibung festgelegt werden.

GRIECHENLAND

ATHEN

Betreiber Linie 1: Ilektro Sidirondromoi Athinon-Pireos AE (ISAP)

Die nach der Göttin Pallas Athena, Lieblingstochter des Zeus, genannte Stadt Athen ist heute der politische, kulturelle und wirtschaftliche Mittelpunkt Griechenlands. Die im 2. Jahrtausend v. Chr. erstmalig erwähnte Stadt, um deren Gründung sich viele Sagen ranken, war in der römischen und frühbyzantinischen Periode bis 530 Zentrum der heidnischen »Antike«. Von 1834 bis 1974 war die Stadt königliche Residenz und seit 1835 Sitz der griechischen Regierung.
Athen ist reich an Bauten aus der antiken Periode ab 450 v.Chr., wobei die Akropolis (wörtl. »Oberstadt«) mit der aus Nike-Tempel, Propyläen, Theater des Dyonisos (14000-17000 Sitzplätze) bestehenden Gebäudegruppe, die um das der Athene geweihte Dorische Parthenon gruppiert ist, dominiert.
Verkehrsmittelpunkt des heutigen Athens ist der Syntagma-Platz mit seinen vornehmen Hotels und dem Parlament, das seinen Sitz in dem Vouli (dem Alten Schloß aus den Jahren 1834-1838) hat.
Die Stadt liegt in einem stark hügeligen Gelände und ist ca. 5 km vom Golf von Aegina entfernt, wo auch die zu Athen gehörende Hafenstadt Piräus liegt. In Stadt und Großraum Athen wohnen rund 4 Mio Menschen.((Subscript Ende))

Die erste Eisenbahnverbindung Griechenlands wurde 1869 zwischen Athen und Piräus in Betrieb genommen. Die Elektrifizierung erfolgte 1904. Diese Linie bildet jetzt die Basis für die im vollem Gange befindliche Entwicklung des Metronetzes. Nach der Verstaatlichung des Betriebes 1976 erhielt diese den heutigen Betriebsnamen »ISAP«.
Neben der bestehenden Metrolinie wird der ÖPNV in Athen von Bussen, Trolleybussen und Eisenbahnen versorgt.

Entwicklung und Bau der Metrolinie

Die Metrolinie **1 Kiffissia–Piraeus, 25,6 km** wurde wie folgt in Betrieb genommen:

Thissio–Piräus:	1869,
Omonia–Thissio:	1895,
Kifissia–Omonia:	1954.

Nach der Inbetriebnahme des Teilstücks Kifissia—Omonia erhielt die Linie den Metro-Status. Von der gesamten Linie liegen 3 km in einem Tunnel, 22 km liegen ebenerdig und 800 m auf einem Viadukt.
Der Tunnel wurde in der offenen Bauweise gebaut, hat einen rechteckigen Querschnitt mit einer lichten Weite von 7,32 m und einer lichten Höhe von 4,20 m und ist in der Mitte abgestützt. Der Oberbau besteht aus Vignolesschienen mit Holzschwellen auf einem Schotterbett.
Der kleinste Kurvenradius beträgt 160 m, die max. Neigung 3%.
Entlang der Linie befinden sich 23 Bahnhöfe, wovon drei im Tunnel, einer auf einem Viadukt und 17 ebenerdig liegen. Der unterirdische Bahnhof Omonia hat eine Zwischenetage mit Schalterhalle. Die Bahnsteige haben eine Länge von 100-110 m und eine Breite von 4 m. Der mittlere Bahnhofsabstand beträgt 1360 m.

Fahrzeuge

Die ISAP verfügt über drei Fahrzeugtypen mit 241 Wagen, davon 158 Triebwagen. Fünfzig Triebwagen fahren fest gekuppelt als Doppeltriebwagen (DT).

Die ältesten Wagen wurden von MAN 1952 abgeliefert. 1958 und 1968 folgten zwei identische Serien. Von den 1952 gelieferten Wagen waren bis 1995 noch je acht Trieb- und Steuerwagen übriggeblieben die jedoch des schlechten Zustandes wegen inzwischen ausgemustert wurden.

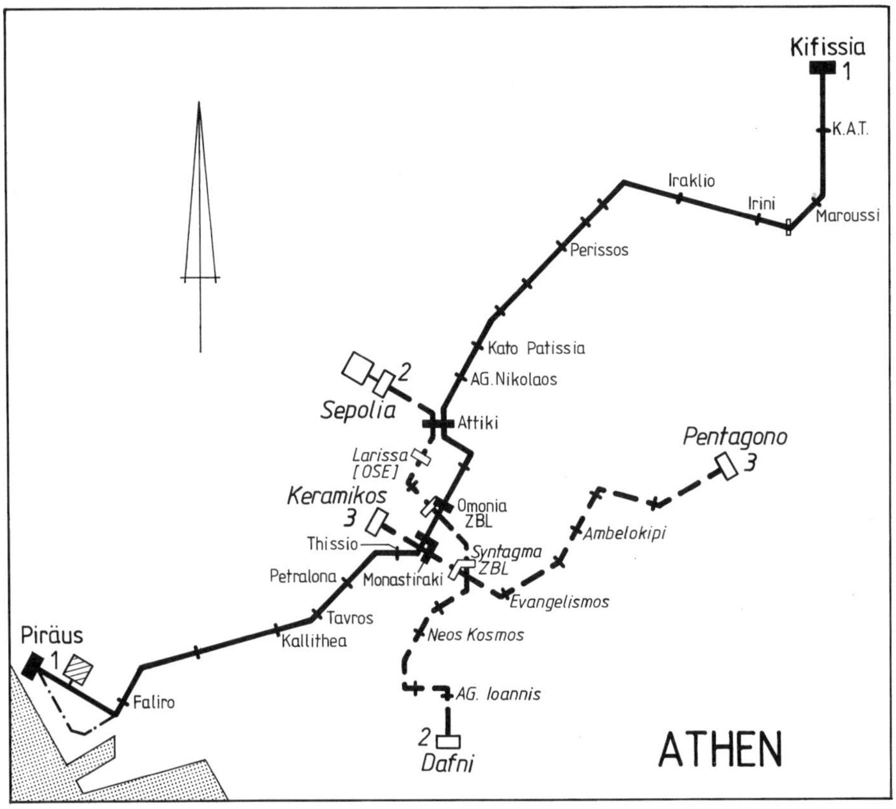

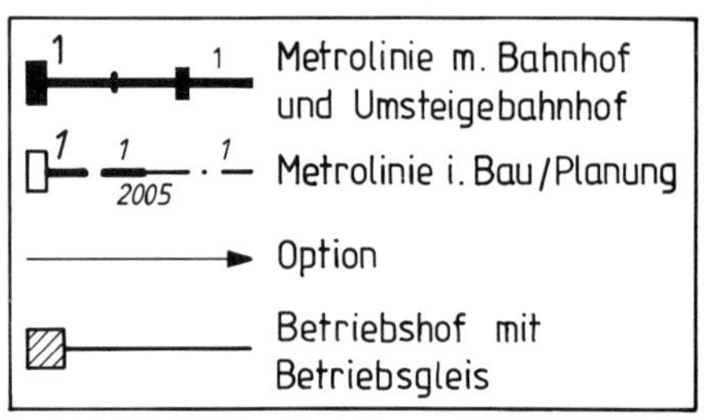

MAN-Triebzug der 6. Lieferung (P.Charokopos).

»Ausgeliehene« Triebzüge GII (ursprünglich GI-BVB). Auf dem Foto sind die grauen Ausgleichsteile seitlich des Wagens gut ersichtlich (Adtranz).

1983/1984 wurde von einem Konsortium, bestehend aus LEW-Hennigsdorf (jetzt Adtranz) und MAN/Siemens vom Typ ISAP-I eine Serie von 45 Trieb (Mc)-, 15 Steuer (S)- und 15 Zwischenwagen (T) abgeliefert; seit 1994 wurden unter der Typenbezeichnung ISAP-II weitere 30 Mc-, 10 S- und 10 T-Wagen abgeliefert, wobei die griechische Elefsina-Werft einen Anteil von 10% übernommen hat.

Aufgrund eines Vertrages zwischen LEW-Hennigsdorf und der ISAP wurden im Frühjahr 1983 24 Doppeltriebwagen vom Kleinprofil-Typ GI, bestimmt für die damalige

Ein Triebzug vom Typ GIII im Bahnhof von Piräus, ist abfahrbereit in Richtung Kifissia (Adtranz).

Dreiwagenzug vom Typ ISAP-I bei der Ablieferung (Adtranz).

Ostberliner BVB, an die ISAP ausgeliehen bis 1984/1985 die bestellten Triebzüge vom Typ GIII abgeliefert wurden. Um die GI-Triebzüge für die vorübergehende Nutzung an die Athener Verhältnisse anzupassen, wurden diese etwas höher auf die Drehgestelle gesetzt und mit seitlichen Adaptern ausgerüstet, um den Spalt zwischen den schmalen Wagen und der Bahnsteigkante zu überbrücken. Während ihrer Athener Zeit erhielten sie die zeitweise Typenbezeichnung GII.
Die Zugzusammenstellungen variieren zwischen Zwei- bis Fünfwagenzügen.

Betriebsablauf

Die Metrozüge werden über eine »dritte« Schiene mit 750 V Gleichstrom versorgt, die Stromabnahme erfolgt an der Oberseite. Die Energieversorgung erfolgt durch 12 über die Linie verteilte Unterwerke. Das Sicherungssystem besteht aus Blocksignalen, die von der ZBL im Bahnhof Omonia beeinflußt und überwacht werden und eine Zugfolge von ca. 5 Minuten ermöglichen. Die Züge sind mit zwei Mann besetzt. In Iraklio (Heraklion) besteht die Möglichkeit, über die vorhandenen Gleisverbindungen die Züge zu wenden. Bei zehn der 23 Bahnhöfe sind Abstellmöglichkeiten für die Fahrzeuge eingerichtet. Die Hauptwerkstatt befindet sich in Piräus.

Ein Blick in die Zukunft

Die Inbetriebnahme der nachstehend beschriebenen Linien 2 und 3 dürfte erheblichen Einfluß auf den Betrieb der Linie 1 haben.
Da ein Zuwachs von ca. 100.000 Fahrgästen täglich erwartet wird, sollen als erste Maßnahme die ISAP-I- und II-Züge auf Sechswagenzüge erweitert werden; hierzu ist es erforderlich, alle kürzeren Bahnsteige auf eine Länge von 110 m auszubauen.
Durch die Einrichtung eines neuen Sicherungssystems auf der Basis der LZB-700 soll die Zugdichte auf 160 sek. verkürzt werden; die Unterbringung einer neuen RBL sowie einer zentralen Energieüberwachung wird im Zusammenhang mit dem Bau der Linien 2 und 3 gegenwärtig geprüft.
Da mittelfristig insgesamt 42 Sechswagenzüge einschließlich Reserve erforderlich sind, wurde als zweite Maßnahme ein Beschaffungsprogramm für 80 Wagen verschiedener Bauart mit 40 Optionen aufgestellt.

Typ:	**MAN (6. und 7. Lieferung)**	
Baujahr:	**1958/68**	
	Mc	**S**
Länge ü.K. (mm):	17750	17750
Breite (mm):	2820	2820
Dienstgewicht (t):	32,5	30,0
Max. Fahrgastzahl:	174	174*
Sitzplätze:	56	56**
Stehplätze:	118	118***
Einstiege p. Seite:	3	3
Leistung (kW):	4 x 120	–
Beschleunigung (m/s^2):	0,8	–
Bremsverzögerung (m/s^2):	0,7	–
Notbremsverzögerung (m/s^2):	0,9	–
v/max. (km/h):	80	–
Bestand (31.12.95):	25	25

* 181 bei Ausführung mit Traglastabteil
** 52 bei Ausführung mit Traglastabteil
*** 129 bei Ausführung mit Traglastabteil

Typ:	ISAP-I / II (8. und 10. Lieferung)		
Baujahr:	1983 - 1995		
	Mc	S	T
Länge ü.K. (mm):	17824	17824	17824
Breite (mm):	2780	2780	2780
Dienstgewicht (t):	–	–	–
Max. Fahrgastzahl:	138	138	147
Sitzplätze:	33	33	42
Stehplätze:	105	105	105
Einstiege p. Seite:	4	4	4
Leistung (kW):	4x40	–	–
Beschleunigung (m/s^2):	0,8	–	–
Bremsverzögerung (m/s^2):	–	–	–
Notbremsverzögerung (m/s^2):	1,2	–	–
v/max (km/h):	80	–	–
Bestand (31.12.95):	75	25	25

Typ:	GIII (9. Lieferung)
Baujahr:	1984-1985
Länge ü.K. (mm):	29300
Breite (mm):	2800
Dienstgewicht (t):	43,6
Max. Fahrgastzahl:	268
Sitzplätze:	63
Stehplätze:	205
Einstiege p. Seite:	6
Leistung (kW):	4x100
Beschleunigung (m/s–):	0,8
Bremsverzögerung (m/s–):	0,9
Notbremsverzögerung (m/s–):	1,0
v/max. (km/h):	70
Bestand (31.12.95):	25

Metrozug vom Typ ISAP-I auf dem fotogensten Abschnitt der Linie 1. Das Gebäude links ist der dem Gott Hephaistos geweihte antike Tempel von Thissio. Dieser Tempel wurde von dem legendären König Thesseas gebaut und, nach Zerstörung, in den »klassischen« Jahren 500 v.Chr. wieder aufgebaut (ISAP).

Das Problem bei der Realisierung beider Maßnahmen dürfte in erster Linie die Finanzierung sein.

Voraussichtlich 1997 wird ein neuer Bahnhof zwischen Maroussi und Irini in Betrieb genommen; der Name des Bahnhofs war bei Redaktionsschluß noch nicht endgültig festgelegt, als möglicher Name wird »Neratziotissa« genannt. In Planung befindet sich gegenwärtig eine südliche Trassenverlegung zwischen Faliro und Piräus; die Arbeiten sollen im Herbst 1996 beginnen.

ATTIKO METRO AE.

ATTIKO METPO A.E.

Bau und Betreiber Linien 2 und 3

Nach einer langen Planungszeit erfolgte im November 1992 am künftigen Bahnhof Larissa der erste Spatenstich für zwei neue Metrolinien:

Linie 2 Dafni–Sepolia
Linie 3 Pentagono–Keramikos

Die Gesamtlänge der beiden Linien beträgt 18 km; an den Linien werden 21 Bahnhöfe eingerichtet.

Es ist noch völlig offen, ob alle drei Linien zukünftig gemeinsam, von ATTIKO METRO AE oder ISAP, oder die Linien 2 und 3 getrennt von der Linie 1 betrieben werden. Da auch in Griechenland das Geld knapp ist, wird eine Kooperation, zumindest langfristig, wohl unvermeidbar sein.

Zwischen 1987 und 1989 wurde bereits zwischen Attiki und Sepolia ein sog. »Pilottunnel« gebaut, um die Eignung des NÖT als Baumethode zu untersuchen, weil die geologischen Verhältnisse auf diesem Teilstück als repräsentativ für das gesamte Projekt galten. Das 900 m lange Tunnelstück liegt auf einer Tiefe zwischen 3 und 17 m und hat einen ovalen Querschnitt mit einer lichten Weite von 8,54 m und einer lichten Höhe von 6,30 m.

Für das gesamte Projekt werden drei Bauweisen angewandt:

die Schildbauweise:

der Großteil (11,7 km) des insgesamt 18 km langen Tunnels wird von zwei Mitsubishi-Tunnelbohrmaschinen (TBM), Durchmesser 9,5 m, mit einer Geschwindigkeit von 10 m/Tg gegraben; nach Anbringung der Verkleidung werden die Tunnels einen lichten Durchmesser von 8,5 m haben.

N.Ö.T.:

sechs Bahnhöfe werden in dieser Bauweise, im Hinblick auf den großen ovalen Querschnitt der Bahnsteighallen, gebaut werden

cut-and-cover:
15 Bahnhöfe entstehen in der offenen Bauweise.

Der Oberbau wird aus Vignolesschienen (54 kg/m) auf Beton-Auflagestühlen im Schotterbett bestehen, die mit vorgespannten Stäben verbunden sind. Schienen und Auflagen bzw. Auflagen und Schotterbett sind, zwecks Verringerung von Geräuschemissionen, mit elastischen Unterlagen voneinander isoliert.
Der kleinste Kurvenradius wird 250 m, die max. Neigung 4% betragen.

Alle 21 Bahnhöfe liegen unterirdisch und werden behindertengerecht ausgestattet mit Aufzügen, angepaßten Toiletten und Telefonzellen sowie im Boden eingelassenen Steinen, die Anfang und Ende von Treppen sowie die Bahnsteigkanten markieren. Mit Ausnahme des Bahnhofes Pentagono (Mittelbahnsteig) erhalten alle Bahnhöfe Seitenbahnsteige; die Bahnsteiglänge beträgt überall 110 m.
Für beide Linien wurden bei ADtranz/GEC Alsthom je 56 Trieb-, Zwischen- und Steuerwagen bestellt; hiermit können Sechswagenzüge in der Formation (S+M+Mc)+(Mc+M+S) zusammengestellt werden. Diese Fahrzeuge sind weitgehend von den ISAP I und II-Typen abgeleitet, wobei Änderungen am Wagenkasten erforderlich wurden, bedingt durch die Infrastruktur; die Drehgestelle sollen jedoch die gleichen sein.
Mit diesen Zügen sollen 869 Fahrgäste, davon 224 auf Sitzplätzen befördert werden können. Da je Triebwagen 4 Motoren mit einer Leistung von 153 kW eingebaut werden, verfügt ein Sechswagenzug über eine Gesamtleistung von 2400 kW. Die Fahrzeuge können mit den ISAP-Fahrzeugen ausgetauscht und auf allen Linien eingesetzt werden. Die ersten Fahrzeuge werden für Anfang 1997 erwartet.
Die Metrozüge sollen über eine »dritte« Schiene mit 750 V Gleichstrom versorgt werden; Stromabnahme an der Oberseite. Die Energieversorgung wird über 15 Unterwerke entlang der Strecken erfolgen.
Der Betrieb wird zunächst mit »Automatic Train Protection (ATP)« durchgeführt; die Züge sind mit Kabinensignalen ausgestattet und werden in den Bahnhöfen automatisch zum Stillstand gebracht. Zu einem späteren Zeitpunkt soll auf »Automatic Train Operation (ATO)« übergegangen werden.
Im Bahnhof Syntagma wird das »Computerized Central Control (CCC)« eingerichtet (RBL); von hier aus soll auch die Energieversorgung zentral überwacht werden. Es werden Überlegungen angestellt, auch die RBL sowie die Energieüberwachung der Linie 1 in diesem»CCC« zu integrieren. An der Strecke werden Blocksignale installiert; auf dem Teilstück von Larissa zum Betriebshof in Sepolia wird zusätzlich Indusi für die Fahrzeuge der Linie 1 eingerichtet.
Für Wartung, Reparaturen und Hauptuntersuchungen an den Fahrzeugen, auch die der ISAP, wird nahe dem Endbahnhof Sepolia auf einer Fläche von 120.000 m^2 ein ebenerdiger Betriebshof mit Hauptwerkstatt und Abstellgleisen für elf Sechswagenzüge gebaut. Die Linie 2 ist dazu zwischen den Bahnhöfen Larissa und Attiki mit der Linie 1 (ISAP) und zwischen den Bahnhöfen Syntagma und Akademia mit der Linie 3 durch je ein Verbindungsgleis verbunden. Weitere Abstellgleise sind am Endbahnhof Pentagono vorgesehen.
Ein besonderes Augenmerk wird während der Bauzeit auf die archäologischen Funde gerichtet. Eigens geschulte Archäologen begleiten und bewachen rund um die Uhr die Arbeiten, um eventuellen Amateur-Archäologen das Leben zu erschweren. Ein Teil der archäologischen Funde wird in den Bahnhöfen ausgestellt werden.
Mit der Inbetriebnahme der beiden Linien wird für November 1998 gerechnet.

GROSSBRITANNIEN

GLASGOW

Betreiber: Strathclyde Passenger Transport Executive (SPTE)

Glasgow, die am Clyde gelegene Hauptstadt von Schottland, hat ca. 750.000 Einwohner, im Großraum wohnen ca. 1,7 Mio Menschen.
Glasgow wurde im 6. Jh. als klerikale Bildungsanstalt gegründet. 1136 wurde die erste Kathedrale erbaut; der erste Brückenschlag über den Clyde erfolgte 1285 an der gleichen Stelle, wo heute die Victoria-Brücke liegt. Im Mitttelalter wurde Glasgow als Marktplatz bekannt. Der blühende Handel ließ fortschrittliche Mitglieder des Stadrates im 17. Jh auf den Wert des Clyde als Verbindung zum Meer aufmerksam werden; der Fluß hatte zwar eine Tiefe von nur 25 cm, aber durch wasserbauliche Maßnahmen konnte bei Ebbe eine Tiefe von 2 m erreicht werden, wodurch Glasgow für kleinere Seeschiffe erreichbar wurde. Die Entwicklung der Stadt als Zentrum für Handel und Industrie in Schottland nahm ihren Lauf.
Selbstverständlich brachte diese Tatsache auch eine Zunahme des Verkehrs mit sich, insbesondere in den nordwestlichen Stadtteilen. Aus diesem Grunde wurde bereits 1887 an den Bau einer Schienenverbindung gedacht, jedoch zunächst ohne Widerhall.

Im Jahr 1890 entwarf die »Glasgow Corporation« ein Konzept für eine unterirdische Ringlinie um das Stadtzentrum. Am 14. Dezember 1896 wurde diese Linie, mit zwei eingleisigen Tunnels, als Standseilbahn von der »Glasgow District Subway Company« in Betrieb genommen. Einmalig war der ursprüngliche Antrieb: dieser bestand aus zwei, von je einer 1500 PS starken Dampfmaschine angetriebenen und über 1700 Führungsrollen kontinuierlich laufenden Zugseilen, an dem die Wagen nach Belieben an- oder abkoppeln konnten. Dazu befand sich im ersten sog. »Steuerwagen« eines jeden Zuges eine handbediente Klemme, die das Zugseil umgriff, und geöffnet wurde, wenn der Zug zum Stehen kommen mußte. Dieses Prinzip, bekannt von den »cable-cars« in San Francisco, wurde bis 1935 beibehalten. Danach wurde die Linie elektrifiziert. Die Fahrzeuge verkehrten nach erfolgtem Umbau fortan als Zweiwagenzug, wobei der »Steuerwagen« Motordrehgestelle erhielt. neben dem Gleis wurde eine »dritte« Schiene montiert, über die die Triebwagen mit 600 V Gleichstrom versorgt wurden. Eine Schiene an der Tunnelwand und ein an den Fahrzeugen auf Dachrandhöhe montierter Stromabnehmer waren für die Versorgung der Innenbeleuchtung mit 220 V Wechselstrom erforderlich.
1973 wurde die »Greater Glasgow Passenger Transport Executive (GGPTE)« gegründet, die den Metrobetrieb 1977 vorübergehend einstellte und einer totalen Renovierung unterzog. Als Königin Elisabeth II wegen der Wiedereröffnung der Argyle-Linie (in der Innenstadt verlaufende Untergrundbahn der British Rail) am 1. November 1979 in Glasgow weilte, vollzog sie am gleichen Tag auch die Wiedereröffnung der Metro, obwohl die Linie noch nicht ganz fertig war; erst ab 16. April 1980 konnte das Publikum wieder von ihr Gebrauch machen. Seit 1986 steht die Metro unter der Verwaltung des regionalen »SPTE«.
Die orangefarbigen Züge und die Tatsache, daß mit oder gegen den Uhrzeigersinn gefahren wird, gaben der Metro in Glasgow den Beinamen »Clockwork Orange« (abgeleitet von dem Stanley Kubrick-Film aus dem Jahre 1971 nach dem gleichnamigen Roman von Anthony Burgess). Intern spricht man über die Metro, auf Grund ihrer Struktur, von »Inner- und Outer Circle«.

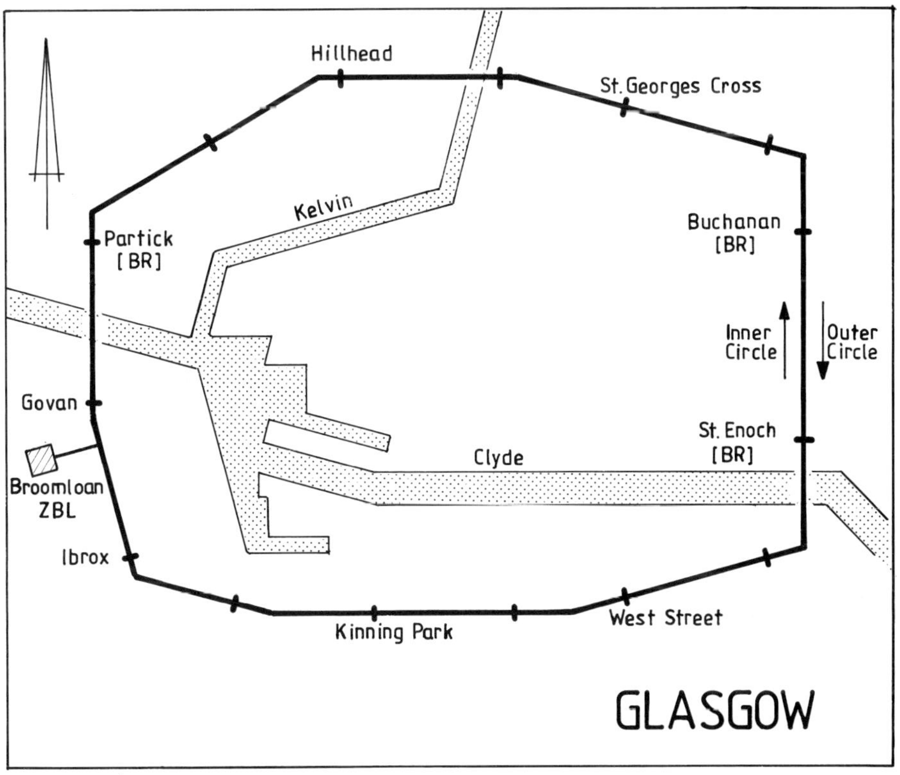

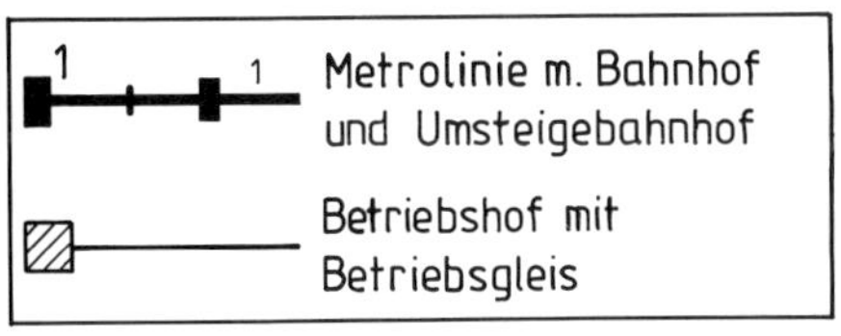

Ein Dreiwagenzug im Bahnhof Ibrox. Im Hinblick auf ein benachbartes Stadion verfügt dieser Bahnhof über Mittel- und Seitenbahnsteige (Transpress).

Deutlich sichtbar sind die wegen des geringen Tunnelquerschnitts weit in das Dach gezogenen Türen

Renovierter Triebwagen (SPTE).

Entwicklung und Bau der Metro

Die ca. 10,5 km lange Linie verläuft in ganzer Länge durch zwei eingleisige Rohre die in einem Abstand von 0,60 bis 2 m zueinander verlegt sind. Der Durchmesser beträgt nur 3,35 m. Die verschiedenen geologischen Bedingungen im Tiefland des Clyde gestalteten den Tunnelbau alles andere als einfach und entsprechend den Bodenverhältnissen mußten verschiedene Bauweisen angewandt werden. Ein Teil des Tunnels entstand in der offenen Bauweise, wobei für die Innenverkleidung sowohl Backstein als auch Beton verwendet wurde; ein Drittel des Tunnels, insbesondere bei den Clyde-Querungen, wurde in der Schildbauweise unter Druckluft gebaut. Hier besteht die Tunnelverkleidung aus Stahlguß-Tübbings. An felsigen Passagen mußte gesprengt werden. Die tiefste Stelle der Linie liegt auf 34,5 m.

Eine Besonderheit bei der Metro ist die unübliche Spurweite von 1220 mm. Bei der Modernisierung der Linie wurde der gesamte Oberbau überarbeitet, wobei die Vignolesschienen (38 kg/m) mit elastischen Unterlagen auf Beton-Konsolen gelegt wurden. Mit einem Radius von 198 m sind die Kurven, im Hinblick auf das Baujahr, recht großzügig ausgefallen. Demgegenüber sind im Bereich der Flußquerungen Neigungen von 6,25% zu verzeichnen, die jedoch in der Periode mit Seilbetrieb nicht problematisch waren.

Ursprünglich wurden innerhalb der 15 Bahnhöfe die beiden Röhren durch maximal 10 m breite Gewölbe miteinander verbunden. Hierin befand sich die Bahnsteighalle mit einer Länge von max. 45 m und einem Mittelbahnsteig. Treppen führten zur Straße hinauf. Bei der großen Modernisierung wurden auch die Bahnhöfe den zeitgemäßen Anforderungen angepaßt. Das bedeutete, daß die Bahnhöfe von oben aufgebrochen und total umgebaut wurden. Vier Bahnhöfe, Hillhead, Partick, Govan und Ibrox wurden auf 18 m verbreitert und mit neuen Bahnsteigen versehen, wobei nun auch Seitenbahnsteige eingebaut wurden; insgesamt 28 Rolltreppen erleichtern der Zugang zu neun Bahnhöfen. Auch der Bahnhof Buchanan wurde einem Total-Umbau unterzogen und mit einem direkten Zugang zum BR-Bahnhof Queen Street versehen, wobei zwei Rollbänder eingebaut wurden; an zwei weiteren Bahnhöfen, Partick und St. Enoch (nahe Hauptbahnhof), kann ebenfalls auf die Züge der BR umgestiegen werden. An vier Bahnhöfen sind P+R-Anlagen für 826 Autos eingerichtet.

Fahrzeuge

Für das modernisierte Netz mußten auch

Interieur der Metrofahrzeuge nach der Renovierung (SPTE).

Typ:	»Glasgow«	
Baujahr:	1979 Mc	1991 T
Länge ü.K. (mm):	12575	12702
Breite (mm):	2340	2340
Dienstgewicht (t):	19,4	17,25
Max. Fahrgastzahl:	88	95
Sitzplätze:	36	40
Stehplätze:	52	55
Einstiege pro Seite:	2	2
Leistung (kW):	4x35,6	-
Beschleunigung (m/s^2):	1,3	-
Bremsverzögerung (m/s^2):	1,5	-
Notbremsverzögerung (m/s^2):	1,8	-
v/max (km/h):	54	-
Bestand (31.12 1995):	33	8

neue Fahrzeuge beschafft werden, weil die mehrmals umgebauten älteren Fahrzeuge abgenutzt waren. Bei »Metro Cammell« wurden 33 Triebwagen bestellt, die zur Wiedereröffnung 1980 zur Verfügung standen. Der kleine Tunneldurchmesser hatte starken Einfluß auf die Gestaltung der Fahrzeuge. Unter anderem mußten die doppelten Schiebetüren bis weit in das Dach durchgezogen werden, um ein bequemes Ein- und Aussteigen zu ermöglichen. Eine andere Sitzplatz-Einteilung als mit Längsbänken war durch das beschränkte Platzangebot nicht möglich. Je Triebwagen ist ein Fahrerstand eingebaut; maximal drei Triebwagen können zu einem Zug zusammen gekuppelt werden.
Um bei der geringen Stückzahl die Entwicklungskosten gering zu halten, wurden zum Teil die gleichen Komponenten wie bei den Fahrzeugen von London Underground verwendet.
Zwecks Verlängerung der Lebensdauer wurde ABB in Derby (heute ADtranz) 1992 mit einer Gesamt-Überholung der Fahrzeuge beauftragt, die 1995 abgeschlossen wurde. Bei dieser Aktion standen Maßnahmen zur Korrosionsverminderung im Vordergrund, ferner wurden zeitgemäße Sicherheitseinrichtungen eingebaut und das Interieur bezüglich Komfort und Aussehen verbessert. Die Arbeiten wurden in Vierergruppen durchgeführt, sodaß diese Anzahl Fahrzeuge während der gesamten dreijährigen Periode für den Fahrbetrieb fehlte.
Zwecks Kapazitätserweiterung wurden bei Hunslet-Barclay acht Zwischenwagen bestellt, die ab Oktober 1992 ausgeliefert wurden; hierdurch konnte der zeitweilige Fahrzeugmangel während den genannten Überholungsarbeiten aufgefangen werden.
Obwohl die Fahrzeuge optisch den Triebwagen angepaßt sind, bestehen dennoch einige Unterschiede. Außer einem geschmackvolleren Interieur wurden die Konstruktion des Wagenkastens und weitere technische Details weiter verbessert; hierzu gehört auch der Einbau von belüfteten Scheibenbremsen.
Die Züge können wie folgt zusammengestellt werden: Mc+Mc, Mc+Mc+Mc, Mc+T+Mc.

Betriebsablauf

Die Metrozüge werden über eine »dritte« Schiene mit 600 V Gleichstrom versorgt, Stromabnahme an der Unterseite. Die Energieversorgung erfolgt durch fünf Gleichrichterwerke, die über das gesamte Netz verteilt sind und wovon sich eines im Betriebshof befindet. Es ist möglich, die Energieversorgung bei Ausfall von einem oder zwei Gleichrichterwerken aufrechtzuerhalten. Der Energiebedarf in den Bahnhöfen sowie für die Wasserpumpen in den Tunnel wird durch die örtliche Energieversorgung gedeckt.
Die Metro in Glasgow wird im Linksverkehr betrieben.
Die Züge fahren und halten, mit einer Genauigkeit von weniger als einem Meter, automatisch (ATO). Im Betriebshof Broomloan befindet sich das sog. »Depot Control Center (DCC)«, von wo der gesamte Fahrbetrieb rechnergestützt gesteuert wird; jede Linie ist zusätzlich mit 20 zweibegriffigen Signalen gesichert. Auch die Kontrolle der Energieversorgung sowie die Überwachung der Bahnhöfe, über »Closed Circuit Television (CCTV)«, erfolgt im DCC. Die Verbindung zwischen den Zugfahrern und dem DCC erfolgt über Zugbahnfunk.
Werktags verkehren die Metrozüge zwischen 06.30 und 22.35 Uhr mit einer Zugfolge von 6 Minuten, in der HVZ von 4 Minuten und nach 18 Uhr von 8 Minuten. Eine Rundfahrt dauert 24 Minuten; im Vergleich zu früheren Jahren: mit Seilbetrieb 38 Minuten, bis 1977 28 Minuten.
Wartung und Hauptuntersuchung der Fahrzeuge erfolgt im Betriebshof Broomloan. In der Vergangenheit wurde die Wartung im Tunnel durchgeführt, während im Falle größerer Reparaturen und Hauptuntersuchungen der Wagen mit einem Kran aus dem Tunnel in die ebenerdig gelegene Werkstatt gehievt wurde. Anläßlich des großen Umbaues zwischen 1977 und 1980 wurden Zufahrtsgleise aus beiden Richtungen eingerichtet.
Für die Benutzung der Metro besteht ein eigener Einheitstarif, wofür Fahrkarten mit einem Magnetstreifen erhältlich sind, die an den Eingängen von Automaten gelesen werden. Auch die anderen Fahrkarten der SPTE für Bus, Bahn und Fähren werden von den Automaten akzeptiert.

Ein Blick in die Zukunft

Eine Erweiterung des Metronetzes ist nicht zu erwarten.

Ein Blick in das »Depot Control Center« (ZBL) in Broomloan (SPTE).

LONDON UNDERGROUND

Betreiber: London Underground Ltd.

London, Hauptstadt von »Großbritannien«, ist eine der ältesten und größten Städte der Welt. In der Blütezeit des Kolonialismus, zwischen dem 17. und 19. Jahrhundert, wurde von London gar als »Hauptstadt der Welt« gesprochen. Überall in der Stadt findet man Zeugen einer großen Vergangenheit, wie z.B. den »Tower« (11. Jhd., Aufbewahrungsort der Kronjuwelen), die Westminster Abbey (seit 1066 Krönungs- und Bestattungskirche der englischen Könige), St. Paul's Cathedral (1675-1710) und die »Nelson«-Säule auf dem Trafalgar Square. Das »British Museum« birgt hinter seinen Mauern bedeutende Schätze aus der Kolonialzeit, darunter ägyptische, assyrische und griechische Skulpturen.
Das London von heute hat immer noch eine zentrale Bedeutung als Sitz internationaler Organisationen, Banken-, Industrie- und Handelskonzerne; Kunst, Kultur und Wissenschaften ziehen ein buntes internationales Publikum an.
Der Güterumschlag im Hafen erreicht ein Volumen von 30 Mio t/Jahr. In elf über das gesamte Stadtgebiet verteilten Kopfbahnhöfen enden Eisenbahnlinien aus dem ganzen Land. Auch der Flughafen Heathrow im Westen der Stadt gehört zu den größten der Welt.
Mit Blick auf die Verkehrsverteilung muß London in drei Zonen eingeteilt werden:
- *die »City of London«, die Innenstadt, mit ca. 10.000 Einwonern,*
- *die »County of London«, die Grafschaft mit ca. 3,5 Mio Einwohnern,*
- *»Greater London«, der Großraum, mit ca. 8 Mio Einwohnern.*

Die Bevölkerungszunahme im 19. Jhd. und das damit verbundene Wachstum des städtischen Verkehrs konfrontierte Stadtverwaltung und Verkehrsexperten bereits frühzeitig mit der Frage, wie dieses langfristig in den Griff zu bekommen wäre. Fortschrittliche Köpfe erwogen bereits um 1830 den Bau von Untergrundbahnen und machten erste Vorschläge hierzu; man dachte an eine Linie von Kings Cross nach Holborn Hill. Der Tunnelbau-Pionier Isambard Brunel hatte 1851 beim Bau der »Paddington Station« die Schienen bereits auf Kellerhöhe projektiert, weil er von der Voraussetzung ausging, daß zukünftig Untergrundbahnen gebaut würden. Es war also kein Zufall, daß nach langen Diskussionen eine Eisenbahnlinie zwischen Paddington Station/Bishops Road über King's Cross nach Farringdon mit einem 666 m langen unterirdischen Teilstück (dem »Clerkenwell«-Tunnel) gebaut wurde. Die Linie wurde am 10. Januar 1863 in Betrieb genommen und ist heute Teil der »Metropolitan«-, »Circle«- und »Hammersmith & City«-Linie.
Eine »Metro« im heutigen Sinn wurde die Linie allerdings erst, nachdem sie elektrifiziert wurde und ausschließlich dem innerstädtischen Verkehr zu dienen begann. Dennoch wurde der Betriebsname »Metropolitan Railway« synonym für alle danach gebauten schnellen Stadtbahnen in der Welt, unabhängig davon, ob diese oberoder unterirdisch verlegt wurden. Nach der Inbetriebnahme des ersten Teilstücks 1863 setzte ein stetiges Wachstum des Metronetzes ein und bis 1890 wurde fast jedes Jahr irgendwo in London ein Teilstück eröffnet. Zwischen 1863 und 1906 entstand ein Netz mit sieben Linien, welche in den darauffolgenden Jahren regelmäßig verlängert wurden. 1968 und 1979 wurde das Netz um zwei auf neun Linien erweitert.
1902 wurde die »Underground Electric Railway Company of London« gegründet die bis 1914, mit Ausnahme der »Metropolitan«, alle Linien unter ihrer Verwaltung hatte. Beide Unternehmen wurden 1933 in der »London Passenger Transport Board« vereinigt. Nach dem Zweiten Weltkrieg wurde die Verwaltung noch einige Male hin- und hergeschoben, bis nach der letzten Reorganisation des öffentlichen Verkehrs 1984 aus der ehemaligen »London Transport« nunmehr »London Regional Transport« mit Tochtergesellschaften für Bus und Metro wurde. Das am 1. April 1985 gegründete Unternehmen »London Underground Ltd« teilte 1988 das Netz in zehn Ressorts auf, die elf Metrolinien verwalten; Im September 1991 wurden die Ressorts auf neun reduziert.

Entwicklung und Bau des Metronetzes

Im Laufe der Jahre entwickelten sich zwei Typen von Tunneln und Metrosystemen. Die Linien, die zwischen 1863 und 1890 in Betrieb genommen wurden, laufen durch Tunnel, die größtenteils direkt unter der Straßenoberfläche liegen (sub-surface); diese Tunnel wurden in der offenen Bauweise (cut-and-cover) gebaut und haben einen ellipsenförmigen Querschnitt. Alle nach 1890 eröffneten Linien laufen durch Tunnelrohre, die in größerer Tiefe liegen und wegen ihrer kreisförmigen Querschnitte schon bald den Namen »Tube« erhielten. Gebaut wurden sie in der Schildbauweise, die für den Lehmboden Londons besonders geeignet ist. Diese Bauweise wurde von Vater und Sohn Brunel bereits beim Bau des 1843 eröffneten Fußgängertunnels unter der Themse, der 26 Jahre später von der »East London Railway« genutzt werden sollte, angewandt.
In London sind die Metrolinien nicht mit Nummern oder Buchstaben gekennzeichnet, sondern mit Namen und zugehörigen Farben. Einige Linien haben im Laufe der Jahre mehrmals ihre Routen geändert oder wurden zum Teil von anderen Linien übernommen.
Die nachstehende Aufstellung gibt eine Übersicht über das heutige Metronetz und die einzelnen Eröffnungsdaten; die »Surface«-Linien (Linien mit »sub-surface«-Tunneln) werden mit **(S)** angegeben, die »Tube«-Linien mit **(T)**, Teilstrecken die ganz oder teilweise von British Rail mitbenutzt werden, mit (BR).

Bakerloo (braun): Harrow/Wealdstone—Elephant/Castle, 22,5 km (T)

Baker Street–Elephant/Castle: zwischen 10. März und 5. August 1906 als »Baker Street & Waterloo-Railway«;
Watford Junction–Baker Street: zwischen 1907 und 1917 (BR), das Teilstück Watford Junction–Stonebridgepark wurde 1982 geschlossen und nach erfolgtem Umbau zwischen Harrow/Wealdstone und Stonebridgepark 1984 wiedereröffnet;
Der Name »Bakerloo« wurde im Juli 1906 vom »Evening News« eingeführt.

Die beiden Fotos verdeutlichen den Unterschied zwischen »Surface«- und »Tube«-Fahrzeugen. Das Bild oben zeigt einen »Surface«-Zug vom Typ D-78, kurz vor dem Endbahnhof Upminster (District).Das untere Bild zeigt einen renovierten »Tube-67«Zug in Richtung Queens Park (Bakerloo) fahrend. Während die »Surface«-Tunnel mit ihren eckigen Querschnitten bei den Fahrzeugen hohe Seitenwände erlauben, zwingt das relativ enge »Rohr« der Tube-Tunnel den Fahrzeugbauer, das Dach stark abzurunden und tief in die Seitenwand zu ziehen. Hierdurch müssen die Türen wiederum weit in das Dach gezogen werden, um einen komfortablen Einstieg zu ermöglichen (F.W.Ivey und R.J.Greenaway, London Underground)

Central (rot): Epping und Hainault–West Ruislip und Ealing Broadway, 73,5 km (T)
Bank–Shepherd's Bush: 30 juli 1900 als »Central London Railway«;
Shepherd's Bush–Wood Lane (bei White City): 1908;
Liverpool Street–Bank: 1912;
Wood Lane–Ealing Broadway: 1920;
Woodford und Newbury Park–Stratford–-Liverpool Street: zwischen 1946 und 1947 (BR);
West Ruislip–Greenford–North Acton: zwischen 1947 und 1948 (BR);
Hainault–Newbury Park, Hainault und Loughton-Woodford: 1948 (BR);
Epping–Loughton: 1949 (BR).

Circle (gelb): Tower Hill–Aldgate–Farringdon–Paddington–South Kensington–Embankment–Tower Hill, 21,0 km (S)
Die »Circle-Line« wurde aus zwei Linien zusammengesetzt.
Farringdon–Paddington (»Metropolitan«): 10. Januar 1863; Anschluß Aldgate–Farringdon siehe »Metropolitan«;
Paddington–South Kensington (»Metropolitan«): 1868;
Tower Hill–Aldgate: 25. September 1882;
South Kensington–Tower Hill (»District«): in fünf Stufen zwischen 1868 und 1884.
Die Linie verbindet fünf BR-Bahnhöfe und hat Umsteigemöglichkeiten auf neun weitere »Underground«-Linien, sie wird verwaltet von der »Circle and Hammersmith & City Lines«.

District (grün): Upminster und Edgware Road–Earl's Court-Ealing Broadway, Richmond, Wimbledon und Kensington (Olympia), 64,5 km (S)
Gegründet als »Metropolitan District Railway« mit der Inbetriebnahme der Linie South Kensington–Westminster, siehe unter »Circle«, am 24. Dezember 1868.
Weitere Teilstrecken:
Gloucester Road–West Brompton: 1869 (westlicher Anschluß an die »Circle«);
Earl's Court–Hammersmith–Richmond: 1874 und 1877 (BR);
Turnham Green–Ealing Broadway: 1879;
West Brompton–Putney Bridge: 1880;
Acton Town–Hounslow Town: 1883, 1884 neu trassiert über Osterley nach Hounslow West und 1964 von »Piccadilly« übernommen);
Whitechapel–Tower Hill: 1884 (östlicher Anschluß an die »Circle«);
Putney Bridge–Wimbledon: 1889;
Upminster–Whitechapel: 2. Juni 1902 (BR);
South Acton–Acton Town: 1905 (1959 eingestellt);
South Harrow–Uxbridge: 1910, 1933 von »Piccadilly« übernommen;
Earl's Court–Kensington (Olympia): 1946 (beschränkter Fahrplan).

East London (ocker): Shoreditch–Whitechapel–Wapping–New Cross Gate und New Cross, 8,0 km (S)
Wapping–New Cross Gate: 7. Dezember 1869, dieser Streckenteil führt durch die ehemalige, von Brunel 1843 gebauten, Fußgängertunnel unter der Themse;
Liverpool Street–Shoreditch–Wapping: 1876;
Surrey-Docks (ab 1989 »Surrey Quais«)–-New Cross: 1880.
Ursprünglich wurde die Linie von der »East London Railway (EAR)« betrieben, nach der Elektrifizierung 1913 wurde sie von der »Metropolitan« übernommen, die den Betrieb auf dem Teilstück Liverpool Street–Shoreditch einstellte.
Anläßlich der Reorganisation 1988 erhielt die Linie zunächst ein eigenes Management, welches 1991 von der »Jubilee« übernommen wurde.
Auf dem Teilstück Shoreditch–Whitechapel besteht ein beschränkter Fahrplan.

Hammersmith & City (rosa): Barking–-Whitechapel-Hammersmith, 26,5 km (S)
Bis zur Reorganisation im Jahr 1988 teilte diese Linie das Management mit der »Metropolitan«. Gemeinsam mit der »Circle« benutzt diese Linie den Tunnel zwischen Liverpool Street und Paddington.
Weitere Teilstrecken außer dieser »Stammlinie«:
Paddington–Hammersmith mit einem Ast von Latimer Road nach Kensington (Olym-

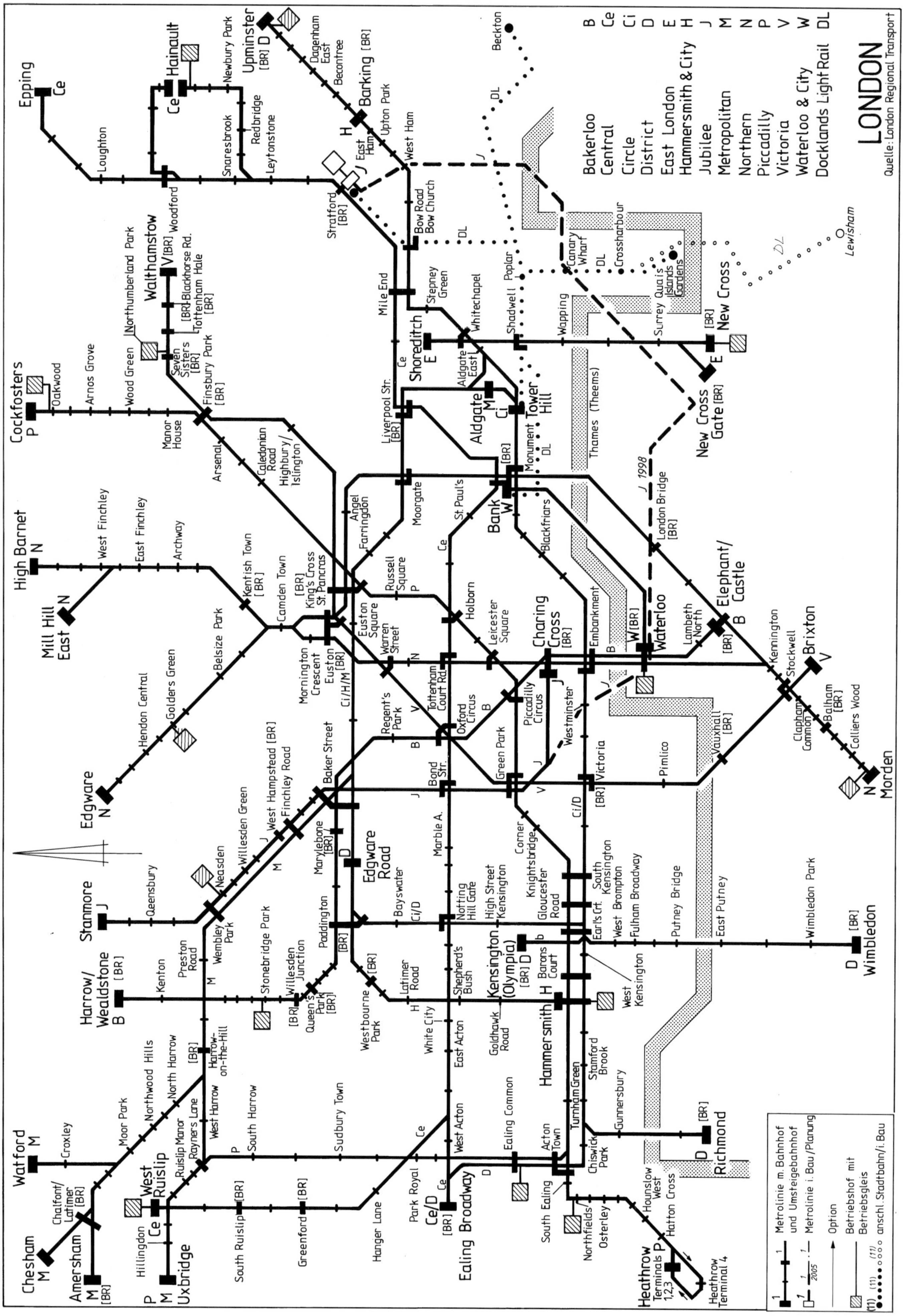
LONDON
Quelle: London Regional Transport
Bakerloo B
Central Ce
Circle Ci
District D
East London E
Hammersmith & City H
Jubilee J
Metropolitan M
Northern N
Piccadilly P
Victoria V
Waterloo & City W
Docklands Light Rail DL
Metrolinie m. Bahnhof und Umsteigebahnhof
Metrolinie i. Bau/Planung
2005
Option
Betriebshof mit Betriebsgleis
anschl. Stadtbahn/i. Bau
Epping Ce
Loughton
Hainault Ce
Newbury Park
Snaresbrook
Redbridge
Leytonstone
Upminster [BR] D
Dagenham East
Becontree
Barking [BR]
Upton Park
East Ham
West Ham
Stratford [BR]
Bow Road
Bow Church
Mile End
Stepney Green
Whitechapel
Shoreditch E
Aldgate East
Aldgate M Ci
Tower Hill
Liverpool Str. [BR]
Moorgate
Monument
Bank W
St. Paul's
Blackfriars
Beckton
Poplar
Shadwell
Wapping
Canary Wharf
Crossharbour
Island Gardens
Surrey Quais
New Cross [BR]
New Cross Gate [BR]
Lewisham
J 1998
Thames (Theems)
London Bridge [BR]
Waterloo W [BR]
Elephant/Castle B [BR]
Lambeth North
Embankment
Charing Cross [BR]
Westminster
Kennington
Stockwell
Brixton V
Clapham Common
Balham [BR]
Colliers Wood
Morden N
Vauxhall [BR]
Pimlico
Victoria [BR]
Walthamstow V [BR]
Woodford
Blackhorse Rd. [BR]
Tottenham Hale [BR]
Northumberland Park
Seven Sisters [BR]
Finsbury Park [BR]
Manor House
Arsenal
Cockfosters P
Oakwood
Arnos Grove
Wood Green
Caledonian Road
Highbury/Islington
Angel
Farringdon
King's Cross St. Pancras [BR]
Russell Square
Holborn
Leicester Square
Piccadilly Circus
Green Park
Oxford Circus
Tottenham Court Rd.
Euston Square
Warren Street
Euston [BR]
Mornington Crescent
Camden Town
Kentish Town [BR]
Belsize Park
Golders Green
Hendon Central
Edgware N
High Barnet N
West Finchley
East Finchley
Archway
Mill Hill East N
Regent's Park
Baker Street
Bond Str.
Marble A.
Edgware Road
Marylebone [BR]
Paddington [BR]
Bayswater
Notting Hill Gate
High Street Kensington
Gloucester Road
South Kensington
Knightsbridge
Hyde Park Corner
Earl's Crt.
West Brompton
Fulham Broadway
Putney Bridge
East Putney
Wimbledon Park
Wimbledon D [BR]
Kensington (Olympia) [BR] D
Barons Court
West Kensington
Hammersmith H
Shepherd's Bush
Latimer Road
Westbourne Park
Goldhawk Road
White City
East Acton
West Acton
Ealing Broadway Ce/D [BR]
Ealing Common
Acton Town
Turnham Green
Stamford Brook
Gunnersbury
Richmond D [BR]
Chiswick Park
South Ealing
Northfields
Osterley
Hounslow West
Hatton Cross
Heathrow Terminals 1,2,3 P
Heathrow Terminal 4
Stanmore J
Queensbury
Wembley Park
Neasden
Willesden Green
West Hampstead [BR]
Finchley Road
Harrow/Wealdstone B [BR]
Kenton
Preston Road
Stonebridge Park
Willesden Junction
Queen's Park [BR]
Harrow-on-the-Hill [BR]
North Harrow
Northwood Hills
Moor Park
Croxley
Watford M
Chalfont/Latimer [BR]
Chesham M
Amersham M [BR]
West Harrow
Rayners Lane
Ruislip Manor
West Ruislip
Hillingdon
Uxbridge P M
South Harrow
Sudbury Town
South Ruislip [BR]
Greenford [BR]
Hanger Lane
Park Royal

pia): 1864, der Ast nach Olympia wurde 1940 geschlossen;
Aldgate-East–Aldgate: 1884;
Whitechapel–Aldgate East: 1908;
East Ham–Whitechapel: 30. März 1936;
Barking–East Ham: 4. Mai 1936 (nur in der HVZ).
Seit 1988 wird die Linie zusammen mit der »Circle« von der »Circle and Hammersmith & City Line« verwaltet.

Jubilee (grau): Stanmore–Charing Cross, 22,5 km (T)
1. Mai 1979.
Das 4 km lange Teilstück Baker Street–-Charing Cross dieser jüngsten Linie von »London Underground« verläuft durch zwei neue, innerhalb von 7 Jahren gebauten eingleisigen Tunnel; zwischen Stanmore und Baker Street benutzt die Linie den zum gleichen Zeitpunkt für diesen Zweck stillgelegten »Bakerloo«-Ast. Ursprünglich war das eine, 1932 eröffnete, Abzweigung der »Metropolitan« von Wembley Park nach Stanmore; 1939 übernahm die »Bakerloo« das gesamte Teilstück Stanmore-Baker Street mit einem neu gebauten und tiefergelegten Tunnel zwischen Finchley Road und Baker Street.

Metropolitan (bordeaux): Aldgate–Harrow on the Hill-Amersham, Chesham, Watford und Uxbridge, 67,0 km (S)
Ursprünglich als »Metropolitan Railway« zwischen Farringdon und Paddington am 10. Januar 1863 in Betrieb genommen.
Die weiteren Teilstrecken:
Aldgate–Farringdon: in drei Stufen zwischen 1865 und 1876;
Baker Street–Harrow-on-the-Hill: in drei Stufen zwischen 1868 und 1880;
Harrow-on-the-Hill–Chesham: zwischen 1885 und 1889;
Chalfont/Latimer–Amersham–Aylesbury: September 1892, das Teilstück Amersham–Aylesbury wurde 1961 von BR übernommen;
Harrow-on-the-Hill–Uxbridge: Januar 1904.
Moor Park–Watford: Januar 1925.
Die »Metropolitan« hat durch ihre Struktur sowie die zum größten Teil offenen Linienführung als einzige Linie von »London Underground« Überland-Charakter.

Northern (schwarz): Edgware, Mill Hill East und High Barnet–Camden Town–-Charing Cross–Kennington–Morden oder Bank–Kennington–Morden, 58,0 km über beide Trassen (T)
Die »Northern« kann für sich in Anspruch nehmen, bei der Inbetriebnahme des ersten Teilstücks 1890 die erste »echte« elektrifizierte Metrolinie in der Welt gewesen zu sein; gebaut wurde die Linie mit dem verbesserten Bohrschild von Greathead.
King William Street (Bank)–Stockwell: 18. Dezember 1890 als »City & South London Railway (C&SLR)«;
Stockwell–Clapham Common: 1900;
Angel–Moorgate–Bank (neuer Bahnhof): 1900 und 1901;
Golders-Green und Archway–Camden Town–Charing Cross 1907 als »Charing Cross, Euston & Hampstead Railway (CE&HR)«;
Euston–Angel: 1907, (C&SLR);
Charing Cross–Embankment: 1914 (»CE&HR«);
Edgware–Hendon Central–Golders Green: 1923 und 1924 (»CE&HR«);
Camden Town–Euston: 1924 (»C&SLR«);
Clapham Common–Morden (»C&SLR«) und Embankment-Kennington (»CE&HR«): 1926;
Mill Hill East und High Barnet–Archway: zwischen 1939 und 1941.
Der Tunnel zwischen East Finchley und Morden über Bank ist der längste Metrotunnel der Welt (27,8 km). 1937 wurde die gesamte Linie in »Northern Line« umbenannt.

Piccadilly (dunkelblau): Cockfosters–-Heathrow und Uxbridge, 69,0 km (T)
Finsbury Park–Hammersmith: 15. Dezember 1906 als »Great Northern, Piccadilly & Brompton Railway (GNP&BR)«.
Holborn–Aldwych: 1907, seit 1994 nur in der HVZ betrieben;
Hammersmith–South Harrow (BR) und Arnos Grove Finsbury Park: 1932;
Acton Town–Hounslow West (zusammen mit »District«), South Harrow–Uxbridge (von »District« übernommen) und Cockfosters–Arnos Grove: 1933, Rayners Lane-Uxbridge nur in der HVZ;
Hounslow West–Hatton Cross: 1975;
Hatton Cross–Flughafen Heathrow Terminal 1, 2 und 3: 1977;
Verlängerungsschleife nach Terminal 4: 1. April 1986, diese Schleife wird in eine Richtung befahren.

Victoria (hellblau): Walthamstow Central–Brixton, 22,5 km (T)
Walthamstow Central–Highbury/Islington: 1. September 1968;
Highbury/Islington–Warren Street: 1. Dezember 1968;
Warren Street–Victoria: 1969;
Victoria–Brixton: 1971.

Waterloo & City (türkis): Bank–Waterloo, 2,5 km (T)
8. August 1898.
Diese Linie war die zweite »Tube«-Linie in Londen und wurde zunächst von der »London & South Western Railway (L&SWR)«, später British Rail, betrieben. Bei der Privatisierung von BR im April 1994 wurde die Linie »London Underground« übertragen und wird jetzt von der »Central« verwaltet. Zwischen Bank und Waterloo befinden sich keine Bahnhöfe.

Hiermit hat das Metronetz eine Linienlänge von 457,5 km; nach Verrechnung der gemeinschaftlich benutzten Trassen beträgt die Länge 436,5 km. Hiervon liegen 169 km in Tunnel mit einem »Subsurface«-Anteil von 32 km und einem »Tube«-Anteil von 137 km.
Der Oberbau bestand zunächst aus »Doppelkopf« (Bull Head)-Schienen von 47 kg/m, mittlerweile wurden diese zum größten Teil durch Vignoles-Schienen von 54 kg/m ersetzt; die Schienen liegen zumeist mit Holz- und Betonschwellen auf einem Schotterbett, es gibt jedoch auch Teilstrecken, auf denen die Schienen direkt auf den Tunnelboden gelegt sind. Unter Terminal 4 des Flughafens Heathrow liegen die Betonschwellen auf Unterlagen aus gepreßtem Kork-Granulat, um Vibrationen zu vermeiden.
Im Metronetz befinden sich 358 Linienbahnhöfe (270 nominell), wovon 246 dem »Underground« zugerechnet werden; an 36 Stellen kann auf die Züge der BR umgestiegen werden, an fünf Stellen auf den »Docklands Light Rail«. Der größte Bahnhofsabstand beträgt 6,3 km zwischen Chesham und Chalfont/Latimer (»Metropolitan«); der kleinste zwischen Covent Garden und Leicester Square (»Piccadilly«) mit 260 m. An 65 Bahnhöfen sind P+R-Einrichtungen für insgesamt 11000 Autos (Hounslow West und Epping je 600) eingerichtet. Die meisten Bahnhöfe haben Rolltreppen (293), hiervon hat der Bahnhof Oxford Circus mit 14 die meisten; einige Bahnhöfe haben auch Aufzüge (64). Mit 58,5 m liegt der Bahnhof Hampstead (»Northern«) am tiefsten von allen »Underground«-Bahnhöfen. Der Bahnhof Baker Street ist mit zehn Bahnsteigen (sechs für »Metropolitan«, »Hammersmith & City« und »Circle«, zwei für »Bakerloo« und zwei für »Jubilee«) der größte, ausschließlich für »Underground« genutzte Bahnhof. Weitaus die meisten Bahnhöfe haben Seitenbahnsteige; die Bahnsteiglänge beträgt in der Regel 107 m, es gibt jedoch auch Bahnhöfe mit einer Bahnsteiglänge von 122 m.
Mehrere alte Bahnhöfe sind inzwischen restauriert und in ihren ursprünglichen Zustand zurückversetzt; auch die Tunnel werden zur Zeit generalüberholt.

Fahrzeuge
Der Betrieb auf den »Surface«-Linien wurde mit dampflokbespannten Zügen aufgenommen; die 2'B Tenderlokomotiven erhielten ein Kondensationssystem, um die Dampfbelästigung für Reisende und Personal einzuschränken. Nach 1900 wurde auf der »Metropolitan« und »District« mit der Elektrifizierung begonnen und 1905

Diese Schnittzeichnung des Knotens »Bank« zeigt eindrucksvoll, was sich so unter der Oberfläche abspielt. Links ist der Endbahnhof der »Waterloo & City« zu sehen; darüber laufen zwei Rohre von der »Central«, rechts der »Surface«-Tunnel von der »District & Circle« mit dem Bahnhof Monument. Unterhalb diesen Linien verlaufen die Rohre der »Northern«, die unterhalb des rechten Bogens wiederum gekreuzt werden von den Rohren der »Docklands«. Dazwischen Fahrgast-Verteilerebenen und Verbindungstunnels (Zeichnung: Docklands Light Rail)

Metrozug mit Fahrzeugen vom Typ Tube-36 im Bahnhof Queens Park (Bakerloo) in Richtung Elephant & Castle. Alle Fahrzeuge dieses Typs waren bis 1988 von den Underground-Linien verschwunden; einige Wagen verbringen ihre letzten Tage auf der »Isle of Wight« (Ing.J.A.Bonthuis).

war der Großteil des »Surface«-Netzes elektrisch befahrbar, 1925 folgte das Teilstück von Harrow on the Hill nach Rickmansworth, aber das letzte Teilstück der »Metropolitan«, Rickmansworth—Amersham und Chesham, wurde erst 1961 elektrifiziert.
Die »Tube«-Linien wurden von Anfang an elektrisch betrieben, wobei die Züge von zwei-achsigen E-Loks gezogen wurden. Nach 1903 wurden diese allmählich durch Triebwagen ersetzt, die an beiden Enden eines Zuges plaziert wurden.
Die Fahrzeuge unterscheiden sich je nach Tunnelart in den zwei Basistypen »Surface« und »Tube«. Die »Surface«-Fahrzeuge (Typen »A«, »C« und »D«) haben dieselbe Breite wie die Züge der British Rail; die »Tube«-Fahrzeuge sind schmaler, 750 mm niedriger und haben eine Bodenhöhe von 600 mm ü.Schienenoberkante, im Gegensatz zu 975 mm bei »Surface«-Fahrzeugen. Durch diese niedrige Bodenhöhe entstanden Probleme bei der Unterbringung der technischen Aggregate, so daß die ersten »Tube«-Triebfahrzeuge einen extra Aggre-

gateraum hinter dem Fahrerstand erhielten. Diese Situation verbesserte sich mit der Einführung der Fahrzeugbaureihe '38, welche 1936 vorgestellt wurde und mit den neuesten Entwicklungen auf dem Gebiete der Schalttechnik ausgestattet war. Diese Fahrzeuge waren bis zum Ende der siebziger Jahre noch auf der »Northern« und »Bakerloo« im Einsatz; die letzten Exemplare wurden 1988 aus dem Verkehr gezogen, ein paar Fahrzeuge wurden noch für den Dienst auf der »Isle of Wight« umgebaut.

Trotz aller Fortschritte bei der Unterbringung der Apparatur blieb jedoch ein Problem ungelöst: der Raddurchmesser konnte nicht weiter verkleinert werden, so daß weiterhin Radkästen im Innenraum Längsbänke erforderlich machten; diese Amnordnung wurde auch zum Teil bei den »Surface«-Fahrzeugen übernommen.

Obwohl die Fahrzeugbaureihe '38 noch lackiert war, blieb die Aluminium-Außenhaut der Fahrzeugbaureihen ab 1956, von einigen Ausnahmen abgesehen, im Hinblick auf die aufkommenden Graffitti-Aktivitäten unbehandelt. 1989 wurde untersucht, in welchem Umfang der gesamte Fahrzeugpark renoviert werden könne; das Ergebnis wurde im September desselben Jahres der Öffentlichkeit vorgestellt und mittlerweile umgesetzt. Die ersten renovierten »Tube-73«-Fahrzeuge für die »Piccadilly« sind erst im Juni 1996 in Betrieb genommen worden.

Die augenfälligste Veränderung ist die Abkehr von der blanken Aluminium-Außenhaut und die Festlegung auf ein einheitliches Farbschema bestehend aus roten Türen und Fronten sowie weißen Seitenwänden die an der Unterseite blau abgesetzt sind; durch die verwendete Lackqualität können Graffiti-Schmierereien entfernt werden, ohne daß Schatten zurückbleiben. Das Interieur wurde unter Verwendung von feuerhemmenden Werkstoffen neu und freundlicher gestaltet; die bekannten Holzleisten auf den Fußböden wurden durch elastomere Bodenbeläge ersetzt. Der Fahrerstand wurde ebenfalls einer Modernisierung unterzogen und durch weitere technische Maßnahmen wurden sowohl der Fahrkomfort als auch die Sicherheit verbessert.

Innerhalb der Basistypen bestehen grundsätzliche Unterschiede zwischen den Fahrzeugen einiger Linien; so verfügen z.B. die »Circle«-Züge, wegen der vielen Bahnhöfe und des großen Fahrgastdurchsatzes über mehr Türen und weniger Sitzplätze als die der »Metropolitan«, die, wie bereits angedeutet, mehr Überland-Eigenschaften aufweisen.

Die ersten neuen Fahrzeuge für die »Jubilee« werden von GEC Alsthom im Laufe des Jahres 1996 geliefert. Die »Jubilee«-

Typ:	**A 60/62**	
Baujahr:	**1960-1963**	
	Mc	**T**
Länge ü.K. (mm):	16167	16167
Breite (mm):	2946	2946
Dienstgewicht (t):	32,5	21,5
Max. Fahrgastzahl:	121	131
Sitzplätze:	54	58
Stehplätze:	67	73
Einstiege p. Seite:	3	3
Leistung (kW):	4x48	–
Beschleunigung (m/s^2):	0,46	–
Bremsverzögerung (m/s^2):	1,15	–
Notbremsverzögerung (m/s^2):	1,34	–
v/max (km/h):	80/100	–
Bestand (31.12.95):	226	226

Ein »Tube-72« auf der »Northern« in Richtung Morden (Transpress).

Links: ein Metrozug vom Typ A-60/62 in noch nicht renoviertem Zustand, als Schnellzug unterwegs nach Amersham (Metropolitan). Das Gleis im Vordergrund zeigt deutlich die Anordnung der Stromschienen (R.J.Greenaway, London Underground).Rechts: auffallend das verbesserte Erscheinungsbild einer renovierten A-60/62 (F.W.Ivey).

Ein renovierter Metrozug vom Typ C-69 bei East Puntney (District) in Richtung Edgware Road (F.W.Ivey).

Mitte: Dieser »D-78«, hier in Dagenham East, hat noch die alte »District«-Farbgebung, weiß mit einer orangefarbenen Stirnwand (R.J.Greenaway, London Underground).

Unten: »Tube«-59 am Endbahnhof High Barnet (Northern). Auch dieser Metrozug wartet noch auf Renovierung (R.J.Greenaway, London Underground).

Typ:	**C 69/77**	
Baujahr:	**1967-1971/1977-1978**	
	Mc	**T**
Länge ü.K. (mm):	16030	14940
Breite (mm):	2920	2920
Dienstgewicht (t):	32,58	21,08
Max. Fahrgastzahl:	135	135
Sitzplätze:	32	32
Stehplätze:	103	103
Einstiege p. Seite:	4	4
Leistung (kW):	4x68	–
Beschleunigung (m/s^2):	0,94	–
Bremsverzögerung (m/s^2):	1,15	–
Notbremsverzögerung (m/s^2):	1,34	–
v/max (km/h):	65	–
Bestand (31.12.95):	138	138

Typ:		**D 78**	
Baujahr:		**1978-1981**	
	Mc	**M**	**T**
Länge ü.K. (mm):	18373	18119	18119
Breite (mm):	2840	2840	2840
Dienstgewicht (t):	27,9	26,5	18,72
Max. Fahrgastzahl:	146	153	153
Sitzplätze:	44	48	48
Stehplätze:	102	105	105
Einstiege p. Seite:	4	4	4
Leistung (kW):	4x49	4x49	–
Beschleunigung (m/s^2):	1,0	1,0	–
Bremsverzögerung (m/s^2):	1,15	1,15	–
Notbremsverzögerung (m/s^2):	1,34	1,34	–
v/max (km/h):	85	85	–
Bestand (31.12.95):	170	280*	

Typ:		**Tube-56/59/62**	
Baujahr:		**1956-1964**	
	Mc	**M**	**T**
Länge ü.K. (mm):	15615	15615	15616
Breite (mm):	2597	2597	2597
Dienstgewicht (t):	27,1	24,72	21,05
Max. Fahrgastzahl:	111	119	119
Sitzplätze:	42	40	40
Stehplätze:	69	79	79
Einstiege p. Seite:	3	4	4
Leistung (kW):	2x60	2x60	-
Beschleunigung (m/s^2):	0,66	0,66	-
Bremsverzögerung (m/s^2):	1,15	1,15	-
Notbremsverzögerung (m/s^2):	1,34	1,34	-
v/max (km/h):	70	70	-
Bestand (31.12.95):	414	330*	

Metrozug vom Typ Tube-67 auf der »Victoria« unterwegs in Richtung Victoria Station (Transpress).

Typ:	Tube-67	
Baujahr:	1967-1969	
	Mc	T
Länge ü.K. (mm):	16090	15977
Breite (mm):	2642	2642
Dienstgewicht (t):	29,05	19,77
Max. Fahrgastzahl:	114	125
Sitzplätze:	40	36
Stehplätze:	74	89
Einstiege p. Seite:	3	4
Leistung (kW):	4x53	–
Beschleunigung (m/s^2):	0,74	–
Bremsverzögerung (m/s^2):	1,15	–
Notbremsverzögerung (m/s^2):	1,34	–
v/max (km/h):	75	–
Bestand (31.12.95):	172	172

Typ:	Tube-72		
Baujahr:	1972-1974		
	Mc	M	T
Länge ü.K. (mm):	16090	15977	15977
Breite (mm):	2642	2642	2642
Dienstgewicht (t):	28,75	27,29	18,98
Max. Fahrgastzahl:	114	125	125
Sitzplätze:	40	36	36
Stehplätze:	74	89	89
Einstiege p. Seite:	3	4	4
Leistung (kW):	4x53	4x53	–
Beschleunigung (m/s^2):	1,03	1,03	–
Bremsverzögerung (m/s^2):	1,15	1,15	–
Notbremsverzögerung (m/s^2):	1,34	1,34	–
v/max (km/h):	70	70	–
Bestand (31.12.95):	169	226*	

Unten: Ein nicht renovierter Tube-72 (MkI) im Bahnhof Highgate (Northern) unterwegs nach High Barnet (R.J.Greenaway, London Underground).

Mit diesem Tube-73 wurde soeben die Eröffnungsfahrt nach Heathrow Terminal 4 (Piccadilly) durchgeführt. Zum erstenmal in der Geschichte von London Underground, und zwar auch nur an diesem einen Tag, war der Zug »geschmückt« mit einem Aufkleber, selbstverständlich als Werbung für die neue Linie. 1. April 1986, Acton Town (R.J.Greenaway, London Underground).

Typ:		**Tube-73**	
Baujahr:		**1974-1977**	
	Mc	**M**	**T**
Länge ü.K. (mm):	17473	17676	17676
Breite (mm):	2629	2629	2629
Dienstgewicht (t):	27,64	26,64	18,49
Max. Fahrgastzahl:	128	140	140
Sitzplätze:	48	48	48
Stehplätze:	80	92	92
Einstiege p. Seite:	3	4	4
Leistung (kW):	4x49	4x49	–
Beschleunigung (m/s²):	1,07	1,07	–
Bremsverzögerung (m/s²):	1,15	1,15	–
Notbremsverzögerun (m/s²):	1,34	1,34	–
v/max (km/h):	90	90	–
Bestand (31.12.95):	195	327*	

Typ:	**Tube-83**	
Baujahr:	**1983-1984/1987-1988**	
	Mc	**T**
Länge ü.K. (mm):	17726	17676
Breite (mm):	2630	2630
Dienstgewicht (t):	26,7	20,65
Max. Fahrgastzahl:	127	140
Sitzplätze:	48	48
Stehplätze:	79	92
Einstiege p. Seite:	3	4
Leistung (kW):	4x43	–
Beschleunigung (m/s²):	1,12	–
Bremsverzögerung (m/s²):	1,15	–
Notbremsverzögerung (m/s²):	1,34	–
v/max (km/h):	90	–
Bestand (31.12.95):	126	63

Typ:	**Tube-92**	
Baujahr:	**1991-1995**	
	Mc	**T**
Länge ü.K. (mm):	16248	16248
Breite (mm):	2660	2660
Dienstgewicht (t):	22,8	20,7/21,4
Max. Fahrgastzahl:	127	135
Sitzplätze:	34	34
Stehplätze:	93	101
Einstiege p. Seite:	3	4
Leistung (kW):	4x46	4x46
Beschleunigung (m/s²):	1,3	1,3
Bremsverzögerung (m/s²):	1,15	1,15
Notbremsverzögerung (m/s²):	1,34	1,34
v/max (km/h):	100	100
Bestand (31.12.95):	160	480

Typ:	Tube-96		
Baujahr:	1996		
	Mc	M	T
Länge ü.K. (mm):	17770	17770	17770
Breite (mm):	2630	2630	2630
Dienstgewicht (t):	26,7	24,5	26,7
Max. Fahrgastzahl:	158	171	171
Sitzplätze:	38	43	43
Stehplätze:	120	128	128
Einstiege p. Seite:	4	4	4
Leistung (kW):	2x85	2x85	-
Beschleunigung (m/s^2):	1,3	1,3	-
Bremsverzögerung (m/s^2):	1,15	1,15	-
Notbremsverzöerung (m/s^2):	1,34	1,34	-
V/max. (km/h):	100	100	-
Bestellte Fahrzeuge:	212	212	212

* Für die Ausführungen »Mc« und »T« wurden keine differenzierten Zahlen bekanntgegeben.

Oben: Im Wembley Park (Jubilee) posiert diese Tube 83 (F.W.Ivey).

Unten: Obwohl die neuen Tube-92 Züge zunächst für die »Central« und »Waterloo & City« bestimmt sind, wurden die ersten Probefahrten auf der »Piccadilly« durchgeführt, hier bei South Ealing (F.W.Ivey).

Züge vom Typ »Tube 96« bestehen aus zwei gekuppelten Dreiwagenzügen, mit je einem Triebwagen Mc, einem Triebwagen M und einem Zwischenwagen T; falls die Fahrgastzahlen es erforderlich machen, können die Züge mit einem Wagen erweitert werden. Eine Neuheit stellen die Elastomer-Formteile zwischen den Wagen dar, die verhindern sollen, daß sehbehinderte Fahrgäste in die Zwischenräume treten; auch soll hiermit Vorsorge gegen »Surfer« getroffen werden. Neben vielen Neuigkeiten muß in erster Linie das **T**rain **M**anagement **S**ystem (TMS)« als das »zentrale Nervensystem« des Zuges erwähnt werden. Hierbei handelt es sich im Prinzip um ein vollständiges Diagnosesystem, welches den Zug nur solange im Betrieb läßt, wie es der Sicherheit halber vertretbar ist.

Betriebsablauf

Die Züge der 1890 in Betrieb genommenen »City & South London Railway« (jetzt »Northern«) wurden über eine asymmetrisch zwischen den Schienen liegende »dritte« Schiene mit 500 V Gleichstrom versorgt; die Stromrückführung erfolgte über das Gleis. Die zehn Jahre später eröffnete »Central London Railway« (jetzt »Central«) benutzte zwar das gleiche System, unterschied sich aber dadurch, daß die Stromschiene symmetrisch angebracht war.

Als zwischen 1904 und 1906 die »District«- und »Metropolitan«-Linien elektrifiziert und gleichzeitig neue »Tube«-Linien gebaut wurden, wurde für die Stromversorgung das heutige System eingeführt. Dieses umfaßt jetzt eine Spannung von 630 V Gleichstrom mit einer positiven, außerhalb des Gleises liegenden Schiene und einer negativen Mittelschiene.

Die Linien nördlich von Queens Park sowie nach Wimbledon und Richmond benutzen teilweise die Gleisanlagen der »South East«-Eisenbahn. Obwohl die Stromschienen der »Underground« auf die gleiche Weise angeordnet sind, erfolgt die Stromrückführung an diesen Stellen über das Gleis; hierzu ist die Mittelschiene mit den außenliegenden Schienen elektrisch verbunden. 115 Unterwerke versorgen das Metronetz mit Energie.

Bei der »Underground« besteht, wie im gesamten »Vereinigten Königreich«, Linksverkehr.

Die Streckensicherung erfolgt durch ein Blocksystem (Blocklänge 1600 m) mit zweibegriffigen Lichtsignalen (rot und grün) sowie, als Londoner Spezialität, Nebel-Vorsignalen. Gelbe Signallampen werden nur benutzt als Signal-Wiederholer auf unübersichtlichen Strecken.

Auf der »Northern« werden sog. »Programme Machines« benutzt, die aus einer Kunststoff-Walze bestehen, in der alle Tagesdaten über den Zugverkehr eingestanzt sind. Über elektrische Kontakte wird

Im richtigen Augenblick war Herr Greenaway zur Stelle, als ein Kran einen Wagen vom Typ Tube-92 in die Grube zum Waterloo & City-Tunnel senkt (R.J.Greenaway, London Underground).

der Fahrplan mit der Uhrzeit verglichen; wenn diese miteinander übereinstimmen, wird über einen elektrischen Stromkreis der Fahrweg in den einzelnen Streckenabschnitten freigegeben.
Um den Betrieb zu vereinfachen, wurde das sog. »One-Person Operation (OPO)«-System, vergleichbar mit dem Berliner »ZSA«, eingeführt. Obwohl bereits die Typen C69/77 für dieses System vorbereitet waren, wurde erst 1985 die »Circle« und »Hammersmith & City« entsprechend ausgestattet. Mittlerweile sind alle »Surface«-Linien sowie die »Bakerloo«, »Jubilee« und »Piccadilly« auf dieses System umgestellt. Bei »OPO«-Betrieb wird die gesamte Abfertigung vom Fahrer übernommen, der über Fernsehkameras und Monitore sowie Spiegel einen Gesamtüberblick über das Geschehen auf dem Bahnsteig hat.
Jede Linie hat einen eigenen ZBL.
Nach Versuchen auf der »District« sowie der »Central« auf dem Teilstück Hainault–Woodford 1963/64 wurde 1968 auf der neuen »Victoria« das »Automatic Train Operation (ATO)«-System eingeführt. Hierbei erfolgt die gesamte Zugsteuerung automatisch, nur das Schließen der Türen und der Abfahrbefehl erfolgen durch den Fahrer. An der Strecke befinden sich lediglich Ausfahrt- und Weichensignale und auf den Bahnhöfen erhält der Fahrer über Kameras und Monitore eine Übersicht über die Bahnsteige. Die ZBL für die »Victoria« und die »Northern« befinden sich zusammen in einem Raum in Euston.
Wartung und Hauptuntersuchungen erfolgen in 14 Hauptwerkstätten; bei 66 Bahnhöfen befinden sich Abstellanlagen.
Bei der »Waterloo & City« muß auf eine Besonderheit hingewiesen werden. Diese Linie ist nämlich gänzlich isoliert von allen Schienenverbindungen. Die Wartung der Fahrzeuge erfolgt in einer kleinen Werkstatt im Tunnel beim Endbahnhof Waterloo Station. Der Austausch von Fahrzeugen erfolgte bis 1990 über einen hydraulischen Aufzug im Bahnhof Waterloo. Als dieser jedoch für die »Eurostar«-Züge erweitert werden mußte, mußte auch der Aufzug weichen. Momentan behilft man sich mit einer ebenerdigen Öffnung außerhalb des Bahnhofs und einem mobilen Kran.
Das Tarifsystem basiert auf einer Zonen-Einteilung und beinhaltet einfache und Rückfahrkarten, Tageskarten sowie Sondertarife für Kinder, die sowohl an den Fahrkartenschaltern als auch an den diversen Automaten erhältlich sind. Diese Karten haben einen kodierten Magnetstreifen, der an den Eingängen der großen Bahnhöfe von den automatischen Sperren gelesen werden kann; auch temporär eingesetzte Kontrolleure sind mit Lesegeräten ausgerüstet.

Ein Blick in die Zukunft
Bis zum Jahre 2004 sollen für die Modernisierung von Infrastruktur und Fahrzeugpark rund 6 Mrd. £ investiert werden. Nachstehend eine Betrachtung der wichtigsten Projekte:

Mit dem ersten Spatenstich in Canary Wharf am 8. Dezember 1993 wurden die Arbeiten zur Verlängerung der »Jubilee« aufgenommen. Die 16 km lange Neubaustrecke verläuft von Green Park (der gegenwärtige Endbahnhof Charing Cross wird zwar regulär verlassen, die Bahnsteige bleiben jedoch für Sonderzüge bei Großveranstaltungen z.B. im Wembley Stadion erhalten) über Westminster, Waterloo, London Bridge, Canary Wharf, West Ham nach Stratford; alle neuen Bahnhöfe werden behindertengerecht ausgeführt, u.a. mit Aufzügen. Die 125 m langen Bahnstei-

Renovierter Triebwagen der »Piccadilly« vom Typ Tube-73 (R.J.Greenaway, London Underground)

ge erhalten als zusätzliche Sicherheitsmaßnahme zum Gleis hin Glas-Trennwände mit Türen, die sich gleichzeitig mit den Zug-Türen öffnen. Zwischen Canning Town und Stratford verläuft die neue Linie parallel zu den Gleisen von British Rail. In Stratford entsteht ein Betriebshof.
Die gesamte »Jubilee«-Linie soll von einer neu einzurichtenden ZBL in Neasden aus vollautomatisch nach dem ATO-System gesteuert werden; Signal- und Kontrollsysteme der bestehenden Linie werden an die neue Technik angepaßt. Nach dem letzten Planungsstand soll die Erweiterung der »Jubilee« im März 1998 in Betrieb genommen werden.

Das ebenfalls von Grund auf neu gestaltete Interieur der Tube-73-Fahrzeuge der »Piccadilly« (R.J.Greenaway, London Underground).

Folgende Projekte sind angedacht:
- Erweiterung der »East London«:
  a. nach Norden, über Bishopsgate, Hoxton und Haggerston unter Verwendung eines verlassenen BR-Viaduktes nach Dalston Junction mit einer Option auf eine weitere Verlängerung bis Highbury und Islington; bei dieser Linienführung würde Shoreditch verlassen werden;
  b. nach Süden, unter Benutzung verlassener Gütergleise in Deptford Wharf, als Verbindung zur South London Line (BR), wodurch Anschlüsse mit u.a. Croydon, Clapham und Wimbledon denkbar sind.
- Die Verbindung von zwei »Metropolitan«-Ästen in der Croxley/Watford-Region (Nordwesten).
- Falls für das Terminal 5 am Flughafen Heathrow die Baugenehmigung erteilt wird, soll auch die »Piccadilly« dorthin verlängert werden; man hofft das Teilstück 2003 in Betrieb nehmen zu können.
- Verbindung Chelsea–Hackney von Wimbledon über Victoria, Piccadilly Circus, Tottenham Court Road, King's Cross und Dalston nach Leytonstone und von dort aus auf der »Central«Trasse nach Epping.

Völlig neue Wege werden bei der »Northern« eingeschlagen, indem die GEC-Alsthom für eine »Gebühr« von 40 - 45 Mio £/Jhr. 106 neue Züge liefert und betreibt, einschließlich der Einrichtung einer modernisierten technischen Infrastruktur.
Die neuen Züge für die »Northern« zeigen, trotz starker Ähnlichkeit mit den »Jubilee«-Fahrzeugen, eine Reihe von Abweichungen auf und werden somit als eigenständige Typenreihe geführt; über diese Züge liegen noch keine näheren Angaben vor.

Am 29. Mai 1996 hatte die Öffentlichkeit Gelegenheit, eines der ersten Fahrzeuge vom Typ Tube-96 der neuen »Jubilee« zu besichtigen (R.J.Greenaway, London Underground).

Interieur der neuen »Jubilee«-Fahrzeuge (R.J.Greenaway, London Underground).

Der Fahrerstand der neuen »Jubilee«. Beachtenswert der Fahrschalter in der Armlehne des Fahrersitzes. Rechts im Bild ist das Treppchen des Not-Ausstiegs sichtbar (R.J.Greenaway, London Underground).

Die ersten geschlossenen Londoner Dockanlagen entstanden 1802 auf der »Isle of Dogs«. Während der folgenden 120 Jahre kamen weitere Dockanlagen hinzu; zunächst in der Nähe der Tower Bridge, später weiter stromabwärts bis North Woolwich.

In den 60er Jahren gab es einen dramatischen Wandel in der Güterverladung: es kamen die ersten Container.

Die wachsende Verwendung dieser genormten Blechkästen machte sowohl die traditionellen Dockwerker als auch die entsprechenden Hafenanlagen überflüssig. Die Containerriesen benötigten, des größeren Tiefgangs sowie der steigenden Transportkosten wegen, neue Hafenstandorte in Küstennähe wie z.B. Tilbury.

Das große Hafengebiet »Docklands« verfiel zusehends, so daß die Regierung Mitte der 70er Jahre entschied, »Docklands« zu regenerieren. Es wurde hierbei an ein Büro- und Verwaltungsviertel gedacht, mit »the Isle of Dogs« als Schwerpunkt.

Um das neue Gebiet akttraktiv zu erschließen, stand der Wunsch nach optimalen Verkehrsverbindungen in Vordergrund. Zunächst kam von der damaligen »London Transport« der Vorschlag, die in Bau befindliche »Jubilee-Line« durch die Stadt und über Docklands bis Thamesmead zu verlängern. Die hohen Kosten von 375 Mio œ jedoch veranlaßten die Regierung, die »London Docklands Development Corporation (LDDC)« ins Leben zu rufen, um nach preiswerteren Alternativen zu suchen. Eine davon war ein »Light Rail«-System.

1982 wurde das Project, wofür das Konsortium GEC/Mowlem Railway Group verantwortlich zeichnete, der Öffentlichkeit vorgestellt.

Geplant war eine größtenteils zweigleisige Linie von Tower Gateway zum West India Quay und von dort mit zwei Ästen nach Stratford und Island Gardens; der Knoten »West India Quay« wurde als Gleisdreieck ausgebildet. Lediglich die Abschnitte Bow Church–Stratford und Mudchute–Island Gardens sind eingleisig konzipiert. Als »schlüsselfertiger« Fest-Preis für die 13 km lange und automatisch zu betreibende Linie einschließlich ihrer 15 Bahnhöfe, Werkstätten, Depot und 11 Fahrzeugen wurden 77 Mio œ vereinbart.

Mit dem Bau der Linie wurde 1984 begonnen. Im selben Jahr wurden die »London Regional Transport (LRT)« und die »Docklands Light Railway Ltd«, wie auch »London Underground Ltd« eine Tochtergesellschaft der LRT, gegründet.

Am 30. Juli 1987 wurde die »Docklands Light Rail« von der britischen Königin feierlich eröffnet und Anfang August desselben Jahres in Betrieb genommen.

Das Netz der »Docklands« entwickelte sich wie folgt:

- Tower Gateway–West India Quay–Stratford/Island Gardens: August 1987
- Abzw. Royal Mint Street–Bank: 29. Juli 1991
- Poplar–Beckton: 28. März 1994

Offizielle Inbetriebnahme der »Docklands Light Rail« durch Königin Elisabeth II (Linke Hofmann Busch).

Innerhalb dieses Netzes werden folgende Verbindungen angeboten:

außerhalb der HVZ:

- Stratford–Canary Wharf–Crossharbour
- Bank/Tower Gateway–Canary Wharf–Island Gardens
- Beckton–Tower Gateway.

während der HVZ:

- Bank–Crossharbour
- Bank/Tower Gateway–Canary Wharf

Die gegenwärtige Netzlänge beträgt 21,7 km. Mit Ausnahme des Abschnitts Abzw. Royal Mint Street–Bank liegt die gesamte DLR-Trasse auf Viadukten, für den Abschnitt Poplar–Stratford wurde eine stillgelegte BR-Strecke verwendet; der Anschluß nach Bank besteht aus zwei eingleisigen, in der Schildbauweise gebauten, Tunnel.

Von den 27 Bahnhöfen liegt lediglich der Bahnhof Bank unterirdisch; alle Bahnhöfe sind mit Aufzügen ausgestattet. Fünf Bahnhöfe bieten Umsteigemöglichkeiten zu den Metrozügen von London Underground.

Abgestellte P-86 Triebwagen in Poplar (Linke Hofmann Busch).

Typische Docklands-Atmosphäre mit Triebwagen vom Typ B-90 (Bombardier-BN).

Bei Betriebsaufnahme 1987 standen zunächst 11 sechsachsige, von Linke Hofmann Busch gelieferte, Gelenktriebwagen der Serie P86 zur Verfügung. Da diese Fahrzeuge wegen der Brandschutzbedingungen für den Tunnelbetrieb nach Bank nicht geeignet waren, wurde 1989 eine weitere Serie von zehn Fahrzeugen – P89 – bestellt, die unter Lizenznahme bei LHB von BREL in York geliefert wurden.

Die Erweiterung des Netzes sowie die Absicht, die Fahrzeuge der ersten Generation (P86) mittelfristig auszumustern, brachte ab Januar 1991 44 Fahrzeuge der Serie B90 auf die Schienen. Diese, von Bombardier-BN in Brügge gebauten, Fahrzeuge sahen den beiden vorgehenden P-Serien zwar ähnlich, wichen in entscheidenden Details dennoch erheblich ab. Äußerlich fallen die Stirntüren sowie die außenliegenden Schiebetüren an den Einstiegen auf, die wichtigsten Abweichungen befinden sich jedoch »unter dem Blech« und betreffen, außer einem verkürzten Radstand, in der Hauptsache die Steuerungssysteme. Alle bisher gelieferten Fahrzeuge waren mit dem ATP-System von GEC ausgerüstet.

Ab November 1991 wurden beim Typ P89 die Schwenktüren durch außenliegende Schiebetüren, ähnlich B90, ersetzt; die Fahrzeuge vom Typ P86 wurden ab November 1991 nach und nach von den Essener Verkehrsbetrieben übernommen.

Im März 1992 wurden 26 Fahrzeuge vom Typ B92, ebenfalls von Bombardier-BN, abgeliefert. Diese Fahrzeuge wurden, im Gegensatz zu den Vorgängertypen, mit dem ATP-System »Seltrac« ausgeliefert.

Augenblicklich wird über den Verkauf der P89-Fahrzeuge nachgedacht, eine Entscheidung steht jedoch noch aus.

Die Fahrzeuge werden über eine »dritte« Schiene mit 750 V Gleichstrom versorgt; Stromabnahme an der Unterseite. Die Energieversorgung erfolgt durch 19 Unterwerke.

Das ursprüngliche Netz wurde mit einem ATP-System von GEC betrieben; dieses System mit seinen festen Blockabständen erlaubt eine minimale Zugdichte von 3,3 Minuten. Die Erweiterung nach Beckton hingegen wurde mit dem leistungsfähigeren System »Seltrac« ausgerüstet; dieses Sytem erlaubt durch das »fließende« Blocksystem nunmehr eine minimale Zugdichte von 1,3 Minuten. Hierdurch waren die Fahrzeuge B92 zunächst an den Abschnitt Poplar–Beckton gebunden, seit Juli 1995 sind nun das gesamte Netz sowie die Fahrzeuge auf »Seltrac« umgestellt. Die ZBL befindet sich in Poplar.

Obwohl die Züge ohne Fahrer betrieben werden, befindet sich auf jedem Zug ein sog. »Train Captain«. Dieser hat die Aufgabe, die Fahrausweise zu kontrollieren, die Fahrgäste zu beraten, sowie bei eventuellen Störungen einzugreifen.

Werktags fahren die Züge zwischen 05.30 und 00.30 Uhr; außerhalb der HVZ besteht eine Zugfolge von 10 min, in der HVZ von 4 min. ab Bank und 8 min. ab den anderen Endbahnhöfen. Samstags sowie an Sonn- und Feiertagen besteht ein abweichender Fahrplan.

Die Wartung der Fahrzeuge erfolgt in den Werkstätten in Poplar und Beckton.

Gegenwärtig in Bau befindet sich die 4,2 km lange, südliche Verlängerung nach Lewisham. Diese zweigt nördlich des Bahnhofs Mudchute von der bestehenden Strecke ab, wobei der Bahnhof nach Norden verlegt wird. Von dort aus wird die Themse mit einem neuen unterirdischen Bahnhof Island Gardens bis zum, ebenfalls unterirdischen Bahnhof Cutty Sark unterfahren, danach verläuft die Strecke teilweise ebenerdig und teilweise auf einem Viadukt.

Die neue Strecke erhält fünf Bahnhöfe und wird voraussichtlich Ende 1999 fertiggestellt sein.

Interieur Triebwagen B-90 (Bombardier-BN). Stand: 15.07.96

ITALIEN

MAILAND | **ATM** | Betreiber: Azienda Trasporti Municipali (ATM)

Mailand, Hauptstadt der Lombardei und der Provinz Mailand, ist die größte Industrie- und Handelsstadt Italiens.
Die Stadt wurde von den Römern unter dem Namen »Mediolanum« gegründet. Vier römische Kaiser hatten hier nacheinander ihre Residenz, aber durch die schnelle Entwicklung Mailands ist aus dieser Periode relativ wenig an historischer Bausubstanz übriggeblieben. Dagegen sind jedoch zahlreiche kulturhistorische Monumente aus der jüngeren und jüngsten Geschichte zu besichtigen wie z.B. der berühmte Dom aus dem 14. Jhd. oder die »Scala« (1776-1778), mit 3600 Sitzplätzen eines der größten Opernhäuser Europas. Auch das angrenzende Scala-Museum birgt eine große Anzahl von Schätzen aus der Mailänder Geschichte in seinen Mauern.
Das Baurecht aus dem 18.Jh. brachte eine strahlenförmige Innenstadt-Struktur mit sich, mit vielen kleinen Gäßchen, wodurch ein fließender Individualverkehr so gut wie unmöglich ist; In der Innenstadt verkehren rund 100 Bus- und Obussowie 16 Straßenbahnlinien.
In der Stadt wohnen zur Zeit 1,5 Mio Menschen, im Großraum rund 4 Mio. Durch das ungestüme Wachstum der Stadt sowie der nördlich gelegenen Industriegebiete konnten die traditionellen Formen des öffentlichen Verkehrs ihre Aufgabe nicht mehr optimal erfüllen, so daß auch hier Nachfrage nach effizienteren Verkehrsmitteln entstand.

Bereits 1905 war unter vielen Vorschlägen elektrisch betriebener Linien u.a. auch von unterirdischen Bahnen die Rede. Erste konkrete Pläne über eine Linie von Porta Venezia zum Stazione Nord, etwa dort wo heute die Linie M1 verläuft, kamen aber erst Anfang der zwanziger Jahre auf den Tisch. Auch 1942 wurde an einer Strecke, entsprechend der heutigen Linie M3 geplant, aber erst 1955 willigte die Regierung in Planung und Bau eines Metronetzes ein, wobei zunächst der Plan der heutigen Linie M2 zur Debatte stand mit dem Hintergedanken, die Mailänder Bahnhöfe miteinander zu verbinden. Nach Grundung der Planungsgesellschaft »Metropolitana Milanese SpA (MM)« als städtischer Planungsgesellschaft wurden alle Pläne unter die Lupe genommen und auf Priorität untersucht.
Hieraus entstand das Projekt eines Metronetzes, bestehend aus vier Linien und einer Gesamtlänge von 36,5 km, wobei die einzelnen Linien farblich gekennzeichnet werden sollten: M1 = rot, M2 = grün, M3 = gelb, M4 = blau.
1958 wurde mit dem Bau der Linie M1/rot begonnen, deren Rohbau 1961 fertig wurde, heute sind drei Linien im Betrieb.

Entwicklung und Bau des Metronetzes
Die nachstehende Übersicht zeigt die Entwicklung des Metronetzes sowie die Eröffnungsdaten:

M 1 (rot) Sesto 1° Maggio (FS)–Molino Dorino/Bisceglie, 24, 9 km
Sesto Marelli–Lotto: 1. November 1964
Pagano–Gambara: 2. April 1966
Gambara–Inganni: 18. Mai 1975
Lotto–QT8: 8. November 1975
QT8–San Leonardo: 12. April 1980
San Leonardo–Molino Dorino und Sesto Marelli–Sesto 1° Maggio: 28. September 1986
Inganni–Bisceglie: 21. März 1992

M2 (grün) Cologno Nord/Gessate–Famagosta, 33,2 km
Cascina Gobba–Caiazzo: 4. Oktober 1969
Caiazzo–Centrale FS: 27. April 1970
Centrale FS–Garibaldi: 13. Juli 1971
Gorgonzola–Cascina Gobba: 4. Dezember 1972
Garibaldi–Cadorna: 3. März 1978
Cologno Nord–Cascina Gobba: 7. Juni 1981
Cadorna–Porta Genova: 30. Oktober 1983
Porta Genova–Romolo und Gessate–Gorgonzola: 13. April 1985
Romolo–Famagosta: 1. November 1994

M3 (gelb) Zara–San Donato, 11,2 km
Centrale FS–Duomo: 3. Mai 1990;
Duomo–Porta Romana: 16. Dezember 1990;
Porta Romana–San Donato und Sondrio–Centrale FS: 12. Mai 1991;
Zara–Sondrio: 16. Dezember 1995

Hiermit hat das Metronetz eine Gesamtlänge von 69,9 km mit einem unterirdischen Anteil von 47,1 km.
Der Tunnel für die Linie 1 wurde zu 90% in der offenen Bauweise mit Schlitzwänden gebaut, der Rest entstand in der Schildbauweise. Hierdurch mußte im wesentlichen der oberirdischen Straßenführung gefolgt werden. Mailand war im übrigen die erste Stadt, in der die Schlitzwandtechnik angewandt wurde. Um Erfahrungen mit diesem Verfahren zu sammeln, wurde zunächst ein Probestück im Verlauf der geplanten Trasse gebaut. Indem man die Oberkante Schiene maximal 8,75 m unter der Straßenoberfläche hielt, konnten größere Umbau-Arbeiten an den Versorgungsleitungen vermieden werden.
In der Nähe des Doms und weiterer historischer Bauten mußte auf einer Länge von ca. 2 km gezielt auf die Vermeidung von Schwingungen geachtet werden, wodurch Sondermaßnahmen bei der Konstruktion des Oberbaus erforderlich wurden. Hierzu wurden auf der Stadtbahn-Strecke nach Adda, die 1972 zum Teil in die Linie M2 integriert wurde, mehrere Versuchs-Teilstücke von je 200 m eingerichtet. Die Versuche führten zu folgendem Ergebnis: auf einer Schicht Magerbeton werden, im Abstand von einem halben Meter, kreuzweise Neoprene-Streifen (20 x 20 mm) mit Styroporplatten in den Zwischenräumen verlegt; dieser Aufbau wird mit PE-Folie abgedeckt, auf der je eine 2,50 breite und 20 cm dicke Betonfahrbahn pro Gleis verlegt wird; in dieser Fahrbahn befinden sich in Abständen von 12 m Dehnungsfugen. Hierauf sind auf einer Bettung von Epoxydharz und Quarzsand Aufnahmeplatten festgeschraubt, auf denen die durchgehend verschweißten Vignoles-Schienen (50 kg/m) mittels Federklammern befestigt sind. Zwischen den Schienen und den Auf-

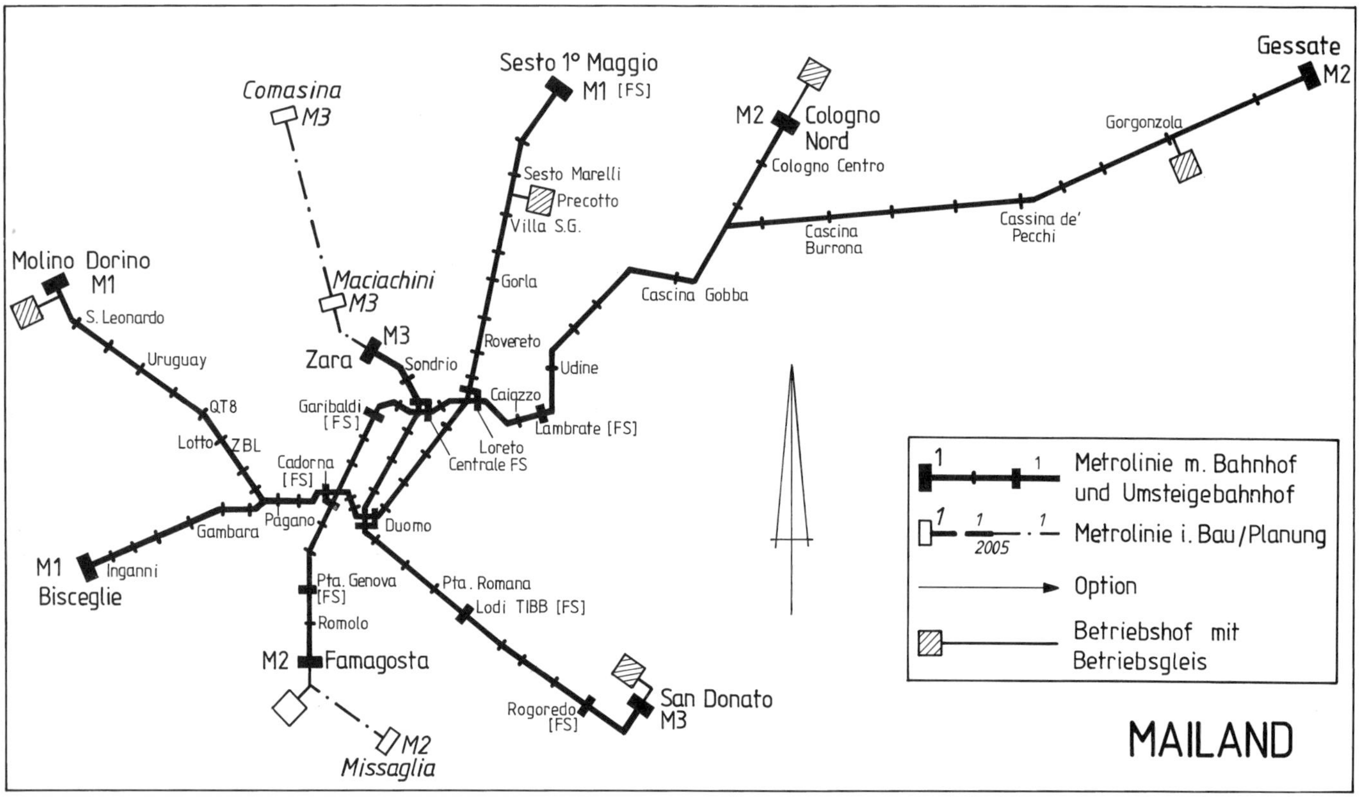

nahmeplatten befinden sich 11 mm dicke Elastomer-Zwischenlagen. Der Oberbau der restlichen Strecke besteht aus Holzschwellen auf Schotterbett.
Der kleinste Kurvenradius beträgt 135 m, die max. Neigung 3,5%.
Die Linien M2 und M3 wurden zum größten Teil in der Schildbauweise gebaut – Anteile an der Gesamtstrecke 50 bzw. 70% – die restlichen Abschnitte in der offenen Bauweise mit Schlitzwänden. Bei einem ca. 250 m langen Abschnitt der Linie M3 in der Nähe des Bahnhofs Porta Romana mußte, aufgrund der hydrogeologischen Verhältnisse, der Boden auf -186° C vereist werden. Bei dem Bau des, an der Mailäner »Scala« vorbeiführenden Tunnels mußte besonderes Augenmerk auf akustische und mechanische Störquellen gerichtet werden, um bei der Vorbeifahrt eines Metrozuges dort stattfindende Aufführungen nicht zu stören. Hierzu wurde auf einer Länge von ca. 150 m der Tunnel mit einem abweichenden und verstärkten Tunnel-Querschnitt versehen.
Auch bei der Linie M2 besteht der Oberbau aus Vignoles-Schienen (50 kg/m) auf Holzschwellen mit Schotterbett; der kleinste Kurvenradius beträgt 170 m, die max. Neigung 3%.
Die Linie M3 erreicht örtlich mit 25 m ihre größte Tiefe; hier sind die Vignolesschienen (60 kg/m) schotterlos teilweise direkt, teilweise mit Betonschwellen oder -Konsolen auf dem Tunnelboden befestigt. Bei der »Scala«-Passage wurden auch speziellen Maßnahmen am Oberbau vorgenommen, ähnlich wie bei der Linie M1, mit einer zusätzlichen Isolierung des Gleisbettes und der Verwendung von Schwellen aus Polyurethanschaum mit einer Kunststoffummantelung. Der kleinste Kurvenradius beträgt 200 m, die max. Neigung 3,5%.

Das Metronetz in Mailand verfügt über 84 Linienbahnhöfe (80 nominell), wovon 71 unterirdisch liegen. An vier Stellen kann innerhalb des Metronetzes, an neun Stellen auf die Züge der Italienischen Staatsbahn (FS) umgestiegen werden. Der mittlere Bahnhofsabstand beträgt bei Linie M1 705 m, bei Linie M2 in der Innenstadt 774 m, außerhalb des Stadtgebietes 1409 m; bei Linie M3 beträgt der mittlere Bahnhofsabstand 800 m. Bedingt durch den sub-urbanen Charakter hat die Linie M2 also einen höheren Durchschnitts-Bahnhofsabstand.

Bahnhof Inganni mit eingefahrenem Zug, der hier endet (Transpress)

Fahrzeuge der Reihe M1 im Betriebshof »Precotto« nahe dem Bahnhof Sesto Marelli. Die Fahrzeuge haben passend zur Linienfarbe ein rotes Dach und rote Seitenwände unterhalb der Fensterbrüstung. Der Dachstromabnehmer ist ausschließlich für Fahrten innerhalb des Betriebshofs (FIREMA).

Interieur der M1-Fahrzeuge (FIREMA).

Ein Metrozug der Linie M2. Das durchgehende grüne Band oberhalb der Fenster, grüne Türen und eine grüne Fläche neben den Frontsignalen deuten auf ihr Operationsgebiet hin (Transpress).

Typ: **Baujahr:** **und 1989**	**M1** **9 Serien zwischen 1962**	
	Mc	**T**
Länge ü.K. (mm):	17500	17500
Breite (mm):	2850	2850
Dienstgewicht (t):	29,9	19,2
Max. Fahrgastzahl:	150	166
Sitzplätze:	32	40
Stehplätze:	118	126
Einstiege p. Seite:	4	4
Leistung (kW):	4 x 103	-
Beschleunigung (m/s^2):	0,9	-
Bremsverzögerung (m/s^2):	1,0	-
Notbremsverzögerung (m/s^2):	2,0	-
v/max (km/h):	80	-
Bestand (31.12.95):	248	82

Typ: **Baujahr:** **und 1992**	**M2** **6 Serien zwischen 1970**	
	Mc	**T**
Länge ü.K. (mm):	17500	17500
Breite (mm):	2850	2850
Dienstgewicht (t):	31	20
Max. Fahrgastzahl:	150	166
Sitzplätze:	32	40
Stehplätze:	118	126
Einstiege p. Seite:	4	4
Leistung (kW):	4 x 110	-
Beschleunigung (m/s^2):	1,0	-
Bremsverzögerung (m/s^2):	1,2	-
Notbremsverzögerung (m/s^2):	2,2	-
v/max (km/h):	90	-
Bestand (31.12.95):	141	71

Die modern gestylten Fahrzeuge vom Typ M3 haben ein gelbes Band unterhalb den Frontscheiben und Fenstern (FIREMA).

Typ:	**M3**	
Baujahr:	**1989-1991**	
	Mc	**T**
Länge ü.K. (mm):	17500	17500
Breite (mm):	2850	2850
Dienstgewicht (t):	31	25
Max. Fahrgastzahl:	152	166
Sitzplätze:	32	40
Stehplätze:	120	126
Einstiege p. Seite:	4	4
Leistung (kW):	8 x 140	-
Beschleunigung (m/s²):	1,0	-
Bremsverzögerung (m/s²):	1,2	-
Notbremsverzögerung (m/s²):	2,2	-
v/max (km/h):	85	-
Bestand (31.12.95):	80	40

Alle Bahnhöfe der Linie M1 haben Seitenbahnsteige; die Bahnhöfe der Linie M2 haben sowohl Seiten- als auch Mittelbahnsteige, die Bahnsteige des Bahnhofs S. Agostino liegen auf zwei Ebenen.
Bei der Linie M3 haben drei Bahnhöfe Mittelbahnsteige, dreizehn Bahnhöfe sind mit Seitenbahnsteigen ausgestattet, die an fünf Stellen in zwei Ebenen liegen; in dieser Aufstellung eingeschlossen ist der Bahnhof S. Donato, der aufgrund seiner dreigleisigen Ausführung als einziger sowohl über einen Mittelbahnsteig als auch über einen Seitenbahnsteig verfügt. Die Bahnsteiglänge beträgt im Allgemeinen 116 m.
In Vergleich zu den anderen Bahnhöfen, die, obwohl sie einen hellen Eindruck machen, mehr oder weniger einfach und zweckmäßig eingerichtet sind, vermitteln die Bahnhöfe der Linie M3 einen freundlicheren Eindruck durch den Gebrauch von grauem Granit und gelben und roten Metallprofilen. Die Bahnhöfe der Linie M3 entstanden zu einem großen Teil in der Schildbauweise.

Fahrzeuge

Die Fahrzeuge sind je nach Linie unterschiedlich konzipiert, u.a. bedingt durch die verwendeten Stromsysteme. Während die Linie M1 mit einer »dritten« Schiene ausgerüstet ist, erhielt die Linie M2 vom Beginn an eine Oberleitung im Hinblick auf die Integration der Stadtbahnlinie nach Adda 1972 in das Metronetz. Das gleiche System kam dann später auch auf der Linie M3 zur Anwendung.
Bei der Inbetriebnahme der Linie M1 1962 standen zunächst nur Triebwagen zur Verfügung, die in Doppel- (Mc+Mc) oder Vierfach-Traktion (Mc+Mc+Mc+Mc) eingesetzt wurden. Seit 1968 wurden auch nichtmotorisierte Zwischenwagen beschafft, wodurch auch eine Reihung Mc+T+Mc möglich wurde. Die Triebwagen sind für Rangierfahrten innerhalb des Betriebshofes mit einem Hilfs-Stromabnehmer auf dem Dach ausgerüstet.
Die Züge der Linien M2 und M3 fahren seit ihrer Betriebsaufnahme in der Reihung Mc+T+Mc. Hersteller waren u.a. Ansaldo (M2) und Firema (M1 und M3)

Betriebsablauf

Die Metrozüge der Linie M1 werden über eine »dritte«, T-förmige Schiene mit 750 V Gleichstrom versorgt, die vom Stromabnehmer seitlich bestrichen wird. Um die vielen Rohrleitungen, die in dem feuchten Untergrund von Mailand verlegt sind, gegen elektrolytische Korrosion zu schützen, erfolgt die Stromrückführung über eine isolierte »vierte« Schiene, die in der Gleismitte verlegt ist; diese Vignoles-Schiene (52 kg/m) ist zu Längen von 100 m zusammengeschweißt und mit Dehnungsfugen verlegt. Die Energieversorgung erfolgt durch zwölf, in Abständen von ca. 2 km über die Strecke verteilte Unterwerke.
Die Metrozüge der Linien M2 und M3 werden über eine Oberleitung mit 1500 V-

Gleichstrom versorgt, wobei die Stromrückführung über das Gleis erfolgt. Während für die Energieversorgung der Linie M2 elf Unterwerke über die Strecke verteilt sind, sind es bei der Linie M3 lediglich fünf.
Die Zugsicherung der Linien M1 und 2 besteht aus einem Selbstblocksystem mit Geschwindigkeitsüberwachung und Zugbeeinflussung.
Die dreibegriffigen Lichtsignale ermöglichen die fünf folgenden Signalbilder, die im Fahrerstand wiederholt werden: grün = 80 km/h; gelb = 50 km/h; rot/gelb= 30 km/h; rotes Blinklicht = 15 km/h; rot = halt. In der ZBL wird der gesamte Betriebsablauf kontrolliert; alle Weichen und wichtigen Bahnhöfe sind mit Fernsehkameras ausgerüstet.
Die Linie M3 wird von einer neuen, rechnergestützten ZBL, nahe dem Bahnhof Lotto, nach dem ATO-System vollautomatisch gesteuert; der Fahrer kontrolliert lediglich die Fahrgastbewegungen auf den Bahnhöfen und übermittelt dem Rechner den Abfahrtsbefehl. Von dieser ZBL aus wird zukünftig auch der Betrieb auf den Linien 1 und 2 überwacht.
Werktags verkehren die Metrozüge auf allen Linien zwischen 05.56 und 00.20 Uhr mit einer Zugfolge von 5 min, in der HVZ von 2 2,5 min.
Wartung, Reparaturen und Hauptuntersuchungen der Metrofahrzeuge erfolgen in der Hauptwerkstätte Precotto; weitere Betriebshöfe mit Werkstätten befinden sich am Endbahnhof Molino Dorino (M1), Gorgonzola und Cologno Nord (M2) und S. Donato (M3). Hierzu wurde ein Teil der Gleise der Linie M1 mit einer zusätzlichen Oberleitung versehen, sodaß die Fahrzeuge der Linien M2 und 3, allerdings mit reduzierter Leistung, selbsttätig in die Hauptwerkstätte fahren können.
Die Fahrkarten sind mit codierten Magnetstreifen versehen, die an den Eingängen von den Entwertungsautomaten gelesen werden.

Ein Blick in die Zukunft
Für die Erweiterung des Metronetzes sind für folgende Projekte die Pläne fertiggestellt und die Mittel bewilligt. Termine für den Beginn der Bauarbeiten sowie für die Inbetriebnahmen konnte jedoch noch nicht genannt werden:

Linie M2
Famagosta–Missaglia/Abiategrasso; bei Famagosta entsteht ein dritter Betriebshof für die Linie M2.
Linie M3
(Comasina–)Maciachini—Zara.

Laut Planungsgesellschaft »Metropolitana Milanese SpA (MM)« ist eine ursprünglich geplante vierte Metrolinie von der Innenstadt nach Parco Nord vorläufig auf Eis gelegt.

Neapel

Betreiber: Ferrovie della State - FS (Italienische Staatsbahn)

Die romantisch am Golf von Neapel und am Fuße des Vesuvs gelegene Hauptstadt von Campania und der Provinz Neapel wurde ursprünglich als griechische Kolonie Nea polis (neue Stadt) gegründet Die Stadt wechselte mehrmals den Besitzer, bevor sie 1860 endgültig Italien zugeschlagen wurde.
In Neapel findet der aufmerksame Betrachter viele schöne historische Gebäude, darunter den Dom (13. Jhd.) und die Porta Capuana (1485) ; durch ihre malerische Lage ist die Stadt ein Touristen-Magnet. Neben dem Hafen machen Handel und Industrie (Keramik, Textil, Leder, Schiffsbau) Neapel zur wichtigsten Stadt in Süd-Italien.
Die Wohnbebauung ist terrassenartig an die Hügel angepaßt, mit Villen im Westen und Mehrfamilienhäusern im Osten.

Den öffentlichen Verkehr in Neapel teilen sich verschiedene Verkehrsträger: die ATAN (Azienda Tramvie ed Autofilovie – Napoli) betreibt den Stadtverkehr, die Italienische Staatsbahn (FS) sowie mehrere Nebenbahnen wie z.B. der Circumvesuviana sorgen für regionale Verbindungen. Von der ATAN allein werden 142 Bus-, fünf Obus- und fünf Straßenbahnlinien betrieben.
Die Entwicklung im Norden der Stadt, u.a. bei Secondigliano und die damit einhergehende Notwendigkeit einer attraktiven Verbindung mit der Innenstadt und dem Hauptbahnhof »Garibaldi« war 1982 für den Gemeinderat Anlaß, den Bau einer Metrolinie zu beschließen, deren Bau 1985 begonnen wurde.

Entwicklung und Bau der Metrolinie

Die **Metrolinie 1** soll in der Endausbaustufe mit einer Gesamtlänge von 25 km und 29 Bahnhöfen von Alta Velocità über Piscinola Secondigliano nach Garibaldi führen. Der nachstehenden Aufstellung sind die ersten Teilstrecken (1. und 2. Phase) und ihre Eröffnungsdaten zu entnehmen:

Piscinola Secondigliano–Pza. Vanvitelli, 8,26 km

Colli Aminei–Pza. Vanvitelli: 28. März 1993. Piscinola Secondigliano–Colli Aminei: 19. Juli 1995.

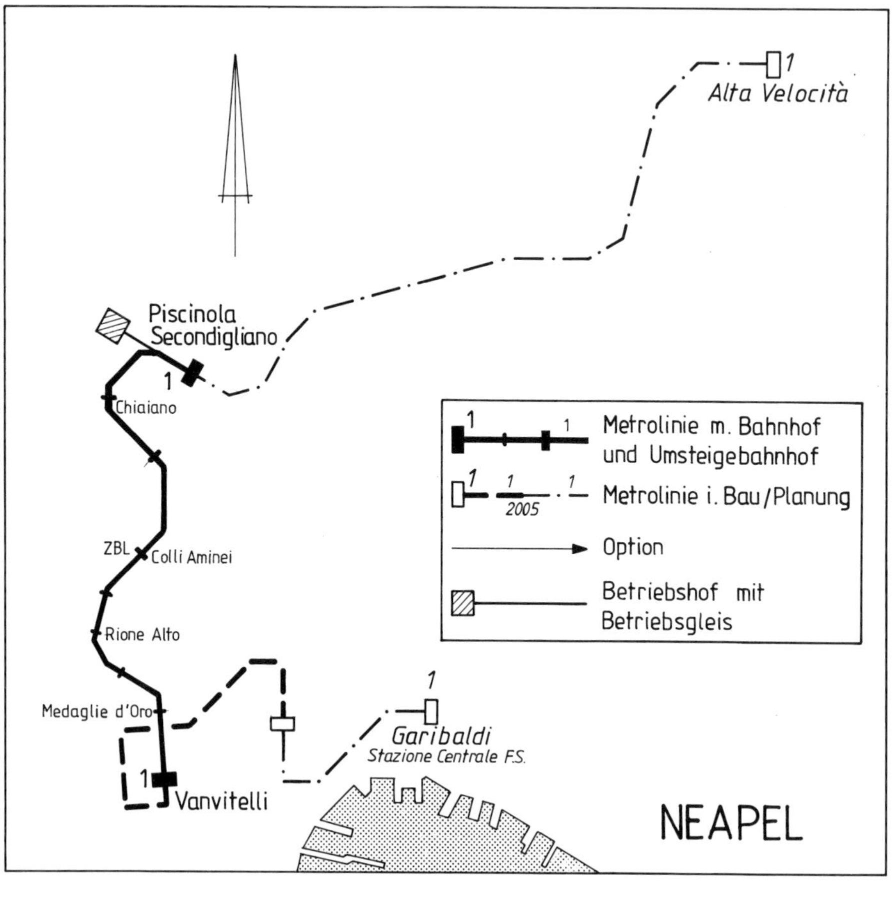

Von dieser Strecke liegen 3,78 km in einem Tunnel, der Rest auf einem Viadukt.
Beim Bau des Tunnels wurden die offene Bauweise, die Schildbauweise und die bergmännische Bauweise angewandt. Bedingt durch die vulkanische Bodenkonsistenz konnte bei letztgenannter Bauweise auf traditionelle Art gearbeitet werden.
Das Teilstück Medaglie d'Oro–Pza. Vanvitelli war als erstes fertig und konnte für Probefahrten genutzt werden. Hierzu wurden die Züge mit einem Mobilkran durch einen offenen Schacht in der Via Bernini auf das Gleis gesetzt.
Der Oberbau in den Tunnels besteht aus nahtlos geschweißten Vignoles-Schienen (50 kg/m) die mit Federklammern und Elastomer-Platten auf Beton-Konsolen befestigt sind; außerhalb der Tunnel liegen die Schienen auf Holzschwellen mit Schotterbett.
Der kleinste Kurvenradius beträgt 150 m, die max. Neigung 5,5%.
Die Linie 1 verfügt momentan über neun Bahnhöfe, wovon sechs unterirdisch sind; der mittlere Bahnhofsabstand beträgt 750 m.
Je nach Bahnhofsauslegung wurden sowohl Seiten- als auch Mittelbahnsteige mit einer Länge von 110 m eingebaut, die Platz für drei gekuppelte Doppel-Triebwagen (DT) bieten.
Mit Ausnahme des Bahnhofs Rione Alto verfügen alle Bahnhöfe über Rolltreppen und Aufzüge; im Bahnhof Rione Alto wurde aufgrund der großen Tiefe (44 m) auf Rolltreppen verzichtet und drei Großaufzüge mit einer Fläche von je 5 m², geeignet für je 30 Personen, eingebaut. Der Bahnhof Vanvitelli ist wegen der langen Wege zu zwei anschließenden Seilbahnen mit Rollsteigen ausgerüstet.

Rechte Seite: Das »Gesicht« der Metro in Neapel (Ansaldo)

Ein Blick in den Bahnhof Vanvitelli (Metropolitana di Napoli).

Zwei abgestellte Metrotriebzüge beim Bahnhof Vanvitelli (Ansaldo).

Fahrzeuge
Die Fahrzeuge wurden von der Firma Ansaldo speziell im Hinblick auf die starken Steigungen entwickelt und als Doppel-Triebwagen (DT) mit All-Achsantrieb konzipiert.

Typ:	»Napoli«
Baujahr:	1991-1993
Länge ü.K. (mm):	35680
Breite (mm):	2850
Dienstgewicht (t):	62,5
Max. Fahrgastzahl:	432
Sitzplätze:	60
Stehplätze:	372
Einstiege p. Seite:	8
Leistung (kW):	8x135
Beschleunigung (m/s²):	1,2
Bremsverzögerung (m/s²):	1,2
Notbremsverzögerung (m/s²):	–
v/max (km/h):	80
Bestand (31.12.94):	12

Betriebsablauf
Die Metrozüge werden über eine Oberleitung mit 1500 V Gleichstrom versorgt; für die Energieversorgung sind mehrere Unterwerke gleichmäßig über die Linie verteilt. Die Zugsicherung basiert auf einem Selbstblocksystem mit Lichtsignalen.
Durch den automatischen und rechnergestützen Betrieb ist eine kleinste Zugfolge von 90 sec. möglich; die sog. »Dirigenze Centrale Traffico (DCT)« befindet sich im Bahnhof Colli Aminei.
Momentan wird an allen Tagen mit einer Zugfolge von 10 min. gefahren.
Für Wartung und Reparatur der Metrozüge ist beim augenblicklichen Endbahnhof Piscinola Secondigliano, auf einer Fläche von 140.000 m², ein Betriebshof mit Werkstatt und Abstellmöglichkeiten für 132 DT eingerichtet; hiervon wird gegenwärtig jedoch nur ein kleiner Teil genutzt.

Ein Blick in die Zukunft.
Die dritte Phase des Metro-Projektes, Pza. Vanvitelli–Pza. Dante, dürfte zugleich die schwierigste sein. Für diese ca. 7,5 km lange, ganz im Tunnel verlaufende Teilstrecke sind die Mittel bewilligt und die Bauarbeiten mittlerweile aufgenommen; es wird jedoch nicht damit gerechnet, daß dieser Abschnitt vor der Jahrtausendwende in Betrieb genommen wird.
Zwar liegen die Bahnhöfe Medaglie d'Oro und Salvator Rosa Luftlinie nur ca. 500 m auseinander, jedoch beträgt der Höhenunterschied ca. 70 m. Ab dem Bahnhof Vanvitelli verläuft die Linie deshalb in einem Kehrtunnel mit einer Länge von nahezu 2,5 km und einer Neigung von ca. 5,5%.
Die weitere Verlängerung nach Garibaldi-FS ist in Planung; das Gleiche gilt für den Abschnitt Alta Velocità–Piscinola Secondigliano. Für beide Teilstrecken (4. und 5. Phase) liegt noch kein Terminplan vor.

Rom

CONSORZIO TRASPORTI PUBBLICI LAZIO

Betreiber: Consorzio Trasporti Pubblici Lazio (CO.TRA.L)

Rom, die »Ewige Stadt« am Tiber, ist nicht nur Hauptstadt Italiens, sondern auch der gleichnamigen Provinz sowie der Region Latium (Lazio). Die Stadt ist gebaut auf sieben Hügeln und liegt inmitten der dünn besiedelten Campagna di Roma, ca. 25 km vom Tyrrhenischen Meer entfernt.
Bereits im Altertum zählte Rom eine Million Einwohner, nach dem Zerfall des Römischen Reiches ging die Bevölkerungszahl allerdings deutlich zurück. Erst im 19. Jhd. stieg diese wieder von 300.000 im Jahre 1881 auf 1 Mio. 1931 und 2 Mio im Jahre 1957. Momentan beträgt die Einwohnerzahl ca. 3 Mio, mit dem Großraum zusammen 3,7 Mio.
Rom ist kulturelles und politisches Zentrum Italiens und als Residenz des Papstes der geistliche Mittelpunkt der römisch-katholischen Kirche.
Über Jahrhunderte hinweg war Rom der geistige und kulturelle Mittelpunkt Europas. Das Imperium Romanum brachte Bauten wie das weltbekannte Colloseum hervor, die die Zeitläufte überdauert haben und von der einzigartigen Stellung der Stadt künden. Bis zur Reformation war Rom der unbestrittene Mittelpunkt der gesamten christlichen Welt und noch heute ist die Stadt das geistliche Zentrum der römisch-katholischen Kirche. Nach der Überlieferung ist die Hauptkirche der katholischen Christenheit, der Petersdom, über der Grabstätte des Apostels Petrus erbaut, in dessen direkter Nachfolge die Päpste stehen. Ebenso bekannt ist die aus dem Mittelalter stammende Sixtinische Kapelle, mit den einzigartigen Fresken Michelangelos.
Trotz einiger größerer Industriebetriebe, ist Rom doch überwiegend Beamten-, Künstler- und vor allem Touristenstadt mit 3 Mio Besuchern jährlich, was annähernd mit der Einwohnerzahl übereinstimmt.

Ungeachtet der 20 Brücken über den Tiber ist der innerstädtische Verkehr als katastrophal zu bezeichnen. Fehlender Parkraum und die vielen auswärtigen Besucher hätten einen geregelten ÖPNV ausschließlich durch die heutigen acht Straßenbahn- und 228 Buslinien völlig unmöglich gemacht. Anläßlich der geplanten Weltausstellung 1942 beschloß die Italienische Regierung bereits 1937 den Bau einer Metrolinie von Stazione Roma Termini (dem Hauptbahnhof) zum geplanten Ausstellungsgelände im Süden der Stadt. Schon 1938 wurden die Arbeiten aufgenommen, aber durch die politische Situation wurden weder Weltausstellung noch Metro Realität. 1942 wurden die Arbeiten eingestellt und erst am 10. Februar 1955 konnte die erste Metrolinie von Stazione Roma Termini über »Esposizione Universale Rione (EUR)«, das ursprüngliche Ausstellungsgelände, nach Laurentina in Betrieb genommen werden. Die Linie wurde zunächst von der »Societa della Tramvie e Ferrovie Electriche de Roma (STEFER)« betrieben; 1980 wurden alle Schienenverkehrsaktivitäten, auch die in der Region, von der A.CO.TRA.L. (Azienda Consortile Trasporti Laziale), die auch ein respektables regionales Busnetz unterhält, übernommen. Seit 1994 führt die Gesellschaft nach Reorganisation den heutigen Betriebsnamen CO.TRA.L

Entwicklung und Bau des Metronetzes

Das Metronetz besteht aus zwei Linien, die wie folgt in Betrieb genommen wurden:

A Anagnina–Stazione Roma Termini–Ottaviano, 14,8 km
16. Februar 1980.
Die Einweihung erfolgte zwar bereits im Juni 1979, aus technischen Gründen konnte der Betrieb jedoch erst im Februar 1980 aufgenommen werden.

B Rebibbia–Stazione Roma Termini–Laurentina, 19,0 km
Stazione Roma Termini–Laurentina: 10. Februar 1955,
Rebibbia–Stazione Roma Termini: 8. Dezember 1990.

Hiermit hat das Metronetz ein Länge von 33,8 km, wovon 26 km im Tunnel liegen. Die Tunnel der Linie A entstanden, je nach

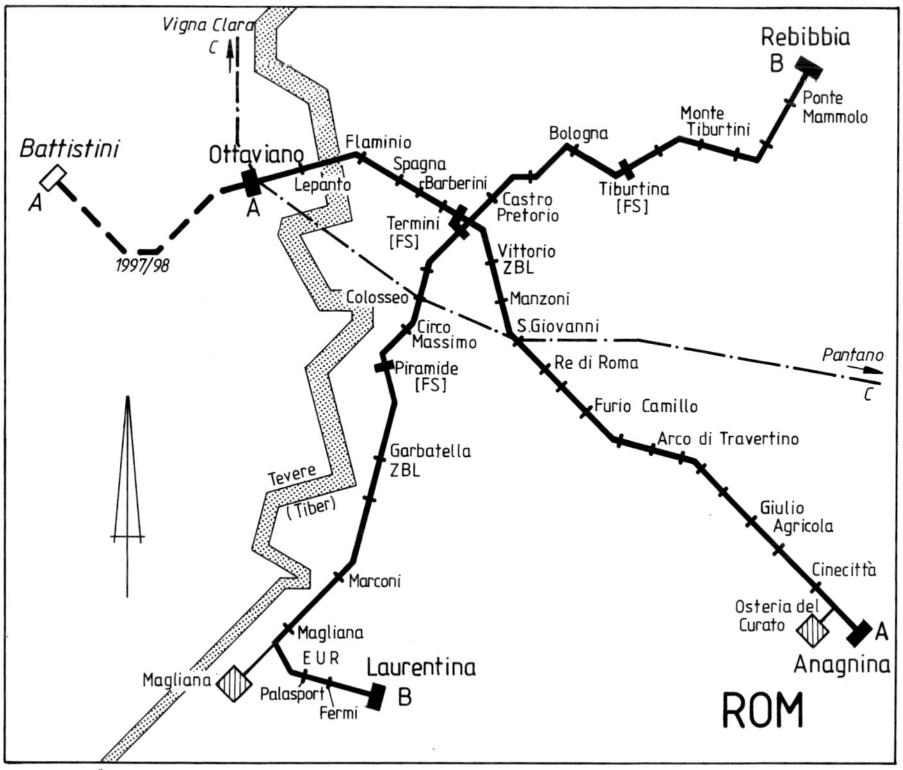

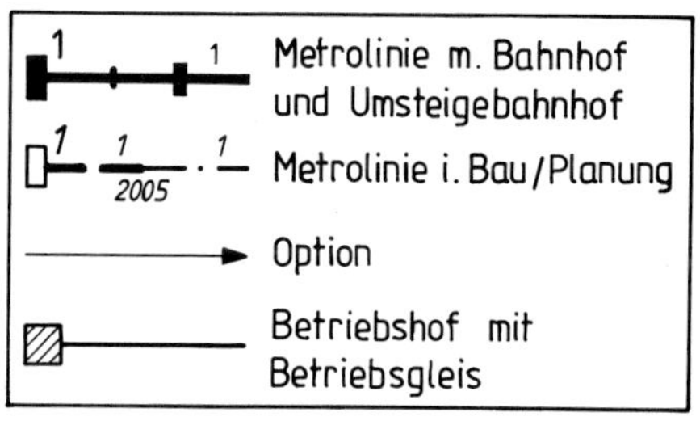

Metrozug der Linie A im Bahnhof Barberini (intermetro spa.).

Blick in das Zwischengeschoß des am 8. Dezember 1990 eröffneten Bahnhofs Tiburtina (Linie B) (intermetro spa.).

den geologischen Verhältnissen, in der offenen und der bergmännischen Bauweise. Zwischen den Bahnhöfen Flaminio und Lepanto kommt die Metrolinie kurzzeitig über die Erde, um, getrennt durch Glaswände, zusammen mit dem Straßenverkehr den Tiber über eine 140 m lange Brücke zu überqueren.

Das erste ca. 4 km lange Tunnel-Teilstück der Linie B ab »Roma Termini« wurde in der bergmännischen Bauweise im Felsboden vorgetrieben; im EUR-Gebiet wurde der Tunnel in der offenen Bauweise erstellt. Die Verlängerung der Linie B nach Rebbibia war sehr problematisch; auch hier wurden die Bauweise und Tunnelquerschnitte von den geologischen Verhältnissen bestimmt. Der Bahnhof Ponte Mammolo wurde wegen der Querung mit dem Flüßchen Aniene auf einem Viadukt gebaut. Danach wechselten sich die offene und die bergmännische Bauweise bis zum Bahnhof Bologna, der wegen der örtlichen Bebauung in zwei Ebenen angelegt werden mußte, ab. Hierbei kam die offene Bauweise mit Bohrpfählen zur Anwendung. Das anschließende Teilstück wurde mit einer Schildbohrmaschine vorgetrieben, wobei das Direktionsgebäude der Italienischen Staatsbahn »Ferrovia della State (FS)« untergraben werden mußte; um ein Absinken zu vermeiden, mußte das Gebäude örtlich abgestützt werden.

Der Oberbau besteht aus Vignoles-Schienen (Linie A: 50 kg/m, Linie B: 46 und 50 kg/m), teilweise auf Holz- und Betonschwellen mit Schotterbett. Bei der Linie A sind die Schienen auf kurzen Tunnel-Teilstrecken sowie auf der Tiber-Brücke direkt auf dem Betonboden verlegt; die Schienen der Linie B liegen in den Tunneln auf Konsolen mit vorgespannten Verbindungsstäben und Elastomer-Unterlagen.

Der kleinste Kurvenradius beträgt 100 m, die max. Neigung 4%.

Das Metronetz hat 44 Linienbahnhöfe, wovon 38 unterirdisch sind. Der Bahnhof »Termini« ist Knotenpunkt der Linien A und B mit der FS. Auch auf den Bahnhöfen Tiburtina und Piramide (mit Fußweg) kann auf die FS-Züge umgestiegen werden; zwei Bahnhöfe, Piramide und Magliani, bieten Umsteigemöglichkeiten auf die Regionalbahn Rom–Lido; auf dem Bahnhof Flaminio kann man auf die Züge der Regionalbahn Rom–Viterbo umsteigen.

Der mittlere Bahnhofsabstand beträgt bei Linie A 670 m; bei Linie B 914 m.

Die Einrichtung der Bahnhöfe der Linie A ist auf Zweckmäßigkeit ausgelegt, die Bahnhöfe des älteren Streckenteils der Linie B wurden zwischen 1989 und 1993 restauriert (6) oder rekonstruiert (4). »Marconi« kam als neuer Bahnhof hinzu, während der Bahnhof Laurentina am alten Platz völlig neu gebaut wurde.

24 Bahnhöfe haben Rolltreppen, der Bahnhof Spagna hat auch Rollsteige.

Fahrzeuge

Die Fahrzeuge der Linie A sind abgeleitet von den Fahrzeugen der Mailänder Linie M2. Eine Einheit besteht aus zwei gekuppelten Triebwagen mit Fahrerstand (Mc+Mc); durch die Plazierung eines Zwischenwagens (T) zwischen zwei Einheiten können Fünfwagenzüge (Mc+Mc)+T+(Mc+Mc) gebildet werden. Nach der Ablieferung von weiteren 40 Mc- und 20 T-Wagen wurden die Einheiten in der Reihung Mc+T+Mc zusammengestellt, die nunmehr die Bildung von Sechswagenzügen (Mc+T+Mc)+(Mc+T+Mc) ermöglicht.

Die Fahrzeuge der Linie B bestehen ausschließlich aus Triebwagen mit und ohne Fahrerstand (Mc und M). Durch die Aufstellung Mc+M+M für eine Einheit können also nur Sechswagenzüge in der Reihung (Mc+M+M)+(M+M+Mc) zusammengestellt werden. Die Beschaffung der »B«-Fahrzeuge erfolgte anläßlich der Erweiterung der Linie B von Termini nach Rebbibia, nach der Restaurierung des Streckenteils nach Laurentina erfolgte eine Nachlieferung; mit Beginn der Lieferungen wurden 40 ältere, nicht sehr metroähnliche Stromlinien-Triebwagen MR 100 (1955) und MR 200 (1959) zur Regionalbahn Rom–Lido verlegt. Die von Breda gelieferten Fahrzeuge der Linien A und B sind miteinander kuppelbar. Im Gegensatz zu den »A«-Fahrzeugen haben die »B«-Fahrzeuge Choppersteuerung; beide Fahrzeugtypen sind für ATO (Automatic Train Operation) vorbereitet.

Die Wagenkästen ruhen mit Luftfedern (Sekundärfederung) auf den Drehgestellen; die Primärfederung besteht aus Schraubenfedern. Der einteilige Kopf des Fahrzeugs besteht aus glasfaserverstärktem Polyester (GFK) und ist auf einer in den Wagenkasten integrierten Verstärkung montiert. Bei den Zwischenwagen sind anstelle des Fahrerstandes zwei Rollstuhlplätze eingerichtet.

Betriebsablauf

Die Metrozüge werden über eine Oberleitung mit 1500 V-Gleichstrom versorgt; die Energieversorgung erfolgt je Linie durch vier Gleichrichterwerke.

Der Betrieb auf beiden Linien wird automatisch nach dem ATO-System durchgeführt,

Typ:	»A«	
Baujahr:	1979	
	Mc	T
Länge ü.K. (mm):	17840	17840
Breite (mm):	2850	2850
Dienstgewicht (t):	31,6	31,6
Max. Fahrgastzahl:	202	225
Sitzplätze:	32	32
Stehplätze:	170	187
Einstiege p. Seite:	4	4
Leistung (kW):	4 x 110	-
Beschleunigung (m/s²):	1,2	-
Bremsverzogerung (m/s²):	1,2	-
Notbremsverzögerung (m/s²):	2,2	-
v/max (km/h):	90	-
Bestand (31.12.95):	152	32

Typ*:	»B«	
Baujahr:	1988	
	Mc	M
Länge ü.K. (mm):	17840	17840
Breite (mm):	2850	2850
Dienstgewicht (t):	31,2	30,9
Max. Fahrgastzahl:	192	215
Sitzplätze:	32	32
Stehplätze:	160	183
Einstiege p. Seite:	4	4
Leistung (kW):	4x250	4x250
Beschleunigung (m/s²):	1,2	1,2
Bremsverzögerung (m/s²):	1,2	1,2
Notbremsverzögerung (m/s²):	1,5	1,5
v/max (km/h):	90	90
Bestand (31.12.95):	63	125

* Industrieseitig werden beim Typ »B« die »Mc« auch als Typ M10, die »M« als Typ M11 bezeichnet.

die »Dirigenza Centrale Operativa (DCO)« befindet sich für die Linie A beim Bahnhof Vittorio und für die Linie B beim Bahnhof Garbatella. Das System ermöglicht eine minimale Zugfolge von 90 sek; die Anhalteautomatik arbeitet mit einer Genauigkeit von 50 cm. Weitere technische Einrichtungen wie Zugbahnfunk, Gegensprechanlagen sowie Ferndrucker sind eine Selbstverständlichkeit. Zusätzlich zum Aufsichtspersonal auf allen Bahnhöfen werden die Bahnsteige über Fernsehanlagen in den beiden ZBL überwacht.

Die Metrozüge verkehren täglich zwischen 05.30 und 23.30 Uhr im 3-Minutentakt.

Die Betriebshöfe mit Werkstätten und Abstellgleisen befinden sich in Osteria del Curato (Linie A) und Magliana (Linie B).

Für Metro, Bus, Straßenbahn und Regionalbahn besteht ein Gemeinschaftstarif; es gibt vielfältige Abonnements. Die üblichen Fahrkarten sind an Automaten erhältlich und haben einen Magnetstreifen für die Entwertungsautomaten.

Ein Blick in die Zukunft

Seit 1993 wird an der Verlängerung (4,5 km) der Linie A von Ottaviani nach Battistini gearbeitet; die Linie umfaßt fünf Bahnhöfe, wovon zwei bis Ende 1997 eröffnet werden; die anderen drei folgen, wie geplant, im November 1998. Alle Bahnhöfe werden mit Rolltreppen ausgestattet.

Statt dem Bau einer Linie »D« von Serpentara im Norden nach Pontina im Süden war eine Linie »C« von Pantano über S.Giovanni und Ottaviano nach Vigna Clara geplant, wobei der östliche Abschnitt Pantano–S.Giovanni zum Teil auf der zu diesem Zwecke umzubauenden Trasse der Schmalspurbahn Termini–Grotte Celoni verlaufen wird.

Ursprünglich sollte der zentrale Abschnitt von S.Giovanni nach Ottaviano bis Ende 1999, rechtzeitig zum Heiligen Jahr, fertiggestellt sein; aus politischen Gründen ist das Projekt jedoch zunächst zurückgestellt, es wird lediglich der östliche Abschnitt Pontano–S.Giovanni weiter verfolgt.

Zur Verstärkung des Fahrzeugparkes befinden sich gegenwärtig 40 Mc und 20 M (Typ A) im Bau, ein weiteres Los gleichen Typs und gleicher Anzahl sind in Auftrag gegeben.

Rechts: Die Fahrzeuge der Linie A sind orangefarbig mit grauen Türen und einem grauen Feld um die Frontscheiben (intermetro spa.).

Die Triebzüge der Linie B sind grau lackiert mit blauen Türen und einer blauen Frontpartie (intermetro spa.).

Das Interieur der »B«-Triebzüge (intermetro spa.).

Amsterdam

Betreiber: Gemeentevervoerbedrijf Amsterdam (GVB)

Die niederländische Hauptstadt hat ca. 700.000 Einwohner und ist Mittelpunkt von Handel, Industrie und Kultur. Obwohl die Bedeutung des Hafens in den letzten Jahrzehnten stark rückläufig ist, hat sich im Westen der Stadt, mit Orientierung auf die dort enstandenen neuen Industriebetriebe, ein ausgedehntes neues Hafengebiet etabliert. Die schiffahrtsabhängigen Betriebe am Nordufer des »IJ« genannten zentralen Hafengebietes haben Wohngebieten Platz gemacht, was bereits auf eine völlige Neu-Strukturierung dieses Gebietes hindeutet.
Der Tourismus indes ist noch immer eine der wichtigsten Einnahmequellen der Stadt.

Die Entwicklung des Schienenverkehrs in Amsterdam verlief im wesentlichen wie in anderen Großstädten; 1839 wurde das erste Pferde-Omnibusnetz gegründet. Die erste Pferdebahn der »Amsterdamse Omnibus Maatschappij (AOM)« fuhr 1875; das hieraus gewachsene Straßenbahnnetz ging 1900 in städtische Hände über und als am 14. August desselben Jahres die erste elektrische Straßenbahn in Betrieb genommen wurde, war auch hier die »moderne« Zeit angebrochen.
Nach dem Zweiten Weltkrieg erlebte die Stadt ein ungeheures Wachstum. Die Einwohnerzahl ging sprunghaft in die Höhe und auch die Anzahl der Pendler, und damit der Individualverkehr, nahm zu.
Erste Stimmen über den Bau einer »Metro« wurden am Ende der vierziger Jahre gehört. Auch erste Probebohrungen auf dem »Museumplein« als Endstation einer vom Flughafen Schiphol kommenden Linie wurden durchgeführt, aber sehr ernst wurden diese Aktivitäten von der Bevölkerung noch nicht genommen.
Das änderte sich erst, als nach 1956 eine städtische Kommission anfing, sich intensiv mit der Lösung der Probleme rund um den Verkehr zwischen den Wohn- und Arbeitsstätten zu beschäftigen. Für die Verbindungen zwischen den im Bau befindlichen Wohnvierteln in den Außenbezirken und dem Stadtzentrum wurde im Rahmen einer Studie nach einem schnelleren und effizienterem Verkehrsmittel als Straßenbahn und Bus gesucht. 1960 war diese Studie, nach mehreren Volkszählungen und Umfragen, soweit fortgeschritten, daß die Kommission den Bau eines Metronetzes empfahl. Daraufhin wurde 1963 ein Gemeinschaftsbüro, mit Spezialisten von GVB und Stadtplanungsamt (Stadtentwicklung und Tunnelbau) gegründet, welches die Metro ebenfalls als Optimum gegenüber anderen denkbaren Möglichkeiten, wie z.B. einer Stadtbahn ansah. Nachdem durch regelmäßige Publikationen über Pläne und Trassierung, Baumethoden, Kosten und Nutzen das öffentliche Interesse geweckt war, beschloß der Gemeinderat 1968 den Bau des nachstehenden Metronetzes, welches aus vier Linien mit einer Gesamtlänge von 78 km bestehen sollte, wovon 25 km unterirdisch verlaufen würden:

zwei Ost-West-Linien
a) Gaasperplas/Gein (»Bijlmermeer«)–Amstelstation–Weesperplein–Nieuwmarkt–Centraal Station (der Hauptbahnhof)–Looiersgracht–Osdorp,
b) Gaasperplas–Watergraafsmeer–Station–Muiderpoort–Weesperplein–Looier sgracht–Geuzenveld (die sog. »Singelgracht-Trasse);

eine Nord-Süd-Linie
Oostzaan/Nieuwendam–Buiksloot–Centraal Station–Spui–Olympisch Stadion–Amstelveen West–Bovenkerk/Spui–R.A.I.–Amstelveen Oost–Bovenkerk–Schiphol Oost, bis Spui und ab Bovenkerk gemeinsam verlaufend;

eine Ringlinie
Diemen–Duivendrecht–Spaklerweg–Station Zuid/WTC-Riekerpolder–Sloterdijk–Havens West.

Mit dieser Entscheidung wurden die alternativen Vorschläge aus der Bevölkerung verworfen. Diese entstanden vor allem aus berechtigter Sorge um die Erhaltung des historischen Baubestandes, waren jedoch zum größten Teil völlig unbelastet von Fach- und Sachkenntnissen und verfehlten durch abenteuerliche Ideen das eigentliche Ziel des Projektes.
Nachdem 1970 die Finanzierung »stand«, konnte am 27. August desselben Jahres offiziell mit dem Bau des östlichen Teils der Ost-West-Linie »a« begonnen werden. Die Wahl war auf diese Linie gefallen, weil die Einwohnerzahl des südöstlichen Neubaugebietes »Bijlmermeer« für 1978 auf 80.000 geplant war, wodurch ein großer Bedarf an einer direkten Verbindung mit der Innenstadt entstehen würde.
Während der Bauphase sorgten viele archäologische Funde für Verzögerungen. Aber auch die überfällige Sanierung eines Wohnviertels, die man gleichzeitig mit den Bauarbeiten durchführen wollte, sorgte für Verzögerungen durch Aufruhr.
Die gemachten Erfahrungen ließen den Gemeinderat den 1975 gefaßten Beschluß wieder rückgängig machen und man beließ es zunächst bei dieser Linie; der Begriff »Metro« wurde fortan in Verbindung mit neuen Verkehrsplänen nicht mehr so gerne benutzt. Die nächste »Schnell-Linie« in Amsterdam war die im Dezember 1990 eröffnete Stadtbahnlinie 51 von »Centraal Station« nach Amstelveen. Diese befährt einen Teil der 1968 geplanten Linien, und zwar
- von der Ringlinie: das Teilstück Spaklerweg bis zum Anschluß »Station Zuid/WTC«;
- von der Nord-Süd-Linie: ab »Station Zuid/WTC« das Teilstück durch den östlichen Teil von Amstelveen.

Erst seit dem Bau der in der Hauptsache peripher verlaufenden Ringlinie und dem Projekt einer neuen Nord-Süd-Linie, wobei

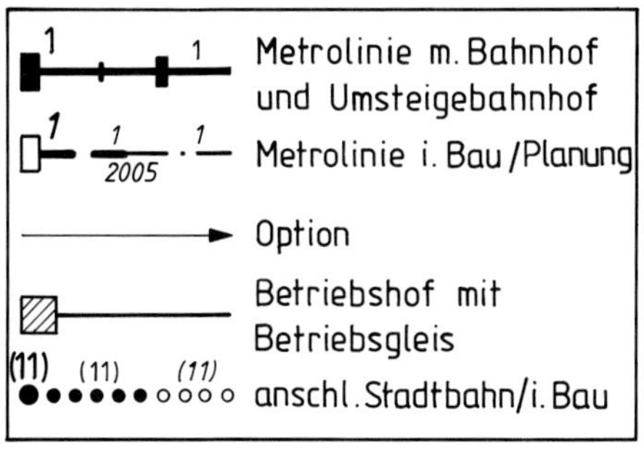

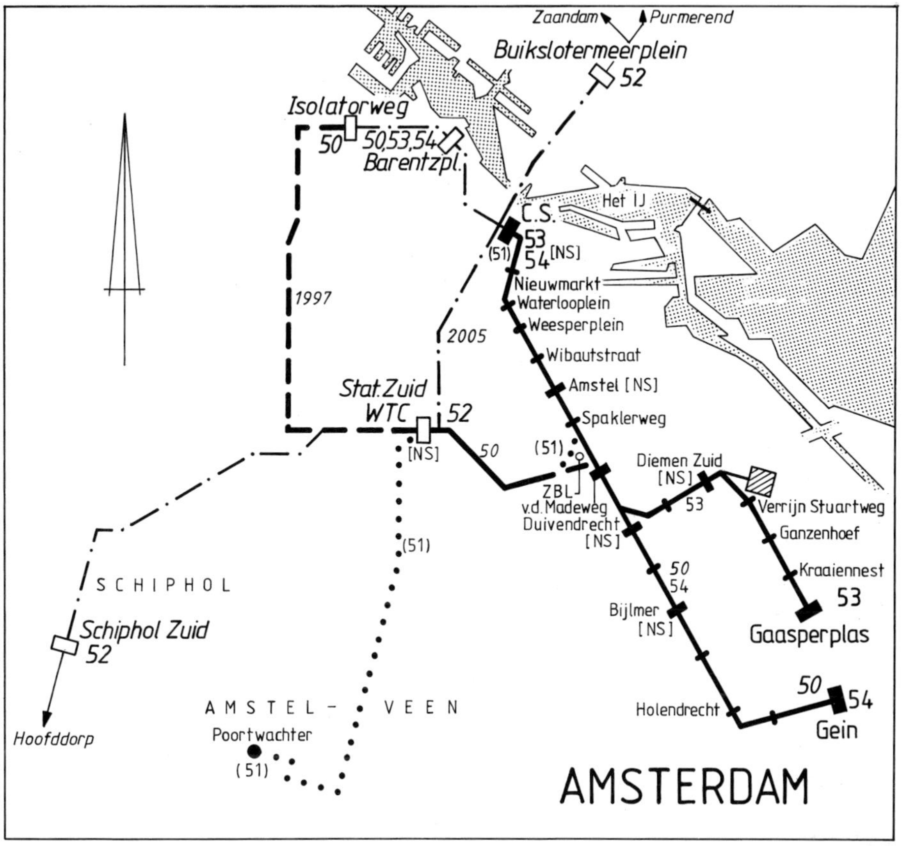

die heutigen verbesserten Baumethoden die städtische Infrastruktur unangetastet lassen können, wird wieder von »Metro« gesprochen.

Entwicklung und Bau des Metronetzes

Die Ostlinie wurde wie folgt in Betrieb genommen (ausnahmsweise in Ost-West-Richtung beschrieben):

53 Centraal Station–Gaasperplas, 11,5 km

54 Centraal Station–Gein, 12,0 km

Weesperplein–Duivendrecht–Gaasperplas und Duivendrecht–Holendrecht: 16. Oktober 1977

Centraal Station–Weesperplein: 13. Oktober 1980

Holendrecht–Gein: 28. August 1982

Das Teilstück Centraal Station–Duivendrecht wird von beiden Linien gemeinschaftlich benutzt.

Die Gesamt-Linienlänge beträgt 23,5 km mit einem unterirdischen Anteil von 3,5 km. Anläßlich der Inbetriebnahme der Stadtbahn-Linie 51 Centraal Station–Spaklerweg (über die Metrotrasse)–Station Zuid/WTC–Amstelveen Poortwachter erhielt auch die Metro Liniennummern.

Das Teilstück ab dem Bahnhof Weesperplein wurde innerhalb der vorgesehenen Zeit fertiggestellt; die Verlängerung zum Centraal Station konnte aufgrund der politischen Umstände und archäologischer Funde in der Altstadt erst zwei Jahre später als geplant in Betrieb genommen werden.

Die Trasse verläuft ab Centraal Station bis einschließlich dem Bahnhof Wibautstraat unterirdisch und kommt dann vor dem Bahnhof Amstel zwischen den Staatsbahn (NS)-Gleisen Richtung Utrecht über die Erde. Beim Bahnhof Duivendrecht liegt der kreuzungsfreie Abzweig in Richtung Gaasperplas; die Trasse nach Gein verläuft ab Duivendrecht weiter zwischen den NS-Gleisen, bis sie nach dem Bahnhof Holendrecht in Richtung Gein abbiegt.

Im oberirdischen Teil der Linie liegen 48 Brücken und Viadukte, von denen das längste einschließlich der Bahnhöfe Ganzenhoef und Kraaiennest 1100 m lang ist; Mitte August 1973 wurde hier zwischen den noch im Bau befindlichen Bahnhöfen Ganzenhoef und Venserpolder ein ca. 2,2 km langes Probestück in Betrieb genommen, um sowohl die ersten vier abgelieferten Triebwagen als auch die technische Infrastruktur zu erproben.

Beim Bau der Metrotunnel wurde überwiegend von der Senkkasten (Caisson)-Bauweise Gebrauch gemacht, und zwar bei den Abschnitten

- Centraal Station—Weesperplein
- Wibautstraat, über eine Länge von ca. 704 m, einschließlich dem gleichnamigen Bahnhof.

Die Caissons wurden in der ersten Sandschicht (12-15 m unter NN), bzw. wo diese fehlte, in der zweiten Sandschicht (ca. 21 m unter NN) fundiert.

Zum Bau des Caissons für den Bahnhof »Centraal Station« wurde das Hafenbecken vor der Centraal Station vorübergehend trockengelegt. Um in der Altstadt die alte Straßenführung wieder herstellen zu können, mußten zum Teil Gebäude über die Caissons hinweg gebaut werden; die Fundamente stehen hier auf Elastomer-Blöcken auf dem Tunnel. Der Bahnhof Weesperplein ist, als Kreuzungs-Bahnhof mit der ursprünglich geplanten Ost-Westlinie »b«, der größte Bahnhof entlang der Linie; der Caisson hat demzufolge auch die stolzen Abmessungen von (L x B x H) 41,10 x 35,90 x 20,31 m, Bauzeit ca. 5 Jahre. Insgesamt wurden 80 Caissons gebaut.

Zwischen Weesperplein und Wibautstraat wurde ein 91 m langes Tunnelstück in der Deckelbauweise mit Spundwänden gebaut; für ein anschließendes 215 m langes Tunnelstück wurde ebenfalls die Deckelbauweise angewandt, allerdings mit Schlitzwänden, die den Tunnel in der zweiten Sandschicht abstützen.

Die Rampe von der Wibautstraat zum Bahndamm entstand zum Teil als Tunnel, zum Teil als »Trog« in der offenen Bauweise.

Der Oberbau besteht aus Vignoles-Schienen (49 kg/m) auf Holzschwellen mit Schotterbett; der kleinste Kurvenradius beträgt 300 m, die max. Neigung 4%.

Das Metronetz hat 21 Bahnhöfe, davon fünf unterirdisch; der mittlere Bahnhofsabstand beträgt 950 m. Auf dem Bahnhof »Van der Madeweg« kann zwischen den Linien 53 und 54 umgestiegen werden. An fünf Bahnhöfen bestehen Umsteigemöglichkeiten auf die Züge der NS. Mit Ausnahme des Bahnhofes Weesperplein und, der Bahnhöfe Amstel, Duivendrecht und Bijlmer, an denen »cross-platform« zu den NS-Zügen nach/von Utrecht umgestiegen werden kann,haben alle Bahnhöfe Mittelbahnsteige.

Mit Ausnahme der Umsteigebahnhöfe mit den NS haben die Bahnsteige eine Länge

Viadukt zwischen Kraaiennest und Ganzenhoef (GVB).

Bauabschnitt zwischen Weesperstraat und Weesperplein. Im Vordergrund die in Bau befindlichen Caissons für den Bahnhof Weesperplein (Ingenieursbureau Amsterdam).

von 155 m, ausreichend für vier gekuppelte Triebzüge M1-3 und, je nach Fahrgastaufkommen einen oder zwei Zugänge. Alle Bahnhöfe sind mit Rolltreppen und Aufzügen für je zwei Rollstühle ausgestattet.

Fahrzeuge

Für den Metrobetrieb wurden zwischen 1973 und 1976 44 Doppeltriebwagen (DT) ohne Übergangsmöglichkeit zwischen den Wagen abgeliefert. Maximal vier DT können gekuppelt fahren.

Die DT von den Serien M2/3 weichen an diversen Punkten von der Vorserie M1 ab:

- wegen einer ursprünglichen Forderung, im Kombinationsverkehr auch auf NS-Gleisen fahren zu können (Oberleitung mit 1500 V Gleichstrom), wurden stärkere Motoren eingebaut sowie Anpassungen am Dach vorgenommen (Metall statt Kunststoff sowie eine örtliche Absenkung zur Wagenmitte hin für den Stromabnehmer),
- Der Raddurchmesser wurde von 900 mm auf 780 mm reduziert.

Für Fahrten innerhalb des Betriebshofs ist ein kleiner Hilfsstromabnehmer auf dem Dach angebracht. Der selbsttragende Wagenkasten ist beplankt mit Nirosta-Blech.

Lieferanten der Metrozüge waren Linke-Hofmann-Busch (Federführung und Wagenkasten), MAN (luftgefederte Drehgestelle mit DUEWAG-Antrieb) sowie die Melectro-Gruppe (Siemens-Holland und Holec) für die elektrische Anlage.

Für die neue Metrolinie 50 wurden im Februar 1994 33 Metrotriebwagen vom Typ M4 in einer völlig neuen Ausführung bestellt. Mit der Lieferung wurde ein Konsortium, bestehend aus der spanischen Firma CAF und der niederländischen Firma Holec, beauftragt. Das erste Fahrzeug wurde am 2. April 1996 abgeliefert; die Lieferung der restlichen Fahrzeuge soll ab Juli 1996 sukzessive erfolgen. Im Gegensatz zu den Typen M12/3 sind die neuen Fahrzeuge als Gelenktriebwagen konzipiert; maximal fünf dieser Fahrzeuge können zu einem Metrozug zusammengekuppelt werden. Aufgrund ihrer Breite von 2650 mm ist es möglich, mit den vier gleichzeitig bestellten neuen Stadtbahnfahrzeugen S3 eine Familie zu bilden, die lediglich folgende äußerlichen Unterschiede aufweist:

- zusätzlicher Dach-Stromabnehmer für den Oberleitungsbetrieb
- einziehbare seitliche Stromabnehmer
- pneumatische Besandungsanlage
- Schienenbremsen
- Außenspiegel

Die Fahrzeuge vom Typ S3 sind im Gegensatz zum Typ M4 auf dem gesamten Metro- und Stadtbahnnetz einsetzbar.

Ähnlich der vorhandenen Stadtbahn-Triebwagen vom Typ S1/2 sind die Triebwagen S3/M4 im Einstiegsbereich mit »Trittbrettern« versehen, um den Spalt zwischen Fahrzeug und Bahnsteig bei den Voll-Metrolinien ausgleichen zu können. Die Fahrzeuge vom Typ S3/M4 sind funktionell mit den Stadtbahnwagen S1/2 kuppelbar, mit den Metrotriebzügen M1-3 nur mechanisch (z.B. zum Abschleppen).

Betriebsablauf

Die Metrozüge werden über eine von unten bestrichene »dritte« Schiene mit 750 V Gleichstrom versorgt. Die Energieversorgung erfolgt durch zehn über das Netz verteilte Gleichrichterwerke.

Die anschließende Stadtbahnlinie 51 nach Amstelveen, die mit Stadtbahnfahrzeugen vom Typ S1/2 befahren wird, ist ab »Station Zuid/WTC« mit einer Oberleitung versehen, die mit 600 V Gleichstrom gespeist wird.

Die Entscheidung, für die neuen Metrofahrzeuge M4 ein Breitenmaß von 2650 mm vorzusehen, hat dazu geführt, daß es aufgrund der verschiedenen Fahrzeugbreiten sowie der unterschiedlichen Infrastruktur mit der Betriebsaufnahme der Linie 50 (»Ringlinie«, siehe auch »Blick in die Zukunft«) *vier* Betriebszustände im Amsterdamer Schnellbahnnetz gibt:

1. Metrolinie 53/54 Centraal Station–Gein/Gaasperplas, sowie der Abschnitt v.d.Madeweg/Spaklerweg–Bahnhof »Station Zuid/WTC« der Linie 51 (»Amstelveenlinie«) und der künftigen Linie 50 (»Ringlinie«): Bahnsteige für 3005 mm breite Fahrzeuge, Stromabnahme mit dritter Schiene =750 V. Die Stadtbahnwagen S1, 2 und 3 fahren auf dieser Strecke mit ausgeklappten Trittbrettern und ausgefahrenen seitlichen Stromabnehmern; die Dachstromabnehmer sind »abgebügelt«. Die Metrotriebwagen M4 fahren ebenfalls mit ausgeklappten Trittbrettern.

2. Stadtbahnlinie 51 »Station Zuid/WTC«–Amstelveen:
Bahnsteige für 2650 mm breite Fahrzeuge, Stromabnahme über Oberleitung =600 V. Die Stadtbahnwagen S1, 2 und 3 fahren hier mit heruntergeklappten Trittbrettern, eingefahrenen seitlichen Stromabnehmern und mit angelegten Dachstromabnehmern.

3. Künftige Metrolinie 50 (»Ringlinie«) ab Bahnhof »Amstelveenseweg« bis Endbahnhof Sloterdijk-Isolatorweg:
Während ab »Station Zuid/WTC« bis zum nächsten Bahnhof »Amstelveenseweg« noch in der Betriebsart wie unter 1. gefahren wird, sind alle weiteren Bahnsteige an dieser Strecke für 2650 mm breite Fahrzeuge vorgesehen, jedoch mit Stromabnahme über die dritte Schiene =750 V. Hier

Caisson mit aufgesetzten Kaimauern für die Querung der Zwanenburgwal (Ingenieursbureau Amsterdam).

Auffahrtsrampe vom Metrotunnel zum Bahndamm nahe dem Bahnhof Amstel. Die Aufnahme entstand am 16. Oktober 1977, dem Eröffnungstag, wie der Blumenschmuck beweist (A.M.Voogel).

Bahnhof Amstel; der aus Utrecht eingefahrene Zug steht am selben Bahnsteig wie der Metrozug zur Centraal Station (D.Riechers).

Bahnhof Wibautstraat (A.M.Voogel).

Aufgang zu den Bahnsteigen im Bahnhof Gaasperplas (D.Riechers).

Metrotriebzug M2/3 auf dem Betriebshof-Gelände (GVB).

fahren die Metrozüge M4 mit heruntergeklappten Trittbrettern.

4. Betriebshof:
Stromabnahme über Oberleitung =600 V, die Metrofahrzeuge M1-4 verfügen hierzu über einen Hilfs-Dachstromabnehmer.

Gegenwärtig werden die verschiedenen Betriebszustände noch von den Fahrern manuell eingestellt, ab Inbetriebnahme der »Ringlinie« 1997 soll diese Steuerung automatisch erfolgen.
Das Sicherungssystem basiert auf einem Selbstblocksystem mit Signalen und Stellwerken und wird unterstützt durch LZB sowie ein Geschwindigkeits- und Bremsüberwachungs-System (SRB); dieses System gibt je nach Signalstand auf dem Tachometer die Soll-Geschwindigkeit vor, die dann entweder vom Fahrer oder von der Automatik angesteuert wird. In der »Centrale Verkeersleiding (CVL)«, der ZBL, untergebracht in einem Gebäude im »Gleisdreieck« zwischen den Bahnhöfen Van der Madeweg und Spaklerweg, werden auf einem Gleisbild außer allen Positionen und Bewegungen der Metrozüge auch der Stand von Weichen und Signalen angegeben. Im Falle von Störungen kann von hieraus eingegriffen werden, um den Fahrplan so gut als möglich einzuhalten.
Durch die Steuerungsautomatik hat der Fahrer lediglich Abfertigungsaufgaben; hierzu ist in jedem Fahrerstand ein Monitor für die Bahnsteigkameras vorhanden. Ferner gibt er dem Rechner den Abfahrtsauftrag.
Weitere Vorteile dieses Betriebssystems:
- kleinere Abweichungen in den Abfahrtszeiten werden durch Geschwindigkeitsanpassung kompensiert,
- Bremstoleranz in den Bahnhöfen ca. 0,50 m, was einen schnellen Fahrgastwechsel gewährleistet
- die Züge fahren energieoptimiert,
- rechnergesteuerte Zugzielanzeiger auf den Bahnhöfen.

Auch die Kommunikation zwischen Fahrer und CVL erfolgt über das LZB-Kabel.
Bei Störungen im Schienenetz schaltet das System um auf das »fail-safe«-Prinzip; hierbei wird der Fahrstrom abgeschaltet und die Signale zeigen »Halt«.
Bei der Aufnahme des Stadtbahnbetriebs wurde ein drittes System, das »Betriebs Beherrschungssystem (EBS)«, eingeführt. Hierbei sind Teile des Metronetzes integriert. Durch die größere Fahrzeugbelastung auf diesen Netzteilen wird es noch wichtiger, im Plan zu fahren - würde der Stadtbahnfahrer nämlich das »Einfädelfenster« auf der Metrostrecke verpassen, könnte das den Zusammenbruch des Fahrplans bedeuten.
Das Personal der Bahnhöfe und die CVL

Typ: Baujahr:	M1 1973	M2/3 1976	M4 1996
Länge ü.K (mm):	37340	37340	30968
Breite (mm):	3005	3005	2650
Dienstgewicht (t):	54	54	46,5
Max. Fahrgastzahl:	300	300	247
Sitzplätze:	98	98	62
Stehplätze:	202	202	185
Einstiege p. Seite:	6	6	4
Leistung (kW):	4x180	4x195	6x79
Beschleunigung (m/s^2):	1,05	1,05	1,29
Bremsverzögerung (m/s^2):	1,2	1,2	1,5
Notbremsverzögerung (m/s^2):	1,2	1,2	2,0
v/max (km/h):	80	80	70
Bestand (31.12.94):	4	40	–
Lieferumfang 1996:	–	–	33*

* zuzügl. vier Fahrzeuge S3

Interieur des Metrotriebzugs M2/3 (D.Riechers).

Hilfsstromabnehmer der Fahrzeugtypen M1-3 fur Fahrten innerhalb des Betriebshofs (D.Riechers).

und im Bahnhof Weesperplein. Dieses Gleis wurde während der Zeit als vorübergehender Endbahnhof zunächst als Wendegleis benutzt.

Neben den Abonnements des GVB gelten in den Metrozügen die im Stadtverkehr aller niederlandischen Städte erhältlichen und gültigen »Nationalen Streifenkarten« in den verschiedenen Ausführungen. Auf den Bahnhöfen von Metro und Stadtbahn befinden sich Automaten mit Karten für 1- 4 Zonen, Stunden und Tageskarten.

Ein Blick in die Zukunft

Nach dem Bau der Stadtbahnlinie 51 nach Amstelveen wird jetzt wieder konkret von Metrolinien gesprochen.

1992 wurde der Bau der Metro(Ring)linie 50 (Isolatorweg-Station Sloterdijk–Station Zuid/WTC–Duivendrecht–Gein) beschlossen. Für diese ca. 20 km lange Linie, die 1997 in Betrieb genommen wird, wurde für das Teilstück Isolatorweg-Station Zuid/WTC eine neue 11 km lange Trasse gebaut, die parallel zu den NS-Gleisen Sloterdijk–Flughafen Schiphol verläuft. Ab Station Zuid/WTC benutzt die Linie die bereits bestehende, bisher nur von der Stadtbahnlinie 51 befahrene Strecke bis zum Anschluß an die Metrolinie 53/54 zwischen Spaklerweg und Van der Madeweg. Über einen neu gebauten Viadukt mit einer Steigung von 4% wird die Metrostrecke nach Gein erreicht. Die Bahnhöfe erhalten

Stadtbahnwagen 46 vom Typ S1/2 hat, von Amstelveen kommend, im Bahnhof Station Zuid/WTC »abgebügelt« und fährt jetzt an der »dritten« Schiene und mit ausgeklappten Trittbrettern über Spaklerweg in Richtung Centraal Station (auch wenn der Zielfilm etwas anderes zeigt..) (A.M.Voogel).

können über Monitore die Fahrgastbewegungen auf den Bahnhöfen kontrollieren; nachts wird das System zur Überwachung der Anlagen eingesetzt.

An Werktagen verkehren die Metrozüge zwischen 05.38 und 00.23 Uhr mit einer Zugfolge von 10 Minuten, in der HVZ von 7,5 Minuten; auf dem Teilstück Centraal Station–Duivendrecht also 5 bzw. 3,5 Minuten.

Für die Wartung der Metrozüge ist eine Hauptwerkstätte nahe des Bahnhofs Verrijn Stuartweg eingerichtet. Aus Sicherheitsgründen ist auf einem Teil des Vorfeldes der Hauptwerkstätte und in den Hallen keine »dritte« Schiene, sondern eine einfache Oberleitung angebracht. Abstellgleise befinden sich außer bei der Werkstatt in der Nähe des Bahnhofs Spaklerweg, an den Endbahnhöfen Gein und Gaasperplas

Der schmucke neue Metro-Triebwagen Nr. 75 wurde am 17. Juli 1996 während der Fahrerausbildung am Bahnhof »Overamstel« fotografiert. Dieser Abschnitt ist als Voll-Metrostrecke ausgebaut, deshalb sind hier die Trittbretter ausgefahren.(D.Riechers).

»Versteinertes« Gepäck..... Bahnhof Gaasperplas (D.Riechers).

Den Fahrgast des M4 erwartet ein modern gestyltes und geschmackvolles Interieur.(CAF).

Bahnsteige mit einer Länge von 125 m für vier gekuppelte Metrotriebwagen der neuen Generation. In der Trasse liegen 23 Brücken und Viadukte.

Ferner wird bis Ende 1996 endgültig über den Bau einer »Nord-Süd-Linie« entschieden. Diese Linie »52« soll vom Buikslotermeerplein über Centraal Station, Vijzelstraat, RAI zur »Station Zuid/WTC« führen; von hier ist eine Verlängerung zum Flughafen Schiphol geplant, über die voraussichtlich 1999 entschieden wird. Erweiterungen sind denkbar im Norden nach Purmerend und Zaandam sowie von Schiphol nach Hoofddorp.

Das 5,5 km lange Teilstück Sixhaven–RAI soll unterirdisch in einer Tiefe von 22 m verlaufen, mit zwei eingleisigen Röhren, die in der Schildbauweise aufgefahren werden sollen. Da die Fundierungs-Pfähle der großen Gebäude ebenfalls bis in diese Tiefe reichen, muß, um die Gebäude unberührt zu lassen, weitestgehend der oberirdischen Straßenführung gefolgt werden. Hierdurch können nur Tunnelbohrmaschinen (TBM) mit einem maximalen Durchmesser von 6,50 m eingesetzt werden; die zu beschaffenden Fahrzeuge dürfen deshalb wiederum nicht breiter als 2650 mm sein.

Nach den bisherigen Planungen soll in der zweiten Hälfte 1997 mit dem Bau begonnen werden, so daß die Linie 2005 in Betrieb genommen werden könnte.

Ein weiteres Neubauprojekt ist die Verlängerung der bestehenden Ostlinie 53/54 bis Barentzplein, wo diese Linie anschließen soll an die verlängerte Ringlinie 50. Hierzu sollen in der Schildbauweise zwei eingleisige Tunnel unter den Gleisen der Centraal Station gebaut werden. Geplant ist, beim Bau der Nord-Süd-Linie das Teilstück bis zu den Bahnanlagen gleichzeitig mitzubauen, so daß die Entscheidung für diese Verlängerung von der Zukunft der Nord-Süd-Linie abhängt.

Rotterdam

Betreiber: Rotterdamse Elektrische Tram (RET)

Rotterdam hat ca. 600.000 Einwohner (das Einzugsgebiet der RET zählt rund 840.000 Einwohner) und kann als wirtschaftliche Drehscheibe der Niederlande betrachtet werden. Trotz großzügigem Wiederaufbau der Stadt nach 1945 konnte nicht verhindert werden, daß die Verkehrsprobleme explosiv zunahmen; die Ursachen sind vor allem das Wachstum der Industrie und die Entwicklung des Hafens zum größten Hafen der Welt, wodurch Pendler- und Frachtverkehr stark zunahmen. Die vielen und langen Brückenöffnungen führten im städtischen Verkehr zu großen Störungen, die selbst durch den 1942 eröffnete Maastunnel nicht mehr kompensiert werden konnten; schließlich war auch ein geregelter öffentlicher Verkehr zwischen den vom Hafen getrennten Stadtteilen nicht mehr gewährleistet.

Die Entwicklung des öffentlichen Schienenverkehrs in Rotterdam begann, im Vergleich zu anderen Großstädten, erst spät. Die Phase mit Pferde-Omnibussen wurde übersprungen und 1879 direkt der Pferdebahn-Betrieb aufgenommen; 1881 erschien auch die erste Dampfbahn in der Stadt. Die Linien in und um Rotterdam wurden betrieben von der »Rotterdamse Tramweg Maatschappij (RTM)«. Zwischen 1900 und 1905 dehnte sich die Stadt flächenmäßig derart aus, daß beschlossen wurde, den Stadtverkehr in Zukunft mit elektrischer Traktion zu betreiben. Hierzu wurde am 7. April 1904 die »Rotterdamse Elektrische Tramweg Maatschappij (RETM)« gegründet, die von der RTM das (Pferde)Straßenbahnnetz und die Dampfbahnlinien nach Overschie und Schiedam übernahm. Nur die Außenlinien wurden ab diesem Zeitpunkt noch von der RTM betrieben. Am 18. September 1905 wurde mit Linie 1 (Honingerdijk–Beurs–Park) die erste elektrische Straßenbahnlinie in Betrieb genommen, innerhalb eines Jahres waren bereits sechs elektrische Linien im Betrieb und als 1927 die Kozession ablief, war das Straßenbahnnetz auf 15 Linien angewachsen. Als neuer Konzessionär trat jetzt die Stadt auf, die das Netz unter dem neuen Betriebsnamen »Rotterdamse Elektrische Tram (RET)« weiterbetrieb.

Bereits in den frühen fünfziger Jahren wurde diskutiert, ob mit einer Optimierung des Straßenbahnnetzes, mit einem Straßenbahntunnel unter der »Nieuwe Maas«, oder mit einer »Metro« die Verkehrsprobleme in den Griff zu bekommen wären. 1955 lag ein sog. »Tramtunnelrapport« der RET auf dem Tisch, in dem eine unterirdische, hafenquerende Stadtbahn empfohlen wurde; nach Ansicht der RET würde ohne eine solche Verbindung der Verkehr zwischen Nord- und Süd-Rotterdam zusammenbrechen.

Im Januar 1957 befürwortete der Stadtrat zunächst den Bau eines Straßenbahntunnels unter der »Nieuwe Maas«, aber im Sommer desselben Jahres wurde durch eine Denkschrift des Stadtbauamts doch wieder das Thema »Metro« zur Sprache gebracht. Nach zweijähriger Erörterung gelangte der Gemeinderat schließlich im Mai 1959 zu der Ansicht, daß eine Metrolinie von der »Centraal Station (C.S.)« (Hauptbahnhof) zum »Zuidplein« in Rotterdam-Süd die beste Problemlösung darstellen würde.

Im Januar 1960 wurde von der Regierung grünes Licht gegeben und bereits im Juli 1960 wurde das erste Spundwandelement für das Baudock »Weena« in den Boden getrieben. Der Bau der ersten niederländischen Metrolinie verlief störungsfrei, so daß nach einer Bauzeit von rund siebeneinhalb Jahren, am 9. Februar 1968, der Betrieb aufgenommen werden konnte, mit 5,9 km Länge war es zu dieser Zeit die kürzeste Metrolinie der Welt.

Entwicklung und Bau des Metronetzes

Bereits ein Jahr nach der Inbetriebnahme

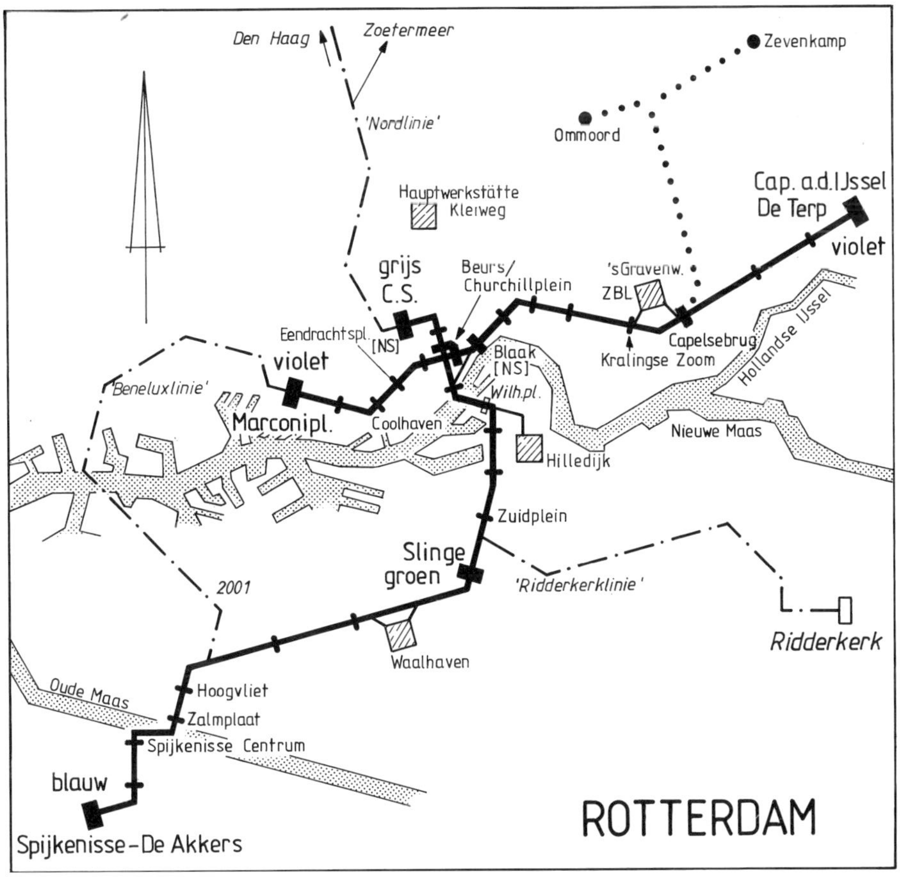

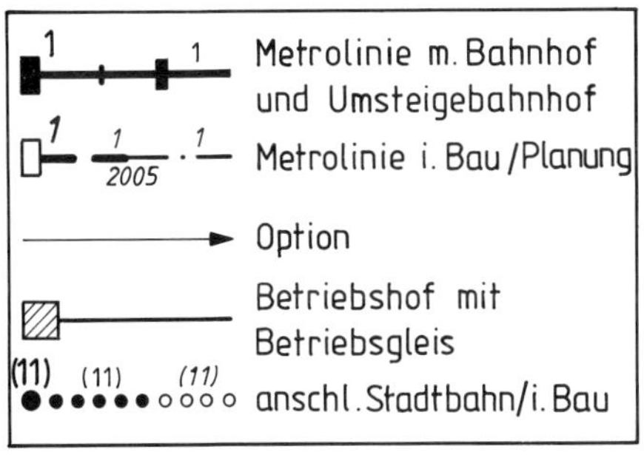

Metrozug aus »M«-Triebwagen fährt auf der südlichen Auffahrt des Metrotunnels unter der »Nieuwe Maas« in Richtung Zuidplein und Hoogvliet. (Gemeentewerken Rotterdam).

Triebzug vom Typ »T« kurz vor Erreichen des Bahnhofs Capelle Centrum auf dem Viadukt nach Capelle a/d IJssel (B.A.Schenk).

der Metrolinie waren die Fahrgastzahlen zwischen den nördlichen und südlichen Stadtteilen um 15% gestiegen. Nach diesem Erfolg war es klar, daß es nicht bei dieser einen Linie bleiben würde; man war zu der Überzeugung gekommen, daß die »Metro« bei konsequenter Entwicklung imstande wäre, einen nicht zu unterschätzenden Beitrag für die Lösung der Verkehrsprobleme in und um Rotterdam zu liefern.

1974 wurde für den Bau einer Ost-West-Metrolinie der Antrag auf Subventionierung gestellt, der aufgrund der damaligen Finanzsituation abschlägig beschieden wurde. Deshalb wurde untersucht, ob die vorhandenen Mittel nicht effektiver, z.B. für ein Stadtbahnsystem, genutzt werden sollten. Hierzu veröffentlichte im Oktober 1975 das Stadtplanungsamt drei Pläne:

1. eine »echte« Metrolinie mit einem Tunnel zwischen Kralingse Zoom und Eendrachtsplein sowie eine kreuzungsfreie Trasse zwischen Ommoord-West und Kralingse Zoom, wie ursprünglich angedacht;
2. ein Stadtbahnsystem mit zwei Linien:
   - Kralingse Zoom–Eendrachtsplein durch den geplanten Tunnel und eine ebenerdige Verbindung von Ommoord-West nach Kralingse Zoom sowie Abzweigungen nach Capelle a/d IJssel und Zevenkamp
   - Centraal Station–Boezem–Terbregge–Ommoord/Zevenkamp (über die nördlichen Stadtviertel)
3. eine kombinierte Linie, die ab Ommoord nach Kralingse Zoom als Stadtbahn verkehren könnte.

Dieser letzte Plan wurde am 29. April 1976 dem Gemeinderat vorgelegt und nach langen Debatten genehmigt, wobei jedoch als westlicher Endbahnhof »Coolhaven« bestimmt wurde. Im Juli 1980 genehmigte der Gemeinderat den Stadtbahn-Ast nach Zevenkamp, im Dezember 1981 die Verlängerung der Ost-Westlinie bis Marconiplein und 1982 erhielt auch der Plan, die Metro bis Capelle a/d IJssel zu erweitern, eine Mehrheit.

Die nachfolgende Aufstellung gibt eine Übersicht über die Entwicklung des Metronetzes sowie ihre Eröffnungsdaten:

Nord-Südlinie:
Centraal Station–Spijkenisse-De Akkers, 21,3 km.

Centraal Station–Zuidplein: 10. Februar 1968
Zuidplein–Slinge: 25. November 1970
Slinge–Zalmplaat: 25. Oktober 1974
Zalmplaat–Spijkenisse-De Akkers: 25. April 1985

Ost-Westlinie:
Capelle a/d IJssel-De Terp–Marconiplein, 13,0 km.

Capelsebrug–Coolhaven: 10 Mai 1982
Coolhaven–Marconiplein: 25. April 1986
Capelle a/d IJssel-De Terp–Capelsebrug: 26. Mai 1994

Hiermit hat das Metronetz eine Länge von 34,3 km erreicht, wovon 11,5 km in Tunnels und 14 km auf Viadukten liegen.

Die anschließende Stadtbahnlinie ab Capelsebrug über Graskruid nach Ommoord (28. Mai 1983) und Zevenkamp (19. April 1984) hat eine Gesamtlänge von 8,3 km.

Weil die Metrolinien (noch) keine Nummern haben, werden diese in der Netzkarte und auf den Zugzielanzeigern mit folgenden Farben angegeben:

- C.S.–Spijkenisse-De Akkers: blau
- C.S.–Slinge: grün
- Capelle–Marconiplein: violett

Die Stadtbahnkurse nach Ommoord und Zevenkamp haben die Farben orange bzw. rot; alle anderen Zwischenziele sowie die Richtung Centraal Station sind mit grau gekennzeichnet.

Die Trasse der Nord-Südlinie verläuft ab Centraal Station in einem Tunnel bis an das südliche Ufer des »Nieuwe Maas«. Ab Wilhelminaplein/Parallelweg liegt die Linie bis Slinge auf einem Viadukt. Mit Ausnahme des Tunnels unter der »Oude Maas« zwischen Zalmplaat und Spijkenisse Centrum verläuft die Linie von Slinge bis Spijkenisse-De Akkers abwechselnd über Dämme und Viadukte.

Das Baudock »Blaak«. Hinter der Docktür ist ein schwimmendes Tunnelstück sichtbar; das Baudock wurde inzwischen wieder »trockengelegt« und hier werden bereits die nächsten Tunnelstücke gebaut (Gemeentewerken, Rotterdam).

Die Ost-Westlinie liegt von Capelle a/d IJssel-De Terp nach Capelsebrug auf einem ca. 3,7 km langen Viadukt. Ebenerdig wird der Bahnhof Kralingse Zoom erreicht, wo die Tunneltrasse zum Marconiplein beginnt. Südöstlich der Kreuzung mit der Nord- Südlinie nahe den Bahnhöfen Beurs/Churchillplein liegt ein eingleisiger Verbindungstunnel.

Vor dem Bahnhof Capelsebrug befindet sich der Anschluß an die Stadtbahnlinie aus Ommoord und Zevenkamp, die an dieser Stelle den Metrostatus erhält. Ein Betriebsversuch mit halben Bahnschranken am Bahnübergang beim Haltepunkt Prinsenlaan soll klären, ob die übrigen 21 Bahnübergänge ebenfalls derart gesichert werden können. Es ist daher nicht zu erwarten, daß dieses Teilstück in absehbarer Zeit auf Metrobetrieb umgestellt wird.

Im Hinblick auf die hydrogeologischen Verhältnisse in Rotterdam wurde beim Bau der Metrotunnel zu einem großen Teil von der Absenkmethode Gebrauch gemacht. Hierzu waren vier Baudocks eingerichtet, wo die erforderlichen Tunnelstücke für ganze Streckenteile gebaut wurden. Beim Bau der Nord-Südlinie wurde für Transport und Plazierung der Tunnelstücke ab Centraal Station bis zur »Nieuwe Maas« zwischen Stahl-Spundwände ein ca. 1,5 km langer Kanal mit zwei Baudocks gegraben. Dieser Kanal war, mit Ausnahme der Baudocks, ständig mit Wasser gefüllt, um den Transport der Tunnelstücke, die zu diesem Zweck an den Kopfenden provisorisch abgedichtet waren, zu ermöglichen; der Transport wurde mit Schleppern durchgeführt.

Nach Ankunft am Montageort wurden die Tunnelstücke auf Pfähle abgesenkt, die mit einem nachstellbaren Kopf versehen waren. Diese nachstellbaren Köpfe wurden mit einem Führungsstift und einer Abdicht-Manschette auf Distanz zum Pfahl montiert. Nach dem Einmessen des Tunnelstücks wurde Mörtel hinter die Manschette gepreßt, wodurch der Kopf bis an die Tunnelsohle anstieg. Nach dem Aushärten des Mörtels bildeten Kopf und Pfahl ein Ganzes und konnten den Tunnel tragen. Das Plazieren dieser Pfähle geschah mit Hilfe eingerammter Stahlrohre, die mit einer Guß-Spitze versehen waren. Nach der Positionierung des Pfahls wurde Mörtel in das Rohr gegossen, wodurch der Pfahl fest auf der Gußspitze fixiert wurde; danach wurde das Stahlrohr wieder abgezogen. Nahe dem Coolhaven war ein drittes Baudock, für die Tunnelteile eines kurzen Teilstücks der Ost-Westlinie, eingerichtet.

Im vierten, sog. »Brienenoord-Baudock«, wurden die zwölf ca. 90 m langen Tunnelstücke für die »Nieuwe Maas«-Querung gebaut sowie, zu einem späteren Zeitpunkt, die sechs 90 m langen Tunnelstücke für die »Oude Maas«-Querung in der Verlängerung nach Spijkenisse. Weil diese Tunnelstücke aus fünf bis sechs aneinander betonierten Teilstücken von ca. 15 m Länge bestanden, mußten sie mit Hilfe vorgespannter Stäbe zu selbsttragenden und

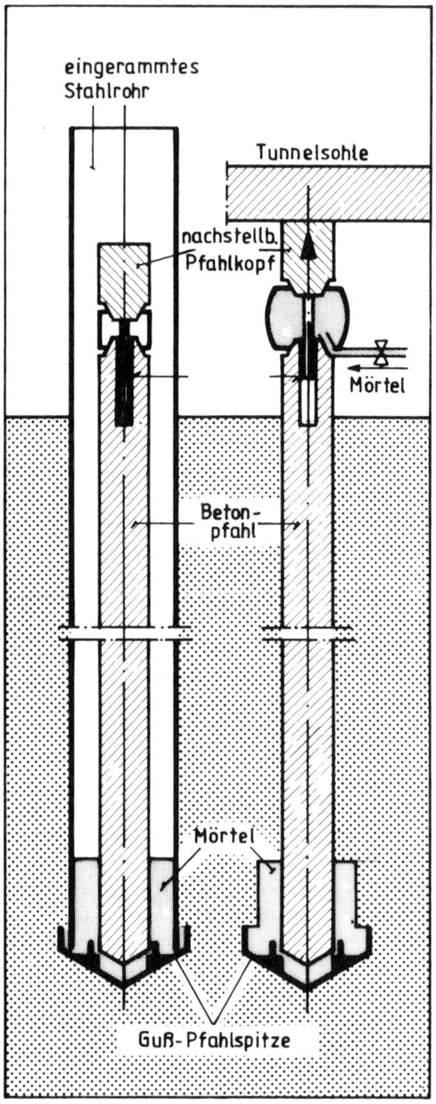

Pfahl mit nachstellbarem Kopf (Quelle: Gemeentewerken, Rotterdam)

transportfähigen Röhren gemacht werden. Zum Transportieren und Absenken hingen diese, ebenfalls provisorisch abgedichteten Röhren an Pontons, die über die ausgebaggerte Rinne quer zum Strom gebracht wurden. Nach der Verankerung der Pontons wurden die Bauteile auf die vorher in den Boden gebrachte Pfähle, ebenfalls mit nachstellbaren Köpfen, abgesenkt, wobei Stellbalken eine genaue Fixierung der Tunnelstücke untereinander gewährleisteten.

Da die Bodenkonstistenz unter der »Oude Maas« besser war als die unter der »Nieuwe Maas«, wurde zunächst überlegt, den Tunnel in der Schildbauweise zu bauen; durch den Aufbau eines einfacheren Fundamentes zeigten sich jedoch Kostenvorteile bei der bisher angewandten Absenkmethode. Hierbei wurde das abgesenkte Tunnelstück einseitig provisorisch, bis zur endgültigen Befestigung, an dem vorher abgesetzten Tunnelstück »eingehängt« und auf der noch freien Seite mit einstellbaren Stützen auf einer Betonplatte in der ausgebaggerten Rinne abgesetzt.

Für die Abdichtung der Tunnelstücke untereinander entwickelte das Metro-Bauamt ein schweres Elastomerprofil mit weicher Nase, welches bereits vorab am abgesenkten Tunnelstück befestigt wurde. Nach dem Absenken des nächsten Tunnelstückes wurde dieses gegen die Nase des Elastomerprofils gezogen, wodurch eine erste Abdichtung entstand. Nach dem Wegpumpen des Wassers zwischen den Bauteilen und dem damit verbundenen Druckabfall preßte das Wasser mit voller Kraft gegen das noch freie Ende des gerade abgesunkenen Tunnelstückes, wodurch auch das schwerere Teil des Dichtprofils eingedrückt wurde. Zusammen mit einem außenliegenden »Omega«-Profil entstand nun eine hermetische Abdichtung. Danach konnten die provisorischen »Kopf«-Wände eingerissen und der Tunnel fertiggestellt werden.

Der größte Teil der Ost-Westlinie wurde in der offenen Bauweise gebaut, wodurch die Belästigung der Anwohnenden auf ein Mindestmaß beschränkt werden konnte.

Anhand dieses Modells ist zu sehen, wie ein 90 m langes Tunnelstück in der »Nieuwe Maas« auf eine doppelte Reihe Pfähle (mit nachstellbarem Kopf) abgelegt wird. Im Vordergrund der Stellbalk zur Fixierung der Tunnelstücke (Transpress)

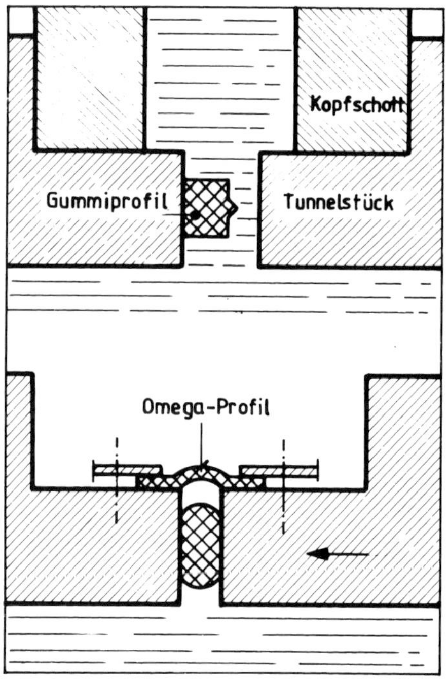

Abdichtprinzip der Tunnelstücke (Quelle: Gemeentewerken, Rotterdam).

Auf freier Strecke besteht der Oberbau aus Vignoles-Schienen (46 kg/m) auf Betonschwellen mit Schotterbett. Zwecks Verminderung von Geräuschemissionen wurden in den Tunneln und auf den Viadukten die Schienen mit Zwischenlagen aus Elastomer und Kork direkt auf dem Betonboden festgemacht und fugenlos geschweißt. Der kleinste Kurvenradius beträgt 60 m, die max. Neigung 3%.

An der Nord-Südlinie befinden sich 15 Bahnhöfe, wovon elf oberirdisch liegen, an der Ost-Westlinie befinden sich ebenfalls 15 Bahnhöfe davon fünf oberirdische.

Umsteigemöglichkeiten innerhalb des Metro/Stadtbahnnetzes bestehen auf den Bahnhöfen Beurs/Churchillplein und Capelsebrug; zu den Zügen der niederländischen Staatsbahn (NS) kann auf den Bahnhöfen Centraal Station (Nord-Südlinie) und Blaak (Ost-Westlinie) umgestiegen werden.

Die Bahnhöfe Centraal Station, Spijkenisse-De Akkers, Marconiplein, Coolhaven und Kralingse Zoom haben Mittelbahnsteige; die Bahnhöfe Blaak und Capelsebrug haben sowohl einen Mittel- als auch einen Seitenbahnsteig. Alle anderen Bahnhöfe haben Seitenbahnsteige. Um mit vier gekuppelten Triebwagen fahren zu können, beträgt die Bahnsteiglänge 120 m, die Breite variiert von 3 bis 7 m (Centraal Station 9 m).

Alle unterirdischen Bahnhöfe dienen gleichzeitig als Fußgängerpassagen und sind mit Rolltreppen und Aufzüge sowie Kiosken ausgestattet.

Fahrzeuge

Der Fahrzeugpark besteht aus zwei Typen: den »reinen« Metrofahrzeugen Typ »M« und Fahrzeugen Typ »T«, die sowohl auf den Metro-, als auch auf den Stadtbahnlinien verkehren können. Beide Fahrzeugtypen sind als durchgehend begehbare Gelenkzüge mit einem Jacobs-Drehgestell konzipiert.

Der Typ »M« ist eine rein niederländische Entwicklung der ehemaligen Waggon- und Maschinenfabrik »Werkspoor« in Utrecht, die elektrische Ausrüstung stammt von Smit-Slikkerveer. Bevor Werkspoor 1970 die Produktion einstellte, konnte die erste Bauserie noch fertiggestellt werden.

Die Türeinteilung ist für Metro-Triebwagen ungewöhnlich zu nennen, an jedem Kopfende befinden sich zwei einfache Schiebetüren mit einer lichten Weite von 0,65 m, ferner sind pro Seite vier doppelte Schiebetüren mit einer lichten Weite von 1,30 m angebracht.

Die zweite Bauserie des Typs »M« wurde von DUEWAG/Siemens-Holec 1973 und 1974 abgeliefert. Der Unterschied zur ersten Bauserie besteht in der Hauptsache aus stärkeren Motoren, verbesserten Türen und Belüftungsanlagen, Einbau von Zugbahnfunk sowie einem geänderten Notbremssystem, wodurch ein Zug nicht mehr im Tunnel zum Stillstand kommen kann. Die zwei zuletzt gelieferten Triebwagen wurden erst 1976 in Betrieb genommen; im Gegensatz zu den vorgehenden Fahrzeugen erhielten diese Choppersteuerung, mit dem Ziel, mit dieser damals noch neuen Steuerungs-Technik Erfahrungen zu sammeln. Die Anlage war jedoch so ausgelegt, daß beide Triebwagen ohne Probleme mit den vorhandenen Fahrzeugen gekuppelt fahren konnten. Mittlerweile wurde eines dieser Fahrzeuge zusätzlich versuchsweise mit Drehstromantrieb ausgerüstet.

Nachdem deutlich wurde, daß die Ost-Westlinie als kombinierte Metro-Stadtbahnlinie ausgelegt werden sollte, mußten auch auf diese Betriebsart abgestimmte Fahrzeuge bestellt werden. Lieferant der neuen Fahrzeuge vom Typ »T« war DUEWAG unter Mitwirkung niederländischer Betriebe wie Holec für die elektrische Ausrüstung und die, aus der ehemaligen »Werkspoor« hervorgegangene, »RMO/Werkspoor« für die Drehgestelle.»Siemens-Nederland« lieferte die ATC (Automatic Train Control)-Ausrüstung; abgesehen von konstruktionsbedingten Abweichungen stimmen die Haupt-Abmessungen der Fahrzeuge mit dem Vorgängertyp überein.

Die wichtigsten Unterschiede zwischen den Typen »M« und »T« sind auf den kombinierten Metro/Stadtbahnbetrieb zurückzuführen.

Diese sind:

- zusätzliche Dach-Stromabnehmer für den Oberleitungsbetrieb

Eines der 545 vorgefertigten Oberteile wird auf die Bodenplatte abgesetzt (Gemeentewerken Rotterdam).

Abendstimmung im Bahnhof Spijkenisse Centrum mit einem Metrozug vom Typ »M«, Richtung Centraal Station (RET).

Ein gemischter Metrozug kurz vor Erreichen des Bahnhofs Spijkenisse Centrum (RET).

Der erste Triebzug vom Typ »T« bei Ablieferung auf dem »DUEWAG«-Gelände (Fridtjof Versnel).

Triebzug vom Typ »T« im Bahnhof Capelsebrug (RET).

Im selben Bahnhof nun ein Triebzug vom Typ »M« (A.M.Voogel).

- Sandstreuer
- Schienenbremsen
- Bremsleuchten
- Blinker
- großflächigere Frontscheiben

Sechs Einstiege pro Fahrzeugseite sollen einen schnelleren Fahrgastwechsel als bisher ermöglichen. Maximal vier Triebwagen der Typen »M« und »T« können gemischt zu einem Zug zusammengestellt werden.

Betriebsablauf

Die Metrozüge werden über eine »dritte« Schiene mit 750 V Gleichstrom versorgt, Stromabnahme an der Unterseite. Die Energieversorgung erfolgt durch 17 über das gesamte Netz verteilte Gleichrichterwerke (zuzügl. vier für die Stadtbahnlinie).

Die anschließende Stadtbahnlinie nach Ommoord und Zevenkamp ist mit einer Oberleitung ausgerüstet. Nach dem Verlassen des Bahnhofs Capelsebrug in Richtung Ommoord/Zevenkamp werden automatisch die Dachstromabnehmer aufgestellt, während zu gleicher Zeit die Stromzufuhr von der »dritten« Schiene unterbrochen und die seitlichen Stromabnehmer eingezogen werden; in Richtung Marconiplein besteht die umgekehrte Reihenfolge, wodurch es unmöglich ist, daß ein Triebwagen mit aufgestelltem Stromabnehmer in den Tunnel einfährt.

Im Betriebshof 's-Gravenweg ist die ZBL untergebracht, die im Störungsfalle in den weitestgehend automatischen Betriebsablauf eingreifen kann. In der Nähe aller Bahnhöfe sind Gleisverbindungen angeordnet, wodurch ein variabler Betrieb, auch zwischen einzelnen Bahnhöfen, möglich ist. Die Zugsicherung erfolgt über ATC. Im Fahrerstand befinden sich Monitoren, womit über Bahnsteigkameras die Fahrgastbewegungen kontrolliert werden können. Hierdurch wurde das ursprünglich eingesetzte Aufsichtspersonal überflüssig, sodaß die Fahrer ihren Zug selbst abfertigen müssen.

Die Überwachung der Bahnhöfe erfolgt ebenfalls über Kameras unnd Monitoren in der ZBL.

Werktags verkehren die Metrozüge zwischen 05.25 und 00.43 Uhr, mit einer Zugfolge zwischen Centraal Station und Slinge (bis ca. 18 Uhr) von 5 Minuten, wobei jeder zweite Zug nach Spijkenisse-De Akkers weiterfährt. Zwischen Marconiplein und Capelle a/d IJssel-De Terp beträgt die Zugfolge (bis ca. 19 Uhr) 10 Minuten.

Außer einem dritten Gleis im Bahnhof Marconiplein und zwei Wende-/Abstellgleisen im Bahnhof Slinge befinden sich innerhalb der Metrostrecken keine Abstellanlagen; diese befinden sich in den zwei großen Betriebshöfen »Waalhaven« für die Nord-Südlinie und »'s-Gravenweg« für die Ost-Westlinie sowie in einem kleineren Betriebshof an der Hilledijk. In diesen

Typ:	M	M	T
Baujahr:	**1966-70**	**1973-76**	**1980-84**
Länge ü.K. (mm):	29000	29000	29300
Breite (mm):	2630	2630	2730
Dienstgewicht (t):	39,7	39,7	43
Max. Fahrgastzahl:	218	218	239
Sitzplätze:	80	80	72
Stehplätze:	138	138	167
Einstiege p. Seite:	6	6	6
Leistung (kW):	6 x 49	6 x 55	6 x 56
Beschleunigung (m/s²):	1,0	1,0	1,0
Bremsverzögerung (m/s²):	1,3	1,3	1,2
Notbremsverzögerung (m/s²):	1,4	1,4	2,9
v/max (km/h):	82	82	82
Bestand (31.12.95):	43	28	71

Betriebshöfen wird auch die laufende Wartung durchgeführt. In »Waalhaven« und »Hilledijk« sind Gleisanschlüsse mit dem NS-Netz eingerichtet, über die die Metro-Fahrzeuge mit Hilfe einer Diesellok zur Hauptwerkstatt »Kleiweg« gebracht werden. Hier werden göße̲re Reparaturen und Hauptuntersuchungen durchgeführt.
Das Metronetz ist in den 11 Zonen großen, sog. »Rotterdammer Zonegebied« eingebunden, außerhalb dessen bei Spijkenisse lediglich für die Metro noch eine weitere Zone angeschlossen wurde.
Außer den »Nationalen Streifenkarten« in mehreren Ausführungen sind auch vielfältige Netzkarten und Abonnements erhältlich.

Ein Blick in die Zukunft

Am Südufer der »Nieuwe Maas«, zwischen den Bahnhöfen Leuvehaven und Rijnhaven, in der Auffahrtsrampe der Nord-Südlinie, entsteht gegenwärtig ein weiterer Bahnhof, »Wilhelminaplein«. Die Inbetriebnahme dieses besonders attraktiv gestalteten Bahnhofs wird für 1997 erwartet.
Basis für die Zukunftsplanung der RET ist das sog. »Projekt **3M** (etrotrassen)«. Dieses Projekt ist Bestandteil eines geplanten Regionalnetzes im Rheindelta und beinhaltet drei Linien: die »Beneluxlinie«, die »Ridderkerklinie« und die »Nordlinie«. Von diesen drei Linien hat die 11,4 km lange »Beneluxlinie« die höchste Priorität und steht der Realisierung am Nächsten.

Ein Blick in die Hauptwerkstätte der RET, wo gerade ein Triebzug vom Typ »M« von den Drehgestellen gehoben wird (A.M.Voogel).

Die Linie verläuft ab dem heutigen Endbahnhof Marconiplein zum NS-Bahnhof Schiedam und von dort durch den neu zu bauenden Beneluxtunnel am Raffineriegebiet Pernis vorbei bis nach Gadering, nahe Bahnhof Hoogvliet, mit Anschluß an die Nord-Südlinie. Der unterirdische Anteil der Strecke beträgt 2,2 km.
Das Planfeststellungsverfahren steht vor dem Abschluß, die Bauarbeiten sollen in absehbarer Zeit aufgenommen werden.
Es ist geplant, die Linie im Jahr 2001 in Betrieb zu nehmen.
Die zweite Linie des 3M-Projektes ist die »Ridderkerklinie«. Diese soll ab dem Bahnhof Zuidplein, welcher in diesem Fall mit zwei Gleisen erweitert wird, über Lombardijen, mit Umsteigemöglichkeit auf das NS-Netz, nach Ridderkerk führen. Mit Ausnahme eines kurzen Teilstücks, in dem sich auch der Bahnhof Lombardijen befindet, soll die ganze Trasse auf einem Viadukt verlaufen. Weil sich hiergegen starker Widerstand regt, sieht es nicht danach aus, daß diese Linie in absehbarer Zeit verwirklicht wird.
Die dritte Linie, »Nordlinie«, muß in Verbindung mit den Planungen des »Randstadrail«-Projektes gesehen werden, wobei die gegenwärtige Entwicklung des Regionalnetzes um Karlsruhe Pate steht.
Der vorliegende Plan sieht eine Verknüpfung des Metronetzes ab Rotterdam »Centraal Station« unterirdisch bis zum nördlich gelegenen NS-Bahnhof Wilgenplas vor, mit Weiterführung über die NS-Strecke nach den Haag, wobei für einen späteren Zeitpunkt an die Verknüpfung weiterer NS-Linien in diesem Bereich gedacht wird.
Obwohl sich dieses Projekt noch im Planungsstadium befindet, können die in Kürze im Endbahnhof Centraal Station zu bauenden Abstell- und Wendegleise als eine Art Vorleistung gesehen werden.
Im Hinblick auf den Ersatz der nahezu 30 Jahre alten Metro-Triebwagen vom Typ »M« hat die Firma Bombardier Eurorail - BN am 24. Juni 1996 den Auftrag zur Lieferung von 18 Metrotriebzügen bis 1998 erhalten. Die Triebzüge bestehen aus zwei gekuppelten Gelenkwagen mit je einem Fahrerstand. Die Gesamtlänge eines Triebzuges beträgt 61 m (2 Gelenkwagen von je 30,5 m); maximal können zwei Triebzüge zu einem Zug gekuppelt eingesetzt werden. Je Triebzug können 448 Fahrgäste befördert werden, davon 144 auf Sitzplätzen. In den fahrerstandslosen Fahrzeugenden ist Platz für Fahrräder oder Rollstühle vorgesehen. Die elektrische Anlage wird von Holec geliefert, die Drehgestelle kommen von Stork RMO.

Überführung eines Triebzuges »M« mit Hilfe einer RET-Diesellok zur Hauptwerkstätte am Kleiweg (A.M.Voogel).

Computeranimation der neuen Metro-Fahrzeuge. Abgebildet ist jeweils ein, als »Halbzug« zu betrachtender Gelenkwagen (Bombardier Eurorail - BN).

POLEN

WARSCHAU

Betreiber: Metro Warszawskie

Warschau ist mit 1,65 Mio Einwohnern die größte Stadt sowie politischer und kultureller Mittelpunkt Polens. Im 13.Jhd. wurde die Stadt, die 1596 als Nachfolgerin von Krakau Hauptstadt des Landes wurde, zum erstenmal urkundlich erwähnt.

Die geographische Situation in der Masowschen Tiefebene führte dazu, daß sich Warschau durch die Jahrhunderte zu einem wichtigen Verkehrsknotenpunkt im europäischen Ost-Westverkehr entwickelte und sich in den zurückliegenden 40 Jahren zur Weltstadt aufschwang. Mit viel Umsicht wurde nach 1945 die beinahe total zerstörte Innenstadt wieder rekonstruiert. Zu den Sehenswürdigkeiten gehören u.a. das barocke »Palac pod blaha« (Palast unter dem Zinkdach), 17. bis 18.Jh.; Stare Miasto (Alter Stadt), Gebäudekomplex aus dem 17. und 18.Jh. mit mittelalterlichen Verteidigungsmauern; Nowe Miasto (Neue Stadt) mit einer schönen Barockkirche; der »Krakowskie-Przedmiescie«, die Hauptverkehrsader mit profanen und sakralen Bauwerken aus dem 17. und 18.Jh. Von den 22 Museen ist das »Muzeum Narodowe« (Polnisches Nationalmuseum) mit einer großen Gemäldesammlung und vielen antiken Kunstwerken das Wichtigste.

Aber auch Handel und Industrie (Stahl- und Maschinenindustrie) haben der Stadt an der Weichsel ihren Stempel aufgedrückt.

Wie in den meisten anderen europäischen Großstädten wurde auch in Warschau bereits früh über unterirdische Verbindungen nachgedacht, aber es mußte noch viel Wasser die Weichsel hinunterfließen, bis diese Pläne realisiert wurden. 1925 wurde im Gemeinderat eine Resolution, den Bau eines Metronetzes betreffend, angenommen. Die Pläne wurden 1927 vorgestellt und es kam sogar zu Probebohrungen, die sich in späteren Jahren als eine wertvolle Hilfe herausstellten. 1938 wurde ein neuer Plan eines 46 km langes Netzes mit 15 km Tunnelstrecke, publiziert. Der Zweite Weltkrieg machte zunächst einen Strich durch die Pläne, die aber 1946 vom »Büro für Wiederaufbau« wieder zum Vorschein geholt wurden. Ein Regierungsbeschluß 1950 machte es möglich, nun endlich mit dem Bau eines Metronetzes auf der Basis der Vorkriegsplanung anzufangen. Zwischen 1951 und 1957 wurden insgesamt 1,5 km Probestollen sowie Arbeits- und Montagegruben gebaut; auch entstand bereits ein ca. 1300 m langes Tunnelstück in der Schildbauweise.

Weil inzwischen deutlich wurde, daß die Kosten das Land überfordern würden, wurde das Projekt vorläufig eingefroren. Die fertiggestellten Teilstücke wurden konserviert und teilweise für andere Zwecke genutzt (z.B. Lebensmittellagerung). Die Zeit bis 1974 wurde genutzt, um nach billigeren Lösungen zu suchen.

Dennoch umfaßte der letzte Planungsstand ein vier Linien großes Netz mit einer Länge von 105 km:

1. Mlociny–Kabaty (Nord-Süd),
2. Winnica–Wola (Nord-West),
3. Julianów–Ochota–MDL Okęcie (Südost-Südwest),
4. Żerań Wschodni–Wilanów (Nordost-Süd).

Aus dieser Linienplanung ist unschwer zu erkennen, daß der Schwerpunkt der Netzentwicklung auf Nord-Süd-Verbindungen gelegt wurde. Grund dafür ist die Stadtentwicklung: die Stadt breitete sich entlang der Weichsel in Nord-Süd-Richtung stärker aus als in Ost-West-Richtung.

Mit der damaligen Sowjetunion wurde im Juni 1982 ein Kooperationsvertrag über wirtschaftliche und technische Unterstützung beim Bau des Metronetzes abgeschlossen, und am 15. April 1983 konnte endlich mit den Bauarbeiten für die erste von drei Baustufen der Linie 1 begonnen werden.

Entwicklung und Bau der Metrolinie

Die Eröffnung des ersten Teilstücks war ursprünglich für 1990 vorgesehen, aber die wirtschaftliche Situation des Landes zwang zu einem langsameren Bautempo, so daß die bishlang einzige Linie,

Linie 1 Politechnika–Kabaty, 12,0 km

erst am 7. April 1995 in Betrieb genommen werden konnte.

Die Linie verläuft auf ganzer Länge unterirdisch in einer Tiefe von 9–10,5 m.

In den südlichen Stadtvierteln wurde beim Tunnelbau die offene Bauweise angewandt, im Stadtzentrum die Schildbauweise.

An hydrogeologischen Problemstellen mußte entweder mit Grundwasserabsenkung gearbeitet werden, oder es wurden unter Zuhilfenahme von Schlitzwänden Baugruben eingerichtet, in denen der Boden mit Betoninjektionen verfestigt wurde. Die in der Schildbauweise gebohrten Tunnel wurden mit Tübbings sowohl aus Stahlguß als auch aus Stahlbeton mit einem Innendurchmesser von 4,90 m verkleidet.

Die Schienen sind direkt auf dem Tunnelboden verlegt. Der kleinste Kurvenradius beträgt 300 m, die stärkste Neigung 3,1%. Entlang der Linie befinden sich elf Bahnhöfe mit einem mittleren Abstand von 1,2 km. Die Bahnhöfe haben 120 m lange Mittelbahnsteige, die Breite beträgt 10–15 m. Die Bahnsteige haben mindestens zwei Ausgänge an den Bahnsteigenden. In jedem Bahnhof befinden sich Rolltreppen und hydraulische Aufzüge sowie Zeitschriften- und Kaffeekioske, Posten der Metropolizei, Telefonzellen und Toiletten.

In dieser ersten Baustufe der Linie 1 bestehen noch keine Umsteigemöglichkeiten auf die Züge der Polnischen Staatsbahn (PKP) und ihren S-Bahn-ähnlichen Vorortsverkehr. Diese werden erst in der zweiten Baustufe bis »Centrum« realisiert.

An der Innengestaltung der Bahnhöfe hat eine Künstlergruppe mitgearbeitet. Die südlich gelegenen Bahnhöfe sind in einer

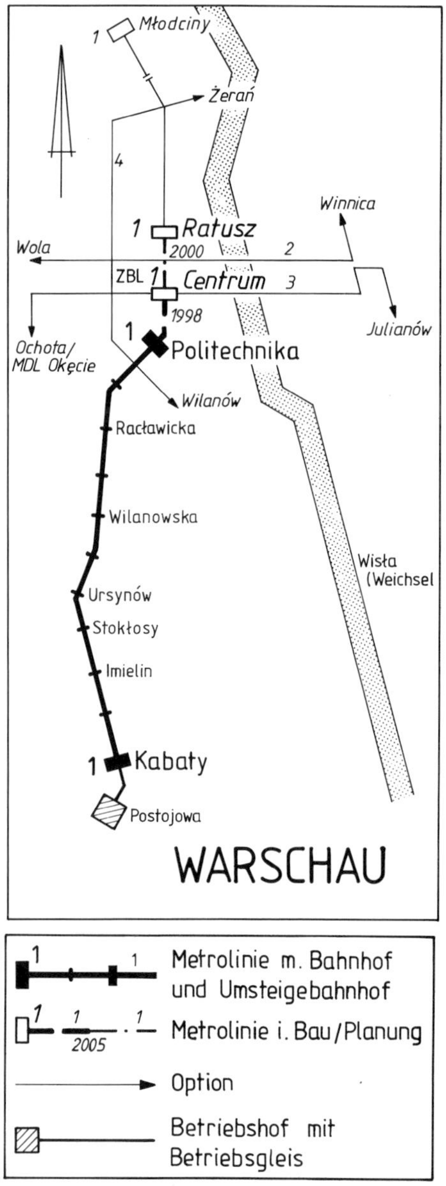

warmen braunen und gelben Farbgebung gestaltet, während bei den Bahnhöfen im Zentrum rote und violette Töne vorherrschen. In jedem Bahnhof ist auf der dem Bahnsteig gegenüberliegenden Tunnelwand ein Informationsband in Kontrastfarbe angebracht.

Fahrzeuge

Der Fahrzeugpark besteht aus Triebwagen mit und ohne Fahrerstand, geliefert von »APO Wagonmasz« in St. Petersburg, Rußland. In der Regel werden diese zu Sechswagenzügen zusammengestellt.

Blick in die Bahnsteighalle des Bahnhofs Stocklosy (Metro Warszawskie)

Metrozug im Bahnhof Imielin (Metro Warszawskie)

Eingangshalle des Bahnhofs Ursynów (Metro Warszawskie)

Typ:	81-572	81-573
Baujahr:	1989	
	Mc	M
Länge ü.K. (mm):	19210	19210
Breite (mm):	2712	2712
Dienstgewicht (t):	34	33
Max. Fahrgastzahl:	182	198
Sitzplätze:	40	44
Stehplätze:	142	154
Einstiege p. Seite:	4	4
Leistung (kW):	4x110	4x110
Beschleunigung (m/s²):	1,2	1,2
Bremsverzögerung (m/s²):	1,0	1,0
Notbremsverzögerung (m/s²):	–	–
v/max (km/h):	90	90
Bestand (31.12.95):	28	14

Betriebsablauf

Die Metrozüge werden über eine von unten bestrichene »dritte« Schiene mit 750 V Gleichstrom versorgt. Die Energieversorgung erfolgt durch sechs entlang der Linie verteilte Unterwerke; jeder Bahnhof hat seine eigene Stromversorgung.
Die Geschwindigkeit der Metrozüge wird über induktive Zugbeeinflussung automatisch geregelt; im Störungsfalle wird die Geschwindigkeit auf 20 km/h reduziert. Die dichteste Zugfolge bei diesem System beträgt 160 sek. Der gesamte Betrieb wird in einer ZBL, nahe dem zukünftigen Bahnhof »Centrum«, überwacht. Die ZBL ist so bemessen, daß einmal alle bis heute geplanten Metrolinien von dort überwacht werden können.
Auch die Überwachung von Energieversorgung, Bahnhöfen, technischen Einrichtungen sowie die Kommunikation mit den Fahrern erfolgen von der ZBL aus. Die Züge sind nur mit einem Fahrer besetzt, welche die Züge selbst abfertigen.
Werktags verkehren die Metrozüge zwischen 04.30 und 23.50 Uhr mit einer Zugfolge von 7–8 min, in der HVZ von 4 min.
Wartung und Reparatur der Metrofahrzeuge erfolgen im Betriebshof »Postojowa«, am südlichen Ende der Linie bei Kabaty; dort befindet sich auch eine Abstellanlage für 252 Fahrzeuge.
80% der Metrobenutzer sind Abonnement-Besitzer; Einzelfahrkarten sind an Automaten erhältlich und müssen in Entwertern abgestempelt werden.

Ein Blick in die Zukunft

Wie berichtet, wird die Linie 1 einmal Mlociny mit Kabaty verbinden; der Bau dieser knapp 23 km langen Strecke sollte in drei Stufen erfolgen. Inzwischen wurden aus finanziellen Gründen die Pläne gestreckt, es wird mit einer Fertigstellung der gesamten Linie nicht mehr vor 2004 gerechnet.
Die nächste Teileröffnung bis »Centrum« ist für 1998 geplant, bis 2000 soll Ratusz erreicht werden.
Es muß abgewartet werden in welchem Tempo die Linie 1 wirklich fertiggestellt wird und wann die weiteren drei Linien gebaut werden können. Alles hängt von der wirtschaftlichen und finanziellen Situation des Landes ab. Das gilt auch für eine Erweiterung und Verbesserung der Zugsicherung mit LZB und ATO.
Für die nächsten Jahre wird auch an die Erweiterung des Fahrzeugparks gedacht. 1996 sollen noch 14, bis 2000 weitere 24 Triebwagen beschafft werden.

Metrotriebzug im Betriebshof Postojowa (Metro Warszawskie)

PORTUGAL

LISSABON

Betreiber: Metropolitano de Lisboa EP (ML)

Lissabon, die Hauptstadt von Portugal, liegt an der Mündung des Rio Tejo am Nordufer an dieser Stelle ca. 7 km breiten und 16 km langen seeartigen Tejo-Bucht; da diese sich zum Atlantischen Ozean hin auf ca. 2-3 km verengt, entstand so ein ausgezeichneter Naturhafen mit Kaianlagen, Docks und Schiffswerften, die Lissabon zu einem der wichtigsten aller Atlantikhäfen gemacht hat, nicht nur für die Fischerei.
Die Stadt (Fläche 84 km²) hat ca. 700.000, die Region (Fläche 2860 km²) ca. 2,7 Mio Einwohner.
Namen wie Vasco da Gama und Cabral sind symbolhaft für den Entdeckergeist, der dieser Stadt Ende des 15.Jahrhunderts Reichtum brachte.
Im Altertum war der Landstrich bewohnt von den Lusitaniern, in den darauffolgenden Jahrhunderten gefolgt von Alanen, Westgoten, Mauren und Spaniern. Das Erdbeben vom 1. November 1755 löschte die Spuren der Vergangenheit fast völlig aus. Dennoch sind viele historische Bauwerke erhalten geblieben, darunter das berühmte Kloster Convento dos Jerónimos de Belém (1499), das Schloß Paço de Belém (1770), jetzt Präsidentenpalast und die Basílica de Estrêla (1779-1790).
Lissabon breitet sich terrassenförmig über die südlichen Hänge des Plateaus von Estramadura aus. Die damit verbundenen großen Höhenunterschiede machen sich durch steilen Straßen und Gassen bemerkbar; vielfach müssen diese durch Aufzüge und Seilbahnen überwunden werden. Bekannt ist auch die Straßenbahnlinie 28 die mit ihren bis zu 90 Jahre alten und zum Teil bereits zweimalig restaurierten Brill-Zweiachsern die 14,5% steilen Gassen des Stadtviertels Alfama befährt.

Die obenstehende Beschreibung zeigt, daß Lissabon für einen Metrobetrieb wie geschaffen ist. Am 26. Januar 1948 wurde das Unternehmen »Metropolitan de Lisboa« gegründet, um die Möglichkeiten hierzu in jeder Hinsicht zu untersuchen. Die Ergebnisse waren überaus befriedigend und am 5. Juni 1949 erteilte der Stadtrat von Lissabon dem Unternehmen eine Konzession zum Bau und Betrieb einer »Metro«.
Im Juli 1955 wurden die Bauarbeiten aufgenommen und am 29. Dezember 1959 konnten die ersten 6,5 km der Metrolinie in Betrieb genommen werden.

Entwicklung und Bau der Metrolinie
Momentan besteht die Metro von Lissabon aus einer in Campo Grande unterbrochenen Ringlinie mit einer Abzweigung nach Colégio Militar-Luz und wurde wie folgt in Betrieb genommen:

Colégio Militar-Luz und Campo Grande–Rotunda–Alameda–Campo Grande 18,8 km
Sete Rios und Entre Campos–Restauradores: 30. Dezember 1959,
Restauradores–Rossio: 27. Januar 1963,
Rossio–Anjos: 28. September 1966,
Anjos–Alvalade: 18. Juni 1972,
Colégio Militar-Luz–Sete Rios und Cidade Universitária–Entre Campos: 15. Oktober 1988,
Campo Grande–Cidade Universitária und Alvalade:3. April 1993.

Bis auf 2 km einschließlich dem Viadukt mit dem Bahnhof Campo Grande verläuft die gesamte Linie unterirdisch.

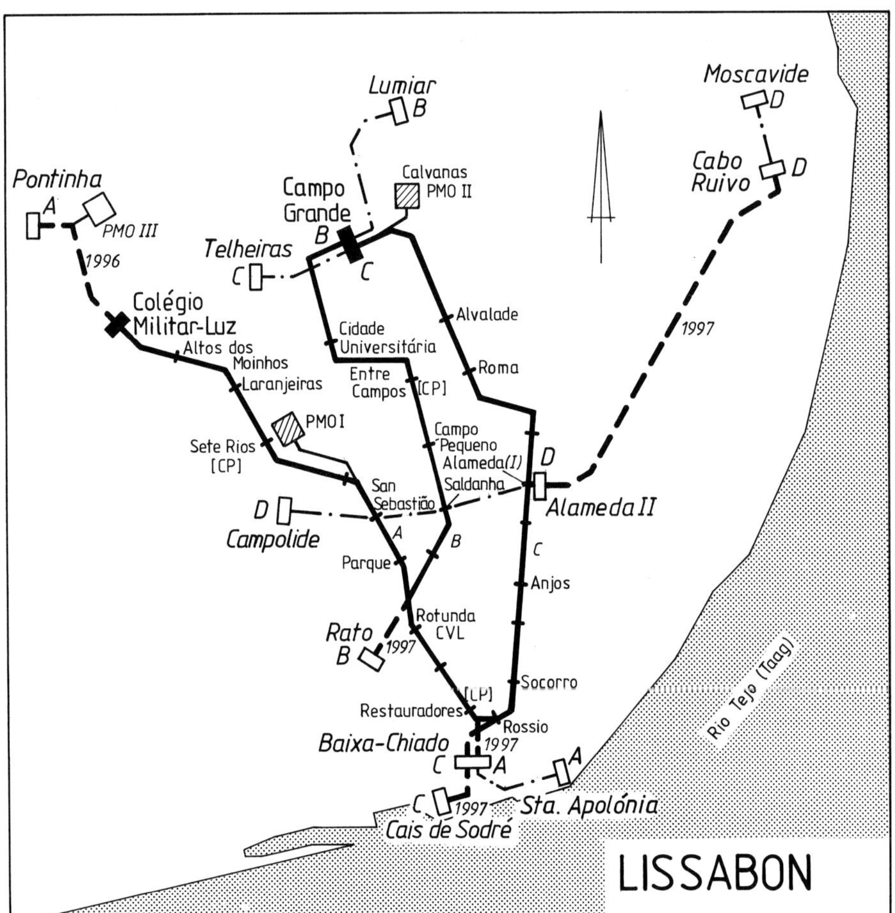

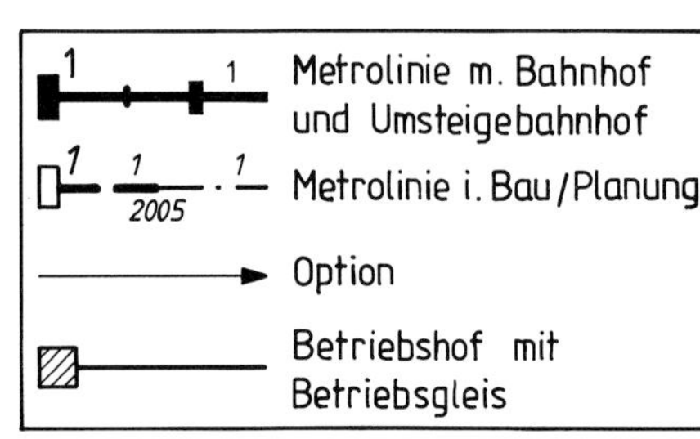

Die geologischen Verhältnisse bereiteten keine Probleme, weil der Lehmboden trocken und fest ist. Die Tunnel liegen mit 6 bis 9 m nicht zu tief unter der Oberfläche und konnten zum größten Teil in der offenen Bauweise gebaut werden. Nur dort, wo die Linie historische Gebäude unterquert, (z. B. bei den Bahnhöfen Parque und Roma) mußten kurze Teilstücke in größerer Tiefe und in der bergmännischen Bauweise gegraben werden. Auch unterhalb des Zoos, zwischen Laranjeiras und Sete Rios, mußte diese Bauweise angewandt werden. Der Oberbau besteht aus Vignoles-Schienen (50 kg/m), teilweise auf Holzschwellen, teils auch auf Betonkonsolen mit Schotterbett. Direkt auf dem Tunnelboden verlegte Gleise finden sich hauptsächlich in den Bahnhöfen. Abweichend von der in Portugal üblichen Breitspur von 1665 mm hat die Metro Regelspur. Der kleinste Kurvenradius beträgt 100 m, die max. Neigung 4%.

Die Linie hat 25 Bahnhöfe, wobei der Bahnhof Campo Grande als Endbahnhof zweier Linienäste keinen direkten Durchgangsverkehr ermöglicht. An drei Stellen im Netz kann auf die Züge der Portugiesischen Staatsbahn (CP) umgestiegen werden.

Die ersten Bahnhöfe waren für einen Betrieb mit zwei Triebwagen ausgelegt und hatten Bahnsteige mit einer Länge von lediglich 40 m. Die 1972 eröffneten Bahnhöfe wurden bereits mit 70 m langen Bahnsteigen ausgestattet und derzeit werden in zehn älteren Bahnhöfen die Bahnsteige ebenfalls auf 70 m verlängert. Bei den neuen Linien werden, im Hinblick auf längere Züge, die Bahnsteige 105 m lang. Die Bahnhöfe haben, mit Ausnahme von Campo Grande, ausschließlich Seitenbahnsteige, die je nach den erwarteten Fahrgastzahlen eine Breite von 4,20 bis 8,00 m aufweisen. Der Bahnhof Campo Grande ist als Umsteigebahnhof mit einem Mittelbahnsteig und zwei Seitenbahnsteigen ausgestattet. Mittlerer Bahnhofsabstand ist ca. 700 m. Mit 25 m hat der Bahnhof Parque die größte Tiefe.

Zehn Bahnhöfe haben Rolltreppen; der Bahnhof Entre Campos hat im Hinblick auf die langen Umsteigewege zu den Zügen der CP zwei Rollsteige.

Die älteren Bahnhöfe sind einfach eingerichtet und haben Gewölbe; die neueren Bahnhöfe sind nach modernen Gesichtspunkten eingerichtet und weisen jetzt einen eckigen Querschnitt auf; verschiedene Künstler haben die Bahnhofsinterieure gestaltet (im Bahnhof Laranjeiras sind z.B. Orangen in verschiedenen Abbildungen von Sá Nogueira zu besichtigen). Im Bahnhof Altos dos Moinhos ist Platz vorgesehen für ein künftiges Metromuseum; zur Zeit ist hier vorübergehend ein Musikmuseum sowie eine Aula für 200 Personen eingerichtet.

Das Treppenhaus des Bahnhofs Campo Grande (ML).

Der Bahnhof Campo Pequeno mit seinen wundervollen Skulpturen (ML).

Mit dem Triebzug ML 7 wurde der Metrobetrieb in Lissabon gestartet (Linke Hofmann Busch).

Fahrzeuge

Der Fahrzeugpark besteht momentan aus Doppeltriebwagen vom Typ ML-7 und ML-79 als verbesserte Ausführung der ML-7 sowie aus Dreiwagen-Triebzügen vom Typ ML-90.

Die Triebwagen vom Typ ML-7 wurden in vier Bauserien abgeliefert, wobei Linke Hofmann Busch in Salzgitter die erste Bauserie von 12 DT lieferte; die nachfolgenden drei Serien dieses Typs wurden, wie die gesamte Serie vom Typ ML-79, von der Waggonfabrik Sorefame (Sociedas Reunidas de Fabricaäes Met licas, S.A.R.L.) in Amadora geliefert. Die neuen Triebzüge vom Typ ML-90 wurden von einem Konsortium, bestehend aus Siemens (elektrische Anlage), Sorefame (Wagenkasten) und DUEWAG (Drehgestelle) entwickelt. Diese Triebzüge werden allmählich den Typ ML-7 ersetzen.

Betriebsablauf

Die Metrozüge werden über eine oben bestrichene »dritte« Schiene mit 750 V Gleichstrom versorgt. Die Traktionsenergie

Typ: Baujahr:	ML-7 1959	ML-79 1984	ML-90 1992
Länge ü.K. (mm):	33020	33010	49980
Breite (mm):	2700	2700	2789
Dienstgewicht (t):	70	61,6	78,9
Max. Fahrgastzahl:	254	245	376
Sitzplätze:	72	80	128
Stehplätze:	182	165	248
Einstiege p. Seite:	6	6	9
Leistung (kW):	8x100	4x241	8x195*
Beschleunigung (m/s^2):	0,9	1,0	1,0
Bremverzögerung (m/s^2):	0,9	1,0	1,0
Notbremsverzögerung (m/s^2):	1,27	1,4	1,4
v/max (km/h):	60	72	80
Bestand (31.12.95):	40	28	6

*Bei dem Dreiwagen-Triebzug Typ ML-90 ist der Zwischenwagen nicht motorisiert.

wird über neun Unterwerke aus dem 10 kV Wechselstromnetz bezogen, die Energie für die Bahnhöfe, Zugsicherung, Pumpen und Ventilatorenstationen kommt über Transformatoren aus dem 3 kV- Wechselstromnetz. Bei Störungen im Hochspannungsnetz sorgen zwei Notstromaggregate für soviel Energie, daß die Züge den nächstliegenden Bahnhof erreichen können.

Das Sicherungssystem wird durch die Züge über Gleichstromkreise in den Schienen beeinflußt und ermöglicht einen Mindestzugabstand von 90 sek. Mit den Signalen sind mechanische Blockiereinrichtungen verbunden, die allmählich durch induktive Sicherungen ersetzt werden. Bei der Metro wird links gefahren.

Zwischen dem Fahrer und dem Traffic Control Center (TCC) nahe dem Bahnhof Rotunda besteht Funksprechverbindung über eine an der Tunneldecke befestigte Antenne; für die Kommunikation mit dem Zugbegleiter, der sich am Zugende befindet und mit Pfeifsignalen die Züge abfertigt, befindet sich im Zug eine Gegensprechanlage. Die Fahrgastinformationen im Zug erfolgen durch den Fahrer; die Überwachung der Bahnhöfe geschieht durch Kameras und Monitore im ZBL.

Werktags fahren die Metrozüge zwischen 06.30 und 01.00 Uhr; zwischen Bahnhof Campo Grande und Rotunda über Alvalade beträgt die Zugfolge fünf, in der HVZ zwei Minuten, wobei die Züge abwechselnd nach Militar-Luz bzw. über Entre Campos zurück nach Campo Grande fahren.

Wartung und Reparatur der Fahrzeuge erfolgen in den Betriebshöfen PMOI in Sete Rios und PMO II in Calvanas.

Triebzug ML 79 im Bahnhof Sete Rios (ML).

Moderner Triebzug ML 90 (ML).

Für die Benutzung der Metro besteht ein Einheitstarif; es sind sowohl Einzelfahrkarten als auch Zehn-Fahrtenblöcke erhältlich, die in den Entwertern abgestempelt werden müssen. Ferner besteht ein sog. Sozialtarif, der innerhalb des Stadtgebietes nur auf Metro, Straßenbahnen und Bussen gültig ist, außerhalb des Stadtgebietes zusätzlich auch auf den Zügen der CP, den Regionalbussen der RN sowie den Fähren über den Rio Tejo.

Ein Blick in die Zukunft

Das anspruchsvolle Erweiterungsprogramm der ML ist in zwei Phasen aufgeteilt. In der ersten Phase (PER I) wird die Ringlinie in drei eigenständige Linien A, B und C aufgeteilt. In der zweiten Phase (PER II) wird, neben mehreren Verlängerungen der bestehenden Linien, mit Blick auf die Expo-98 eine neue Linie D eingerichtet. In der Endausbaustufe wird das neue, ca. 35 km lange Netz wie folgt aussehen (in Klammern die geplanten Eröffnungstermine):

A Pontinha–Sta. Apolónia
Pontinha–Carnide–Colégio Militar-Luz (12/96)
Betriebshof PMO III (12/96)
Restauradores–Baixa-Chiado (11/97)
Baixa-Chiado–Terreiro do Paço (Projekt)
Terreiro do Paço–Sta. Apolónia (Vorplanung)

B Lumiar–Rato
Lumiar–Quinta do Lambert–Campo Grande (nach 2000)
Rotunda–Rato (m. Bahnhof Rotunda II) (09/97)

C Telheiras–Cais Sodré
Telheiras–Campo Grande (nach 2000)
Bahnhof Calvanas (nach 2000)
Rossio–Baixa-Chiado–Cais Sodré (11/97)
Hierbei wird die Verbindung Rossio nach Restauradores unterbrochen.

D Moscavide–Campolide
Cabo Ruivo–Alameda II (12/97)
Cabo Ruivo–Moscavide (nach Expo 98)
Alameda II–Campolide (nach 2000)

Für die in der Schildbauweise zu bauenden zweigleisigen Tunnel der südlichen Verlängerungen werden Bohrschilde mit einem Durchmesser von 9,71 m eingesetzt. Die Strecke Cabo Ruivo-Alameda II entsteht zur Hälfte in der Schildbauweise, der übrige Teil in der offenen Bauweise.

Für den Betrieb auf den neuen Strecken werden 12 neue Dreiwagen-Triebzüge vom Typ ML-95 in Auftrag gegeben.

RUMÄNIEN

BUKAREST | Betreiber: Regia de Exploatare a Metroului Bucuresti »METROREX R.A.«

Bukarest ist politisches, administratives und wirtschaftliches Zentrum Rumäniens, zugleich Mittelpunkt von Kunst und Wissenschaft. Die rund 2 Mio Einwohner zählende und 605 km² große Stadt liegt inmitten eines ausgedehnten Eisenbahn- und Straßennetzes und hat seit der Fertigstellung des Donau-Bukarest-Kanals einen Binnenhafen.
Gut 20% der rumänischen Industrieproduktion, hauptsächlich bestehend aus Erzeugnissen der elektrotechnischen und elektronischen Industrie sowie des Maschinenbaus, stammt aus Bukarest.
Die Stadt wurde am 20. September 1459 erstmalig urkundlich erwähnt, 1465 wurde sie als »Thron-Stad« bekannt.
1862 wurde Bukarest Hauptstadt des Fürstentums und 1877 des Staates Rumänien.
200.000 Pendler und 50.000 Besucher stellen täglich hohe Anforderungen an den städtischen Verkehr, wobei der ÖPNV einen hohen Stellenwert besitzt; durch die rund 5400 Straßen führen 500 km Straßenbahn-, 300 km Obus und 900 km Buslinien.
Das Metronetz nimmt mit 57 km hierbei einen vergleichsweise bescheidenen Platz ein.

Bereits 1908 war erstmals von einem Metroprojekt war die Rede, aber es waren weder technische noch finanzielle Mittel vorhanden, ein solch anspruchsvolles Projekt zu realisieren. Erst nach dem Zweiten Weltkrieg kamen wieder diesbezügliche Pläne auf den Tisch. Weil man der Meinung war, aus eigener Kraft und mit eigenen Mitteln den Metro-Gedanken in die Praxis umsetzen zu können, wurde 1952 ein von der Sowjetunion angebotener Metroimport verworfen. Für die damaligen Machthaber waren die Metropläne mittlerweile zu einer Prestige-Angelegenheit geworden, nicht nur der Verkehrspolitik wegen So fiel 1974 auch auf höchster Ebene die Entscheidung zum Bau des Metronetzes. Im Februar 1975 wurde per »Dekret« die Projektgesellschaft »Metroprojekt« gegründet und bereits im gleichen Jahr wurde mit dem Bau begonnen; 1979 wurde das erste Teilstück in Betrieb genommen.
Zunächst wurde die Metro von der Rumänischen Staatsbahn (SN CFR) betrieben, das heutige Unternehmen »METROREX RA« untersteht gleichfalls dem rumänischen Verkehrsministerium.

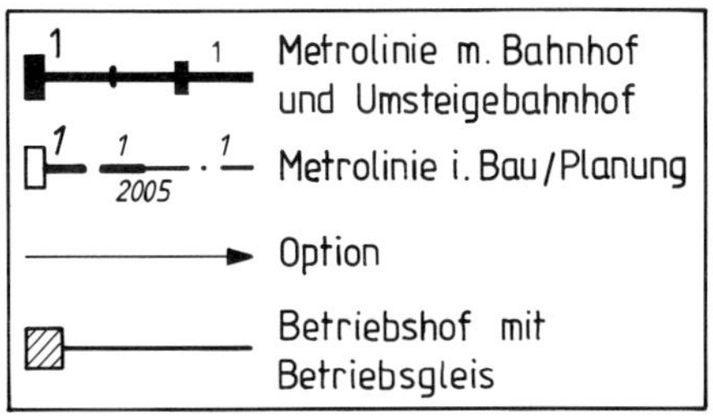

Entwicklung und Bau des Metronetzes

Das Metronetz in Bukarest besteht aus drei Linien, wobei die Trassierung zum Teil von höchster politischer Seite beeinflußt wurde. Hierbei ist insbesondere die Linie 2 hervorzuheben, die die Industriegebiete im Norden über das Stadtzentrum mit dem Neubaugebiet und den Industriebetrieben im Süden verbindet; daß gleichzeitig der Ceaucescu-Palast mit dem Flughafen und dem Regierungsbahnhof unterirdisch verbunden wurden, war kein Zufall. Die Metrolinien haben keine offiziellen Liniennummern, sondern sind farblich gekennzeichnet.

Die folgende Aufstellung gibt eine Übersicht über die Entwicklung des heutigen Metronetzes sowie dessen Eröffnungsdaten:

1 (rot) Republica–N.Grigurescu–Eroilor–Industriilor und Gara de Nord, 29,2 km
Timpuri Noi–Semănătoarea: 16. November 1979,
Republica–Timpuri Noi: 28. Dezember 1981,

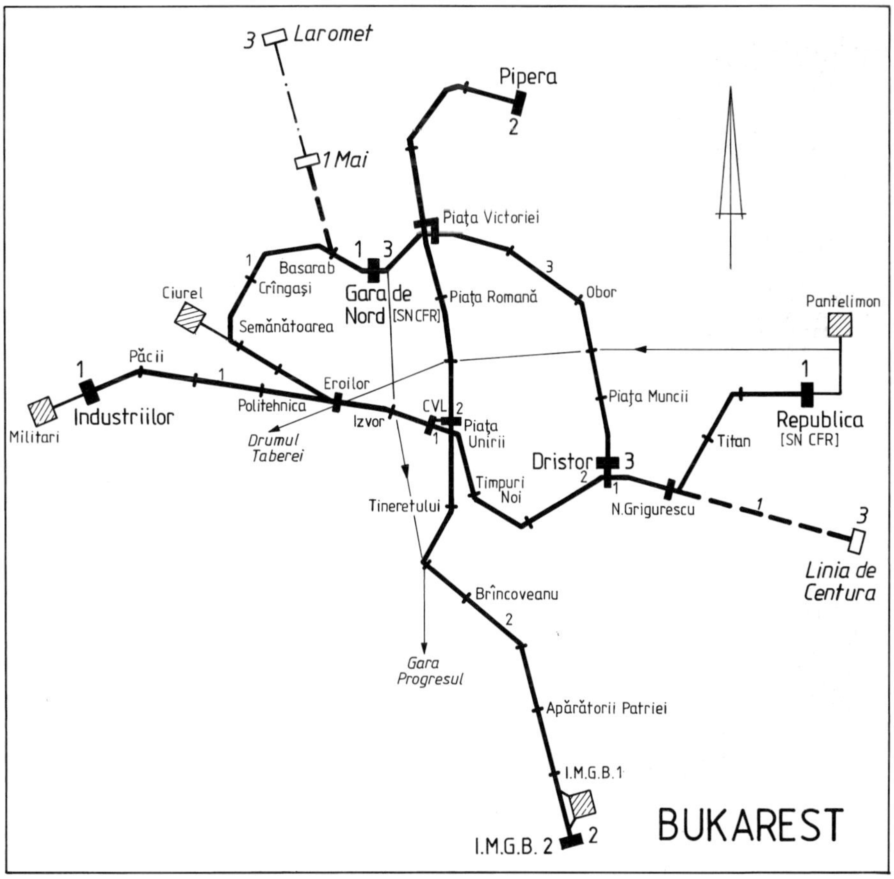

Saal-ähnliche Bahnsteighalle des Bahnhofs Industriilor (Linie 1) (METROREX).

Das Treppenhaus des Bahnhofs Piata Unirii 2 (Linie 2) würde in einem Prunkbau keine schlechte Figur machen (METROREX).

Eroilor–Industriilor: 19. August 1983,
Semąnątoarea–Crîngai: 22. Dezember 1984,
Crîngasi–Gara de Nord: 25. Dezember 1987.

2 (blau) Pipera–I.M.G.B., 18,9 km
Piata Unirii–I.M.G.B.: 24. Januar 1986,
Pipera–Piata Unirii: 24. Oktober 1987.

3 (grün) Gara de Nord–Dristor 2, 9,1 km
17. August 1989.

Hiermit hat das Netz eine Länge von 57,2 km, der oberirdische Anteil beträgt 500 m (I.M.G.B.1—I.M.G.B.2).

Der Bau der Tunnel wurde insbesondere beeinflußt durch den zwischen einer Tiefe von 4 und 7 m schwankenden Grundwasserspiegel. Ein anderer Gesichtspunkt war die Sicherheit gegen Erdbeben, hier wurde die Stärke 10 auf der »nach oben offenen Richterskala« zugrunde gelegt. Diese Faktoren führten dazu, daß die Tunnel zum größten Teil entweder der Straßenführung folgten oder unterhalb freien Geländes verlegt wurden. Die Tunnelsohle liegt im Schnitt auf einer Tiefe von 15 m mit Ausnahme der »Dambovita«-Querung (Linie 2) und zwischen den Bahnhöfen Pta. Unirii und Tineretului (Linie 1), wo jeweils eine Tiefe von 24 m erreicht wird.
Beim Tunnelbau wurde sowohl die Deckelbauweise angewandt als auch die Schildbauweise mit einem halb-mechanischen und lasergesteuerten Bohrschild von 6,50 m Durchmesser. Die rechteckigen cover-and-cut-Tunnels sind zweigleisig; die gebohrten Tunnelröhren sind eingleisig und mit Tübbings aus Stahlbeton verkleidet.
Die älteren Oberbauten bestehen aus Vignoles-Schienen (49 und 60 kg/m) mit Holzschwellen auf Schotterbett. Bei den neueren Linien liegen die Schienen auf Betonkonsolen, die mit Elastomer-Unterlagen auf dem Tunnelboden verleimt sind.
Der kleinste Kurvenradius beträgt 150 m, die max. Neigung 3,5%.
Das Netz umfaßt 39 Linienbahnhöfe, teils mit Seiten-, teils auch mit Mittelbahnsteigen. An vier Bahnhöfen (Pta. Victoriei, Dristor, Pta. Unirii und Eroilor) kann innerhalb des Netzes umgestiegen werden, wobei sich das Umsteigen zwischen den Linien 1 und 2 am Bahnhof »Pta. Unirii« wegen eines längeren Fußweges recht umständlich gestaltet. Umsteigemöglichkeiten auf die Regional- und Fernzüge der SN CFR bestehen am Bahnhof Gara de Nord; am Bahnhof Republica kann nur auf Regionalzüge umgestiegen werden.
Um die Bauzeit so kurz wie nur möglich zu halten, wurden zunächst relativ große Bahnhofsabstände von im Schnitt 1,5 km gewählt. Das hatte zur Folge, daß zu einem späteren Zeitpunkt noch drei Bahnhöfe in die bestehenden Tunnel eingefügt werden mußten. Daß es hierbei zu zum Teil merkwürdigen Situationen kam, zeigt der Bahnhof Piata Romana. Im bestehenden Tunnel war lediglich Platz für ein Meter breite Bahnsteige, sodaß eine neue Bahnhofshalle gegraben werden mußte, die durch örtliche Passagen mit diesen Bahnsteigen verbunden wurde; dadurch ergab sich hier die für einen Metrobetrieb ungewöhnliche Situation, daß nur die halbe Einstiegszahl der Fahrzeuge genutzt werden konnte. Dort wo sich beim stehenden Zug der jeweils erste und vierte Einstieg befinden, verhindern Absperrgitter den Fahrgastwechsel.
Auch an anderen Stellen kommt es zu bemerkenswerten Details, beispielsweise ist der nördliche Seitenbahnsteig des Bahnhofs Izvor nicht mit direkten Ein- und Ausgängen versehen, sondern durch einen die Gleise unterquerenden Tunnel mit denen des südlichen Bahnsteigs verbunden.
Auch die Gestaltung der Bahnhöfe weicht untereinder ab. Die meisten der in Deckelbauweise gebauten Bahnhöfe haben vestibülartige Schalterhallen, die durch Galerien miteinander verbunden sind und den Charakter von unterirdischen Palastsälen vermitteln; dazu trägt auch die nahezu verschwenderische Verwendung von Marmor und Granit bei. Die Verkleidung des Bahnhofs Dristor 1 besteht dagegen aus den nackten Beton-Tübbings. Der einzige Bahnhof mit einer Gewölbehalle, »Titan«, wird durch das Aufstellen von Kübelpflanzen belebt.
Die Endpunkte der Linien 1 und 3 im Bahnhof Gara de Nord sind theoretischer Natur, denn die Züge fahren unter jeweils anderer Nummer weiter, dadurch eine Semi-Ringlinie bildend.

Typ:	»Bucuresti«
Baujahr:	1978
Länge ü.K. (mm):	38000
Breite (mm):	3100
Dienstgewicht (t):	72
Max. Fahrgastzahl:	388
Sitzplätze:	68
Stehplätze:	320
Einstiege p. Seite:	8
Leistung (kW):	4 x 185
Beschleunigung (m/s²):	1,35
Bremsverzögerung (m/s²):	0,9
Notbremsverzögerung (m/s²):	1,2
v/max (km/h):	80
Bestand (31.12.95):	248

Bahnhof Cringasi mit eingefahrenem Metro-Triebzug (METROREX).

Metrozug im Bahnhof I.M.G.B. (METROREX).

Fahrzeuge

Seit Betriebsanfang 1979 verkehren auf den Metrolinien von der Waggonfabrik »Astra Vagoane« in Arad gebaute Doppeltriebwagen (DT), die für die damalige Zeit ein recht modernes Styling aufwiesen. Durch den intensiven Gebrauch der Fahrzeuge im Laufe der Zeit kommen gegenwärtig regelmäßig Schwachpunkte zum Vorschein, die Störungen im Betriebsablauf zur Folge haben.

Für Rangierfahrten in den Betriebshöfen und Werkstätten ist jeder DT mit einem Hilfs-Dachstromabnehmer ausgerüstet.

Maximal drei DT können zu einem Zug gekuppelt werden.

Betriebsablauf

Die Metrozüge beziehen über eine »dritte« Schiene von unten ihren Fahrstrom von 750 V Gleichspannung. Die Energieversorgung der Metro wird in der ZBL im Bahnhof Piata Unirii kontrolliert. Bei der städtischen Energieversorgung wird der Metro im übrigen höchste Priorität eingeräumt, dadurch kam es in den vergangenen Jahren des öfteren zu der Erscheinung einer »dunklen« Stadt und einer beleuchteten Metro.

Die Zugsicherung erfolgt über ein Selbstblocksystem mit Geschwindigkeitsüberwachung nach dem System Indusi mit einer sechsstufigen Kabinensignalierung. Je zwei Blöcke sind durch Deckungssignale mit Geschwindigkeitsanzeigern gesichert, wodurch theoretisch eine kleinste Zugfolge von 90 sec ermöglicht wird.

Der gesamte Betriebsablauf wird in der ZBL von je einem Fahrdienstleiter pro Linie überwacht. In der Regel werden Weichen und Signale dezentral von den örtlichen Stellwerken bedient, auf Anforderung können das jedoch auch die Fahrdienstleiter in der ZBL über Fernbedienung übernehmen. Die Gespräche zwischen ZBL und Fahrer werden auf Tonband aufgenommen; Zugmeldeanlagen, jedoch ohne automatische Zugkennung, sowie zentrale Fernbeobachtungsanlagen mit vier Monitoren je Linie und flexibler Bildwahl komplettieren die Betriebsführung. Die Züge sind besetzt mit je zwei Lokführern der SN CFR, die auch die Zugabfertigung in den Bahnhöfen übernehmen.

Für die Zugzielanzeige genügt ein einfaches Schild hinter der Frontscheibe, auf dem in der zugehörigen Farbe das Ziel angegeben wird.

Werktags fahren die Metrozüge zwischen 05.00 und 23.30 Uhr mit einer Zugfolge von 10–12 min, in der HVZ 4–5 min.

Wartung und Reparatur der Fahrzeuge erfolgt in vier, zum Teil unterirdischen, Betriebshöfen: Ciurel, Militari, I.M.G.B. und Pantelimon; mit Ausnahme von Pantelimon haben alle Betriebshöfe Bahnanschluß. Für Fahrten innerhalb den Betriebshöfe ist eine einfache Oberleitung angebracht.

Es gibt keinerlei Fahrkarten und Abonnements; um die Metro zu benutzen, muß eine Lei-Münze in die Drehkreuz-Sperre gesteckt werden, die dann den Durchgang freigibt; beim Umsteigen muß erneut bezahlt werden.

Die Metro hat eine eigene Polizeitruppe mit einem umfangreichen Sicherheitsnetz und eigenen Räumlichkeiten in den Bahnhöfen.

Ein Blick in die Zukunft

Augenblicklich sind folgende Linien-Erweiterungen in Arbeit:

Linie 1	N.Grigurescu–Linia de Centura
Linie 3	(Laromet–)1 Mai–Gara de Nord

Die ursprüngliche Terminplanung fiel leider den fehlenden Investitionsmitteln zum Opfer, so daß der Fertigstellungstermin gegenwärtig völlig offen ist.

Pläne für eine neue Ost-Westverbindung Pantelimon–Drumul Taberei und eine neue Nord-Südverbindung Gara de Nord–Gara Progresul kochen momentan auf Sparflamme.

Die unbefriedigende Fahrzeugsituation soll zunächst durch eine umfassende Revision der vorhandenen Fahrzeuge verbessert werden. An neue Fahrzeuge wird gegenwärtig nicht gedacht.

SKANDINAVIEN

OSLO

Betreiber: A/S Oslo Sporveier

Die norwegische Hauptstadt wurde um 1050 von König Harald Hårdråde unter dem Namen Åslo gegründet. 1286 wurde Åslo Residenz und zum Schutze der Stadt baute König Håkon V die Festung Åkershus.
Die große Feuersbrunst von 1624 legte die nur aus Holzhäusern bestehende Stadt total in Asche. König Christian IV von Dänemark ließ die Stadt nördlich von Åkershus neu errichten, jetzt jedoch mit steinernen Bauten und gab ihr den Namen Kristiania. Nachdem Norwegen unabhängig wurde (verfassungsgebende Versammlung von Eidsvoll 1814), wurde Kristiania wieder Hauptstadt; am 1. Januar 1925 erhielt sie ihren alten Namen »Oslo« in geänderter Schreibweise zurück.
Oslo hat momentan 470.000 Einwohner, der Großraum Åkershus 450.000. Der ca. 100 km tief in das Landesinnere reichende Oslofjord endet in der Innenstadt, nahezu direkt vor den Rathaustreppen.
Zahlreiche Gebäude, wie z. B. die »Domkirke« (1697 eingeweiht, 1849 restauriert), das »Stortinget« (zwischen 1861 und 1866 gebautes Parlamentsgebäude), das »Nationaltheatret« (1895-1899) mit den Büsten von Ibsen und Bjørnson vor dem Eingang, und das 1825 gebaute königliche Schloß erinnern an eine große Vergangenheit. Mehrere Museen geben einen Überblick über Kunst und Kultur des Landes. Nicht unerwähnt bleiben darf der Vigelandpark mit der größten Skulpturensammlung eines einzigen Bildhauers, dessen Namen der Park trägt. Die »Museumsinsel« Bygdøy mit Viking-, Fram-, Kon-Tiki- und Volksmuseum ist eine weitere Sehenswürdigkeit.

1898 begann die Entwicklung der Vorortbahnen Oslos mit der Inbetriebnahme des ersten Teilstücks der »Holmenkollbanen« zwischen Majorstuen und Besserud. Seither entwickelte sich dieses Netz stetig, hauptsächlich in dem stark hügeligen Gelände westlich und nordwestlich von Oslo mit dem Wintersportzentrum Holmenkollen. Endstation für alle Linien war zunächst Majorstuen. 1928 wurde ein ca. 2 km langer Tunnel bis »Nationaltheatret« eröffnet, wodurch die mittlerweile drei Vorortlinien in das Herz der Stadt vordringen konnten.

1942 war dieses Netz auf vier Linien angewachsen, während östlich von Oslo nur eine Vorortlinie in Betrieb war; hier dominierte noch die Straßenbahn. Erst in den 50er Jahren, nachdem Oslo durch den Bau von neuen Wohngebieten und der Ansiedlung von Industriebetrieben nach Osten expandierte, entstand Bedarf für einen effizienteren Nahverkehr.

»Holmenkollbanen« auf diesem Bild noch Linie 15, mit dem Endbahnhof Frognerseteren. Die Uhr für diese, mehr als 40 Jahre alten Holz-Triebwagen Typ 600/II, einst anläßlich der Olympischen Spielen in Oslo angeschafft, läuft allmählich ab, nachdem die neuesten Metrotriebwagen T-2000 auch auf dieser Strecke, jetzt Linie 1, eingesetzt werden (Oslo Sporveier).

Nach Vorlage mehrerer Vorschläge im Jahr 1954 beschloß der Gemeinderat den Bau eines vier Linien umfassenden, östlich orientierten Metronetzes, das durch einen Tunnel in die Innenstadt geführt werden sollte (die sog. »Tunnelbane«); die einzige, 1926 eröffnete, östliche Vorortlinie, die »Østensjøbanen«, sollte zu einem späteren Zeitpunkt in dieses Netz integriert werden.
Im Vorgriff auf den Metro-Betrieb wurde 1957 auf der Trasse der Straßenbahnlinie 4 die »Lambertseterbanen« von Tøyen nach Bergkrystallen in Betrieb genommen, zunächst jedoch als Eisenbahnlinie. Erst am 22. Mai 1966 erhielt diese Linie mit der Inbetriebnahme des Teilstücks Jernbanetorget (Hauptbahnhof)–Tøyen den Metrostatus. Hiermit wurde Oslo Metrostadt.

Entwicklung und Bau des Metronetzes

Mit der 1977 eröffneten Verbindung Jernbanetorget–Sentrum wurde das östliche Netz bis in die Stadtmitte erweitert. Am 7. März 1987 wurde auch das westliche Vorortnetz von »Nationaltheatret« bis »Sentrum« weitergeführt, wobei der Name »Sentrum« in »Stortinget« geändert wurde. Hiermit verfügte die Innenstadt über einen unterirdischen Bahnhof, in dem beide Netze endeten.

Am 16. Januar 1991 bestand das T-bane-Netz aus vier Linien:

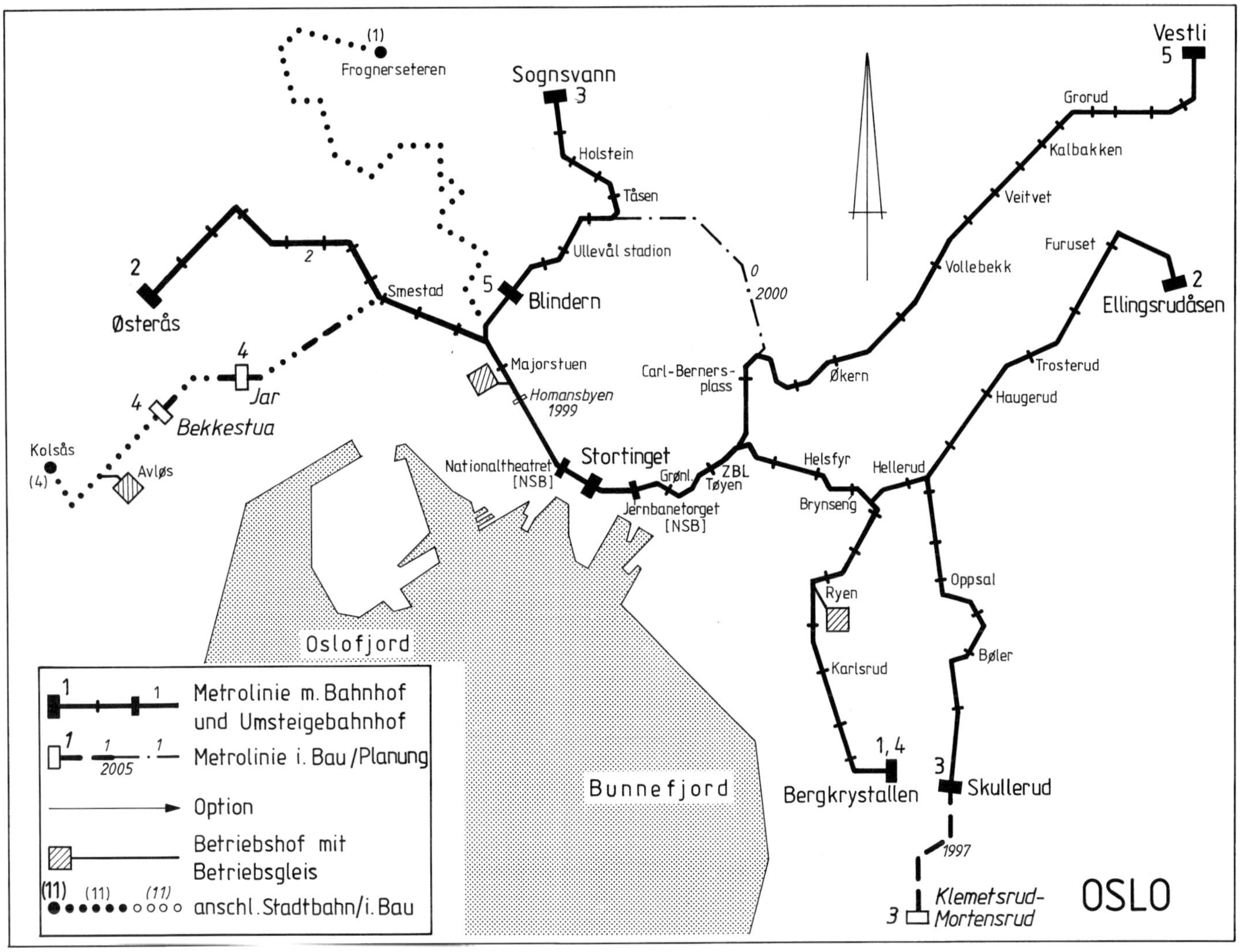

3 Skullerud–Stortinget
4 Bergkrystallen–Stortinget
5 Vestli–Stortinget
6 Ellingsrudåsen–Stortinget

Das Vorortnetz bestand zu diesem Zeitpunkt ebenfalls aus vier Linien:
13 Stortinget–Sognsvann
14 Stortinget–Kolsås
15 Stortinget–Frognerseteren
16 Stortinget–Østerås.

Auf der in Stortinget unterbrochenen Verbindung Tøyen–Majorstuen spielte sich inzwischen 40% des öffentlichen Verkehrs ab. Dennoch wurde nach einer Möglichkeit gesucht, diesen Tunnel noch rentabler zu nutzen, was schließlich zu dem Plan »*Pendeldrift*« (Pendelbetrieb) führte.

Nach diesem Plan sollten drei östliche mit drei westlichen Linien verbunden werden, die Linien 3 mit 14, 4 mit 13 und 6 mit 16; die Linien 5 und 15 würden über Stortinget hinaus verlängert werden. Bei dieser Gelegenheit sollte das gesamte Westnetz den Metrostandard erhalten.

Am 16. Januar 1991 wurde dieses Reorganisationsprojekt mit mehreren Änderungen und begleitenden Maßnahmen im Investitionsplan von »Sporveier« aufgenommen, mit der Einschränkung, daß die Linien 14 und 15 vorläufig ihre Betriebsform als Vorortbahn behalten sollten. Der erste Schritt war eine – vorübergehende – durchgehende Verbindung von Sognsvann nach Bergkrystallen, die unter der Linienbezeichnung 4 am 10. April 1993 in Betrieb genommen wurde.

Am 8. April 1995 wurden die ersten durchgehenden Verbindungen nach dem neuen Linienschema eingeführt, Linie 1 von Frognerseteren nach Bergkrystallen und Linie 3 von Sognsvann nach Skullerud. Die Endstation der Linie 4 wurde vorübergehend von Sognsvann nach Stortinget verlegt; ferner wurde die Linie 5 über Stortinget nach Blindern weitergeführt.

Bei der nachfolgenden Aufstellung werden die Streckenteile, die ihre Betriebsform als Vorortlinie zunächst beibehalten, mit beschrieben. Das heutige Metronetz wurde wie folgt in Betrieb genommen:

1 Bergkrystallen–Helsfyr–Stortinget–-Majorstuen–(Frognerseteren), 13,1 km

Nationaltheatret–Majorstuen–Frognerseteren als »Holmenkollbanen«: zwischen 1898 und 1928;
Bergkrystallen–Tøyen als »Lambertseterbanen«: 1957;
Tøyen–Jernbanetorget: 22. Mai 1966;
Jernbanetorget–Stortinget: 1977;
Stortinget (ex »Sentrum«)–Nationaltheatret: 7. März 1987;
Die letztgenannten drei Abschnitte bilden zusammen mit dem Abschnitt Nationaltheatret–Majorstuen die Stammlinie für das gesamte Metronetz durch die Innenstadt.
Linie 1 entstand am 8. April 1995 im Rahmen von *Pendeldrift* aus den ehemaligen Linien 15 und 4.
Der 11,5 km lange Streckenabschnitt Majorstuen–Frognerseteren wird weiterhin als Vorortbahn betrieben.
Das Teilstück Bergkrystallen–Helsfyr–Stortinget wird zusammen mit der Linie 4 befahren; Bergkrystallen–Helsfyr nur in der HVZ.

2 Ellingsrudåsen–Stortinget–Østerås, 23,4 km

Nationaltheatret–Østerås als »Røabanen«: zwischen 1935 und 1972;
Haugerud–Jernbanetorget als »Furusetbanen«: 18. November 1970;
Trosterud–Haugerud: 1974;

Furuset–Trosterud: 1978;
Ellingsrudåsen–Furuset: 8. November 1981;
Jernbanetorget–Nationaltheatret siehe Linie 1.
Linie 2 entstand am 19. November 1995 im Rahmen von *Pendeldrift* aus den ehemaligen Linien 6 und 16.

3 Skullerud–Stortinget–Sognsvann, 20,1 km
Oppsal–Tøyen als »Østensjøbanen: 1926;
Nationaltheatret–Sognsvann als »Sognsvannsbanen«: 1934;
Bøler–Oppsal: 1958;
Skullerud–Bøler: 26. Oktober 1967, bei dieser Gelegenheit erhielt die Linie den Metrostatus mit der Liniennummer 3;
Tøyen–Nationaltheatret siehe Linie 1.
Ab 10. April 1993 wurde die Strecke Stortinget–Sognsvann als Metrolinie und vorübergehend mit der Linie 4 zusammen betrieben.
Linie 3 in ihrer endgültigen Ausführung entstand am 8. April 1995 im Rahmen von *Pendeldrift* aus den ehemaligen Linien 13 und 3.
Das Teilstück Tøyen–Blindern wird zusammen mit der Linie 5 befahren.

4 Bergkrystallen–Stortinget–Smestad–(Kolsås), 15,1 km
Bergkrystallen–Stortinget siehe Linie 1
Nationaltheatret–Smestad–Kolsås als »Lilleakerbanen«, später »Bærumsbanen«, heute »Kolsåsbanen«: zwischen 1924 und 1942.
Linie 4 entstand am 19. November 1995 im Rahmen von *Pendeldrift* aus den ehemaligen Linien 14 und 4.
Das 12,7 km lange Teilstück Smestad–Kolsås wird zunächst weiterhin als Vorortbahn betrieben.

5 Vestli–Stortinget–Blindern, 18,9 km
Grorud–Jernbanetorget als »Grorudbanen«: 16. Oktober 1966;
Vestli–Grorud: 21. Dezember 1975;
Jernbanetorget–Nationaltheatret siehe Linie 1.
Nationaltheatret–Blindern siehe Linie 3
Das Teilstück Tøyen–Blindern wird zusammen mit der Linie 3 befahren.

Hiermit hat das Metronetz eine vorläufige Linienlänge von 90,6 km, wovon 15 km im Tunnel liegen; hinzu kommen 24,2 km der noch als Vorortbahn betriebenen Streckenanteile.
Der Tunnelbau in Oslo gestaltete sich recht schwierig. Von Nordost nach Südwest verlaufen mehrere Felsformationen unter der Stadt hindurch, mit Zwischenräumen aus weichem Lehm. Weil die Felsformationen teilweise rissig waren, mußte auch hier mit Lehm-Einschlüssen gerechnet werden. Es wurde versucht, den Trassenverlauf weitestgehend an der Felsrichtung auszurichten, was jedoch nicht immer möglich war. Östlich des Bahnhofs Grønland mußte sogar unter Wasserdruck gearbeitet werden, um zu vermeiden, daß die Tunnelsohle durch den Erddruck angehoben würde. Gleichzeitig wurde hier ein ganzer Stadtteil abgerissen und in modernem Stil neu aufgebaut, was im übrigen die Bauzeit kräftig verlängerte.
Den geologischen Umständen entsprechend mußten auch Sprengungen vorgenommen werden. An weniger kritischen Stellen wurde die offene Bauweise angewandt.
Der Oberbau besteht aus Vignoles-Schienen mit Holzschwellen auf Schotterbett; sukzessive jedoch werden die Holzschwellen durch Betonschwellen ersetzt.
Der kleinste Kurvenradius beträgt 70 m, im östlichen Netz 200 m; die max. Neigung 5,5%.
Das heutige Metronetz, einschließlich der noch als Vorortbahn betriebenen Streckenteile, hat 102 Bahnhöfe, wovon sechs unterirdisch sind.
An den Bahnhöfen Jernbanetorget und Nationaltheatret kann auf die Züge der Norwegischen Staatsbahn (NSB) umgestiegen werden. Die Bahnhöfe haben ausschließlich Seitenbahnsteige mit einer Länge von 110 m; die Bahnhöfe Brynseng, Tøyen und Majorstuen haben zusätzlich je einen Mittelbahnsteig.
Die meisten unterirdischen Bahnhöfe sind mit Aufzügen und Rolltreppen ausgestattet; oberirdische Bahnhöfe haben in den meisten Fällen Rampen für Behinderte.

Fahrzeuge
Bei der Aufnahme des Metro-Betriebs 1966 standen 60 Triebwagen der Serie TI/1 mit einem Fahrerstand und 30 der Serie TI/2 mit zwei Fahrerständen zur Verfügung. Von der Serie TI/2 wurden später vier Triebwagen zum TI/1 umgebaut. Die Fahrerkabinen der Metrofahrzeuge sind, wie bei den älteren Fahrzeugen des westlichen Netzes, auf der jeweils rechten Seite angeordnet, wodurch Sitzplätze gewonnen wurden. Zwischen 1970 und 1978 wurden weitere 72 Triebwagen, identisch mit der Serie TI/1, in drei Serien TII, TIII und TIV abgeliefert. Ferner lieferte der gleiche Hersteller 33 Triebwagen (Serien TV und TVI) für das westliche Vorortnetz. Obwohl diese eine große Ähnlichkeit mit den Metrofahrzeugen aufweisen, haben sie außer einem Dachstromabnehmer eine abweichende Frontpartie mit einer Fahrerkabine über die gesamte Fahrzeugbreite, wodurch der Fahrer eine bessere Sicht auf die Strecke hat.
Zwischen 1986 und 1989 wurden aus der Metroserie TIV für den Einsatz auf den Vorortstrecken 16 Fahrzeuge mit Dachstromabnehmer versehen. Bei 10 Fahrzeugen wurden zudem die fahrerstandseitigen Fronten eingreifend verändert und an die Serien TV und TVI angepaßt; diese Fahrzeuge bilden die Serie TVII. Die restlichen sechs bilden die Serie VIII.
Im Hinblick auf die ab dem 8. April 1995 vorgenommenen Änderungen im »T-bane«-Netz wurden mittlerweile bei allen

Bahnhof Holmenkollen (Linie 1, ex 15). Der Triebwagen vom Typ IV, ursprünglich für die Vorortlinien gebaut, ist mittlerweile auf beide Stromsysteme umgebaut. Dieser Typ verfügt übrigens als einziger der Serie TV- TVIII über zwei Fahrerstände und kann somit auch solo, wie abgebildet, fahren (D.Riechers).

49 Triebwagen der Serien TV-TVIII, als Ergänzung zu den Dachstromabnehmern an den Drehgestellen Stromabnehmer angebracht, um auch auf Metrostrecken mit der »dritten« Stromschiene eingesetzt werden zu können.
Auffällig bei allen Triebwagen ist die durch die große Wagenbreite mögliche Sitzplatzeinteilung 3+3.
Die Triebwagen werden mindestens in Doppeltraktion eingesetzt; maximal können sechs Tw gekuppelt fahren.
Am 17. Mai 1994 wurde der erste Doppeltriebwagen (DT) vom Typ T2000 von ABB/Strømmen abgeliefert und auf der damaligen Linie 15 (Holmenkollbanen) einer intensiven Praxis-Erprobung unterzogen. Der Triebwagen ist geeignet für den Einsatz auf den verknüpften Ost- und Westlinien. Als Neuheit darf die Sitzeinteilung betrachtet werden: beidseitig der Übergänge zwischen den Wagen sind sechs Sitzreihen in der Aufstellung 1+2+1 eingerichtet, mit zwei Gängen also. Neu sind auch die »Stehsitzplätze«, die nicht soviel Platz in Anspruch nehmen, aber beim Stehen eine gewisse Unterstützung bieten. Der Fahrer verfügt über ein Display, das außer den aktuellen Betriebsdaten auch Störungen übermittelt.

Betriebsablauf

Die Metrozüge beziehen über eine von unten bestrichene »dritte« Schiene ihren Fahrstrom von 750 V-Gleichspannung. Die Energieversorgung erfolgt durch 37 über das Netz verteilte Gleichrichterwerke; auf den als Vorortbahn betriebenen Streckenteilen werden die Züge über eine Oberleitung mit 750 V-Gleichstrom versorgt.
Der gesamte Betrieb wird in der ZBL in Tøyen kontrolliert. Signale befinden sich an Knotenpunkten und in den Bahnhöfen. Inzwischen sind auf allen Metrolinien Kabinensignale eingeführt, die Geschwindigkeiten von 70, 50, 30 oder 15 km/h mittels codierter Impulse anzeigen. Wenn auf die Anzeigen nicht reagiert wird, erfolgt nach 5 sek. eine Zwangsbremsung.
Werktags verkehren die Züge zwischen 04.48 und 01.01 Uhr, wobei auf der Linie 5 zwischen Vestli und Stortinget sowie auf der Linie 1/4 zwischen Helsfyr/Bergkristallen und Stortinget in der HVZ eine Zugfolge von 7-8 min besteht.
Die Wartung erfolgt in der dem Betriebshof Ryen angegliederten Hauptwerkstätte. Ferner befinden sich ein Betriebshof mit Werkstätte in Majorstuen und ein Betriebshof in Avløs für die Züge des westlichen Netzes.
Für die Benutzung der Metro sind einfache Fahrkarten und Zehnerkarten mit Umsteigemöglichkeit innerhalb einer Stunde sowie Tageskarten für 24 Stunden und diverse Abonnements erhältlich.

Ein Blick in die Zukunft

Die Modernisierung des Signalsystems auf der »Holmenkollbanen« (Linie 1) nach Frognerseteren wird im Laufe 1996 vollendet werden. Die Bahnsteige an der »Kolsåsbanen« (Linie 4) nach Kolsås werden bis Januar 1997 auf Doppeltraktion abgestimmt; das Signalsystem wird 1997/98 umgestellt sein. Der Metrostandard wird zunächst bis Jar, eventuell bis Bekkestua eingeführt, ein Termin ist jedoch noch nicht bekannt.
Die Verlängerung der Linie 3 nach Klemetsrud-Mortensrud ist seit dem 8. März 1995 in Arbeit und soll am 1. Januar 1997 in Betrieb genommen werden.
Wenn im Laufe 1996 für die Verbindung Tåsen–Carl-Bernersplass grünes Licht gegeben wird, können die Arbeiten für den Ring um die Innenstadt (Linie 0) Anfang 1998 aufgenommen werden; ferner wird 1999 zwischen Nationaltheatret und Majorstuen ein neuer Bahnhof, »Homansbyen« in Betrieb genommen werden.

Typ:	**TI/2***	**TI/1-II-III-IV**
Baujahr:	**1966**	**1966–1978**
Länge ü.K. (mm):	17000	17000
Breite (mm):	3200	3200
Dienstgewicht (t):	29,74	29,74
Max. Fahrgastzahl:	145	148
Sitzplätze:	60	63
Stehplätze:	85	85
Einstiege p. Seite:	3	3
Leistung (kW):	4x98	4x98
Beschleunigung (m/s²):	1,0	1,0
Bremsverzögerung (m/s²):	1,0	1,0
Notbremsverzögerung (m/s²):	–	–
v/max (km/h):	70	70
Bestand (31.12.95):	26	120

Typ:	**TV**	**VI***	**VII**	**VIII**
Baujahr:	**1978-'81**		**1986-'89****	
Länge ü.K. (mm):	17000	17000	17000	17000
Breite (mm):	3200	3200	3200	3200
Dienstgewicht (t):	29,74	29,74	29,74	29,74
Max. Fahrgastzahl:	150	129	145	142
Sitzplätze:	70	64	60	57
Stehplätze:	80	65	85	85
Einstiege p. Seite:	3	3	3	3
Leistung (kW):	4x98	4x98	4x98	4x98
Beschleunigung (m/s²):	1,0	1,0	1,0	1,0
Bremsverzögerung (m/s²):	1,0	1,0	1,0	1,0
Notbremsverzögerung (m/s²):	–	–	–	–
v/max (km/h):	70	70	70	70
Bestand (31.12.95):	18	15	10	6

Typ:	**T2000**
Baujahr:	**1994/'95**
Länge ü.K. (mm):	36600
Breite (mm):	3300
Dienstgewicht (t):	70
Max. Fahrgastzahl:	370***
Sitzplätze:	96
Stehplätze:	250
Einstiege p. Seite:	6
Leistung (kW):	8x143
Beschleunigung (m/s²):	1,3
Bremsverzögerung (m/s²):	1,3
Notbremsverzögerung (m/s²):	2,0
v/max. (km/h):	100
Bestand (31.12.95):	12

* zwei Fahrerstände
** umgebaut aus Serie IV
*** zuzüglich 12 Klappsitze und 12 »Stehsitzplätze«

Metrozug bestehend aus dem führenden und renovierten Triebwagen T1/2 (zwei Fahrerstände) und zwei Triebwagen TIII, noch in der alten Lackierung. Weil das Foto vor der »Pendeldrift«-Aktion gemacht wurde und der Zug die Liniennummer 5 zeigt, darf aufgrund der Gleissituation vor dem Bahnhof Brynseng angenommen werden, daß dieser vom Betriebshof Ryen ausgerückt ist und nach Stortinget, fährt um dort den Dienst zu beginnen (A.M.Voogel).

Dieser Metrozug besteht komplett aus renovierten Triebwagen vom Typ T1/2. Der Zug kommt aus der Richtung Ellingsrudåsen (Linie 2, ex 6) (A.M.Voogel).

Interieur eines Triebwagens der Serie TI-IV (Oslo Sporveier).

T2000 auf dem Weg nach Stortinget auf der Linie 5 im Bahnhof Majorstuen (Oslo Sporveier).

Triebwagen vom Typ T2000, hier während der Ablieferung im Bahnhof Majorstuen (Oslo Sporveier).

Stockholm, die Hauptstadt Schwedens, wurde 1252 als Ansiedlung auf der Insel Staden gegründet. Im 17. Jhd. blühte die Stadt als Hauptstadt des schwedischen Ostseereiches auf. In diese Periode fiel auch der erste Umbau des Stadtkerns, in dem krumme enge Gassen ersetzt wurden durch gerade enge Gassen. Nach einer großen Brandkatastrophe 1751 erfolgte der zweite Umbau, wobei die alte Straßenführung beibehalten wurde. 1930 wurde ein Modernisierungsprogramm entwickelt, welches jedoch erst 1951 in Angriff genommen wurde.
Mit Ausnahme des »Riddarhuset« (Ritterhaus, 1641-1674) stammen die meisten historischen Gebäuden aus der Zeit nach dem großen Brand, wie z.B. das Königliche Schloß (Renaissance, 18. Jhd.) und das Reichstagsgebäude (1898-1904). Unter den vielen Museen ist das Wasamuseum mit dem 1628 gesunken und inzwischen gehobenen Kriegsschiff »Wasa« besonders zu erwähnen.
Die Stadt hat ca. 670.000 Einwohner, der Großraum ca. 1,5 Mio. Als wichtigste Industriestadt Schwedens verfügt Stockholm über viele Lehranstalten und kulturelle Einrichtungen.

Der Modernisierungsplan von 1930 enthielt auch ein Metrosystem (Tunnelbana), welches zum Bau eines 1370 m langen Tunnelstückes führte. Die 1941 beschlossene weitere Ausführung des Plans verzögerte sich durch den Zweiten Weltkrieg und konnte erst nach 1945 aufgenommen werden. 1950 konnte ein 7,6 km langes Teilstück in Betrieb genommen werden.
Das Liniensystem kennt drei Farben. Für die verschiedenen Verbindungen bestehen jedoch folgende Liniennummern:

Linie	Regelverkehr	Nachtlinien
10	Hjulsta–Kungsträdgården	id.
11	Akalla–Kungsträdgården	id.
13	Ropsten–Norsborg	id.
14	Ropsten–Fruängen	ab Liljeholmen
17	Alvik–(Odenplan)–Skarpnäck	–
18	Hässelby strand–Farsta strand	id.
19	(Vällingby)–Åkeshov–Hagsätra	ab Gullmarsplan
23	Mörby centrum–Norsborg	–
24	Mörby centrum–Fruängen	–

Entwicklung und Bau des Metronetzes

Die Metrolinien wurden wie folgt in Betrieb genommen:

Grün (17/18/19) Hässelby strand–Farsta strand / Hagsätra / Skarpnäck, 44 km
Slussen–Hökarängen: Oktober 1950;
Vällingby–Hötorget: Oktober 1952;
Hässelby strand–Vällingby und Hötorget–Slussen: November 1957;
Skärmarbrink–Bagarmossen: zwischen April und November 1958;
Hökarängen–Farsta centrum: zwischen 1958 und 1960;
Farsta centrum–Farsta strand: 1971;
Gullmarsplan–Hagsätra: zwischen 1951 und 1960;
Bagarmossen–Skarpnäck: 1994.

Rot (13/14/23/24) Ropsten/Mörby centrum-Fruängen/Norsborg, 40 km
T-Centralen–Fruängen/Örnsberg: 1964;
Örnsberg–Vårberg und Ropsten–T-Centralen: 1967;
Mörby centrum–Östermalmstorg: zwischen 1973 und 1978
Vårberg–Fittja: 1972;
Fittja–Norsborg: Januar 1975.

Blau (10/11) Hjulsta/Akalla–Kungsträdgården, 21,8 km
1975.

Hiermit hat das Metronetz eine Gesamtlänge von 105,8 km; davon laufen 63 km durch Tunnel und 10 km über Viadukte.
Die geologische Verhältnisse in und um Stockholm sind nicht gerade einfach, wobei Wasser und Felsen die größten Hindernisse darstellen. 52 km Tunnel wurden mit Hilfe von Sprengungen in Fels gebaut; in vielen Fällen war der Fels so hart, daß von einer Tunnelverkleidung Abstand genommen werden konnte. Ca. 10 km Tunnel entstanden in der offenen Bauweise sowie in der Caissonbauweise. Bei den Ausschachtungsarbeiten wurde teilweise Gebrauch gemacht von Sprengstoff oder pneumatischen Hämmern.
Der Oberbau besteht aus Vignoles-Schienen (50 kg/m) mit Holz-und Betonschwellen auf Schotterbett. Der kleinste Kurvenradius beträgt 200 m, die max. Neigung 4,8%.
Das Netz enthält 105 Linienbahnhöfe, wovon 53 unterirdisch liegen. Innerhalb des Netzes befinden sich acht Umsteigepunkte. Auf drei Bahnhöfen kann in die Züge der Schwedischen Staatsbahn (SJ) umgestiegen werden, zwei Bahnhöfe bieten Anschluß an die von der SL betriebenen Vorortbahnen. Der mittlere Bahnhofsabstand beträgt 1050 m. Die Bahnsteiglänge beträgt 145 (grün und rot) bis 180 m (blau); die Bahnsteige, größtenteils als Mittelbahnsteige angelegt, sind 9 m (in der Stadt) und 6 bis 7 m (in den Vororten) breit. Die Bahnhöfe verfügen weitestgehend über Rolltreppen, in 79 Bahnhöfen befinden sich Aufzüge.
Die Gestaltung der Bahnhöfe ist abgestimmt auf ihre Konstruktion; zum Beispiel haben die im Felsboden gebauten Bahnsteighallen aus Fels gehauene Pfeiler.
Mehr als die Hälfte der Bahnhöfe wurden mit Werken von 70 Künstler ausgestattet; es ist also nicht verwunderlich, daß die Metro auch als »längste Kunstgalerie der Welt« bezeichnet wird.

Fahrzeuge

Der Fahrzeugpark umfaßt ca. 900 Triebwagen. Die ersten, 1949 gelieferten 20 Triebwagen der Serie C1 sind mittlerweile alle ausgemustert. Von der folgenden, zwischen 1950 und 1961 gelieferten, Serie C2/3 von 429 Triebwagen sind nur noch vereinzelte Exemplare übriggeblieben; die meisten wurden zwischen 1977 und 1990 unter Verwendung der Drehgestelle und elektrischer Teile sukzessive rekonstruiert und als Serie C12-15 wieder in Betrieb genommen. Lieferant der Fahrzeuge war ASEA/Hägglunds.
Wegen der Bahnsteiglängen können auf der »blauen« Linie maximal zehn, auf den beiden anderen Linien acht Triebwagen zu einem Zug zusammengestellt werden.

Betriebsausführung

Die Metrozüge werden über eine »dritte« Schiene mit 650 V (grün und rot) und 750 V (blau) Gleichstrom versorgt, die Stromabnahme erfolgt an der Unterseite. In der ZBL hat jede Linie eine eigene rechnergestützte Befehlszentrale. Die Kabinensignale übermitteln drei Zustände: 15 km/h, 50 km/h und v/max; wird auf die Kabinensignale nicht reagiert, erfolgt eine Zwangsbrem-

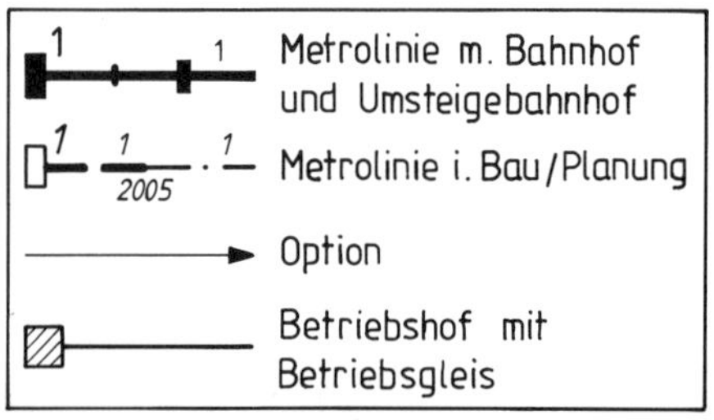

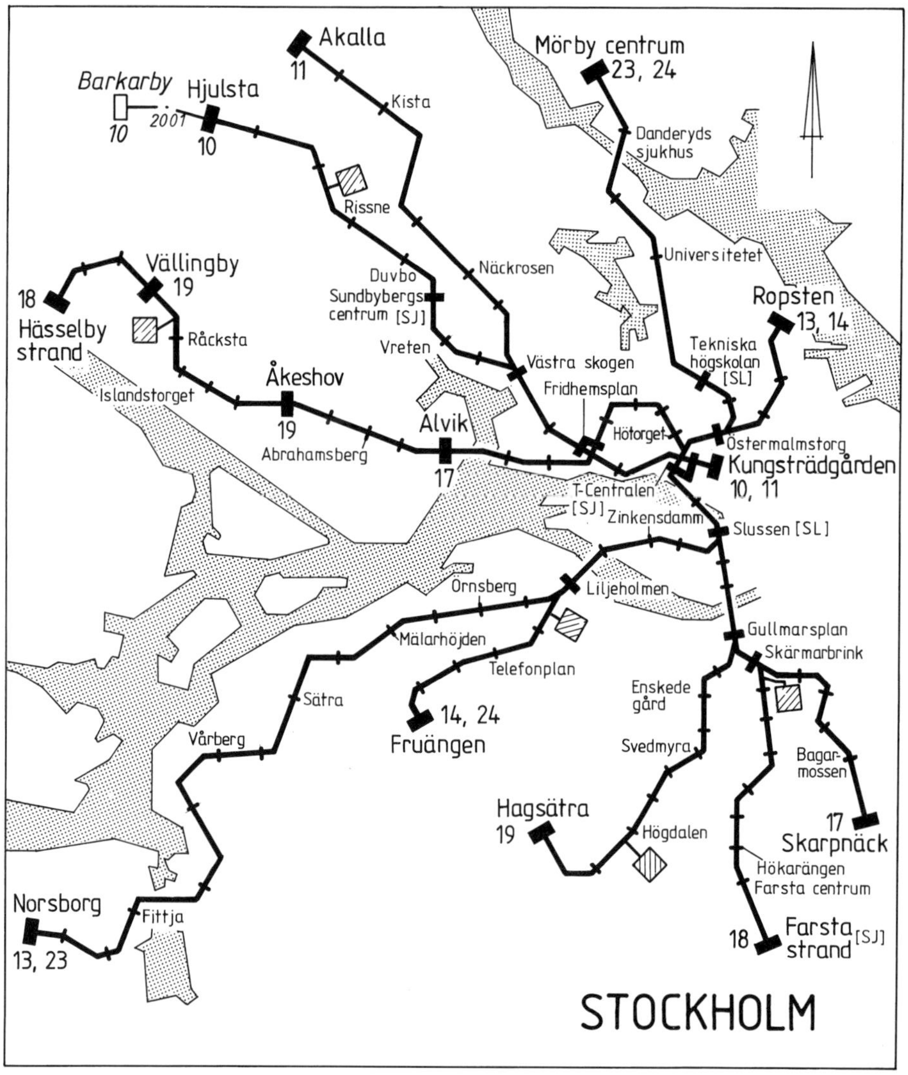

Ein besonders schönes Detail der aus dem Fels gehauenen Bahnsteighalle des Bahnhofs T-Centralen (SL).

Die Metrobrücke über den Soderstrom bei Slussen (SL).

Typ: Baujahr:	C2/3* 1950/'61	C4 1960/'67
Länge ü.K. (mm):	17400	17400
Breite (mm):	2800	2800
Dienstgewicht (t):	30,5	23,5
Max. Fahrgastzahl:	152	156
Sitzplätze:	48	48
Stehplätze:	104	108
Einstiege p. Seite:	3	3
Leistung (kW):	4x81	4x81
Beschleunigung (m/s²):	1,1	1,1
Bremsverzögerung (m/s²):	1,1	1,1
Notbremsverzögerung (m/s²):	-	-
v/max (km/h):	80	80
Bestand**:	40	200

Typ: Baujahr:	C5 1965	C6/7/8/9*** 1971/'77
Länge ü.K. (mm):	17400	17400
Breite (mm):	2800	2800
Dienstgewicht (t):	20,0	24,0
Max. Fahrgastzahl:	156	156
Sitzplätze:	48	48
Stehplätze:	108	108
Einstiege p. Seite:	3	3
Leistung (kW):	4x66	4x105
Beschleunigung (m/s²):	1,1	1,2
Bremsverzögerung (m/s²):	1,1	1,1
Notbremsverzögerung (m/s²):	–	–
v/max (km/h):	80	80
Bestand**:	8	160/8/44/20

* 399 Triebwagen wurden umgebaut und als Serie C12-15 wieder in Betrieb genommen; die Triebwagen C14 (100) und C15 (14) sind mit Drehstromantrieb und Thyristorsteuerung ausgerüstet; die Triebwagen C15 sind als DT paarweise gekuppelt. Technische Daten siehe C2/3.

** Bestand laut Jane's Urban Transport 94/95.

*** 20 Triebwagen C6 sowie alle Triebwagen C8 und C9 sind als DT paarweise gekuppelt; Serie C7 ist mit Thyristor-, C9 mit Choppersteuerung ausgerüstet.

Bahnhof Ropsten, Endpunkt der Linien 13 und 14 mit einem wartenden Metrozug in blauer Lackierung (A.M.Voogel).

Bahnhof Alvik (Linien 17, 18, 19) mit einem wartenden Metrozug der Linie 17, noch in der »alten« grünen Farbe. Rechts ein Stadtbahnwagen der Nockebybanan (A.M.Voogel).

Ein Metrozug der Linie 18 in Richtung Hässelby fährt in den Bahnhof Alvik ein (A.M.Voogel).

sung. Streckensignale stehen lediglich bei Knotenpunkten und Weichen. Die Überwachung der Bahnhöfe erfolgt über Fernsehen ebenfalls in der ZBL. 1967 wurden alle Triebwagen mit Zugbahnfunk ausgestattet, mit einem unter- und einem oberirdischen Netz.

Werktags verkehren die Metrozüge zwischen 05.00 und 02.00 Uhr.

Außerhalb der HVZ besteht eine Zugfolge von 2,5 min (grün), 3 min (rot) und 10 min (blau); in der HVZ von jeweils 2 min, 2,5 min und 5 min.

Die Wartung der Fahrzeuge erfolgt in fünf über das Netz verteilten Betriebshöfen. Für die grüne Linie befinden sich diese nahe Skärmarbrink, Vällingby und Högdalen. Der Betriebshof der roten Linie befindet sich bei Liljeholmen, für die blaue Linie bei Rissne. Hier liegt die Werkstätte oberirdisch, während sich die Abstellgleise unterirdisch in vier in den Fels gesprengten Hallen befinden; jede Halle verfügt über drei Abstellgleise mit Platz für je 20 Triebwagen.

Das Tarifsystem basiert auf einem Zonentarif mit Streifenkarten und gilt für das gesamte ÖPNV-Netz in Stockholm.

Triebzug der Serie C14 mit Drehstromantrieb und GTO-Steuerung. Umbau 1987 (Adtranz).

Ein Blick in die Zukunft

Im Mittelpunkt der Aktivitäten steht der sog. *Dennisplan* (ein 1991/1992 vom Parlament beschlossener Modernisierungs- und Erweiterungsplan für den ÖPNV). Dieser Plan sieht u.a. die Beschaffung neuer Metrofahrzeuge vor. Der *Vagn 2000*, wie der Arbeitstitel des Projektes lautet, ist konzipiert als Dreiwagentriebzug mit einer Länge von 46,5 m und kann 414 Fahrgäste (mit 128 Sitzplätzen) befördern. Der Zwischenwagen ruht auf zwei Drehgestellen, die beiden Endwagen auf je einem. Der Triebzug ist durchgehend begehbar und mit »schwebenden« Gelenken ausgerüstet. Maximal drei Triebzüge können zu einem Zug zusammengestellt werden.

Im Februar 1995 wurden bei ABB Traction AB - heute Adtranz - in Kalmar 75 Einheiten in Auftrag gegeben, mit einer Option auf 125 Einheiten. Mit der Ablieferung des ersten Fahrzeuges wird für das Frühjahr 1997 gerechnet.

Ab 1998 sollen mit diesen neuen Triebzügen die ältesten Fahrzeuge ersetzt werden.

Voraussichtlich 2001 soll die Verlängerung von Linie 10-blau nach Barkarby in Betrieb genommen werden.

Ferner soll im Rahmen dieses Programms das Metronetz modernisiert werden, wobei ältere Bahnhöfe mit Aufzügen und Rolltreppen ausgestattet werden.

Impressionen des neuen Vagn 2000 (Adtranz).

SPANIEN

BARCELONA — TMB

Betreiber: Transports Municipals de Barcelona SA (TMB)

Barcelona liegt in Nord-West-Spanien am Mittelmeer zwischen der Costa Brava und der Costa Dorada, ist sowohl Hauptstadt Kataloniens als auch der Provinz Barcelona und zweitgrößte Stadt Spaniens. Die Stadt liegt auf einem schmalen Küstenstreifen, der allmählich zum Bergrücken der Sierra del Tibidabo ansteigt und im Südwesten vom der Montjuïc begrenzt wird. Auf einer Fläche von ca. 110 km² leben 1,8 Mio Menschen, im Großraum 3 Mio. Durch den Mittelmeerhafen wurde die Stadt zu einem Zentrum von Handel und Industrie.
Barcelona wurde während der römischen Antike unter dem Namen »Barcino« gegründet. 414 und 531 wurde die Stadt unter den Westgoten Hauptstadt, im Jahre 716 wurde sie von den Mauren erobert. Nach der christlichen Rückeroberung 801 war die Stadt zunächst Sitz der Grafen von Barcelona, später das politische und wirtschaftliche Verwaltungszentrum aller katalanischen Grafschaften. Im 14. Jhd. galt Barcelona mit 35.000 Einwohnern als bedeutendste Handelsmetropole am Mittelmeer.
Nachdem Katalonien im 15.Jhd. vom Handel mit der neuen Welt ausgeschlossen war, verlor die Stadt vorübergehend an Einfluß, 1778 blühte die Stadt unter dem Einfluß Karls den III. als Handelszentrum des Mittellmeers wieder auf.
Die historische Innenstadt ist sowohl vom Hafen als auch von breiten Ringstraßen umgeben, die angrenzende Neustadt fällt auf durch eine schachbrettartige Einteilung mit breiten, von Platanen gesäumten Alleen und stattlichen Villen.
Unter den berühmten historischen Gebäuden und Sehenswürdigkeiten sind zu erwähnen: die gotische, der hl. Eulalia geweihten Kathedrale (1298 begonnen, jedoch erst 1913 vollendet) mit einem eindrucksvollen Kreuzgang; die Casa Consistorial (1369-1378) als Rathaus; die Templo de Sacrada Familia, das Wahrzeichen der Stadt, eines der Hauptwerke des großen Jugendstilarchitekten Antoni Gaudi in neokatalonischem Stil; die Lonja (1382 gegründete Börse mit gotischem Börsensaal) sowie das »Monumento a Colón«, das Columbus-Denkmal von 1872 auf dem Plaza Puerto de la Paz am Hafen.

Bereits früh wurde die Stadt mit Verkehrsproblemen konfrontiert; aus diesem Grunde wurden am 17. Dezember 1920 die »Ferrocarril Metropolitano de Barcelona SA« (Metro Transversal) und am 21. März 1921 die »Compania del Ferrocarril Gran Metropolitano de Barcelona SA« (Gran Metro) gegründet.
Mit der Inbetriebnahme der Linie Lesseps–Cataluña am 30. Dezember 1924 durch »Gran Metro« und Cataluña–Bordeta am 10. Juni 1926 durch »Transversal« begann für Barcelona das Metrozeitalter.
Nach einigen Erweiterungen stagnierte nach 1934, wegen des Bürgerkrieges bzw. des Zweiten Weltkrieges die weitere Entwicklung des Netzes.
Erst nach dem Zweiten Weltkrieg wurde die große Zukunft der Metro in Barcelona erkannt; am 15. April 1946 wurde mit der Eröffnung des Teilstücks Liceu–Fernando der Faden wieder aufgenommen. Um eine wirtschaftlich verantwortbare Erweiterung des Netzes zu ermöglichen, wurde beschlossen, langfristig beide Gesellschaften zusammenzulegen. Als erster Schritt in dieser Richtung kamen am 25. Dezember 1952 sowohl die »Transversal« als auch die »Gran Metro« unter städtische Verwaltung; am 21. Dezember 1959 wurde die »Sociedades Privadas Municipales (SPM)« als »Holding« für beide Unternehmen gegründet, die dann letztendlich am 28. Juni 1961 in die neu gegründete »Ferrocarriles Metropolitano de Barcelona (FMCB)« eingebracht wurden.
Beeinflußt durch die 1978 verkündete Autonomie von Katalonien wurde auch der öffentliche Verkehr in Barcelona von der »Generalitat de Catalunya y no del Estado« der neu gegründeten »Transport Municipals de Barcelona (TMB)« übertragen.

Entwicklung und Bau des Metronetzes

Die Metropläne von 1974 umfaßten ein Netz von 6 Linien mit einer Gesamtlänge von 121 km, wovon jetzt vier Linien in Betrieb sind.
In der Anfangsphase waren die Linien mit römischen Zahlen gekennzeichnet. Die damalige Linie II, Horta–Sagrera, wurde bei der Inbetriebnahme des Teilstücks Sagrera–Diagonal der Linie L5 als Verlängerung angeschlossen.
Die nachfolgende Übersicht zeigt die Entwicklung des Metronetzes und seine Eröffnungsdaten:

L1 (rot) Fondo–Feixa Llarga, 20,4 km
Catalunya–Bordeta: 10. Juni 1926;
Bordeta–Santa Eulàlia und Arc de Triomf–Catalunya: 1. Juli 1932;
Marina–Arc de Triomf: 1. April 1933;
Clot–Marina: 23. Juni 1951;
Navas–Clot: 8. Mai 1953;
Sagrera Navas: 27. Januar 1954;
Fabra i Puig–Sagrera: 15 Mai 1954;
Torras i Bages–Fabra i Puig: 14. März 1968;
Santa Coloma–Torras i Bages: 21. Dezember 1983;
Santa Eulàlia–Torrassa: 23. Dezember 1983, bei dieser Gelegenheit wurde die Linie zwischen den Bahnhöfen Bordeta und Santa Eulàlia neu trassiert, wobei anstelle der beiden bestehenden Bahnhöfe ein neuer Bahnhof Santa Eulàlia eröffnet wurde;
Torrassa–Av. Carrilet: 24. April 1987;
Av. Carrilet–Feixa Llarga: 18. Oktober 1989;
Fondo–Santa Coloma: 18. Februar 1992.

L2 (lila) Sagrada Familia–Paral.lel, 4,2 km
Sagrada Familia–Sant Antoni: 25. September 1995
Sant Antoni–Paral.lel: 30. Dezember 1995

L3 (grün) Montbau–Zona Universitària, 14,0 km
Lesseps–Catalunya: 30. Dezember 1924;
Catalunya–Liceu: 5. Juli 1925;
Liceu–Fernando: 15. April 1946;
Liceu–Drassanes, nach Rekonstruktion der Linie und Schließung des Bahnhofs Fernando: 14. Dezember 1968;
Drassanes–Paral.lel: 17. Juni 1970;

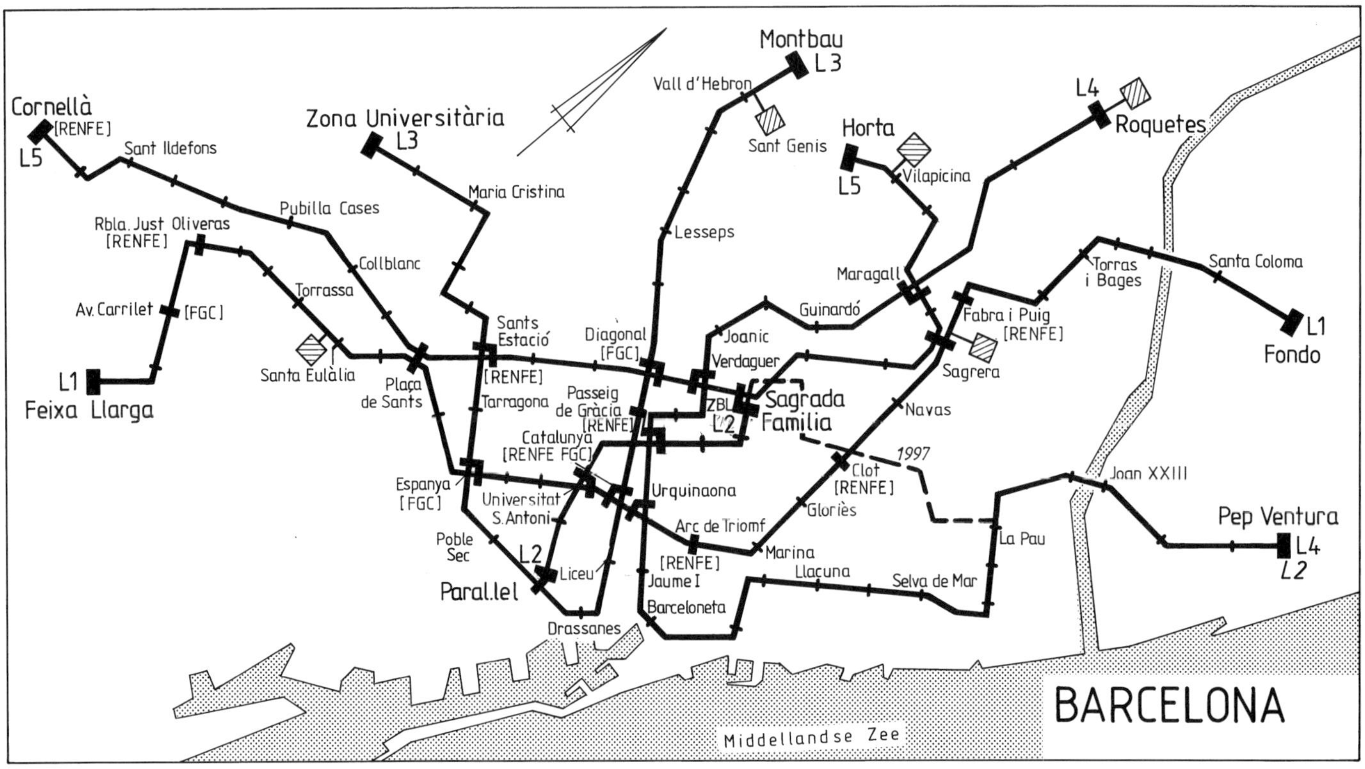

Tarragona–Zona Universitària: 20. Januar 1975;
Paral.lel–Tarragona: 15. Juli 1975;
Montbau–Lesseps: 6. November 1985.

L4 (gelb) Roquetes–Pep Ventura, 20,4 km

Passeig de Gràcia–Jaume I: 19. Dezember 1926;
Jaume I–Correos: 20. Februar 1934 (dieses Teilstück wurde in Verbund mit der Erweiterung nach Barceloneta auf geänderter Trasse am 20. März 1972 geschlossen);
Joanic–Jaume I: 5. Februar 1973 (wegen einer neuen Trassierung der Linie wurde der Knotenpunkt Passeig de Gràcia umgebaut und mit getrennten Gleisen versehen);
Guinardó–Joanic: 16. Mai 1974;
Jaume I–Barceloneta: 15. März 1976;
Barceloneta–Selva de Mar: 7. Oktober 1977;
Roquetes–Guinardó: 19. April 1982;
Selva de Mar–La Pau: 15. Oktober 1982;
La Pau–Pep Ventura: 22. April 1985.

L5 (blau) Horta–Cornellà, 16,6 km

Vilapicina–Sagrera: 21. Juli 1959;
Horta–Vilapicina: 5. Oktober 1967;
Diagonal–Collblanc: 3. November 1967;
Sagrera–Diagonal: 26. Juni 1970;
Collblanc–Pubilla Cases: 5. Februar 1973;
Pubilla Cases–Sant Ildefons: 23. November 1976;
Sant Ildefons–Cornellà: 23. Dezember 1983.

Hiermit hat das Netz eine Länge von 75,6 km erreicht, mit Ausnahme von 1 km vollständig unterirdisch.

Weitaus der größte Teil der Tunnel wurde in größerer Tiefe in der bergmännischen Bauweise gebaut; diese Tunnel haben einen elliptischen Querschnitt. Die neueren Tunnel wurden in der offenen Bauweise gebaut, wobei zum Bau der Bahnhöfe Schlitzwände eingesetzt wurden.
Bei der Linie L1, ursprünglich als unterirdische Verbindung zwischen zwei Linien der spanischen Staatsbahn (RENFE) gebaut, beträgt die Spurweite 1674 mm, alle anderen Metrolinien haben Normalspur. Der Tunnelquerschnitt der Linie L1 hat auch größere Abmessungen als die der übrigen Linien (in Klammern): Höhe ü.O.k. Schiene 5,70 m (4,90 m) und Breite 8,20 m (6,50 m). Der Oberbau besteht für beide Gleissysteme aus Vignoles-Schienen (54 kg/m), bei den älteren Linien mit Holzschwellen auf

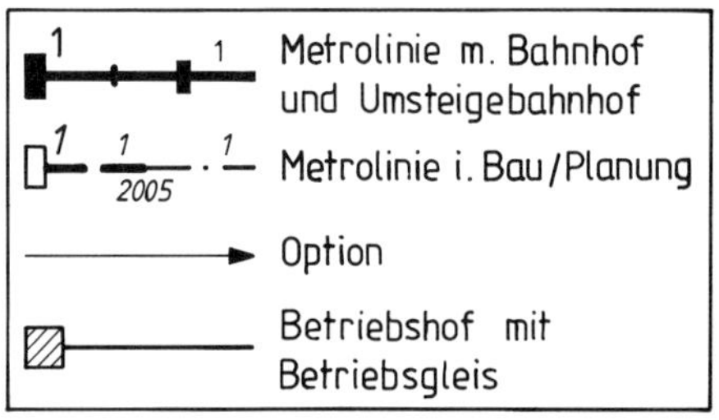

Schotterbett, bei den neueren Linien direkt auf dem Betonboden. Der kleinste Kurvenradius beträgt 92 m, die max. Neigung 4,5%.
Das Netz umfaßt 106 Bahnhöfe, wovon zwei oberirdisch liegen. Dreizehn Bahnhöfe bieten Umsteigemöglichkeiten innerhalb des Metronetzes. An acht Bahnhöfen

Der Bahnhof Gloriès (L1), 1959, mit einem Triebzug der Serie 300 der ehemaligen F.C.Metropolitano. Nach der Fusion mit der Gran Metro 1961 wurden diese Fahrzeuge, um Verwechslungen mit den Fahrzeugen der Gran Metro zu vermeiden, in Typ 200B umbenannt und für einen gemeinschaftlichen Betrieb mit den anderen Fahrzeugen umgebaut. Danach fuhren sie noch mehrere Jahre auf der L1. (Ing.J.A.Bonthuis).

bestehen Umsteigemöglichkeiten mit der RENFE und an vier Stellen mit der »Ferrocarriles de la Generalitat de Catalunya (FGC)«.
Die Bahnhöfe der Linie 1 haben Bahnsteige mit einer Länge von 82 bis 107 m, bei den anderen Linien beträgt die Länge 95 m. In der Regel haben alle Bahnhöfe 2,20-4,00 m breite Seitenbahnsteige; acht wichtige Bahnhöfe haben zusätzlich einen 3 bis 5 m breiten Mittelbahnsteig. Hierdurch besteht die Möglichkeit, die Fahrgäste über getrennte Bahnsteige ein- und aussteigen zu lassen. Diese, sog. »spanische« Methode kann auch in Madrid und München, bei den S-Bahnhöfen Hauptbahnhof, Karlsplatz [Stachus] und Marienplatz beobachtet werden.
Von den Umsteigebahnhöfen ist der Bahnhof Catalunya der interessanteste, denn hier kreuzen sich die Linien L1 und L3 mit drei RENFE-»S-Bahn«-Linien sowie einer FGC-Linie. Dieser Bahnhof ist 210 m lang, 33 m breit und 15 m hoch. Auf einer Ebene liegen vier Gleisen, zwei für die Linie L1 an Seitenbahnsteigen und dazwischen zwei für die RENFE-Linien C1, C3 und C4 mit einem Mittelbahnsteig. Diese Gleise kreuzen auf einem unterirdischen Brückenbauwerk die Linie L3 sowie die »Sarrià-Metro« Umwandlung) der FGC.
Die Klimatisierung der Bahnhöfe ist während den Sommermonaten ein großes Problem; durch Belüftungsanlagen sowie Züge mit Klima-Anlagen verbessert sich jedoch diese Situation allmählich.
Beinahe alle Bahnhöfe haben eine Zwischenetage und Rolltreppen; die Bahnhöfe sind mit Keramik-Fliesen geschmackvoll verkleidet. Das Informationssystem macht Gebrauch von den Linienfarben.

Fahrzeuge

Barcelona kann für sich in Anspruch nehmen, 1926 für den Betrieb auf der Linie L1 der Welt größte Metrofahrzeuge beschafft zu haben. Diese hatten eine Länge von 21 m und eine Breite von 3,20 m, ein Gewicht von 54,8 t und konnten rd. 450 Fahrgäste aufnehmen, davon 54 auf Sitzplätzen. Der bekannte Publizist Egon Erwin Kisch hatte einmal diese Wagen, von denen bis Mitte der 60er Jahre noch zwölf in Betrieb waren, in einer seiner Reportagen »fahrende Säle« genannt. Mittlerweile ist auch die letzte »alte« Serie 400 aus dem Verkehr gezogen und durch die neue Serie 4000 ersetzt. Die Serie 1000 wurde modernisiert und erhielt u.a. Klima-Anlage und eine verbesserte Geräuschisolation. Je nach Spurweite und Stromsystem werden die Metrofahrzeuge auf spezifischen Linien eingesetzt. So ist die Serie 1000/I auf die L5 und die Serie 1000/II auf der L4 beheimatet; die 3000 befährt die L3 und die 4000 die breitspurige L1. Der Unterschied zwischen den Serien 1000/I und II besteht im Stromabnahmesystem; weil die L5 mit Oberleitung ausgestattet ist, hat die Serie 1000/I in Abweichung von der Serie 1000/II Dachstromabnehmer. Die Fahrzeuge der Serien 1000/II, 3000 und 4000 verfügen für Depotfahrten unter der Oberleitung über einen Hilfsstromabnehmer. Für die Serie 1000 wurden von MTM und CAF insgesamt 52 Zwischenwagen, Serien 1300 und 1400, geliefert. Diese Serie wird entweder als Zweiwagen-(Mc+Mc) oder Dreiwagenzug (Mc+T+Mc) eingesetzt. Maximal können zwei solche Züge zu einem Fünfwagenzug (Mc+Mc)+(Mc+T+Mc) zusammengestellt werden.
1993 begann die Ablieferung der neuen Serie 2000, die als Dreiwagen-Triebzug (Mc+T+Mc) mit Übergängen zwischen den Wagen konzipiert ist. Beim Bau dieser Züge wurde von den mit den Typen 3000 und 4000 gemachten Erfahrungen Gebrauch gemacht, wobei auch das äußere Erscheinungsbild an diese Typen angepaßt wurde.Die Serie 2000 befährt die neue Linie L2. diese ist ebenfalls mit Oberleitung ausgerüstet, allerdings mit einer starren Ausführung (z.B. einer Schiene).

Ein Triebwagen vom Typ 1000/I. Diese aus den 70er Jahren stammenden und von MTM gelieferten Fahrzeuge werden wohl noch geraume Zeit auf den Linien 4 (1000/II) und 5 (1000/I) Dienst tun müssen (TMB).

Das Interieur eines Triebwagens der Serie 1000I/II (TMB).

*Die »Sarrià-Metro« ist Teil des regionalen normalspurigen FGC-Netzes. Diese Linie wurde 1929 anläßlich der Weltausstellung im Bahnhof Sarrià von den übrigen regionalen und oberirdisch verlaufenden Linien getrennt und wie eine eigene »Metro«-Linie mit einem Tunnel in die Stadt geführt. Inzwischen fahren die Regionalzüge ebenfalls durch den Tunnel der »Sarrià-Metro« nach »Catalunya«. Im Rahmen dieses Buches wird das FGC-Netz nicht behandelt.

Typ:	1000-I/II	1300/1400
Baujahr:	1970	1982
	Mc	T
Länge ü.K. (mm):	17500	17500
Breite (mm):	2720	2720
Dienstgewicht (t):	29,9	29,9
Max. Fahrgastzahl:	236	236
Sitzplätze:	36	36
Stehplätze:	200	200
Einstiege p. Seite:	4	4
Leistung (kW):	4x100	
Beschleunigung (m/s²):	–	–
Bremsverzögerung (m/s²):	–	–
Notbremsverzögerung (m/s²):	–	–
v/max (km/h):	–	–
Bestand (31.12.95):	100/108	25/27

Typ:	3000	
Baujahr:	1986	
	Mc-A/B	T
Länge ü.K. (mm):	16500	16500
Breite (mm):	2710	2710
Dienstgewicht (t):	34,2/35,1**	23,4
Max. Fahrgastzahl:	152	170
Sitzplätzen:	32	40
Stehplätze:	120	130
Einstiege p. Seite:	4	4
Leistung (kW):	4x150	-
Beschleunigung (m/s²):	1,2	-
Bremsverzögerung (m/s²):	1,2	-
Notbremsverzögerung (m/s²):	1,3	-
v/max (km/h):	90	-
Bestand (31.12.95):	36/36	18

Typ:	2000
Baujahr:	1993
	Dreiwagen-Triebzug
Länge ü.K. (mm):	51500
Breite (mm):	2710
Dienstgewicht (t):	95
Max. Fahrgastzahl:	510
Sitzplätze:	90
Stehplätze:	420
Einstiege p. Seite:	12
Leistung (kW):	8x150
Beschleunigung (m/s²):	0,67
Bremsverzögerung (m/s²):	1,2
Notbremsverzögerung (m/s²):	1,3
v/max (km/h):	70
Bestand (31.12.95):	6

Für die neue L2 sind mittlerweile Dreiwagen-Triebzüge vom Typ 2000 beschafft. Mit den Typen 3000 und 4000 setzen sie Maßstäbe für die Metro von Barcelona. Diese drei Serien wurden von CAF geliefert (TMB).

Die Triebzüge vom Typ 2000 sind die ersten in Barcelona, die durchgehend begehbar sind (TMB).

Ein Unterschied zwischen den Typen 3000 und 4000 besteht »lediglich« in Breite und Spurweite. Der Typ 4000, hier im Bahnhof Urgell, ist auf die spanische Breitspur der L1 abgestimmt und hat demzufolge auch eine größere Wagenkastenbreite (CAF).

Auch am Interieur des Typs 4000 erkennt man den Breitspurwagen, wenn man den Mittelgang mit den Doppel-Sitzbänken vergleicht (CAF).

Typ:	**4000**	
Baujahr:	**1987**	
	Mc-A/B	**T**
Länge o.k. (mm):	16500	16500
Breite (mm):	3100	3100
Dienstgewicht (t):	35,3/36,1*	24,5
Max. Fahrgastzahl:	185	208
Sitzplätze:	32	40
Stehplätze:	153	168
Einstiege p. Seite:	4	4
Leistung (kW):	4x150	–
Beschleunigung (m/s²):	1,2	–
Bremsverzögerung (m/s²):	1,2	–
Notbremsverzögerung (m/s²):	1,3	–
v/max (km/h):	90	–
Bestand (31.12.95):	38/38	24

** Durch eine abweichende Aggregateanordnung zwischen den Ausführungen Mc-A und B haben diese unterschiedliche Gewichte.

Betriebsablauf

Neben zwei Spurweiten existieren bei der Metro von Barcelona drei Stromsysteme. Die Metrozüge der Linie L1 werden über eine »dritte« Schiene mit 1500 V Gleichstrom versorgt, Stromabnahme an der Oberseite. Die Linien L2, 3, 4 und 5 fahren mit Gleichstrom-Spannung von 1200 V; während die Linien L3 und 4, ihren Strom über eine »dritte« Schiene erhalten (Stromabnahme an der Unterseite), erfolgt die Stromversorgung der L2 und der L5 über eine Oberleitung. Die Energieversorgung erfolgt durch 15 über das Netz verteilte Gleichrichterwerke.

Die Streckensicherung erfolgt durch dreibegriffige Blocksignale. Zwischen 1960 und 1969 wurden auf dem neugebauten Teilstück Vilapicina–Sagrera Versuche mit ATC durchgeführt. Da diese Versuche positiv verliefen, wurden in den 70er Jahren alle Linien mit ATC ausgestattet und die Neubaustrecken der Linie L3 sowie L4 mit ATP ausgestattet. Momentan ist dieses System, in Vorgriff auf eine Umstellung auf ATO, Standard auf allen Linien. Bei Störungen im Sicherungssystem wird die Geschwindigkeit auf 25 km/h beschränkt.

Die CTC (ZBL) befindet sich nahe dem Bahnhof Sagrada Familia; hier werden sowohl der gesamte Fahrbetrieb und die Energieversorgung als auch – über Monitore – die Bahnhöfe überwacht. Die Züge sind nur mit einem Fahrer besetzt, der die Züge selbst abfertigt; hierzu sind auf dem Bahnsteig Spiegel angebracht. Über Zugbahnfunk besteht eine permanente Verbindung mit dem CTC. Bei der Metro von Barcelona wird rechts gefahren. Werktags verkehren die Metrozüge zwischen 05.00 und 23.00 Uhr; außerhalb der HVZ besteht eine Zugfolge von 4-5 min, in der HVZ, je nach Linie, 3-5 min. Seit 1990 kontrolliert ein automatisches System die Fahrgastzahlen, um die Zugfolge nach unten oder oben zu korrigieren.

Die Wartung der Fahrzeuge erfolgt in fünf Betriebshöfen, Santa Eulàlia, Sant Genis (bei Vall d'Hebron), Vilapicina, Roquetes und Sagrera. Die Betriebshöfe sind alle mit Oberleitung versehen. Bei Can Boixeres befindet sich ein großes Abstellgelände.

Das Tarifsystem basiert auf einem im gesamten TMB-Netz gültigen Einheitstarif; auch kombinierte Fahrkarten für Metro und FGC werden angeboten.

Ein Blick in die Zukunft

Ein wichtiges Planungsdetail nach 1986 war die Verbindung mit den Sportstätten für Olympia 1992; hierzu war eine neue Linie L2 angedacht. Finanzierungsprobleme führten jedoch dazu, daß die erste Phase dieser Linie erst im Laufe 1995 fertig wurde.

Die zweite und letzte Phase, La Pau—Sagrada Familia, soll im Laufe 1997 fertiggestellt werden; es ist beabsichtigt, zu diesem Zeitpunkt die L2 über die bestehende Strecke der L4 bis Pep Ventura zu verlängern. Hierzu wurden bei CAF vier Triebzüge Typ 2100 bestellt; diese sind eine Weiterentwicklung des Typ 2000 und mit zwei weiteren Triebwagen als Fünfwagen-Triebzug konzipiert.

BILBAO

Betreiber: Metro Bilbao S.A.

Zwölf Kilometer von der Atlantikküste entfernt, am Fluß Nervión, liegt die Hauptstadt der Provinz Biskaia, Bilbao. Bereits 1300 erhielt die damalige Siedlung Stadt- und Handelsrechte und erlangte schnell Bedeutung als wichtigster Umschlagplatz Kastiliens für Wolle.
Mitte des 19. Jhds. siedelten sich in Bilbao, aufgrund von Eisenerz-Vorkommen Erzbergwerke und Verhüttungsanlagen an, und im Laufe der Zeit entwickelte sich die Stadt zu einem Zentrum des Erzhandels und der Schwerindustrie. Auch heute ist Bilbao der wichtigste Atlantikhafen Spaniens mit Schiffswerften, Erzverladung sowie einem bedeutenden Containerumschlag. Durch die Gründung von zwei der wichtigsten Banken Spaniens, Banco de Bilbao (1857) und Banco Vizcaya (1902), wurde Bilbao zu einem wichtigen Finanzschwerpunkt.
Der Großraum Bilbao zählt gegenwärtig auf einer Fläche von 372 km² rund 837.000 Einwohner, wovon ca. 400.000 in der Stadt selbst wohnen.
Als Baudenkmäler dürfen die barocke Kirche »San Nicolás de Bari« (1743) und die spätgotische »Catedral de Santiago« nicht unerwähnt bleiben, während im früheren Jesuitenkollegium (Calle de la Cruz) das »Museo Arqueológico, Etnográfico e Historico Vasco« einen guten Überblick u.a. über die Volks- und Kirchenkunst des Baskenlandes bietet.

Für den ÖPNV in der Industrie- und Hafenstadt betreiben die städtischen Verkehrsbetriebe »TCSA« 26 Buslinien; innerhalb des Großraums versorgen 18 Busunternehmen mit 97 Buslinien sowie zwei Bahnunternehmen, RENFE und FEVE mit vier Bahnlinien den Personenverkehr. Täglich finden 1.150.000 Fahrten von und zu den Arbeitsstätten statt, davon 650.000 im Individualverkehr. Das Ergebnis sind dauernde Verkehrsstörungen, insbesondere auf den Haupt-Zufahrtstraßen.
Die unbefriedigende Qualität des öffentlichen Verkehrs in Bilbao, verursacht durch eine schlechte Zusammenarbeit zwischen den verschiedenen Verkehrsbetrieben, führte 1976 zur Gründung des »Consorcio de Transportes de Bizkaia (CTB)«, welches konkrete Pläne für eine Verbesserung dieser Situation ausarbeitete.
Obwohl bereits 1977 der Provinzverwaltung ein erster Prinzipvorschlag für ein Metronetz zur Genehmigung vorlag, dauerte es dennoch noch bis 1985, bis ein endgültiges Projekt für den Bau eines Y-förmiges Metronetzes mit Linien von Plentzia (Linie 1) und Santurtzi (Linie 2) über San Inazio nach Basauri veröffentlicht wurde. 1987 wurden die detaillierten Pläne für den ersten Bauabschnitt der Linie 1 bis Bolueta fertiggestellt, wobei eine Teil-Inbetriebnahme bis Casco Viejo als sinnvoll angesehen wurde. 1988 konnten die ersten vorbereitenden Arbeiten in Angriff genommen werden.
Da in dem Streckenabschnitt Plentzia—San Inazio noch zwei niveaugleiche Schienenkreuzungen vorhanden sind, muß dieses Teilstück noch als Stadtbahn betrachtet werden; die Situation gleicht also der von Amsterdam, Rotterdam oder Oslo.

Entwicklung und Bau der Metrolinie

Die Metrolinie 1, (Plentzia)–San Inazio–Casco Viejo, 27 km

wurde am 10. November 1995 in Betrieb genommen.
Für das 20,5 km lange Teilstück Plentzia–San Inazio wird die ehemalige meterspurige Vorortlinie der Eusko Trenbideak / Ferrocarriles Vascos (ET/FV) genutzt. Weil diese Linie ein wertvolles Stück Infrastruktur darstellt und der Umbau auf Normalspur viel Geld gekostet hätte, wurde für das gesamte geplante Metronetz die Meterspur übernommen.

Der Bahnhof Sarriko; die Verteilerebene befindet sich hier in Längsrichtung über den Gleisen (CTB).

Die gesamte Strecke bis zum Anschluß an die Neubautrasse in San Inazio wurde den Metro-Bedingungen angepaßt. Von den 15 Bahnhöfen wurden drei (Erandio, Areeta/Las Arenas, Algorta) in den Untergrund und drei (Leioa, Bidezabal, Larrabasterra) auf Viadukte verlegt; die restlichen – ebenerdigen – Bahnhöfe wurden modernisiert. Die Bahnhöfe sind sowohl mit Mittel- als auch Seitenbahnsteigen ausgerüstet.

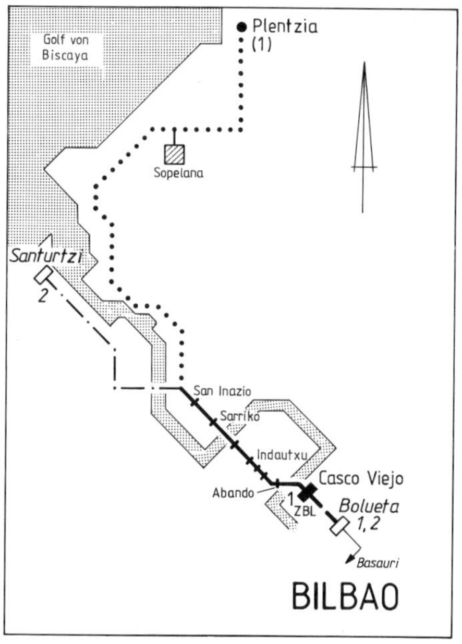

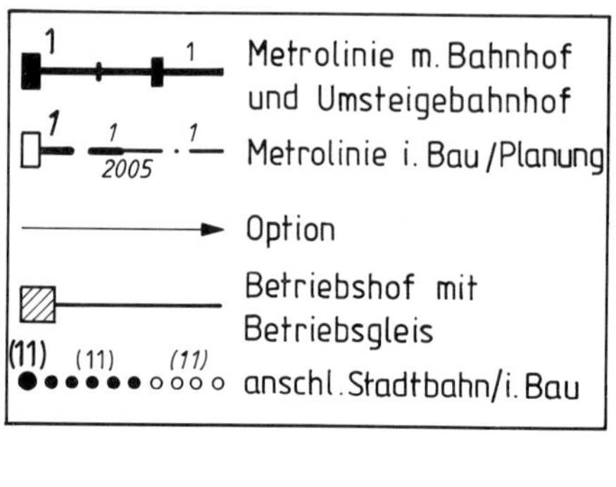

Auch im Bahnhof Deusto befindet sich die Verteilerebene über den Gleisen (CTB).

Bei der Inbetriebnahme waren noch fünf niveaugleiche Schienenkreuzungen vorhanden, wovon mittlerweile drei verschwunden sind. Über die Schließung der beiden letzten sind noch Diskussionen im Gange; sie werden wohl vorübergehend über Signale gesichert werden müssen.
Von San Inazio nach Casco Viejo verläuft die Trasse in einem 6,5 km langen Tunnel der zum größten Teil in der NÖT gebaut wurde. Bis zum künftigen Endbahnhof Bolueta quert der Tunnel an zwei Stellen die Nervión. Bei der Flußquerung zwischen Deusto und San Mamés (Olabeaga) wurde Gebrauch gemacht von der von Rotterdam her bekannten Absenkmethode; hierbei ruhen die vorgefertigten und 90 m langen Tunnelstücke in einem aus den Felsen gesprengten Graben. Bei der Flußquerung zwischen Abando und Casco Viejo (El Arenal) konnte aufgrund der geringen Durchfahrthöhe benachbarter Brücken von dieser Bauweise kein Gebrauch gemacht werden, so daß man hier im Teilbereich die NÖT anwenden mußte. Ein Problem hierbei war, daß das Dach des projektierten Tunnels ca. 30 cm über das Flußbett hinausragen würde. Deshalb wurde das Flußbett mit einem künstlich hergestellten Felsboden aus injiziertem Mörtel (jet-grouting) und einer Kiesschicht angehoben.
Zwischen San Inazio und Casco Viejo befinden sich acht Bahnhöfe mit 90 m langen Seitenbahnsteigen; der Bahnhof San Inazio wurde aufgrund seiner zukünftigen Aufgabe als Trennungsbahnhof der Linien 1 und 2 mit drei Gleisen sowie einem Mittel- und einem Seitenbahnsteig versehen. Am Bahnhof Abando bestehen Umsteigemöglichkeiten auf die Züge der spanischen Staatsbahn (RENFE)
Bei der Metroplanung wurde von Anfang an der Architektur der Bahnhöfe große Aufmerksamkeit gewidmet. Aus den Angeboten von acht international bekannten Architekten-Teams wurde die Gruppe um Norman Foster mit der Gestaltung der unterirdischen Metro-Bahnhöfe beauftragt. Hierbei wurde ausgiebig von modernen Gestaltungselementen wie Glas, Edelstahl und Sichtbeton Gebrauch gemacht; die Eingänge an der Oberfläche wurden der Umgebung angepaßt.

Behindertenaufzug zum Bahnhof Moyua (CTB).

Der Zugang zum Bahnhof Abando am Plaza Circular zeigt eindrucksvoll, wie moderne Architektur in einem älteren Baubestand eingefügt werden kann (CTB).

Vierwagentriebzug der Metro Bilbao im Betriebshof Sopelana (CAF).

Interieur der Metrozüge von Bilbao (CAF).

Typ:	**»Bilbao«**	
Baujahr:	**1995**	
	Mc	**M**
Länge ü.K. (mm):	17800	1730
Breite (mm):	2800	2800
Dienstgewicht (t):	37,5	39,6
Max. Fahrgastzahl:	131	139
Sitzplätze:	32	40
Stehplätze:	104	108
Einstiege p. Seite:	3	3
Leistung (kW):	4x180	4x18
Beschleunigung (m/s²):	1,0	1,0
Bremsverzögerung (m/s²):	1,0	1,0
Notbremsverzögerung (m/s²):	1,2	1,2
v/max (km/h):	80	80
Bestand (31.12.95):	48	48

Alle 23 Bahnhöfe sind behindertengerecht ausgestattet; insbesondere die nichtniveaugleichen Bahnhöfe verfügen über Rolltreppen und Aufzüge.

Fahrzeuge

Die von CAF in Madrid gelieferten Metro-Züge sind zunächst als Vierwagen-Triebzug, mit begehbaren Übergängen zwischen den Wagen, konzipiert. Die Züge setzen sich zusammen aus je zwei Mc- und M-Wagen in der Reihung Mc+M+M+Mc. Zu einem späteren Zeitpunkt ist an die Beschaffung von T-Wagen gedacht, sodaß Fünfwagenzüge in der Reihung Mc+M+T+M+Mc gebildet werden können.
Die Mc-Wagen verfügen über einen Hilfs-Fahrerstand, so daß diese selbständig im Betriebshof bewegt werden können.
Die Züge verfügen über Gegensprechanlagen, womit die Fahrgäste Kontakt mit dem Fahrer aufnehmen können.
Klima-Anlagen und getönte Scheiben sorgen für ein angenehmes Klima in den Fahrzeugen.

Betriebsablauf

Die Metrozüge werden über eine Oberleitung mit 1500 V Gleichstrom versorgt. Die Energieversorgung erfolgt über sechs Unterwerke.
Die »Puesto de Mando Central (PMC)« – die ZBL – befindet sich zwischen den Bahnhöfen Casco Viejo und Santutxu (in der Verlängerung nach Bolueta). Von hieraus wird der gesamte Metrobetrieb gesteuert; auch die Bahnhöfe werden über Kameras und Monitore überwacht.
Die Streckensicherung erfolgt über Blocksignale. Bei Redaktionsschluß befand sich die ATP noch in der Erprobungsphase; das System ist jedoch bereits für ATO vorbereitet, dazu werden jedoch zunächst alle Bahnübergänge entfernt sein müssen.
Die Wartung der Metrofahrzeuge erfolgt im Betriebshof beim Bahnhof Sopelana.
Für die Benutzung der Metro sind einfache Fahrkarten sowie diverse Abonnements für 1-3 Zonen erhältlich.

Ein Blick in die Zukunft

Die Verlängerung der Linie 1 nach Bolueta wird voraussichtlich in der ersten Hälfte 1997 in Betrieb genommen werden; für eine Verlängerung bis Basauri gibt es noch keine Terminvorstellungen. Bei den Planungen für die Linie 2 wird zunächst von Urbinaga ausgegangen, aber auch hier gibt es noch keine Terminvorstellungen.

Am Ostufer des Manzanares liegt, auf der kastilischen Hochebene am Fuße der Sierra de Guadarrama, die spanische Hauptstadt Madrid. Mit einer Höhe zwischen 580 und 694 m gilt die Stadt als die höchst gelegene europäische Hauptstadt. Madrid ist Sitz sowohl der spanischen Regierung als auch der Provinzverwaltung sowie des autonomen Großraums Madrid. Die Bevölkerung der Stadt Madrid zählt 3,5 Mio Einwohner auf einer Fläche von 600 km²; in der Provinz wohnen auf 8000 km² ca. 4,8 Mio Menschen.
Madrid wurde als maurische Siedlung unter dem Namen Maijrit 927 erstmals erwähnt. 1083 wurde die Stadt von Alfons VI erobert und christianisiert; 1118 erhielt Madrid Stadtrechte.
1561 verlegte Felipe II den Hof von Toledo nach Madrid und ernannte die Stadt mit ihren 30.000 Einwohnern zu Königsresidenz und Hauptstadt.
Die Stadt entwickelte sich zu einem Zentrum von Handel und Finanzen, Kunst, Wissenschaft und Verkehr.
Die historische Innenstadt wird umgeben von breiten Ringstraßen und ausgedehnten Parks. Zahlreiche Boulevards mit monumentalen Gebäuden prägen ihr Erscheinungsbild. Unter den historischen Gebäuden und Sehenswürdigkeiten befinden sich u.a. das »Palacio Real«, zwischen 1738-1764 für Philipp V gebaut; die »Catedral de Nuestra Señora de la Almudena«; die Kirche »San Isidro el Real« (1622-1651); die »Casa del Ayuntamiento« mit drei Türmen, 1644 als Rathaus gebaut; das »Museo del Prado«, eine der ältesten und berühmtesten Gemäldesammlungen der Welt und das »Maurische Viertel«.

Mittelpunkt und Drehscheibe von Madrid ist die Puerta del Sol; auf und um diesen Platz und insbesondere in den engen und verwinkelten Gäßchen herrschte in den ersten 20 Jahren dieses Jahrhunderts bereits dichter Verkehr, bestehend aus Pferdefuhrwerken, Karren und endlosen Schlangen von Straßenbahnwagen. Aus diesen Gründen hatte 1913 eine Initiative der »Bank von Bilbao« zum Bau einer Metro schon gleich den gewünschten Erfolg; hierzu wurde 1917 die »Compañia Metropolitano Alfonso XIII« gegründet.
Bereits am 17. Oktober 1919 wurde die erste 3,6 km lange Linie von Cuatro Caminos nach Puerta del Sol mit acht Bahnhöfen offiziell durch König Alfonso XIII eröffnet. Das Publikum hatte jedoch erst am 31. Oktober desselben Jahres das Vergnügen und es ist vielleicht interessant zu wissen, daß das mit erheblichem organisatorischen Aufwand einher ging. Wie es in einem »Kommuniqué« hieß, würden in den ersten Betriebstagen die Züge zwischen Cuatro Caminos nach Puerta del Sol und zurück im 6 Minuten-Abstand und vor allem »non-stop« fahren, um bei dem zu erwartenden großen Zulauf die Fahrgäste nicht zu gefährden. Nach den ersten Betriebstagen sollten dann die Zwischenbahnhöfe geöffnet und die Zugfolge auf 3 Minuten verdichtet werden. Das »Kommuniqué« schloß mit den Worten, daß das Unternehmen erwartet »*... daß die Madrider Bevölkerung mit der von ihr gewohnten Disziplin die Anweisungen des weiblichen Personals mit der sprichwörtlichen Höflichkeit befolgen wird.«*

Entwicklung und Bau des Metronetzes

Das heutige Metronetz besteht aus zehn Linien, wovon sieben in »Kleinprofil«- und vier in »Großprofil«-Ausführung gebaut wurden. Ferner besteht noch eine ca. 1 km lange eingleisige Pendellinie »R« von der Opera zum Bahnhof »Norte«, die jedoch unabhängig von der Metro betrieben wird. Die nachfolgende Aufstellung gibt eine Übersicht über die Entwicklung und die Eröffnungstermine des Netzes, wobei die »Kleinprofil-Ausführungen mit einem **(K)** und die »Großprofil«-Ausführungen mit einem **(G)** gekennzeichnet sind.

1 (hellblau) Plaza de Castilla–Miguel Hernàndez (K), 13,6 km

Cuatro Caminos–Sol: 17. Oktober 1919;
Sol–Atocha: 21. Dezember 1921;
Atocha–Puente de Vallecas: 8. Mai 1923;
Tetuán–Cuatro Caminos: 6. März 1929;
Plaza de Castilla–Tetuán: 6. Februar 1961;
Puente de Vallecas–Portazgo: 3. Juli 1962;
Portazgo–Miguel Hernàndez: April 1994.

Fahrzeuge aus den Anfängen des Metrobetriebs in Madrid. Links ein Trieb-, rechts ein Zwischenwagen (Ing.J.A.Bonthuis).

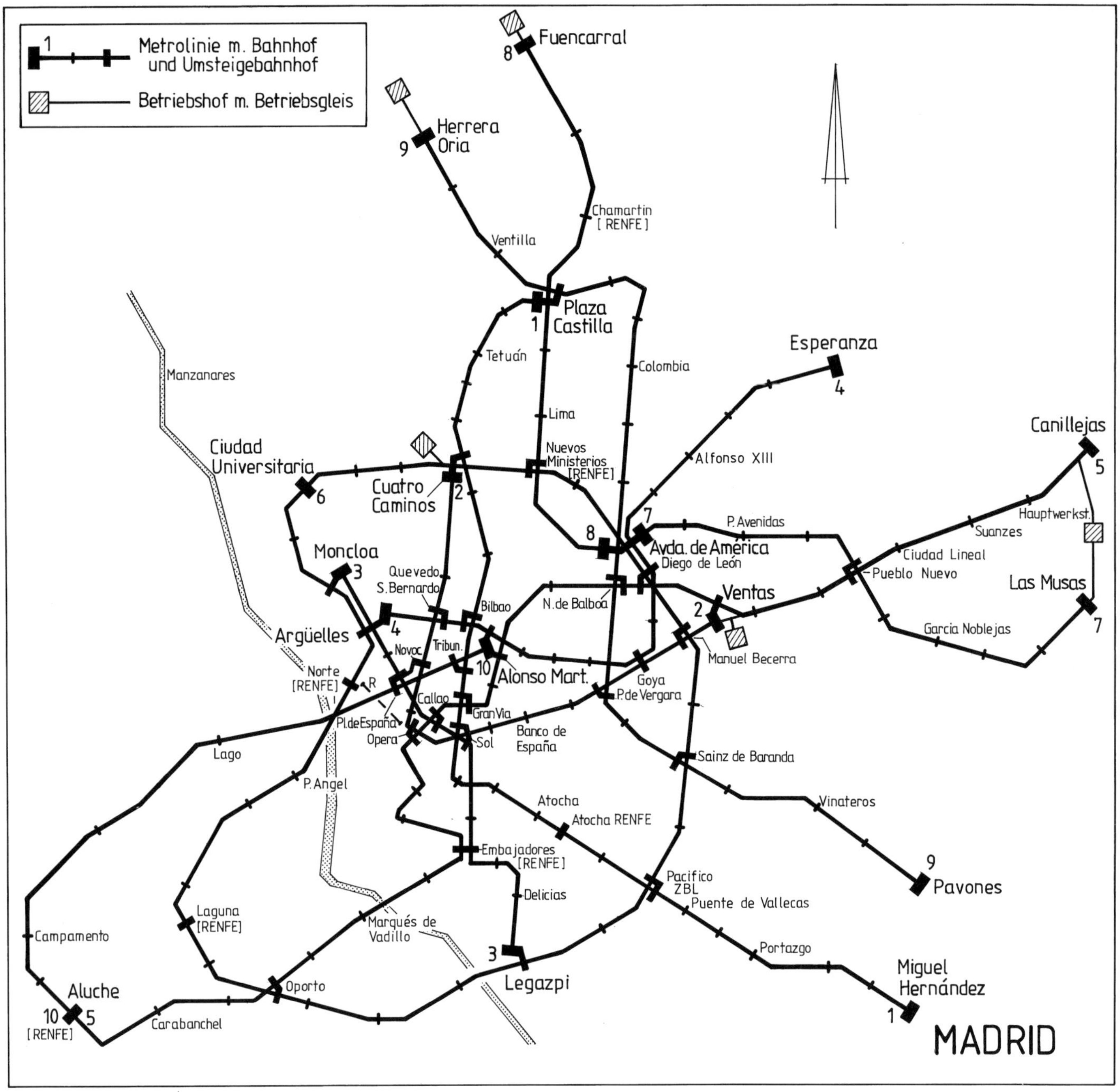

2 (rot) Cuatro Caminos–Ventas (K), 7,5 km
Sol–Ventas: 16. Juni 1924;
Quevedo–Sol: 21. Oktober 1925;
Cuatro Caminos–Quevedo: 10. September 1929.

3 (gelb) Moncloa–Legazpi (K), 6 km
Sol–Embajadores: 8. August 1936;
Argüelles–Sol: 16. Juli 1941;
Embajadores–Delicias: 26. März 1949;
Delicias–Legazpi: 2. März 1951;
Moncloa–Argüelles: 22. Juli 1963.

4 (braun) Esperanza–Argüelles (K), 9,6 km
Diego de León–Goya: 17. September 1932 (als Ast der Linie 2, ging am 2. Oktober 1958 an Linie 4);
Goya–Argüelles: 24. März 1944;
Alfonso XIII–Diego de León: 27. März 1973;
Esperanza0Alfonso XIII: 5. Januar 1979.

5 (grün) Canillejas—Aluche (K), 18,5 km
Carabanchel–Aluche: 6. Februar 1961 (als Teil der damaligen Linie S der Ferrocarril de Carabanchel, heute Linie 10, wurde am 29. Oktober 1976 der Linie 5 zugeschlagen);
Ciudad Lineal–Ventas: 28. Mai 1964;
Callao–Carabanchel: 6. Juni 1968;
Ventas–Callao: 2. März 1970;
Canillejas–Ciudad Lineal: 18. Januar 1980.

6 (grau) Ciudad Universitaria–Laguna–Ciudad Universitaria (G), 24,4 km
Cuatro Caminos–Pacífico: 11. Oktober 1979;
Pacífico–Oporto: 6. Mai 1980;
Oporto–Laguna: 1. Juni 1983;
Ciudad Universitaria–Cuatro Caminos: 10. Januar 1987;
Laguna–Ciudad Universitaria: 10. Mai 1995.

7 (hellbraun) Las Musas–Avda. de América (G), 7,8 km
Las Musas–Pueblo Nuevo: 22. Juli 1974;
Pueblo Nuevo–Avda. de América: 18. März 1975.

8 (rosa) Fuencarral–Avda. de América (G) 7,7 km
Fuencarral–Nuevos Ministerios: 9. Juni 1982;
Nuevos Ministerios–Avda. de América: 23. Dezember 1986.

9 (violett) Herrera Oria–Pavones (G), 14,0 km

Sainz de Baranda–Pavones: 31. Januar 1980;
Herrera Oria–Plaza Castilla: 3. Juni 1983;
Plaza Castilla–Avda. de América: 30. Dezember 1983;
Avda. de América–Sainz de Baranda: 25. Februar 1986.

10 (dunkelblau) Alonso Martinez–Aluche (K), 9,4 km

Plaza de España–Aluche: 6. Februar 1961 (ursprünglich Linie S der Ferrocarril de Carabanchel, das Teilstück Aluche–Carabanchel wurde am 29. Oktober 1976 der Linie 5 zugeschlagen);
Alonso Martinez–Plaza de España: 17. Dezember 1981.

Hiermit hat das Netz eine Gesamtlänge von 118,5 km.

Die »Kleinprofil«-Tunnel haben eine Breite von 6,86 m und eine Höhe von 5,36 m; diese Tunnel liegen in geringer Tiefe und folgen in der Regel der oberirdischen Straßenführung. Der Boden in Madrid besteht hauptsächlich aus Lehm und Sand, wodurch der Tunnelbau relativ einfach ist. Gebaut wurde im allgemeinen in der offenen Bauweise. Das Tunnelprofil ist hufeisenförmig, die Bahnhöfe elliptisch nach Pariser Vorbild. Wo die Tunnels extrem hoch liegen, haben sie einen rechteckigen Querschnitt mit einer Betondecke oder Gewölben zwischen Querbalken. Die Belüftung erfolgt durch Öffnungen in der Tunnelmitte, die durch Kanäle die Außenluft ansaugen, wobei die Öffnungen in der Straße mit Gußdeckeln abgeschlossen sind.

Die Tunnel vom »Großprofil«-Typ haben eine Breite von 7,74 m und eine Höhe von 6,87 m, soweit diese in der offenen Bauweise hergestellt wurden. Tunnel in einer Tiefe von 20 bis 50 m Tiefe wurden u.a. in der Schildbauweise gebaut, z.B. bei der Querung des Manzanares oder unter Gebäuden. Diese zweigleisigen Tunnelrohre werden verkleidet mit Guß-Tübbings und haben einen Innendurchmesser von 8,07 m. Die größte Tiefe mit 50 m erreicht die Linie 6 im Bahnhof Cuatro Caminos. Linie 9 im Bahnhof Avda. de América, wo sich fünf Linien kreuzen, liegt in einer Tiefe von 40 m. Jede neugebaute Linie die diesen Bahnhof kreuzte, wurde eine Etage tiefer gelegt. Auch im Bahnhof Alonso Martinez, mit drei Linien, liegt der tiefste Punkt auf 40 m.

Der normalspurige Oberbau besteht aus Vignoles-Schienen (45 und 54 kg/m) mit Holzschwellen auf Schotterbett. In Bahnhöfen und an Stellen mit engen Kurven sind entweder die Schwellen direkt in den Beton eingelegt oder die Schienen auf Betonkonsolen montiert. Der kleinste Kurvenradius beträgt 90 m; die max. Neigung 5%.

Das Netz verfügt über 163 Bahnhöfe mit 27 Umsteigebahnhöfen innerhalb des Metronetzes. Sechs Bahnhöfe bieten Anschluß zu den Zügen der Spanischen Staatsbahn (RENFE). Die Umsteigebahnhöfe sind nicht überall günstig konzipiert; so befindet sich im Bahnhof N.Ministerios zwischen den Linien 6 und 8 ein 250 m langer Tunnel, ein Rollsteig ist hier nicht vorhanden; im Bahnhof Cuatro Caminos müssen, um von den Linien 1 und 2 die in 50 m Tiefe liegende Linie 6 zu erreichen, nicht weniger als fünf Rolltreppen benutzt werden.

Der mittlere Bahnhofsabstand beträgt im Kleinprofilnetz ca. 630 m und im Großprofilnetz 850 m. Ausnahmen sind die Kleinprofillinie 10 mit 1267 m sowie die Großprofillinie 8 mit 1067 m, was mit ihren ursprünglichen suburbanen Charakter übereinstimmt.

Die Bahnsteige haben keine einheitlichen Längen: bei den Großprofillinien beträgt diese 115 m, bei den Kleinprofillinien 2, 3 und 4 haben die Bahnsteige eine Länge von 60 m, bei den anderen Linien beträgt diese 90 m.

Auch in Madrid wird auf stark frequentierten Bahnhöfen die sog. »spanische Methode« angewandt, wobei das Ein- und Aussteigen über getrennte Bahnsteige erfolgt; zunächst erhielten sechs Bahnhöfe der im Februar 1961 eröffnete FCCLinie »S« (die jetztige Linie 10) diese Anordnung; mittlerweile sind insgesamt 16 Bahnhöfe hiermit ausgestattet.

Die Bahnhöfe haben geflieste Böden und gekachelte Wände, die neueren auch Verkleidung aus Marmor oder Granit. Zahlreiche Bahnhöfe sind künstlerisch inspiriert und mit schönen Beleuchtungs-Armaturen versehen. Beinahe überall gibt es Zwischenetagen mit Fahrkartenschaltern und -Automaten, Kiosken, Rolltreppen sowie automatischen Zugangssperren zu den Bahnsteigen.

Die Überwachung der Bahnhöfe erfolgt in der ZBL über Monitore; über Gegensprechanlagen kann jeder Fahrgast von den Bahnhöfen aus Kontakt mit der ZBL oder der Bahnhofsaufsicht aufnehmen.

Fahrzeuge

Mit der Ablieferung des letzten von 36 Triebzügen der Serie 5500 im Dezember 1993 verfügt die Metro de Madrid nun, neben den älteren Trieb- und Zwischenwagen der Serien 300 und 1000, über einen modernen Fahrzeugpark, bestehend aus den Serien 2000, 5000 und 5500.

Die von CAF gelieferte Kleinprofil-Serie 2000 setzt sich zusammen aus Triebwagen (McA, McB und M) sowie Steuerwagen (S), die in der Reihung McA+McB of McA+McB+M+S eingesetzt werden. Die Triebwagen verfügen über Drehstrom-Asynchronmotoren und Allachs-Antrieb.

Mit der Präsentation der von CAF und AEG-Westinghouse entwickelten Serie 5000 im Jahr 1974 kam erstmalig ein Monomotor-Drehgestell zum Einsatz. Während die erste Baureihe (5000) noch über ein übliches Schaltwerk verfügte, wurde die 1981 abgelieferte zweite Baureihe (5200) bereits mit Chopper-Steuerung abgeliefert. Die von CAF aus der Serie 5000 weiterentwickelte Baureihe 5500 hat stärkere Drehstrommotoren und einen AEG-Chopper mit einer Mikroprozessorgeregelten Siemens-Sibas-16 Steuerung. Die elektrische Widerstandsbremse gibt die freiwerdende Energie ins Netz zurück. Ferner ist diese Serie optisch und komfortmäßig verbessert, u.a. durch die Sekundär-Luftfederung und eine verstärkte Klima-Anlage mit Saugventilatoren im Boden und Dach. Die Serien 5000 bis 5500 werden als Doppeltriebwagen (McA+McB) eingesetzt; drei DT können zu einem Zug gekuppelt werden.

Im Kleinprofilnetz werden nur auf den Linien 1, 5 und 10 Sechswagenzüge eingesetzt, alle anderen Züge bestehen aus vier Wagen. Im Großprofilnetz werden nur auf der Linie 6 Sechswagenzüge eingesetzt.

Betriebsablauf

Die Metrozüge werden über eine Oberleitung mit 600 V Gleichstrom versorgt; die Energieversorgung erfolgt durch 34 über das Netz verteilte Unterwerke, die zentral in Quevodo überwacht werden. Die Oberleitung, mit einem einfachen Fahrdraht von 150 mm², ist in Abständen von 18 m an der Tunneldecke mit Querverspannungen oder Auslegern befestigt. Der Stromverbrauch der Metro beträgt ca. 250 Mio kW/Jhr.

Im Bahnhof »Pacifico« befindet sich die ZBL für das gesamte Netz. Die Streckensicherung basiert auf einem Selbstblocksystem mit Lichtsignalen. Die kurzen Bahnhofsabstände bestimmen in den meisten Fällen die Blocklänge, so daß ein Zug den Bahnhof nur verlassen kann, wenn der folgende Bahnhof bereits geräumt ist. Alle Linien sind mit ATP ausgerüstet. Die Linien 6, 7, 8 und 9 verfügen bereits über ATO. Die Züge sind nur mit einem Fahrer besetzt, der auch die Abfertigung übernimmt. Hierzu sind auf den Bahnsteigen Spiegel installiert; über Zugbahnfunk besteht permanenter Kontakt mit der ZBL.

In Madrid fahren die Metrozüge links.

Der kleinste Zugabstand beträgt noch 150 sek, angestrebt wird jedoch 120 sek. Werktags verkehren die Züge zwischen 06.00 und 01.30 Uhr; außerhalb der HVZ besteht eine Zugfolge von 3-5 min, in der HVZ von 2-3 min.

Die Wartung der Fahrzeuge erfolgt in vier Betriebshöfen, nahe den Bahnhöfen Fuencarral, Herrera Oria, Ventas und Cuatro Caminos. Die Hauptwerkstätte für alle

Typ:	300	
Baujahr:	1961	
	Mc	T
Länge ü.K. (mm):	14380	14380
Breite (mm):	2240	2240
Dienstgewicht (t):	-	-
Max. Fahrgastzahl:	110	110
Sitzpätze:	24	24
Stehplätze:	86	86
Einstiege p. Seite:	3	3
Leistung (kW):	4x82	-
Beschleunigung (m/s²):	-	-
Bremsverzögerung (m/s²):	-	-
Notbremsverzögerung (m/s²):	-	-
v/max (km/h):	-	-
Bestand (31.12.95):	40	12

Typ:	1000	
Baujahr:	1965	
	Mc	T
Länge ü.K. (mm):	14300	14380
Breite (mm):	2380	2380
Dienstgewicht (t):	-	-
Max. Fahrgastzahl:	108	110
Sitzplätze:	20	22
Stehplätze:	88	88
Einstiege p. Seite:	4	4
Leistung (kW):	4x74	-
Beschleunigung (m/s²):	-	-
Bremsverzögerung (m/s²):	-	-
Notbremsverzöerung (m/s²):	-	-
v/max (km/h):	-	-
Bestand (31.12.95):	163	25

Interieur Typ 2000. An der Decke sind alle Streckenpläne der Kleinprofillinien 1-5 angebracht, so daß die Fahrzeuge ohne viel Umrüstarbeiten von der einen Linie auf die andere übergehen können (CAF).

Typ:	2000		
Baujahr:	1984		
	Mc-A/B	M	S
Länge ü.K. (mm):	14720	14720	14720
Breite (mm):	2300	2300	2300
Dienstgewicht (t):	27,8/28,3*	27,3	20,5
Max. Fahrgastzahl:	110	110	110
Sitzplätze:	24	24	24
Stehplätze:	86	86	86
Einstiege p. Seite:	3	3	3
Leistung (kW):	4x148,5	4x148,5	-
Beschleunigung (m/s²):	-	-	-
Bremsverzögerung (m/s²):	-	-	-
Notbremsverzögerung (m/s²):	-	-	-
v/max (km/h):	70	70	-
Bestand (31.12.95):	119/119	113	113

Metrozug vom Typ 2000 in Canillejas, Endbahnhof der Linie 5 (CAF).

Typ:	5000	5200
Baujahr:	1974	1981
	Mc-A/B	McA/B
Länge ü.K. (mm):	18010	18010
Breite (mm):	2800	2800
Dienstgewicht (t):	32,2/32,8*	32,2/32,8*
Umwandlung)		
Max. Fahrgastzahl:	162	162
Sitzplätze:	40	40
Stehplätze:	122	122
Einstiege p. Seite:	4	4
Leistung (kW):	2x180	2x235
Beschleunigung (m/s²):	1,05	1,05
Bremsverzögerung (m/s²):	1,05	1,05
Notbremsverzögerung (m/s²):	-	-
v/max (km/h):	70	70
Bestand (31.12.95):	272**	

Triebzug vom Typ 5200 in Las Musas, Endbahnhof der Linie 7 (CAF).

Typ:	5500
Baujahr:	**1993**
	Mc-A/B
Länge ü.K. (mm):	18010
Breite (mm):	2800
Dienstgewicht (t):	32,2/32,8*
Max. Fahrgastzahl:	141
Sitzplätze:	32
Stehplätze:	109
Einstiege p. Seite:	4
Leistung (kW):	2x235
Beschleunigung (m/s²):	1,05
Bremsverzögerung (m/s²):	1,05
Notbremsverzögerung (m/s²):	-
v/max (km/h):	70
Bestand (31.12.95):	36/36

* Durch eine abweichende Aggregateanordnung zwischen den Ausführungen Mc-A und B haben diese unterschiedliche Gewichte.

** werden statistisch zusammen geführt.

Die Frontpartie des Typs 5500 gibt dem Fahrzeug einen futuristischen »Touch« (CAF).

Ein Vergleich des Interieurs vom Typ 2000 mit dem des hier abgebildeten Typ 5500 zeigt deutlich den Unterschied in der Wagenbreite (CAF).

Fahrzeuge befindet sich auf einem 0,3 km² großen Gelände zwischen den Endbahnhöfen Canillejas (5) und Las Musas (7), mit Verbindungsgleisen zu beiden Linien.
Für die Benutzung der Metro besteht ein Einheitstarif mit Umsteigeberechtigung; auch 10-Fahrtenblöcke sowie Touristenkarten für 3-5 Tage sind erhältlich. Ab 1989 wurden die Rückseiten der Fahrkarten mit Abbildungen berühmter Kunstwerke aus dem »Prado« versehen, mit der Absicht, daß durch das Sammeln der Bilder weniger Fahrkarten achtlos weggeworfen und die Bahnhöfe dadurch sauberer werden.

Ein Blick in die Zukunft

Die augenblicklichen Planungen umfassen Restaurierungs- und Modernisierungsarbeiten an mehreren älteren Bahnhöfen. Netzerweiterungen sind z.Zt nicht vorgesehen.

Der Triebwagen vom Typ 5000 ist der Grundtyp für die Typen 5200 und 5500. Hier in der dem Betriebshof Canillejas angegliederten Hauptwerkstätte (Metro de Madrid).

TSCHECHIEN

PRAG

Betreiber: Dopravní Podnik Hlavního Města Prahy (DP)

Prag, die »goldene Stadt« an der Moldau (Vltava), darf sich rühmen, eine der schönsten Städte der Welt zu sein. Die Stadt wurde im 8. Jhd. gegründet und erhielt 1255 deutsche Stadtrechte. Zwischen 1347 und 1378 war Prag kaiserliche Residenz Karls des IV. Die 1348 gegründete Universität war die erste im damaligen deutschen Reich.
Mit dem sog. ersten »Fenstersturz« 1419 begannen die Hussitenkriege (Hussiten: Gefolgschaft von Johannes Hus), mit dem zweiten »Fenstersturz« begann 1618 der Dreißigjährige Krieg, der, zumindest für Prag, 1635 mit dem Prager Frieden beendet wurde. Während des österreichischen Erbfolgekriegs wurde Prag nacheinander von Franzosen und Bayern (1741) sowie Preußen (1744) erobert; 1866 wurde der zweite »Prager Friede« geschlossen. Seit dem 28. Oktober 1918 war Prag Hauptstadt der nach dem Ersten Weltkrieg neu gegründeten Tschechoslowakei. Das Ende des Zweiten Weltkrieges brachte dem Land die Einverleibung im sog. Ostblock. Nach dessen Zusammenbruch 1989 wurde aus der sozialistischen »CSSR« die »CSFR«, die sich allerdings bald in zwei separate Staaten, die Tschechische und die Slowakische Republik aufteilte, wobei Prag Hauptstadt Tschechiens wurde.
Die Stadt ist reich an historischen Bauwerken, von denen der Hradschin (Hradcany), der mit der Prager Burg (Prazsky hrad) und der Klosterkirche St. Georg (912) die Prager Skyline beherrscht, besonders erwähnt werden sollte.
Für das kulturelle Leben sorgen in Prag u.a. 25 Museen, zu denen die »Nationale Galerie« (Národní galerie) und das »Technische Staatsmuseum« (Národní technické muzeum) gehören, sowie 17 Theater und 3 Konzerthallen.
Prag hat augenblicklich 1,2 Mio. Einwohner und ist Schwerpunkt der chemischen- und elektrotechnischen Industrie sowie des Werkzeug- und Maschinenbaues.

Der starke Zustrom von Pendlern sowie Besuchern aus dem In- und Ausland sorgt schon seit langer Zeit für massive Verkehrprobleme in der Stadt und auch die Kapazität der öffentlichen Verkehrsmittel hat längst ihre Grenzen überschritten. Da die Reisegeschwindigkeit der Straßenbahn in den total verstopften Straßen bereits 1925 nur noch 4 km/h betrug, wurde auch in Prag der Ruf nach effizienteren Verkehrssystemen laut.
1926 wurde der Öffentlichkeit ein vier Linien umfassendes Metronetz vorgestellt, aber aus Kostengründen nie realisiert. In einem zweiten Anlauf wurden für ein geplantes Metronetz mit nunmehr drei Linien 1939 sogar Probebohrungen durchgeführt, aber diesmal machte der Zweite Weltkrieg einen Strich durch die Rechnung. Als nach dem Krieg im Verkehr wieder Vorkriegsverhältnisse erreicht wurden, kamen 1951 und 1955 wieder Pläne für ein Massenverkehrsmittel in der zweiten Ebene auf dem Tisch, wobei es zunächst offen blieb, ob es sich hierbei um ein Straßenbahn- oder Metrosystem handeln würde. Weil seit 1955 moderne Straßenbahnfahrzeuge auf dem Markt angeboten wurden, fiel die Entscheidung zugunsten dieses Verkehrsmittels. Im Januar 1966 wurden die Bauarbeiten für ein erstes Teilstück der Linie C beim Bahnhof Hlavni nádraží (Hauptbahnhof) aufgenommen. Relativ kurz nach Baubeginn erkannten die projektbegleitenden Experten aus der damaligen Sowjetunion jedoch, daß die zu erwartenden Fahrgastzahlen ausschließlich von einem Metrosystem bewältigt werden könnten. Am 3. August 1967 beschloß die Regierung deshalb, die Straßenbahnpläne zugunsten der Metro aufzugeben, wonach alle Aktivitäten zunächst unterbrochen wurden.
Als 1969 die Arbeiten mit geänderten Plänen wieder aufgenommen wurden, mußte der bereits in Bau befindliche Tunnel den Metro-Anforderungen angepaßt werden.
Am 9. Mai 1974 wurde schließlich das erste, 6,7 km lange Teilstück zwischen Florenc und Kacerov in Betrieb genommen.

Entwicklung und Bau des Metronetzes

Das Metronetz von Prag umfaßt gegenwärtig drei Linien, die entsprechend der folgenden Aufstellung in Betrieb genommen wurden:

A Skalka–Dejvická, 9,9 km
Náměstí Míru–Dejvická: 12. August 1978;
Želivského–Námestí Míru: 19. Dezember 1980;
Strašnická–Zelivského: 11. Juli 1987;
Skalka–Strašnická: 6. Juli 1990.

B Českomoravská–Zličín, 19,3 km
Florenc–Smíchovské nádraží: 2. November 1985;
Smíchovské nádraží–Nové Butovice: 26. Oktober 1988;
Českomoravská–Florenc: 22. November 1990;
Nové Butovice–Zličín: 11. November 1994.

C Nádraží Holešovice–Háje, 14,2 km
Florenc–Kačerov: 9. Mai 1974;
Kačerov–Háje: 7. November 1980;
Nádraží Holešovice–Florenc: 3. November 1984.

Hiermit hat das Netz eine Länge von 43,4 km, welches mit Ausnahme eines 485 m langen Teilstücks innerhalb einer Brückenkonstruktion und eines 420 m langen Viaduktes bei Nové Butovice vollständig unterirdisch verläuft.
Die Tunnel der Linie C liegen auf einer mittleren Tiefe von 15 m; nur der Bahnhof I.P.Pavlova liegt mit 24 m noch tiefer. Die Tunnels wurden zunächst mit nichtmechanisierten Bohrschilden aus der ehemaligen Sowjetunion hergestellt, die während der Bauzeit durch vollmechanisierte TBM ersetzt wurden. Die Tunnel für die südöstliche Verlängerung der Linie C nach Háje wurden zur Hälfte in der offenen

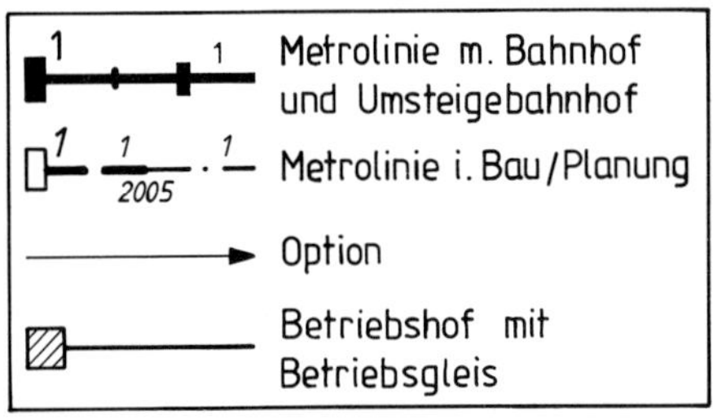

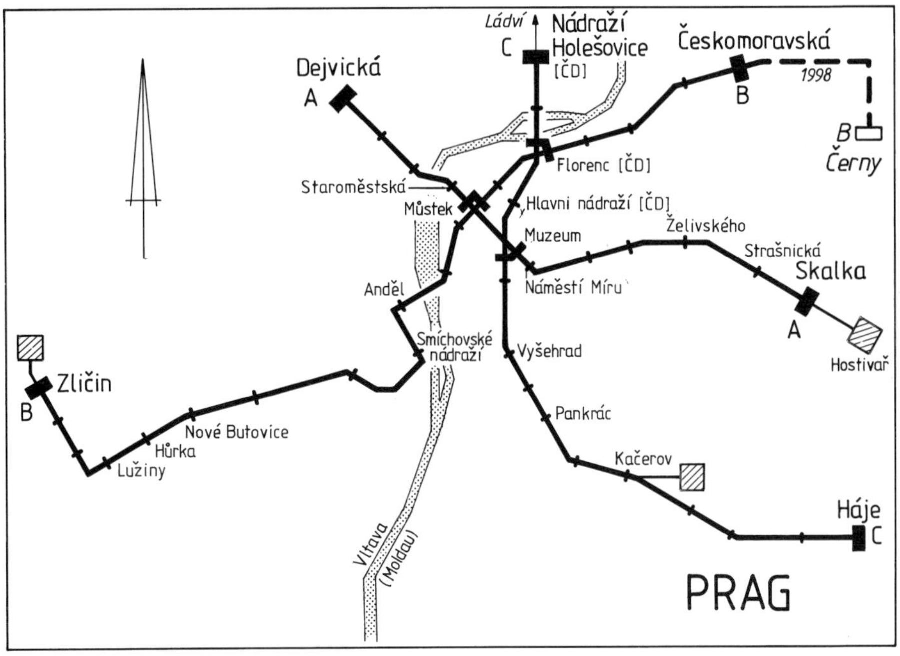

Bauweise, zur anderen Hälfte in der Schildbauweise gebaut; für die nördliche Verlängerung nach Nádraží Holešovice wurde zum größten Teil die Schildbauweise angewandt. Für die Überquerung des Nusletals wurde von einer Autobahnbrücke Gebrauch gemacht, die in der zweiten Hälfte der 60er Jahre erbaut worden war. Für die damals geplante Straßenbahnlinie war eine Streckenführung durch den Brückenträger vorgesehen; als die Straßenbahnpläne durch Metropläne ersetzt wurden, stellte sich heraus, daß die Steifigkeit der Brücke für die schwereren Metrofahrzeuge nicht mehr ausreichen würde. Aus diesem Grunde wurde innerhalb der bestehenden Konstruktion eine zweite Stahlkonstruktion eingebaut, die die Kräfte direkt in die Brückenlager einleitet.

Die Tunnel der Linien A und B wurden in größerer Tiefe von durchschnittlich 30 m gebaut, wobei, mit Ausnahme von ein paar kürzeren »NÖT«-Teilstücken, die Schildbauweise angewandt wurde.

Zwischen den Bahnhöfen Hurka und Lužiny (Linie B) wird ein Tal auf einem 420 m langen Viadukt überquert, der zur Vermeidung von hohen Geräuschemissionen mit einer Stahlverkleidung mit Fenstern versehen wurde.

Der Oberbau besteht aus Vignoles-Schienen, zunächst auf Holzschwellen mit Schotterbett; diese Holzschwellen wurden nach der in der Sowjetunion üblichen Methode in den Betonboden eingeformt. Nach 1980 wurden die Schienen mit elastischen Unterlagen und Klemmfedern direkt auf dem Tunnelboden befestigt. Der kleinste Kurvenradius beträgt 300 m; ein Betriebsgleis zwischen den Linien A und C, unter dem Stadtzentrum, mußte aus Platzgründen mit einem Radius von 150 m ver-

Bahnhof »Muzeum« (Linie C). Dieser Bahnhof wurde in der offenen Bauweise gebaut und liegt über dem gleichnamigen Bahnhof der Linie A. Die Züge sind vom Typ Ecs (Transpress).

Nochmals Bahnhof »Muzeum«, jetzt jedoch die Linie A. Dieser Bahnhof wurde in der Schildbauweise gebaut. Der einfahrende Metrozug ist vom Typ 81-717.1/714.1 (Transpress).

sehen werden. Die max. Neigung beträgt 4% (Linie B).
Im Netz befinden sich 46 Linienbahnhöfe; an drei Stellen kann innerhalb des Metronetzes umgestiegen werden; drei weitere Bahnhöfe bieten Umsteigemöglichkeiten zu den Zügen der Tschechischen Staatsbahn (CD).
Alle Bahnhöfe der Linie C wurden in der offenen Bauweise gebaut, zum Teil mit Schlitzwänden. Beim Bau der Bahnhöfe der Linien A und B, mit Ausnahme von »Skalka« und »Dejvick « (offenen Bauweise), wurde ein in der Sowjetunion entwickeltes Verfahren angewandt, wobei mit TBM drei Rohre nebeneinander gebohrt werden; zum Bau der Bahnsteighalle wurden die enstandenen Zwischenwände örtlich oder ganz ausgebrochen. Dieses Verfahren wurde u.a. auch in Budapest und Toulouse angewandt.
Die Bahnsteiglänge beträgt in allen Bahnhöfen 100 m, so daß auf allen Linien Fünfwagenzüge eingesetzt werden können. Mit Ausnahme von »Hlavni nádraží (Hauptbahnhof)« und »Vysehrad« verfügen alle Bahnhöfe über Mittelbahnsteige; die beiden genannten Bahnhöfe stammen noch aus der »Straßenbahnphase«, was aus der Bahnhofsgestaltung ersichtlich ist.
Zwecks Festigung der Freundschaft zwischen den ehemaligen Staaten »Sowjetunion« und »Tschechoslowakei«, wurde 1982 beschlossen, in Moskau und Prag je einen Bahnhof von einem »Bruderstaat« gestalten zu lassen. In Prag wurde hierzu der damalige Bahnhof Lidička ausgewählt und in »Moskevská « umbenannt. Nach den politischen Veränderungen heißt der Bahnhof nunmehr »Anděl«.
Die meisten Bahnhöfe sind mit Aufzügen (63) und Rolltreppen (212) ausgestattet. Die längste Rolltreppe mit 87 m befindet sich im Bahnhof Naměsti Mîru (Linie A) und führt in eine Tiefe von 53 m, die tiefste Stelle des Netzes. Alle Bahnhöfe verfügen über Zwischenetagen mit Verkaufsständen und Toiletten.

Typ:	**Ecs**	**81-717.1**	**81-714.1**
Baujahr:	**1973**	**1978**	
	Mc	**Mc**	**M**
Länge ü.K. (mm):	19200	19200	19200
Breite (mm):	2670	2700	2700
Dienstgewicht (t):	32,5	34,5	33
Max. Fahrgastzahl:	185	178	189
Sitzplätze:	35	42	44
Stehplätze:	150	136	145
Einstiege p. Seite:	4	4	4
Leistung (kW):	4x70	4x110	4x110
Beschleunigng (m/s²):	1,15	1,2	1,2
Bremsverzögerung (m/s²):	0,9-1,2	1,3	1,3
Notbremsverzögerung (m/s²):	–	–	–
v/max (km/h):	80	80	80
Bestand (31.12.95):	84*	202	302

* Laut Statistik wird beim Typ Ecs ebenfalls unterschieden zwischen Triebwagen mit und ohne Fahrerstand. Die Stückzahlen betragen in diesem Falle 40 bzw. 44 Fahrzeuge.

Fahrzeuge

Im ehemaligen Ostblock war die Produktion von Schienenfahrzeugen vom »Rat zur gegenseitigen Wirtschaftshilfe (COMECON)« über die verschiedenen Staaten verteilt. Metrofahrzeuge mußten gemäß dieser Aufteilung von der Sowjetunion gefertigt werden, u.a. durch die Waggonfabrik Mytischi in Moskau; Basismodell war der Typ E, womit beispielsweise auch in Budapest der Metrobetrieb aufgenommen wurde. Von diesem Typ wurden 1978 die Typen 81-717 (Mc) und 81-714 (M) abgeleitet.

Betriebsablauf

Die Metrozüge werden über eine »dritte« Schiene mit 750 V-Gleichstrom versorgt und nehmen den Strom an der Unterseite ab. Die Energieversorgung erfolgt durch Gleichrichterwerke, die in jedem Bahnhof untergebracht sind.
Für die Streckensicherung ist ein Selbstblocksystem mit Strecken- und Kabinensignalen sowie einer automatischen

Metrozug Typ 81-717.1/714.1 im Bahnhof Staromestská (Linie A); dieser Bahnhof wurde auch mit Hilfe einer TBM gebaut (Transpress).

Geschwindigkeitsüberwachung eingerichtet; auf der Linie C ist zusätzlich ein automatisches Bremssystem vorhanden. Die Überwachung des Metrobetriebs erfolgt über ein RBL innerhalb der ZBL, wo für jede Linie und Funktion eigene Disponenten anwesend sind.

Die Fahrer fertigen über Monitore, die paarweise an der Ausfahrtseite der Bahnsteige angebracht sind, ihre Züge selber ab; das auf jedem Bahnhof anwesende Aufsichtspersonal übernimmt diese Aufgabe nur in der HVZ.

Gespräche zwischen der ZBL und den Fahrern erfolgen über Gegensprechanlagen, wobei alle Gespräche auf Band aufgenommen werden. Das Wenden der Züge erfolgt über ein Rechnerprogramm.

Werktags verkehren die Metrozüge zwischen 5.00 und 00.00 Uhr, außerhalb der HVZ besteht eine Zugfolge von 5 min, in der HVZ von 2-2,5 min.

Die Wartung der Fahrzeuge erfolgt in drei Betriebshöfen, Hostivär – zugleich Hauptwerkstätte – (Linie A), Zličín (Linie B) und Kačerov (Linie C). Um die Hauptwerkstätte von allen Linien aus erreichen zu können, sind Verbindungsgleise eingerichtet, zwischen den Linien A und C nahe dem Bahnhof I.P.Pavlova und zwischen den Linien B und C nahe dem Bahnhof Florenc.

Für die Metro besteht ein Einheitstarif; Fahrkarten sind ausschließlich im Vorverkauf erhältlich. Außer Einzelfahrscheinen gibt es Blöcke mit 25 Fahrscheinen sowie diverse Abonnements. Im Gegensatz zu Straßenbahn und Omnibus kann in der

Interieur des Triebwagens Typ 81-714.1 (DP, Praha).

Metro innerhalb einer Stunde umgestiegen werden, wenn der Tunnel nicht verlassen wird.

Ein Blick in die Zukunft

Bei allen Planungen ist viel vom Geld die Rede, und das ist knapp. Beispielsweise wurde die Verlängerung der Linie B nach Černy, ursprünglich für 1994 vorgesehen, bereits auf Ende 1998 verschoben. Ferner fiel im Juni 1996 im Prager Stadtrat der Grundsatzbeschluß, die Linie C nach Ládví zu verlängern; als Termin wird das Jahr 2004 genannt.

Im Januar 1994 erhielt die Firma MATRA den Auftrag, die Linie C bis Oktober 1997 mit dem neuen Sicherungssystem MATRA-PA 135 auszurüsten. Ein Konsortium unter Führung von CKD in Prag bereitet gegenwärtig eine neue Generation von Metrofahrzeugen vor, die zur Betriebsaufnahme der verlängerten Linie B nach Černy zur Verfügung stehen sollen; man denkt an eine Bestellung von 50 Fahrzeugen.

TÜRKEI

ANKARA

Betreiber: Ankara Büyükehir Belediyesi, EGO Genel Müdürlügü.
(Stadtwerke Ankara, General-Direktorat für Elektrizität, Gas und Bus)

Im Zentrum der Türkei liegt die Hauptstadt Ankara. Ankara ist Zentrum von Wirtschaft, Industrie und Kultur. Wie der alte Name »Angora« bereits andeutet, ist Ankara ebenfalls Mittelpunkt der Angora-Ziegenzucht, die die (textil)industrielle Entwicklung der Stadt wesentlich mitgeprägt hat; daneben haben sich eine große Zahl von Betrieben auf dem Gebiet der Lebensmittelproduktion und Metallverarbeitung etabliert. Ankara verfügt über zahlreiche historische Sehenswürdigkeiten, Museen, Theater, Bibliotheken und Lehranstalten, die die kulturelle Bedeutung und die touristische Attraktivität der Stadt unterstreichen.
Seit Ankara 1920 Hauptstadt und ab 1923 auch Regierungssitz wurde, begann eine unaufhörliche Aufwärtsentwicklung. Wohnten 1927 noch 74.784 Einwohner in der Stadt, so waren es 1949 bereits 240.000 und nach der letzten offiziellen Volkszählung im Oktober 1990 war die Zahl auf über 2,5 Mio gestiegen. Es kann davon ausgegangen werden, daß heute in Stadt und Großraum rund 3 Mio Menschen wohnen.

Der öffentliche Verkehr entwickelte sich ähnlich rasant. Nach den letzten aktuellen Zahlen besteht das ÖPNV-Netz aus 253 städtischen EGO-Buslinien mit 1.450 Fahrzeugen (ca. 1 Mio Fahrgäste/tgl), 33 Minibuslinien mit 2176 Fahrzeugen (ca. 1 Mio Fahrgästen/tgl) sowie 200 Privatbussen (200.000 Fahrgästen/tgl). Schließlich werden noch 400.000 Personen von regierungs- und industrieeigenen Fahrzeugen befördert. Das alles zusammen ist bereits ein Anteil von 76,3% am gesamten städtischen Verkehr, so daß man sich leicht ein Bild machen kann, was sich täglich in der HVZ in Ankara abspielt.
Neben dem städtischen »EGO«-Busverkehr wird von der türkischen Staatsbahn (TCDD) eine »S-Bahn«-ähnliche Vorortlinie von Kayas über Ankara nach Sincan betrieben.
Weil mit einem weiteren Anstieg der Bevölkerungszahlen gerechnet werden muß, begann bereits 1985, unter Federführung der »EGO«, ein kanadisch/türkisches Consultingskonsortium mit der Ausarbeitung eines allgemeinen Verkehrs- und Transportplans auf der Grundlage des bis 1990 gültigen Bebauungsplans.
Im März 1987 wurde ein bis zum Jahre 2015 reichender Plan veröffentlicht, mit einem »Rail Transit System« von 54 km Länge als Kernstück. Weil die zu erwartenden Beförderungszahlen für das Jahr 2015 aufzeigten, daß in der Ost-West-Relation mit max. 27.000 Fahrgästen pro Stunde und Richtung ein geringeres Fahrgastvolumen zu erwarten ist als in der Nord-Süd-Relation mit max. 60.000 Fahrgästen, wurde für letztere die Einrichtung eines Metrosystems empfohlen und für die Ost-West-Richtung ein Stadtbahnsystem.
Der Bau der 8 km langen und bis auf 800 m gänzlich im Tunnel liegenden Stadtbahnlinie »ANKARAY« (ANKARa tramwAY) zwischen Dikimevi und A.S.O.T. begann im August 1992; diese wird voraussichtlich im Laufe des Jahres 1996 in Betrieb genommen werden.
Bau und Ausstattung der Metrolinie 1 wurde einem kanadisch/türkischen Konsortium unter Führung von Bombardier übertragen. Baubeginn war im Juli 1991; nach den letzten Informationen wird die Linie im März 1997 in Betrieb genommen

Entwicklung und Bau der Metrolinie

Von der ersten Phase des geplanten Metronetzes, der Linie
1 Kizilay–Batikent, 14,1 km

liegen ca. 7 km in Tunnels und ca. 3,5 km auf Viadukten.
Die Tunnel werden sowohl in der offenen Bauweise als in der Schildbauweise gebaut.
Der Oberbau besteht aus Vignoles-Schienen (49 kg/m) mit elastischen Auflagen und Klemmfedern auf Betonschwellen und Schotterbett. Der kleinste Kurvenradius beträgt 250 m, die max. Neigung 3%.
Von den 12 Bahnhöfen liegen fünf in Tunneln, zwei auf Viadukten und fünf in einem

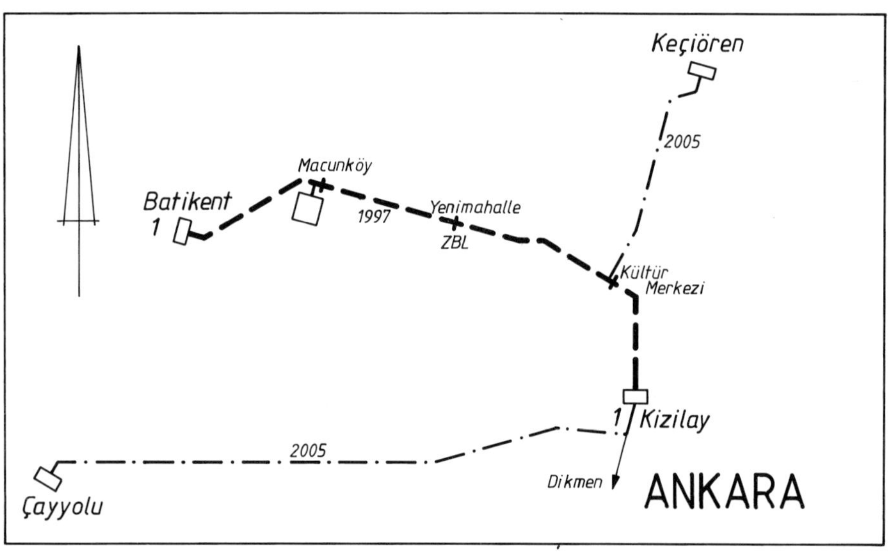

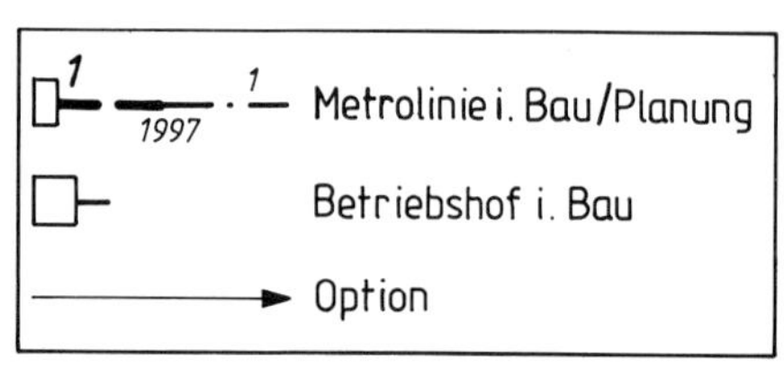

Typ:	»Ankara«	
Baujahr:	1996/97	
	Mc	T
Länge ü.K. (mm):	22878	22878
Breite (mm):	3124	3124
Dienstgewicht (t):	31,8	26,3
Max. Fahrgastzahl:	215	219
Sitzplätze:	60	62
Stehplätze:	155	157
Einstiege p. Seite:	4	4
Leistung (kW):	4x104	-
Beschleunigung (m/s²):	0,9	-
Bremsverzögerung (m/s²):	1,25	-
Notbremsverzögerung (m/s²):	1,35	-
v/max (km/h):	80	-
Bestellt:	72	36

Der neue Metrozug für Ankara (Bombardier, Quebec).

Einschnitt; der mittlere Bahnhofsabstand beträgt 1.283 m. Sechs Bahnhöfe sind mit Seitenbahnsteigen versehen, die anderen, darunter die Endbahnhöfe Kizilay und Batikent, haben Mittelbahnsteige. Alle Bahnsteige haben eine Länge von 140 m.
Sämtliche Bahnhöfe haben Rolltreppen und sind für den Einbau von Aufzügen vorbereitet.
Als Umsteigebahnhof zur »ANKARAY« hat der Bahnhof Kizilay drei Ebenen. Weil für diesen Bahnhof im Jahre 2015 täglich rund 40.000 Fahrgäste erwartet werden, wird in der gemeinschaftlichen Zwischenetage ein großes Einkaufszentrum eingerichtet. Der Endbahnhof der Metro befindet sich im zweiten Untergeschoß, die Haltestelle der »Ankaray« im dritten.

Fahrzeuge

Die Fahrzeuge der Metro werden gegenwärtig bei Bombardier in Kanada gebaut und sind abgeleitet vom Typ »Toronto-H6«. Ein Triebzug setzt sich zusammen aus zwei Triebwagen mit Fahrerstand und einem nicht angetriebenen Zwischenwagen (Mc+T+Mc); ein Metrozug besteht maximal aus zwei Triebzügen mit Platz für 1298 Fahrgäste. Die erste Serie hat einen Umfang von 108 Wagen.

Betriebsablauf

Die Metrozüge werden über eine »dritte« Schiene mit 750 V-Gleichstrom versorgt, Stromabnahme an der Unterseite. Die Energieversorgung erfolgt durch neun Unterwerke, die so geschaltet sind, daß bei Ausfall eines der Unterwerke die Energieversorgung sichergestellt bleibt.
Die Steuerung der Züge erfolgt über ATO mit einem beweglichen Blocksystem in SELTRAC-Technologie und Kabinensignale.
Die ZBL befindet sich bei Yenimahalle. Von hier werden alle Bahnhöfe über Kameras und Monitore überwacht. Über Not-Telefone können die Fahrgäste jederzeit mit der ZBL Kontakt aufnehmen.
In der Anfangszeit wird eine Zugfolge von 3 min angeboten werden, im Jahre 2000 auf 2,5 min und im Jahre 2015 auf 1,5 min verkürzt.
Die Wartung der Metrofahrzeuge wird in einem Betriebshof bei Macunköy erfolgen. Abstellgleise befinden sich am Bahnhof Yenimahalle und im Betriebshof (für 240 Wagen). Der Fahrbetrieb im Betriebshof erfolgt über ATC.
Fahrkarten werden an den Bahnhofsschaltern erhältlich sein; Fahrkartenautomaten sind gegenwärtig noch nicht geplant. Die Fahrkarten sind mit Magnetstreifen versehen, die in die an den Eingängen befindlichen Sperren gesteckt werden müssen, die dann den Weg freigeben. Weil die Fahrkarten sowohl für die

Interieur des neuen Metrozuges (Bombardier, Quebec).

Metro als auch für ANKARAY gültig sind, befinden sich im Bahnhof Kizilay die Sperren an einer gemeinsamen Stelle im Zwischengeschoß.

Ein Blick in die Zukunft

Der Verkehrs- und Transportplan von 1987 sieht ein vier Linien umfassendes Gesamtnetz mit einer Länge von 54 km vor.
Es wird mit einem großen öffentlichen Interesse gerechnet, so daß Erweiterungen nicht zu lange auf sich warten lassen werden. Für 2005 ist eine Abzweigung von Kültür Merkezi nach Keçiören sowie eine Verlängerung von Kizilay nach Çayyolu geplant.

ISTANBUL

Betreiber: Istanbul Rayli Ulasim Sistemleri
»Städt. Büro für den Schienenverkehr« (frei übersetzt)

Istanbul wurde 660 v.Chr. als Kolonie Byzantion von den dorischen Griechen gegründet. Nach vielen Plünderungen und Zerstörungen wurde die Stadt 330 n.Chr. die zweite Hauptstadt des Römischen Reiches mit Namen Constantinopel. Bei der Reichsteilung unter Theodosius 395 wurde sie Hauptstadt des Oströmischen Reiches. Nach den Eroberungen durch die Kreuzfahrer 1204 und die Türken 1453 blieb die Stadt Hauptstadt des Osmanischen Reiches bis 1923.
Als 1921 Kemal Mustapha, genannt Atatürk, die Türkische Republik gründete, verlor die Stadt ihren Status als Hauptstadt an Ankara.
Istanbul wird vom Marmarameer, dem Bosporus und dem Goldenen Horn dreigeteilt - das östliche Stadtviertel Üsküdar liegt bereits in Klein-Asien - und bietet mit seinen Moscheen, Minaretten und den zahlreichen Kuppeln eine einmalige »Skyline«.
Istanbul ist bekannt für seine 900 Moscheen, wovon die Hagia Sophia und die Sultan Ahmed Moschee die bekanntesten sind. Gebäude wie die Topkapi Sarayi mit ihren vielen Sehenswürdigkeiten zeugen von einer bewegten Vergangenheit; berühmt sind auch der Große Basar, das Kariye-Museum und die teilweise noch gut erhaltene Surlar (Stadtmauer).
Stadt und Großraum beherbergen auf einer Fläche von 5700 km² rund 6 Mio Einwohner, wovon 70% in Europa und 30% in Asien wohnen. Istanbul ist Zentrum von Handel und Industrie sowie die wichtigste Hafenstadt des Landes.

Nachdem 1966 der Straßenbahnverkehr in Istanbul eingestellt wurde, war es um den Schienenverkehr vorläufig geschehen, sieht man einmal von einer in einem Tunnel verkehrenden Standseilbahn mit einer Länge von 573 m ab. Fortan dominierten in der Innenstadt Busse, Mini-Busse und O-Busse. Der Busverkehr unfaßt heute ein Netz von 389 Linien mit einer Länge von rund 7000 km, ohne Berücksichtigung der privaten Busse. Im Laufe der Zeit wurde den Verantwortlichen klar, was sie der Stadt angetan hatten und 1985 kam es wieder zu ersten Plänen für eine Renaissance der Straßenbahn, wobei an ein Stadtbahnnetz mit einem Tunnel in der Innenstadt gedacht wurde. Inzwischen wurde aus den Gedanken Realität, es sind bereits 14,5 km (Aksaray–Esenler/Otogar–Bakirköy) in Betrieb, auch die Straßenbahn von Sirkeci über Aksaray nach Topkapi fährt schon seit 1992.

Ende 1992 wurden die Verträge für eine 7 km lange Metrolinie zwischen 4.Levent und Taksim unterzeichnet. Die Trasse verläuft in ganzer Länge durch einen Tunnel in einer mittleren Tiefe von 30 m. Der Bau wurde 1993 begonnen; der Tunnel wird im Schildvortrieb aufgefahren. Es ist geplant, den Betrieb Ende 1998/Anfang 1999 aufnehmen zu können.

Für den Betrieb auf der Metrolinie wurden bei Siemens Verkehrstechnik 32 Fahrzeuge (16 Mc, 16 S) bestellt, die als durchgehend begehbare Vierwagenzüge in der Reihung (S+Mc+Mc+S) eingesetzt werden.

Die 22,5 m langen Wagen sollen je fünf Einstiege pro Seite erhalten, um einen zügigen Fahrgastwechsel zu ermöglichen, und ca. 205 Fahrgäste bei 46 Sitzplätzen aufnehmen können; die Fahrzeuge werden vollklimatisiert. Der Aufbau besteht aus Edelstahl, wodurch sowohl Wartung als auch Lebensdauer dadurch positiv beeinflusst werden sollen.

Für den Antrieb werden Drehstrom-Asynchronmotoren mit Rückspeisungs-Möglichkeit der, bei der elektrischen Widerstandsbremse freiwerdenden Energie zum Einsatz kommen

Das erste Vorausfahrzeug soll bei SGP-Graz gebaut werden. Die Montage der Fahrzeuge erfolgt bei der türkischen Firma Tüvasas unter Verwendung von Siemens-Komponenten.

Die Gestaltung der Fahrzeuge liegt noch nicht endgültig fest, sie soll sich jedoch an die der Fahrzeuge für Taipeh oder Bangkok anlehnen.

Die Metrozüge sollen über eine Oberleitung mit 1500 VGleichstrom versorgt werden; die Energieversorgung erfolgt durch sechs Unterwerke.

Der Betrieb wird in einer ZBL mit einem elektronischen Stellwerk in Taksim überwacht; die Streckensicherung erfolgt über LZB-700 mit Lichtsignalen. Fahrzeuge und Strecke werden für ATO vorbereitet, über ihren Einsatz wurde jedoch noch nicht endgültig entschieden.

Die Kommunikation erfolgt über Zugbahnfunk; die Fahrgäste können sich jederzeit über Gegensprechanlagen mit dem Fahrer oder die ZBL in Verbindung setzen.

Für die Wartung der Fahrzeuge ist ein Betriebshof bei 4. Levent vorgesehen.

Eine Verlängerung nach Yenikapi, zumin-

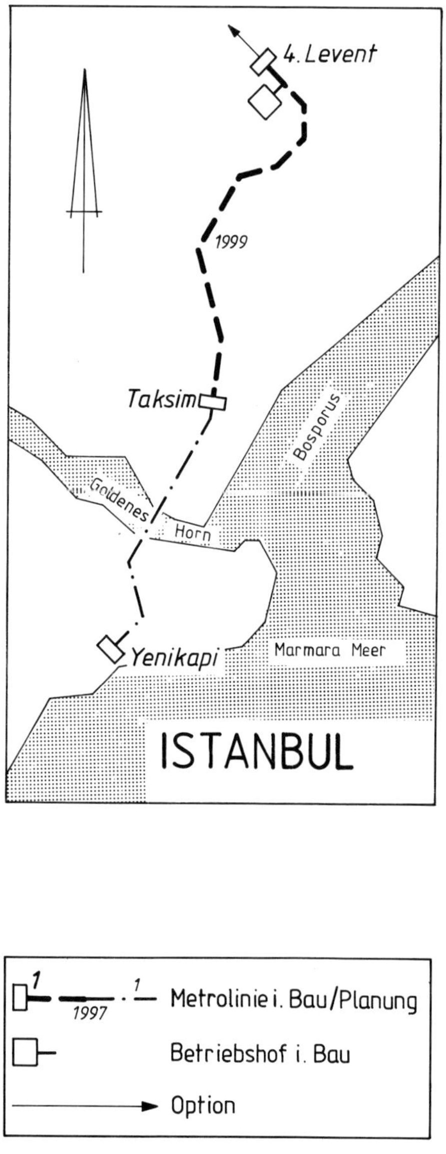

dest bis zum Goldenen Horn, ist vorgesehen, ein konkreter Termin konnte bisher noch nicht genannt werden. Im Hinblick auf die zu erwartenden geologischen Probleme wird daran gedacht, das »Goldene Horn« mit einer Brücke zu überqueren. Für diese Verlängerung wären weitere acht Wagen erforderlich.
Auch eine Erweiterung nach Norden ist vorgesehen. In der Endphase soll die Metrolinie eine Länge von 29 km haben.

Obwohl mit neuen Fahrzeugen ausgestattet, ist diese Linie bereits 120 Jahre alt und war über einem Zeitraum von 26 Jahren das einzige Schienenverkehrsmittel in Istanbul. Diese »Tünel«-Standseilbahn verbindet das Hafenviertel Karaköy mit dem Einkaufsviertel Beyoglu. (IETT, Istanbul).

UNGARN

BUDAPEST

Betreiber: Budapest Közlekedési Vállalat (BKV)

Die Geschichtsschreibung der ungarischen Hauptstadt Budapest geht zurück bis ins Jahr 150 n.Chr. als die Römer im damaligen Pannonia die Militärbasis Aquincum gründeten. Um 896 (sog. »Landnahme«) bauten die Magyaren unter ihrem Anführer Arpád an dieser Stelle, im hügeligen Gebiet westlich der Donau, eine Niederlassung, die spätere Burg Buda, die 1241 von den Mongolen zerstört wurde. Nach dem Wiederaufbau Budas entwickelte sich dieses zu einem osteuropäischen Verwaltungsund Handelszentrum. Die türkische Besatzung drückte der Stadt ebenso ihren Stempel auf, wie die anschließende Peridode der Habsbuger. Inzwischen hatte sich am Ostufer der Donau die Stadt Pest etabliert, die sich im Gegensatz zu Buda mehr kulturell entwickelte.

1873 wurden beide Städte zusammen mit dem Städtchen Óbuda zu Budapest vereinigt. Die Stadt wurde nicht nur zu einem Zentrum von Kunst und Wissenschaft, es entwickelte sich auch, zunächst auf der Donau-Insel Csepel, eine expandierende Maschinenbau- und Stahlindustrie. Das Verkehrsmuseum im Városliget (Stadtwäldchen) zeugt von einer großen Vergangenheit und den bahnbrechenden Erfindungen ungarischer Ingenieure.

Die vielen historischen Gebäude wie z.B. auf dem, auf der Budaer Seite gelegenen »Várhegy« (Burgberg) die »Mátyás Templom« (Matthiaskirche – 14./15. Jh.), die benachbarte neoromanische Halászbástya (Fischerbastei) oder, auf der Pester Seite, das »Nemzeti Múzeum« (Nationalmuseum) und die »Szent István Bazilika« ziehen jährlich abertausende von Besuchern an.

Gegenwärtig wohnen in der Stadt auf einer Fläche von 525 km² ca. 2 Mio Einwohner, das entspricht etwa 20% der ungarischen Bevölkerung; der Großraum zählt ca. 2,5 Mio Einwohner. Ca. 24% der ungarischen Industrieerzeugnisse werden in Budapest hergestellt.

Drei große Kopfbahnhöfe, Déli-, Keleti- und Nyugati-pályaudvar (Süd- Ost- bzw. Westbahnhof),wo die Eisenbahnlinien der ungarischen Staatsbahn (MÁV) enden, drei Metro- und vier Vorortlinien, ein ausgedehntes Straßenbahn-, Obus und Busnetz sowie eine Standseilbahn und eine Zahnradbahn machen Budapest zu einem »Wallfahrtsort« für Verkehrsexperten und -Liebhaber.

Die Entwicklung der Budapester Metro begann am 2. Mai 1896 mit der Inbetriebnahme der sog. »Franz-Joseph-Untergrundbahn« , der ersten Metrolinie auf dem europäischen Kontinent. Sie führte von Városliget nach Gizella tér, dem heutigen Vörösmarty tér (tér = Platz). Wegen der damaligen Festlichkeiten anläßlich des 1000-jährigen Bestehens Ungarns wird diese Linie auch »Millennium-Linie« genannt.

Die große Begeisterung, mit der die sog. »Földalatti« begrüßt und angenommen wurde, ließ schon bald die Frage nach einer Erweiterung aufkommen. Es wurde jedoch 1950, bis die Arbeiten zum Bau einer neuen Metrolinie, der Ost-Westlinie vom Népstadion über Keleti pu. zum Déli pu., aufgenommen wurden. Schon bald wurde festgestellt, daß das Projekt die finanziellen und materiellen Kräfte überstieg, und so mußten im Frühjahr 1954 die Aktivitäten eingestellt werden. Zu diesem Zeitpunkt war bereits ein 3 km langes Tunnelstück fertiggestellt, welches vorübergehend als Lebensmittellager benutzt werden sollte.

Die daraufhin entstandene Pause gab Gelegenheit, die Pläne noch einmal zu überarbeiten und 1963 wurden die Arbeiten wieder aufgenommen. Am 2. April 1970 konnte das erste Teilstück zwischen Örs vezér tere und Deák tér in Betrieb genommen werden.

Entwicklung und Bau des Metronetzes

Das Netz umfaßt momentan drei Linien, deren Eröffnungsdaten der nachstehenden Aufstellung entnommen werden können:

1 Mexikói út–Vörösmarty tér (Földalatti), 4,9 km

Széchenyi fürdö–Vörösmarty tér: 2. Mai 1896.

Mexikói út–Széchenyi fürdö: 30. Dezember 1973.

2 Örs vezér tere–Déli pu., 10,1 km

Örs vezér tere–Deák tér: 2. April 1970.

Deák tér–Déli pu.: 22. Dezember 1972.

3 Újpest-Központ–Köbánya-Kispest, 12,5 km

Deák tér–Nagyvárad tér: 31. Dezember 1976.

Nagyvárad tér–Köbánya-Kispest: 29. April 1980.

Lehel tér–Deák tér: 30. Dezember 1981.

Arpád híd–Lehel tér: 7. November 1984.

Újpest-Központ–Arpád híd: 14. Dezember 1990

Gegenwärtig hat das Netz eine Gesamtlänge von 31,7 km.

Der offizielle, auch heute noch für die Linie 1 benutzte Name »Földalatti Vasút (FAV)« weist darauf hin, daß der Tunnel direkt unter der Straßenoberfläche liegt. Der Tunnel wurde in der offenen Bauweise gebaut und hatte eine Höhe von nur 2,85 m ü.SOK. Die Konstruktion setzt sich zusammen aus Betonwänden mit Stahl-Längs- und Querträgern auf Mittelstützen aus Stahlguß oder Stahlprofilen. Zwischen den Querträgern befinden sich Gewölbedecken aus Beton.

Zunächst bestand der Oberbau aus asymmetrischen Vignoles-Schienen (24,2 kg/m) mit Stahlschwellen auf Schotterbett; sie wurden später durch Holzschwellen ersetzt.

Nach 77 Jahren wurde der Betrieb wegen Renovierungsarbeiten vorübergehend eingestellt und nach einem halben Jahr am 30. Dezember 1973 wieder aufgenommen. Bei dieser Gelegenheit wurden symmetrische Vignoles-Schienen (48,3 kg/m) verlegt und direkt auf dem Tunnelboden befestigt, wodurch eine Tunnelhöhe von 3,13 m ü.SOK erreicht wurde. Durch die intensive Nutzung der »Földalatti« wurde 1995 wiederum eine umfassende Rekonstruktion von Tunnel, Bahnanlagen, Bahnhöfe und Sicherungsanlagen erforderlich, die am 18. September 1995 abgeschlossen wurde.
Der kleinste Bogenradius beträgt 40 m, im Betriebshof 24 m.
Die Trasse der Ost-Westlinie (Linie 2), verläuft ab dem Endbahnhof Örs vezér tere bis Pillangó utca oberirdisch. Mit Ausnahme der in der offenen Bauweise gebauten Rampe und einem anschließenden ca. 1000 m langen Teilstück wurden die eingleisigen Tunnelrohre, Innendurchmesser 5,10 m, mit sowjetischen TBM unter Preßluft aufgefahren und mit Tübbings aus Beton und Stahlguß verkleidet. Bedingt durch eine dichte Bebauung liegt der Tunnel in einer Tiefe zwischen 20 und 60 m.
Der Oberbau besteht aus Vignoles-Schienen (48 kg/m) mit Holzschwellen auf Schotterbett oder auf in den Beton eingeformten Schwellen. Der kleinste Kurvenradius beträgt 250 m, die max. Neigung 3,3%.
Beim Bau der Nord-Südlinie (Linie 3) wurde in der Innenstadt ebenfalls die Schildbauweise angewandt, während in den Außenbezirken die Tunnel in der offenen Bauweise gebaut wurden.
Bei der Linie 3 sind die Vignoles-Schienen (54 kg/m) direkt auf dem Tunnelboden befestigt. Der kleinste Kurvenradius beträgt hier 450 m, die max. Neigung 3%.
Linie 1 bedient elf unterirdische Bahnhöfe. Auf dem Bahnhof Deák tér kann auf die Linien 2 und 3 umgestiegen werden; dieser Bahnhof wird später eingehender besprochen. Die Seitenbahnsteige haben alle eine Breite von 3 m; ihre Länge ist von Bahnhof zu Bahnhof unterschiedlich, jedoch mindestens 31 m. Die Bahnsteige sind ausschließlich über getrennte Treppen erreichbar. Der mittlere Bahnhofsabstand beträgt 375 m. Seit 1987 werden die Bahnhöfe Zug um Zug in den Ursprungszustand zurückgebracht.
Die Linien 2 und 3 haben zusammen 31 Bahnhöfe; an drei Bahnhöfen, Déli pu., Nyugati pu. und Keleti pu., kann auf die Züge der MÁV umgestiegen werden und an zwei Bahnhöfen auf die Züge der HÉV nach Szentendre (Batthyány tér) und Gödöllö (Örs vezér tere). Drei Bahnhöfe, Örs vezér tere und Pillangó utca (Linie 2) sowie Köbánya-Kispest (Linie 3) liegen oberirdisch. Der mittlere Bahnhofsabstand der Linien 2 und 3 beträgt 1000 bzw. 840 m, die Bahnsteiglängen 100 bzw. 120 m.

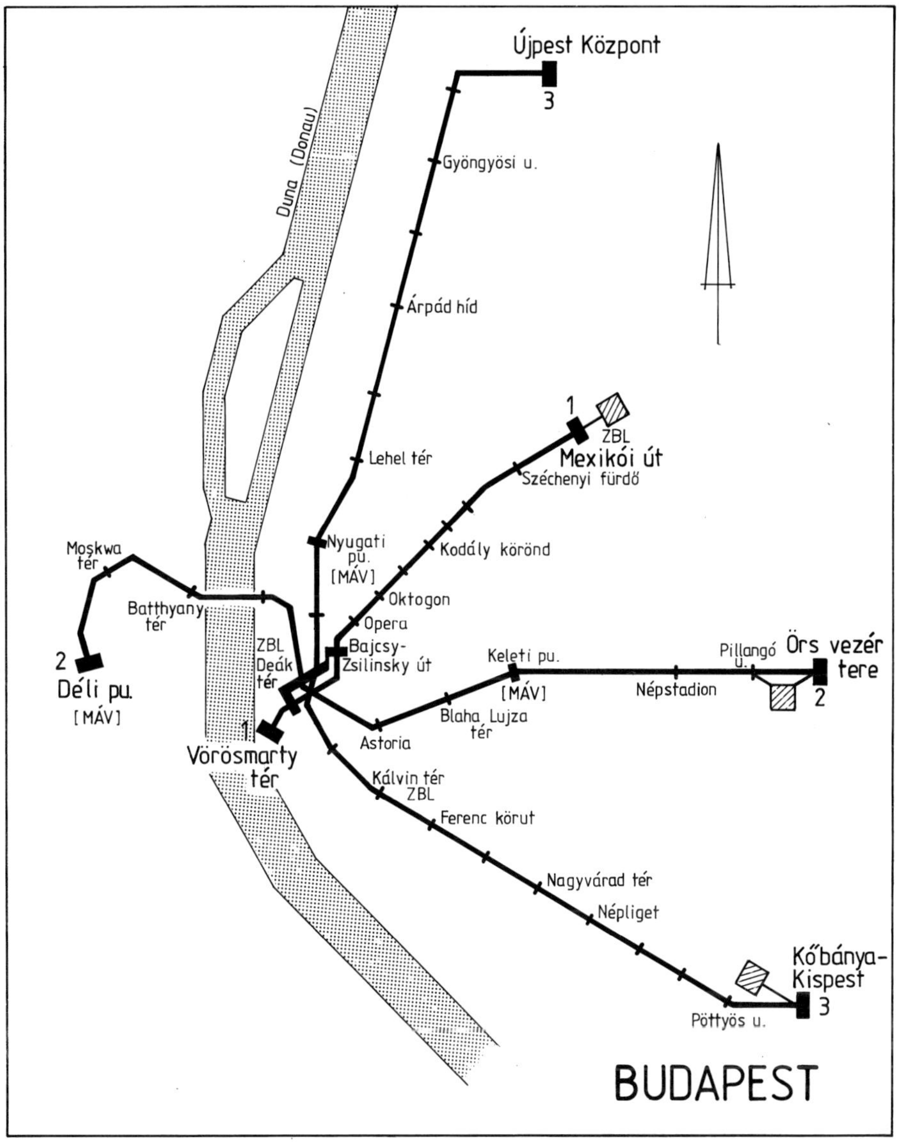

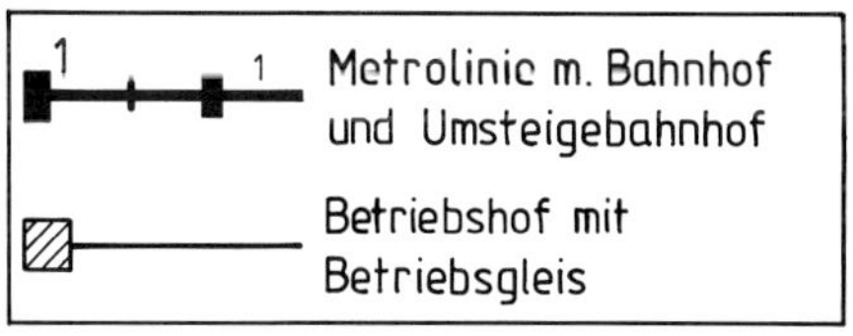

Die meisten Bahnhöfe der Linie 2 wurden in der Schildbauweise aufgefahren und bestehen aus drei Rohren. Dieses u.a. auch in Moskau, Prag und Toulouse verwendete Prinzip besteht aus zwei außenliegenden Rohren mit je einem Gleis und einem Seitenbahnsteig, ferner einem mittig gelegenen Rohr, das als Verteilerhalle durch arkadenähnliche Passagen mit den Bahnsteigen verbunden wurde.
Weil diese Bahnhöfe von nur einer Seite zugängig gemacht wurden und durch die gewählte Dimensionen nur drei genormte Rolltreppen neben einander Platz haben, sind diese Zugänge in der Kapazität stark eingeschränkt, was insbesondere in der HVZ an besonders frequentierten Stellen in der Innenstadt zu einem Gedränge führt. Nach einem positiv verlaufenen Einbauversuch am Bahnhof Batthyány tér mit vier schmaleren Rolltreppen in dem bestehenden Schacht wurde dieser Engpaß auch bei den Bahnhöfen Moszkva tér und Blaha Lujza tér in der gleichen Weise beseitigt.

Der Bahnhof Keleti pu. wurde in der Caissonbauweise gebaut. Zwischen den Bahnhöfen Keleti pu. und Astoria wurde, der schwierigen geologischen Verhältnisse wegen, die bergmännische Bauweise angewandt, teilweise unter Preßluft und mit Hilfe der Vereisungstechnik; in den beiden Bahnhöfen wurde die Betonkonstruktion mit Stahlblech verkleidet, um das Eindringen von Grundwasser zu verhindern. Dennoch kam es am 1. Februar 1991 zu einer großen Überschwemmung, zwar ohne Personenschaden, aber mit großen Schäden an Bauten und Fahrzeugen.
Nach den Erfahrungen mit den Bahnhöfen der Linie 2 wurde beim Bau der Bahnhöfe für die Linie 3 die in Budapest entwickelte

Der Bahnhof Déli pu.(Linie 2) (BKV).

»Földalatti« Nr. 10 aus dem Jahre 1896. Dieses Fahrzeug gehört zu der Serie 1-10 mit Stahlaufbau. Auffällig im Vergleich zur Serie 11-20 sind die kleineren Räder, niedrigeren Drehgestelle und flacheren »Schwanenhalsträger«. Das Fahrzeug wurde ohne Stromabnehmer fotografiert (Verkehrsmuseum Budapest)

sog. »Fünfrohr-Methode« angewandt. Hierbei werden mit TBM fünf überlappende Rohre aufgefahren und zu einer Halle vereinigt. Diese Bahnhöfe erhielten von Anfang an zwei Zugänge mit je vier Rolltreppen.

Der Bahnhof Deák tér wurde zu einem großen Knotenpunkt aller drei Metrolinien mit Umsteigemöglichkeiten auf mehrere Straßenbahn- und Omnibuslinien; zusätzlich ist der Bahnsteig der Linie 3 noch durch einen Tunnel mit dem Bahnhof Bajcsy-Zsilinszky út der Linie 1 verbunden. Beim Bau dieses Knotens wurde die Trasse der Linie 1 mit einem größeren Bogen teilweise verlegt. In dem stillgelegten Tunnelstück wurde der ehemalige Endbahnhof Gizella tér mit seinen braun-weiß gefließten Wänden nachgebaut und am 28. Oktober 1975 als »Metro-Museum« eröffnet. Hier sind außer dem Triebwagen 19 aus dem Jahre 1896 und einem zugehörenden Steuerwagen Dokumente und Gegenstände aus der Geschichte der Metro zu besichtigen und Informationen über zukünftige Projekte erhältlich.

Fahrzeuge

Als 1896 die »Földalatti« in Betrieb genommen wurde, bestand der Fahrzeugpark aus Triebwagen in zwei Ausführungen. Das Fahrzeug hatte Ähnlichkeit mit einem Tieflader mit einem etwas schmäleren Aufbau. Die Triebwagen 1-10 hatten einen Aufbau

»Földalatti« Nr. 18 aus der Serie 11-20 mit einem Holzaufbau. Die pantographen-ähnlichen Stromabnehmer sind auf den Schwanenhalslängsträger plaziert (Verkehrsmuseum Budapest).

»Földalatti« anno 1973 bzw. 1987. Die äußere Form sowie der niedrige Einstieg wird verständlicherweise stark beeinflußt durch die kleinen Tunnelmaße (BKV).

Die Absicht war, daß dieser Triebzug die zukünftige Fahrzeuggeneration bilden sollte. Leider blieb es bis heute bei einem Sechswagen-Triebzug (BKV).

Ein Teil der Mytischi-Flotte in einem der beiden »Großprofil«-Betriebshöfe (BKV).

aus Stahl, die Wagen 11-20 aus Holz. Wagen 20 wurde als sog. »Königswagen« besonders schön ausgestattet. Durch Vergrößerung des Drehgestell-Abstandes konnte bei diesem Wagen der Innenraum vergrößert werden; hierdurch standen die äußeren Achsen außerhalb des Fahrzeugs. Über denDrehgestellensaß in Fahrtrichtung rechts der Fahrer; auf der jeweils linken Seite befand sich die Schaltapparatur. Die Stromabnehmer standen auf den Längsträgern, seitlich des Aufbaus, und waren als einfache Pantographen gestaltet,die durch einen über den Aufbau hinweggeführten Bügel miteinander verbunden waren. Die Fahrzeuge hatten, mit Ausnahme von Wagen 20, einen Mitteleinstieg mit Schiebetür. Das Interieur bestand aus Holzbänken,die in Hufeisenform aufgestellt waren und 14 Personen Platz boten, plus 43 Stehplätzen. Die 11.070 mm lange Fahrzeuge machten einen kompakten Eindruck. Sie wurden angetrieben durch zwei Motoren von je 46,5 kW; die Wagen 1-10 über einen Kettenantrieb (System Gall), die Wagen 11-20 direkt. Die Höchstgeschwindigkeit betrug 40 km/h.

Die Fahrzeuge wurden gebaut von der ungarischen Firma Schlick mit einer elektrischen Ausrüstung von Siemens.

1960 wurden noch 18 einfache, nach einem eigenen Entwurf gebaute Steuerwagen (Nr 80-97) in Betrieb genommen. Diese wurden verschrottet,als 1973 nach der Rekonstruktion der Strecke von Ganz-MAVAG 21 neue Fahrzeuge geliefert wurden.

Hierbei handelte es sich um achtachsige Doppelgelenk-Triebzüge mit Jacobs-Drehgestellen; das besondere an diesen Fahrzeugen ist, daß sie nicht durchgehend begehbar sind. 1987 wurden zwei Triebzüge nachgeliefert.

Für den Betrieb auf der Linie 2 wurde von der Wagonfabrik Mytischi bei Moskau eine Flotte von Triebwagen des Typs EV1/EV3 geliefert, eine Variante des in der damaligen Sowjetunion üblichen Typs E. Die Zunahme des Metroverkehrs und die Inbetriebnahme der Linie 3 zwangen die BKV, ihren Fahrzeugpark zu erweitern. Hierzu wurden 198 Triebwagen einer modernisierten und verbesserten Version des Typs EV1, Typ 81717 beschafft, wobei ein Teil dieser Fahrzeuge ohne Fahrerstand als Typ 81-714 geliefert wurde; neben geringeren Kosten boten diese Wagen zwei Sitz- und 11 Stehplätze mehr.

Auf der Linie 2 bestehen die Metrozüge aus fünf, auf der Linie 3 aus sechs Wagen.

1988 stellte Ganz-MAVAG den Prototyp eines völlig neu entwickelten Metrotriebzuges vor, bestehend aus den Wagentypen A (Mc), B (M) und C (M mit der technischen Ausstattung von Typ A: Ma), die aus zwei Basis-Einheiten Mc+M sowie je einer Zwischeneinheit M+M und M+Ma bestehen; hieraus können sowohl ein Vierwagen- (Mc+M+M+Mc, Länge 77.290 mm) als

Der Bahnhof Mexikói út (Linie 1) (BKV).

Typ:	**MFAV**	**EV1-3**
Baujahr:	**1973**	**1969**
Länge ü.K. (mm):	29560	19210
Breite (mm):	2350	2670
Dienstgewicht (t):	37,6	32,5
Max. Fahrgastzahl:	161	178
Sitzplätze:	48	42
Stehplätze:	198	136
Einstiege p. Seite:	6	4
Leistung (kW):	4x61	4x72
Beschleunigung (m/s²):	1,2	1,15
Bremsverzögerung (m/s²):	1,3	1,0
Notbremsverzögerung (m/s²):	1,3	1,2
v/max (km/h):	60	90
Bestand (31.12.95):	23	181

Typ:	**81-717**	**81-714**
Baujahr:	**1979**	
Länge ü.K. (mm):	19200	19200
Breite (mm):	2700	2700
Dienstgewicht (t):	34,4	33,0
Max. Fahrgastzahl:	178	189
Sitzplätze:	42	44
Stehplätze:	136	145
Einstiege p. Seite:	4	4
Leistung (kW):	4x110	4x110
Beschleunigung (m/s²):	1,2	1,2
Bremsverzögerung (m/s²):	1,3	1,3
Notbremsverzögerung (m/s²):	1,3	1,3
v/max (km/h):	90	90
Bestand (31.12.95):	176*	

Typ:	**A**	**B/C****
Baujahr:	**1988**	
	Mc	**M/Ma**
Länge ü.K. (mm):	19285	19360
Breite (mm):	2670	2670
Dienstgewicht (t):	34,5	33
Max. Fahrgastzahl:	149	162
Sitzplätze:	42	48
Stehplätze:	107	114
Einstiege p. Seite:	4	4
Leistung (kW):	2x280	2x280
Beschleunigung (m/s²):	1,2	1,2
Bremsverzögerung (m/s²):	1,2	1,2
Notbremsverzögerung (m/s²):	1,45	1,45
v/max (km/h):	80	80
Bestand (31.12.95):	2	3/1

* es liegen keine detaillierten Zahlen vor.
** abweichende technische Ausstattung.

Ein Földalatti fährt in den oberirdischen Betriebshof an der Mexikói út ein (BKV).

auch ein Sechswagenzug (Mc+M+M+Ma+M+Mc, Länge 116.010) gebildet werden. An den Kopfenden jeder Einheit befindet sich eine Scharfenbergkuppelung mit elektrischer und pneumatischer Verbindung. Die Einheiten sind kurzgekuppelt und können nur im Betriebshof getrennt werden. Auch diese Triebzüge sind nicht durchgehend begehbar; lediglich Nottüren zwischen den Wagen und mit einer Leiter versehene Türen in den Stirnwänden der Mc-Wagen erlauben im Notfall das Verlassen des Zuges.
Dieser Prototyp ist in der Regel als Sechswagenzug im Einsatz.

Betriebsablauf
Die Züge der »Földalatti« wurden ursprünglich über eine zweipolige Oberleitung mit 350 V-Gleichstrom versorgt. Diese bestand innerhalb des Tunnels aus Grubenbahnschienen, die an der Tunneldecke befestigt waren. Außerhalb des Tunnels war die Oberleitung in Trolleybus-Art aufgehängt. Um die zwei Pole trennen zu können, war der über die ganze Wagenbreite reichende Stromabnehmer in der Mitte isoliert. Das Signalsystem arbeitete mit mechanischen Schaltern, die vom Stromabnehmer umgestellt wurden. Die Züge fuhren links.
Nach der Rekonstruktion der Strecke wurde eine zentrale Oberleitung mit 600 V-Gleichstrom installiert, die ebenfalls innerhalb des Tunnels aus einer an der Decke montierten Schiene besteht. Die Stromrückführung erfolgt über die Gleise.
Für die Energieversorgung sorgen elf über die Linie verteilte Gleichrichterwerke. Das Signalsystem wird über Gleichstromkreise über die Gleise beeinflußt. Bei dieser Gelegenheit wurde auf Rechtsverkehr umgestellt. Die Strecke ist einfach aufgebaut; nur an den Endbahnhöfen befinden sich Wendemöglichkeiten mittels doppelter Gleisverbindungen. Die Triebzüge sind nur mit einem Fahrer besetzt, der über eine Gegensprechanlage mit der, nahe dem Endbahnhof Mexikói út befindlichen ZBL, in Verbindung steht.
Die Metrozüge der nach 1963 gebauten Linien 2 und 3 werden über eine »dritte« Schiene mit 750 V-Gleichstrom versorgt; Stromabnahme an der Oberseite. Die Energieversorgung erfolgt durch 31 über das Netz verteilte Gleichrichterwerke. Je Linie wurde eine ZBL eingerichtet (Linie 2: Deák tér, Linie 3: Kálvin tér); von hier werden über Gleisbildtische die Züge sowie Signale und Weichen überwacht. An den End- und Zwischenbahnhöfen werden die Weichen programmiert gestellt. Die Selbstblocksignale lassen einen Mindest-Zugabstand von 90 sek zu. Im Gegensatz zur Linie 2 zeigen auf der Linie 3 die Signale grundsätzlich »Halt«; ein sich nähernder Zug gibt selbsttätig die Fahrt frei, wenn die Voraussetzungen stimmen. Während die Züge der Linie 2 mit einem Fahrer und einem Zugbegleiter besetzt sind, werden die Züge der Linie 3 über LZB automatisch gesteuert und sind nur mit einem Fahrer besetzt.
Alle Bahnhöfe sind mit Aufsichtspersonal besetzt.
Werktags verkehren die Züge zwischen 04.30 und 23.45 Uhr, außerhalb der HVZ besteht auf allen Linien eine Zugfolge von 4-5 min, in der HVZ von 100 sek (Linie 1), 127 sek (Linie 2) und 135-140 sek (Linie 3). Die Wartung der »Földalatti«-Fahrzeuge erfolgt in einem Betriebshof nahe dem Endbahnhof Mexikói út, für die Linie 2 befindet sich der Betriebshof zwischen den Bahnhöfen Örs vezér tere und Pillangó utca, für die Linie 3 bei Köbánya.
Zunächst bestand bei der Metro ein Einheitstarif von 1 Forint; inzwischen ist der Tarif an das gesamte BKV-Netz angepaßt. Fahrkarten sind nur im Vorverkauf oder an Automaten erhältlich und sind eine Stunde gültig ohne Umsteigeberechtigung. Wenn umgestiegen wird, muß eine neue Fahrkarte entwertet werden. Ca. 90% der Fahrgäste benutzen Abonnements.

Ein Blick in die Zukunft
Gegenwärtig werden Pläne erstellt für eine Linie 4 von Rákospalota nach Süd-Buda; dieses Projekt wird angesichts der örtlichen Verkehrsverhältnisse sowie der Überlastung der Donaubrücken als dringend angesehen.
Die Verlängerung der Linie 3 zu den nördlichen Stadtteilen bei Káposztásmegyer liegt momentan auf Eis.
Die Beschaffung von neuen Fahrzeugen wird erwogen, es ist jedoch wahrscheinlicher, daß die vorhandenen Fahrzeuge modernisiert werden.

DANKSAGUNG

Besonderer Dank gebührt allen in diesem Buch erwähnten Verkehrsbetrieben sowie folgenden Personen und Institutionen, die an der Realisierung dieses Buches durch Bereitstellung von Informationen oder Bildmaterial beteiligt waren:

Adtranz: Berlin, Mannheim, Nürnberg, Derby (GB), Västerås (S)
ANSALDO, Napoli (I)
Prof. H.Beiche, Tiefbauamt Stuttgart
K.Beier, BVG, Berlin
H.v.d.Berg, GVB, Amsterdam (NL)
Ing. J.A.Bonthuis, Utrecht (NL)
Reg.Baum. M.Bonz, SSB, Stuttgart
CAF, Madrid (E)
L.Camerlynck, MIVB, Brussel (B)
GEC Alsthom, Paris (F)
M.Gieshoidt, U-Bahn-Referat, München
C.A.A. de Graaf, Gemeente Rotterdam (NL)
R.J.Greenaway, London Underground Railway Soc., London (GB)
J.Häger, Hamburger Hochbahn AG (HHA), Hamburg
Ing. J.C.Heidman, Ingenieursbureau Amsterdam (NL)
Holzmann AG, Neu-Isenburg
Mevr. I.v.'t.Hoogerhuijs, Gemeente Rotterdam (NL)
intermetro spa, Roma (I)
F.W.Ivey, London Underground Society, London (GB)
Dipl.Ing. H.Chr.Kaiser, BVG, Berlin
Jürgen Klarmann, Mailand (I)
Közlekedési Muzeum, Budapest (H)
Linke Hofmann Busch, Salzgitter
London Transport Museum, London (GB)
Ing. Erich Lutz, München-Grünwald
Metropolitana Milanese SpA (MM), Milano (I)
Metropolitana di Napoli SpA, Napoli (I)
Oravetz, Sindelfingen
RATP-Médiathèque, Paris (F)
B.A.Schenk, Rotterdam (NL)
SEMALY, Lyon (F)
Mevr. A.Smit, RET, Rotterdam (NL)
SGP Fahrzeugtechnik, Wien (A)
Societé du Metro de Marseille, Marseille (F)
F.Versnel, Amsterdam (NL)
J.W.Vint, London Underground Ltd., London (GB)
A.M.Voogel, Leidsendam (NL)
Ed. Züblin AG, Stuttgart

LITERATURHINWEIS

Beim Zusammenstellen dieses Buches wurden ergänzende Daten sowie einzelne Illustrationen benutzt aus: »Metros der Welt«, 2. Auflage 1992; transpress Verlagsgesellschft mbH, Berlin; ISBN 3-344-70715-9.

Sonstige Literatur:

Alisio/Corsi/Di Simone: Napoli: Una Citta' che Cambia (Metropolitana di Napoli SpA).
Beilin/Rey: Un Metro pour le grand Toulouse (Ed. Privat; ISBN 2-7089-9071-3)
Bláha: Prazke Metro (Panorama, Praha; ISBN 80-7038-195-7)
Docklands Light rail: Official Handbook 1994 (Capital Transport Publishing; ISBN 185414-166-X)
Felix: Le Val (Maxima; ISBN 2-84001-048-8)
Gottwald: Das Berliner U- und S-Bahnnetz (Argon; ISBN 3-87024284)
Häger/Simmersbach: Hammonia und ihre U-Bahn (Christians; ISBN 3-7672-9967-4)
Hanocq: De metrorijtuigen van Brussel (MIVB, Brussel)
Hatzel-Bandl: Schnelle Verbindungen (Compress, Wien; ISBN 3900607-23-0)
Havers: Die Untergrundbahnen der Welt (1967, Moderne Verlags GmbH, München)
Hinkel: Die 1. und 2. Ausbauphase der Wiener U-Bahn (Compress, Wien)
Jane's Urban Transport 1994/95 (Jane's Information Group; ISBN 0-7106-1156-0)
Lexikon der Eisenbahn: 8. Auflage (Transpress/Motorbuch Verlag; ISBN 3- 344-00160-4)
London Underground: Official Handbook 1994 (Capital Transport Publishing; ISBN 185414-169-4
Pommer/Vogler: Zug um Zug (Stadt Nürnberg-Tiefbauamt; 39802690-1-9)
Poppel: Berliner U-Bahn (Alba-Verlag; 3-87094-346-7)
rome underground: line »a« (intermetro spa)
150 Jahre Schienenfahrzeuge aus Nürnberg (EK-Verlag, Freiburg; ISBN 3-88255-562-9)
Spek: Rotterdam bouwt een metro (Dienst van Gemeentewerken, Rotterdam; ISBN 90-9001237-0)
Waldmann: La Grande Traboule (ditions Lyonnaises d'Art et de Histoire; ISBN 2-905-230-49-5)
Wedler c.s.: Der Tunnel / Die Bilanz (DB, Stuttgart; ISBN 3925-56503-05)
Der Nahverkehr (Alba-Verlag, Düsseldorf)
Developping Metros (Reed Business Publishing)
Openbaar vervoer (Stichting Tijdschrift Openbaar Vervoer)
Op de Rails (NVBS)
OV-Magazine (OV-m uitgeverij)
Rapportage »Boren van tunnels voor rail- en wegverkeer« (KIVI)
Signal (BVG)
Stadtverkehr (EK-Verlag, Freiburg)
Unterirdisches Bauen in Deutschland (STUVA/DAUB)

ERKLÄRUNG DER ABKÜRZUNGEN UND FREMDWÖRTER

AC	Wechselstrom
ATC	Automatic Train Control. Automatische Zugsicherung.
ATO	Automatic Train Operation. Bei diesem System erfolgt der gesamte Betrieb über einen zentralen Computer, der den Fahrplan mit der Situation auf der Strecke vergleicht und die Züge beschleunigt oder verzögert. Die Züge werden zentimetergenau an den Bahnsteigen angehalten. Bei ATO kann ein Fahrer zur Zugabfertigung anwesend sein. Bei fahrerlosem Betrieb wird die Abfertigung von dem zentralen Computer durchgeführt. Bekannte ATO-Systeme sind u.a. MAGGALY (Matra) oder SELTRAC (SEL).
ATP	Automatic Train Protection. Automatische Zugsteuerung, meistens mit einer Option auf ATO verbunden.
Bentonit	Schlammartige Stützflüssigkeit, insbesondere geeignet, um schmale Gräben bis zum Betonier-Vorgang abzustützen. Hierbei wird der Beton durch Schläuche oder Rohre von unten her aufgefüllt, und der Bentonit nach Verdrängung oben abgepumpt und nach Reinigung zur Wiederverwendung in Tanks gelagert. Auch zum Abstützen des Gebirges bei Hydroschilden wird Bentonit eingesetzt.
Cross-platform	Niveaugleiche Umsteige-Methode, bei der die korrespondierenden Zügen beidseitig eines Mittelbahnsteigs halten.
DC	Gleichstrom
Dispatcher	Disponent in einer Betriebsleitzentrale
Fail safe	Im Falle von Störungen im Sicherungssystem zeigen alle Signale »Halt«, bei einigen Systemen wird zusätzlich der Fahrstrom abgeschaltet.
Fahrzeuge	Ausführungen: DT Doppeltriebwagen, zwei festgekuppelte Triebwagen mit je einem Führerstand pro Wagenseite Mc Triebwagen mit Fahrerstand, meistens an einer Wagenseite. M Triebwagen ohne Fahrerstand; in vielen Fällen ist ein Hilfs-Fahrerstand eingebaut. Wird sowohl für angetriebene Zwischenwagen als auch für automatisch gesteuerte Triebwagen gebraucht. S Steuerwagen, nicht angetrieben. T Zwischenwagen, nicht angetrieben.
Grout	Eine dünne Mischung von Sand, Zement und Wasser. Diese Mischung ist geeignet, um z.B nahe einer Baugrube den umgebenden Boden mit Injektionen zu verfestigen. Dieses Verfahren wird auch Jet-grouting genannt.
HVZ	Hauptverkehrszeit
Indusi	Induktive Zugsicherung. Punktförmige Zugbeeinflussung mit Informationsübertragung durch Gleich- oder Wechselfeldinduktion.
IV	Individualverkehr
LZB	Linienförmige Zugbeeinflussung. Dieses System basiert auf zwei zwischen den Schienen angebrachten Induktionsleitern, die sich in bestimmten Abständen schleifenartig überschneiden; von diesen Schleifen aus werden Informationen sowohl zum Fahrzeug als auch zur Leitstelle übermittelt. Auch eine automatische Fahrzeug-Steuerung kann über dieses System erfolgen.
Linienbahnhof	Hiermit werden alle an einer Linie gelegenen Bahnhöfe umschrieben. Das bedeutet, daß Knotenpunkt-Bahnhöfe in mehreren Ebenen mehrfach gezählt werden.
Lining	Innenverkleidung eines gebohrten Tunnels.
RBL	Rechnergestütztes Betriebsleitsystem
TBM	Häufig gebrauchtes Kürzel für Tunnel-Bohrmaschine
Tübbing	Bergmännischer Ausdruck für Tunnel/Schachtring
ZBL	Zentrale Betriebsleitstelle.